機械学習のための連続最適化

Continuous Optimization for Machine Learning

金森敬文
鈴木大慈
竹内一郎
佐藤一誠

講談社

■ 編者
杉山　将　博士（工学）
理化学研究所 革新知能統合研究センター センター長
東京大学大学院新領域創成科学研究科 教授

シリーズの刊行にあたって

インターネットや多種多様なセンサーから，大量のデータを容易に入手できる「ビッグデータ」の時代がやって来ました．現在，ビッグデータから新たな価値を創造するための取り組みが世界的に行われており，日本でも産学官が連携した研究開発体制が構築されつつあります．

ビッグデータの解析には，データの背後に潜む規則や知識を見つけ出す「機械学習」とよばれる知的データ処理技術が重要な働きをします．機械学習の技術は，近年のコンピュータの飛躍的な性能向上と相まって，目覚ましい速さで発展しています．そして，最先端の機械学習技術は，音声，画像，自然言語，ロボットなどの工学分野で大きな成功を収めるとともに，生物学，脳科学，医学，天文学などの基礎科学分野でも不可欠になりつつあります．

しかし，機械学習の最先端のアルゴリズムは，統計学，確率論，最適化理論，アルゴリズム論などの高度な数学を駆使して設計されているため，初学者が習得するのは極めて困難です．また，機械学習技術の応用分野は非常に多様なため，これらを俯瞰的な視点から学ぶことも難しいのが現状です．

本シリーズでは，これからデータサイエンス分野で研究を行おうとしている大学生・大学院生，および，機械学習技術を基礎科学や産業に応用しようとしている大学院生・研究者・技術者を主な対象として，ビッグデータ時代を牽引している若手・中堅の現役研究者が，発展著しい機械学習技術の数学的な基礎理論，実用的なアルゴリズム，さらには，それらの活用法を，入門的な内容から最先端の研究成果までわかりやすく解説します．

本シリーズが，読者の皆さんのデータサイエンスに対するより一層の興味を掻き立てるとともに，ビッグデータ時代を渡り歩いていくための技術獲得の一助となることを願います．

2014 年 11 月

「機械学習プロフェッショナルシリーズ」編者

杉山 将

まえがき

高度に情報化した現代社会において，データから有用な知見を得ることは，科学的に重要な発見を行い，産業・経済社会を促進するうえで，極めて重要な課題になっています．そして今日，データは大規模化，高次元化，多様化の一途をたどっています．このようなデータを適切に扱うための基盤技術として，近年，機械学習と呼ばれる分野が勃興し，急速に発展しています．統計学やデータサイエンスなど，データを扱う従来の学問分野では，主に統計的推論を適切に行うためのモデリング技術が発展してきました．一方，機械学習では，効率的な計算手法の開発により重点がおかれている点に特徴があるといえます．ビッグデータ時代を背景にして，機械学習の分野で開発されたさまざまな手法が，社会に大きなインパクトをもたらしつつあります．

本書の目的は，機械学習アルゴリズムを構成するうえで欠かすことのできない計算手法である連続最適化の方法について解説することです．連続最適化や非線形最適化について，質の高い邦書がすでに多数出版されています．本書では，非線形最適化の基礎的な解説に加えて，機械学習でよく用いられる最適化法についても，データ解析の問題設定と併せて詳しく解説します．

予備知識としては，理工系の大学 1，2 年生程度の知識を想定しています．専門的になりすぎる内容については，一部他の文献に譲っていますが，全体のストーリーを理解するうえで大きな問題にはならないと考えています．これらの点について，読者諸賢のご批判を待ちたいと思います．

本書は第 I～IV 部で構成されます．第 I 部で基本的な用語や概念を準備し，微積分，線形代数，凸解析に関する基礎事項を説明します．第 II 部では，制約なし最適化問題のためのさまざまな最適化法を解説します．特に勾配法，ニュートン法，共役勾配法，準ニュートン法，信頼領域法など，汎用的な非線形最適化の手法を扱っています．機械学習アルゴリズムとの関連についても，いくつか例示しています．第 III 部では制約付き最適化問題を扱います．まず KKT 条件などの最適性条件について解説します．代表的な最適化法として，主問題を扱う方法やラグランジュ関数を用いる方法を紹介します．第 IV 部では，さまざまな最適化法が，機械学習のアルゴリズムにおいてどのように用いられているか解説しています．ここでは，EM アルゴリズムや信念伝播法に関連する上界最小化アルゴリズム，機械学習における代表的な手法であるサポートベクトルマシン，近年大きく進展しているスパース学習や行列空間上の最適化など，従来の非線形最適化の書籍ではあまり扱われていないトピックを紹介しています．第Ⅳ部が本書の大きな特長になっています．

本書の執筆は，1〜11 章と 16 章を金森，12 章と 15 章を鈴木，13 章を佐藤，14 章を竹内が担当し，全体の取りまとめを金森が行いました．

本書の出版に際し，多くの方々にお世話になりました．執筆を勧めてくださった杉山将先生，原稿を精読し，多くの貴重なコメントをくださった武田朗子先生，松井孝太先生に厚くお礼申し上げます．本書 14.2.3 節の数値実験にご協力いただきました柴垣篤志氏に感謝いたします．また講談社サイエンティフィクの横山真吾氏には，本書の出版に関しまして終始お世話になりました．ここに深謝いたします．

2016 年 8 月

著者一同

目次

シリーズの刊行にあたって …… iii
まえがき …… iv

第I部　導入 …… 1

Chapter 1
第1章　はじめに …… 2
1.1　機械学習における推論と計算 …… 2
1.2　最適化問題の記述 …… 3
1.2.1　さまざまな最適化問題 …… 3
1.2.2　反復法と収束速度 …… 9

Chapter 2
第2章　基礎事項 …… 11
2.1　微積分・線形代数の基礎 …… 11
2.1.1　テイラーの定理 …… 11
2.1.2　陰関数定理 …… 14
2.1.3　対称行列と固有値 …… 16
2.1.4　部分空間への射影 …… 18
2.1.5　行列の 1 ランク更新 …… 20
2.1.6　さまざまなノルム …… 21
2.1.7　行列空間上の関数 …… 22
2.2　凸解析の基礎 …… 24
2.2.1　凸集合・凸関数 …… 24
2.2.2　凸関数の最小化 …… 29
2.2.3　凸関数の連続性 …… 30
2.2.4　微分可能な凸関数 …… 32
2.2.5　共役関数 …… 36
2.2.6　劣勾配・劣微分 …… 38

第II部　制約なし最適化 …… 45

Chapter 3
第3章　最適性条件とアルゴリズムの停止条件 …… 46
3.1　局所最適解と最適性条件 …… 46
3.2　集合制約に対する最適性条件 …… 50
3.3　最適化アルゴリズムの停止条件 …… 52

Chapter 4
第 4 章 勾配法の基礎 …… 55
4.1 直線探索法 …… 55
4.2 直線探索を用いる反復法 …… 59
4.3 座標降下法 …… 61
4.4 最急降下法 …… 64
4.4.1 最適化アルゴリズム …… 64
4.4.2 最急降下法の収束速度 …… 65
4.4.3 バックトラッキング法による最急降下法 …… 68
4.5 機械学習への応用 …… 70
4.5.1 座標降下法とブースティング …… 70
4.5.2 誤差逆伝搬法 …… 73

Chapter 5
第 5 章 ニュートン法 …… 78
5.1 ニュートン法の導出 …… 78
5.2 座標変換に対する共変性 …… 81
5.3 修正ニュートン法 …… 83
5.4 ガウス・ニュートン法と関連する話題 …… 86
5.4.1 ガウス・ニュートン法の導出 …… 87
5.4.2 レーベンバーグ・マーカート法 …… 88
5.5 自然勾配法 …… 90
5.5.1 フィッシャー情報行列から定まる降下方向 …… 90
5.5.2 オンライン学習における自然勾配法 …… 94

Chapter 6
第 6 章 共役勾配法 …… 96
6.1 共役方向法 …… 96
6.2 共役勾配法 …… 100
6.3 非線形共役勾配法 …… 103

Chapter 7
第 7 章 準ニュートン法 …… 107
7.1 可変計量を用いる最適化法とセカント条件 …… 107
7.2 正定値行列の近接的更新 …… 111
7.2.1 ダイバージェンス最小化による更新則の定式化 …… 111
7.2.2 ダイバージェンスの性質と更新則の関係 …… 113
7.2.3 距離最小化とダイバージェンス最小化 …… 114
7.2.4 更新則の導出 …… 115
7.3 準ニュートン法の収束性 …… 117
7.4 記憶制限付き準ニュートン法 …… 118
7.5 ヘッセ行列の疎性の利用 …… 121
7.5.1 関数のグラフ表現 …… 122

7.5.2 正定値行列補完 125
7.5.3 疎クリーク分解による更新則 128

Chapter 8
第8章 信頼領域法 133
8.1 アルゴリズムの構成 133
8.2 部分問題の近似解法 136
8.2.1 部分問題の最適性条件 136
8.2.2 ドッグレッグ法 137
8.3 収束性 141

第III部 制約付き最適化 143

Chapter 9
第9章 等式制約付き最適化の最適性条件 144
9.1 1次の最適性条件 144
9.2 2次の最適性条件 149
9.3 凸最適化問題の最適性条件と双対性 153
9.4 感度解析 156

Chapter 10
第10章 不等式制約付き最適化の最適性条件 159
10.1 1次の最適性条件 159
10.2 2次の最適性条件 164
10.3 凸最適化問題の最適性条件 168
10.4 主問題と双対問題 169

Chapter 11
第11章 主問題に対する最適化法 172
11.1 有効制約法 172
11.1.1 探索方向の選択 173
11.1.2 ラグランジュ乗数の符号 174
11.1.3 有効制約式の更新と最適化アルゴリズム 175
11.2 ペナルティ関数法 179
11.2.1 ペナルティ関数を用いた定式化 179
11.2.2 ペナルティ関数法における制約なし最適化問題の性質 183
11.2.3 正確なペナルティ関数法 183
11.3 バリア関数法 185
11.3.1 バリア関数法を用いた定式化 185
11.3.2 バリア関数法の性質 188

Chapter 12

第 12 章　ラグランジュ関数を用いる最適化法 ………… 189

12.1　双対上昇法 ………… 189
12.1.1　ラグランジュ関数の導入と双対問題の導出 ………… 190
12.1.2　双対問題の勾配法による最適化 ………… 190
12.1.3　双対分解 ………… 192
12.1.4　不等式制約に対する双対上昇法 ………… 194
12.1.5　双対上昇法の収束 ………… 194
12.1.6　非線形制約の双対上昇法 ………… 196
12.2　拡張ラグランジュ関数法 ………… 198
12.2.1　拡張ラグランジュ関数 ………… 198
12.2.2　拡張ラグランジュ関数法 ………… 199
12.2.3　双対上昇法としての拡張ラグランジュ関数法 ………… 202
12.2.4　不等式制約の扱い ………… 203
12.2.5　拡張ラグランジュ関数法の収束理論 ………… 205
12.2.6　凸目的関数における収束レートの理論 ………… 207
12.2.7　近接点アルゴリズムとの関係 ………… 209
12.3　交互方向乗数法 ………… 214
12.3.1　交互方向乗数法のアルゴリズム ………… 214
12.3.2　交互方向乗数法による並列計算 ………… 217

第 IV 部　学習アルゴリズムとしての最適化　219

Chapter 13

第 13 章　上界最小化アルゴリズム ………… 220

13.1　上界最小化アルゴリズム ………… 220
13.2　代理関数の例 ………… 224
13.3　EM アルゴリズム ………… 225
13.4　2 つの凸関数の差の最適化 ………… 227
13.5　近接点アルゴリズム ………… 229

Chapter 14

第 14 章　サポートベクトルマシンと最適化 ………… 230

14.1　SVM の定式化と最適化問題 ………… 230
14.1.1　SVM の主問題 ………… 232
14.1.2　SVM の双対問題 ………… 235
14.1.3　SVM の最適性条件 ………… 236
14.1.4　カーネル関数を用いた非線形モデリング ………… 239
14.2　SVM 学習のための最適化アルゴリズム ………… 240
14.2.1　カーネル SVM の双対問題の解法：SMO アルゴリズム ………… 241
14.2.2　線形 SVM の双対問題の解法：DCDM アルゴリズム ………… 244
14.2.3　学習アルゴリズムの比較 ………… 247
14.3　正則化パス追跡 ………… 252

14.3.1 最適解のパラメータ表現（ステップ 1） 254
14.3.2 イベント検出（ステップ 2） 255
14.4 最適保証スクリーニング 256

Chapter 15
第 15 章 スパース学習 264
15.1 スパースモデリング 264
15.2 L_1 正則化と種々のスパース正則化 266
15.2.1 L_1 正則化 266
15.2.2 その他のスパース正則化 267
15.2.3 L_1 正則化の数値的評価 269
15.3 近接勾配法による解法 272
15.3.1 近接勾配法のアルゴリズム 272
15.3.2 近接勾配法の収束理論 275
15.3.3 近接勾配法の収束レートの証明 279
15.3.4 近接勾配法の数値実験 282
15.4 座標降下法による解法 285
15.5 交互方向乗数法による解法 290
15.5.1 交互方向乗数法と構造的正則化 290
15.5.2 画像復元の数値実験 294
15.6 近接点アルゴリズムによる方法 297
15.6.1 スパース学習における近接点アルゴリズムとその双対問題 297
15.6.2 双対問題における交互方向乗数法 304

Chapter 16
第 16 章 行列空間上の最適化 307
16.1 シュティーフェル多様体とグラスマン多様体 307
16.2 機械学習における行列最適化 308
16.2.1 独立成分分析 308
16.2.2 次元削減付き密度比推定 310
16.3 多様体の諸概念 312
16.4 多様体上の最適化 316
16.4.1 最急降下法 316
16.4.2 共役勾配法 317
16.5 レトラクションとベクトル輸送 319
16.6 行列多様体上の最適化 324
16.6.1 シュティーフェル多様体の性質 324
16.6.2 レトラクションの構成 326
16.6.3 射影によるベクトル輸送 327
16.6.4 数値例 328

■ 参考文献 332
■ 索　引 338

第I部

導入

Machine Learning
Professional Series

Chapter 1

はじめに

本章では，統計的推論における最適化の役割を概観します．また，最適化問題のタイプをいくつか紹介し，基礎的な用語を説明します．

1.1 機械学習における推論と計算

機械学習や統計学のようなデータを扱う諸分野では，精度のよい推定や予測を行うことが主な目標の１つになっています．そのために，データが生成されるプロセスを適切にモデリングし，統計的に妥当な損失尺度（誤差評価の基準）を最小化するというアプローチがよく採用されます．特に数理統計学の分野では，さまざまな問題設定のもとで，どのような損失を用いればどのくらいの統計的精度を達成できるかという問題について，多くの考察がなされてきました．その結果として，汎用的なデータ解析手法である最尤法やベイズ法などが開発され，高次漸近論や統計的決定理論など，精緻な統計理論が発展してきました．

このように，統計的手法に関して多くの有益な知見が得られていますが，実際にデータ解析を行う場面では，統計的な妥当性だけでなく計算効率も重要な要素になります．これまでに，さまざまな統計的手法や統計モデルに対して効率的な計算法が提案され，応用されています．例えば最尤法では，フィッシャーのスコア法というニュートン法に類似した最適化法が用いられることがあります．この方法は，主に回帰分析における一般化線形モデルのパラメータ推定のための標準的な手法として発展しています．またベイズ法では，事後分布を求めるために高次元積分の値を計算する必要があり，マルコフ連鎖モンテカルロ法などが最適化アルゴリズムに組み込まれています．

統計モデルの構造を利用して，効率的に推論や予測を行うための計算法も提案されています．代表例としては，混合ガウス分布のパラメータ推定のための EM アルゴリズム，階層型ニューラルネットワーク・モデルに対する誤差逆伝播法，さらにベイジアンネットワークに対する確率伝播法などがあります．集団学習の一例であるブースティングも，統計モデルの構造を利用した効率的な学習アルゴリズムとみなせます．

機械学習では，従来の統計学よりも積極的に計算・最適化アルゴリズムを統計的推論に取り入れ，大規模データを扱うための方法を発展させています．誤差逆伝播法やブースティングは，機械学習における胞芽的な研究成果と位置付けることもできます．

推論と計算に関する科学技術である機械学習の研究・開発は，近年の数理最適化，特に凸最適化手法の急速な進展を背景に，古典的な統計学の枠組みを越えて世界的に大きな潮流となっています．機械学習の初期の大きな成功例であるサポートベクトルマシン，近年，爆発的に発展している高次元スパース学習，そして，従来の統計的パターン認識の限界を大きく越え，人間に劣らない認識能力を達成しつつある深層学習など，社会に大きなインパクトを与える研究成果が得られています．

現代の情報科学におけるキーテクノロジーである機械学習の基礎を習得するためには，統計的データ解析の手法だけでなく，最適化や数値計算に関する知識が欠かせません．本書では，主に最適化の基礎事項と機械学習への応用について解説します．

1.2 最適化問題の記述

1.2.1 さまざまな最適化問題

まず基本的な表記法を説明します．実数の集合を $\mathbb{R}$ とし，n 次元ユークリッド空間を $\mathbb{R}^n$ と表します．$\mathbb{R}^n$ を単に n 次元空間という場合もあります．計算を実行するときは，n 次元空間の元 $\boldsymbol{x}$ を列ベクトルとみなします．各要素を記述するときは $\boldsymbol{x} = (x_1, \ldots, x_n)^\top$ のように表します．ここ

で $\cdot^\top$ はベクトルや行列の転置を意味します．簡単のため転置記号を省略し，$\boldsymbol{x} = (x_1, \ldots, x_n)$ と記述することもあります．ベクトル $\boldsymbol{x}$ のノルム（長さ）を

$$\|\boldsymbol{x}\| = (\boldsymbol{x}^\top \boldsymbol{x})^{1/2} = \left(\sum_{i=1}^{n} |x_i|^2\right)^{1/2}$$

と定義します．これをユークリッドノルムといいます．2 点 $\boldsymbol{x}, \boldsymbol{y} \in \mathbb{R}^n$ の間の距離は，ユークリッドノルムを用いて $\|\boldsymbol{x} - \boldsymbol{y}\|$ と表せます．

最適化問題は，与えられた関数 $f : \mathbb{R}^n \to \mathbb{R}$ をある制約条件 $\boldsymbol{x} \in S \subset \mathbb{R}^n$ のもとで最適化（具体的には最小化もしくは最大化）するという問題です．最小化することが目的のときは，

$$\min_{\boldsymbol{x} \in \mathbb{R}^n} f(\boldsymbol{x}) \quad \text{subject to} \quad \boldsymbol{x} \in S \tag{1.1}$$

と記述します．このとき「min」は関数を最小化することを意味し，min の下の $\boldsymbol{x}$ は，最適化すべき変数を示しています．また「subject to ～」は「～の条件のもとで」を意味し，「s.t.」と省略して書くこともあります．関数を最大化することが目的なら，min の代わりに max と書きます．最小値や最大値が存在しないこともあるため，本来は inf または sup と記述すべきですが，本書では最適化問題を記述するときは，常に $\min, \max$ を用います．

問題 (1.1) の f を**目的関数** (objective function)，S を**実行可能領域** (feasible region)，S が定める条件「$\boldsymbol{x} \in S$」を**制約** (constraint) といいます．本書で考える最適化問題では，関数 $f(\boldsymbol{x})$ はユークリッド空間上で定義され，多くの場合，連続性や微分可能性などの性質を満たすと仮定します．また制約条件を表す集合 S は，いくつかの連続関数の等式条件や不等式条件として表せるとします．このような設定の最適化問題を**連続最適化** (continuous optimization) と呼びます．

最適化問題の例を以下に示します．

例 1.1 （学校の配置問題）

小学校が 1 つもない村があるとします．この村には 5 軒の家があり，その位置は，それぞれ座標 $\boldsymbol{a}_i \in \mathbb{R}^2\ (i = 1, \ldots, 5)$ で表されるとします．この村のある領域内 $S \subset \mathbb{R}^2$ に小学校を 1 つ建てるとき，どこに建てればよいでしょうか？

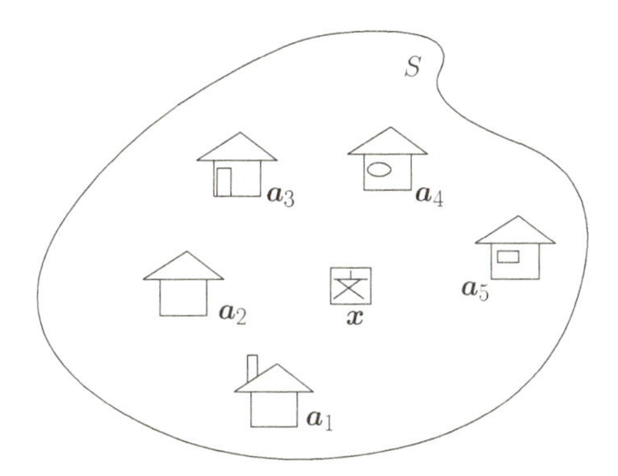

基準として

(a) 学校までの距離の 2 乗が平均的に最小になる場所に建てる．
(b) 学校までの距離が平均的に最小になる場所に建てる．
(c) もっとも遠い家から学校までの距離を最小にする．

などが考えられます．基準 (a) に従って小学校の位置 $\boldsymbol{x} \in S$ を決めるためには，

$$\min_{\boldsymbol{x}\in\mathbb{R}^2} \frac{1}{5}\sum_{i=1}^{5}\|\boldsymbol{a}_i - \boldsymbol{x}\|^2 \qquad \text{s.t. } \boldsymbol{x} \in S$$

という最適化問題を解けばよいことになります．もし $\boldsymbol{a}_1,\ldots,\boldsymbol{a}_5$ の平均 $\bar{\boldsymbol{a}} = \frac{1}{5}\sum_{i=1}^{5}\boldsymbol{a}_i$ が S に含まれるなら，$\bar{\boldsymbol{a}}$ が最適な位置になります．基準 (b) なら

$$\min_{\boldsymbol{x}\in\mathbb{R}^2} \frac{1}{5}\sum_{i=1}^{5}\|\boldsymbol{a}_i - \boldsymbol{x}\| \qquad \text{s.t. } \boldsymbol{x} \in S,$$

また基準 (c) なら

$$\min_{\boldsymbol{x}\in\mathbb{R}^2} \max_{i=1,\ldots,5}\|\boldsymbol{a}_i - \boldsymbol{x}\| \qquad \text{s.t. } \boldsymbol{x} \in S$$

という最適化問題を解くことになります．基準 (b)，(c) の最適化問題は基準 (a) の場合とは異なり，最適な位置は簡単な式で求まりません．数値的に計算する必要があります． □

例 1.2 （輸送問題）

生産地 S_1, S_2 から消費地 T_1, T_2, T_3 に品物を輸送するとき，輸送コストがもっとも安くなるような配送プランを設計することは重要な課題です．生産地 S_i から消費地 T_j への輸送コストは，品物 1 単位あたり c_{ij} とします．輸送量を x_{ij} とすると，輸送コストの総計は

$$f(\boldsymbol{x}) = \sum_{i=1}^{2}\sum_{j=1}^{3} c_{ij}x_{ij}$$

となります．ここで $\boldsymbol{x} \in \mathbb{R}^6$ を $\boldsymbol{x} = (x_{11}, \ldots, x_{23})$ としています．各生産地では品物が最大 $a_i\,(i = 1, 2)$ だけ生産され，各消費地では最低 $b_j\,(j = 1, 2, 3)$ の量だけ消費されるとします．

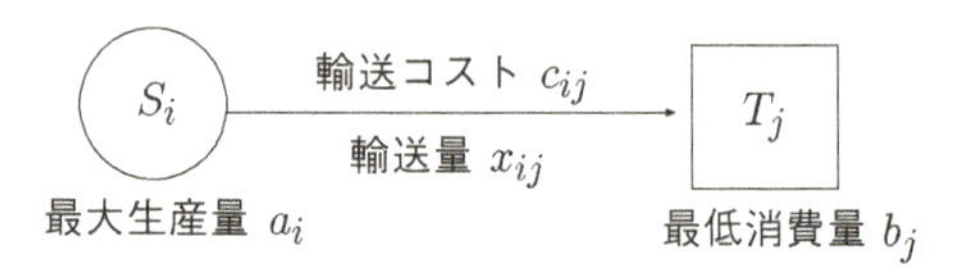

このとき，生産量と消費量に関する制約は

$$S = \left\{ (x_{11}, \ldots, x_{23}) \in \mathbb{R}^6 \;\middle|\; \begin{array}{l} x_{i1} + x_{i2} + x_{i3} \leq a_i, \quad i = 1, 2, \\ x_{1j} + x_{2j} \geq b_j, \quad j = 1, 2, 3, \\ x_{ij} \geq 0, \quad i = 1, 2,\; j = 1, 2, 3 \end{array} \right\}$$

となります．制約 $\boldsymbol{x} \in S$ のもとで輸送コストの総計 $f(\boldsymbol{x})$ を最小化することで，最適な輸送プランを得ることができます． □

以下に最適化に関する用語を列挙し説明します．

実行可能解 (feasible solution)： 最適化問題の制約を満たす点，すなわち問題 (1.1) において $\boldsymbol{x} \in S$ を満たす点を実行可能解といいます．

最適解 (optimal solution)： 問題 (1.1) において，$\boldsymbol{x}^* \in S$ が任意の $\boldsymbol{x} \in S$ に対して $f(\boldsymbol{x}^*) \leq f(\boldsymbol{x})$ を満たすとき，$\boldsymbol{x}^*$ を問題 (1.1) の最適解といいます．**大域的最適解** (global optimal solution)，大域解，最小化元と呼ぶこともあります．

最適値 (optimal value)：問題 (1.1) において，目的関数の下限 $\inf\{f(\boldsymbol{x}) \mid \boldsymbol{x} \in S\}$ の値を最適値といいます．最適値が存在しても，最適解が存在するとは限りません．最適解が存在するときには

$$\inf\{f(\boldsymbol{x}) \mid \boldsymbol{x} \in S\} = \min\{f(\boldsymbol{x}) \mid \boldsymbol{x} \in S\}$$

が成り立ちます．最適化問題が目的関数の最大化の場合，最適値は上限 $\sup\{f(\boldsymbol{x}) \mid \boldsymbol{x} \in S\}$ で与えられます．なお「最適値」と「最適解」の用語の使い分けに注意してください．

近傍 (neighborhood)： 点 $\boldsymbol{x} \in \mathbb{R}^n$ の ε 近傍を

$$B(\boldsymbol{x}, \varepsilon) = \{\boldsymbol{y} \in \mathbb{R}^n \mid \|\boldsymbol{x} - \boldsymbol{y}\| < \varepsilon\} \tag{1.2}$$

と定義します．

局所最適解 (local optimal solution)： $\boldsymbol{x}^* \in S$ に対して $\varepsilon > 0$ が存在し，

$$\boldsymbol{x} \in B(\boldsymbol{x}^*, \varepsilon) \cap S \text{ ならば } f(\boldsymbol{x}^*) \leq f(\boldsymbol{x})$$

が成り立つとき，$\boldsymbol{x}^* \in S$ を $f(\boldsymbol{x})$ の S 上での局所最適解，または**局所解**といいます．また $f(\boldsymbol{x}^*)$ を極小値といいます．最適解なら局所最適解ですが，逆は一般に成立しません．

制約集合 S は，具体的には関数の等式と不等式を用いて与えられることが多いです．本書では，次の形式の最適化問題を考えます．

制約なし最適化問題 (unconstrained optimization problem)： 制約集合が $S = \mathbb{R}^n$ で与えられ，次のように表せる問題．

$$\min_{\boldsymbol{x} \in \mathbb{R}^n} \; f(\boldsymbol{x})$$

等式制約付き最適化問題 (equality constrained optimization problem)：制約集合 S が，関数 $g_i : \mathbb{R}^n \to \mathbb{R}\,(i = 1, \ldots, p)$ の等式条件として

$$S = \{\boldsymbol{x} \in \mathbb{R}^n \mid g_i(\boldsymbol{x}) = 0,\ i = 1, \ldots, p\}$$

で与えられ，

$$\min_{\boldsymbol{x} \in \mathbb{R}^n} f(\boldsymbol{x}) \quad \text{s.t.} \quad g_i(\boldsymbol{x}) = 0, \quad i = 1, \ldots, p$$

と表せる問題．

不等式制約付き最適化問題 (inequality constrained optimization problem)： 制約集合 S が，関数 $g_i : \mathbb{R}^n \to \mathbb{R}\,(i = 1, \ldots, p)$ の不等式条件として

$$S = \{\boldsymbol{x} \in \mathbb{R}^n \mid g_i(\boldsymbol{x}) \leq 0,\ i = 1, \ldots, p\}$$

で与えられ

$$\min_{\boldsymbol{x} \in \mathbb{R}^n} f(\boldsymbol{x}) \quad \text{s.t.} \quad g_i(\boldsymbol{x}) \leq 0, \quad i = 1, \ldots, p$$

と表せる問題．

等式制約と不等式制約の両方が混在する最適化問題も考えることができます．そのような問題は，本書では不等式制約付き最適化問題として扱います．

最適解が存在するかどうかは，目的関数 f や制約集合 S の性質に依存します．最適解の存在について，以下のいずれかの可能性が考えられます．

1. S が空集合となり，実行可能解が存在しない．
2. S は空集合ではなく，最適解が存在する．
3. S は空集合ではなく，最適解が存在しない．最小化の場合は，次のいずれか：
   (a) S 上で f の値がいくらでも小さくなり，最適値が $-\infty$ になる．
   (b) 最適値は有限値だが，$f(\boldsymbol{x}^*) = \min\{f(\boldsymbol{x}) \mid \boldsymbol{x} \in S\}$ となる $\boldsymbol{x}^* \in S$ が存在しない．例えば $f(x) = 1/x$, $S = \{x \in \mathbb{R} \mid x \geq 1\}$ のとき．

最適化のためのアルゴリズムを構成するとき，最適解があるならそれを出力し，最適解が存在しないなら，その理由を出力するのが理想的です．

問題の性質がよい場合，現実的な時間で最適解を求めることができます．

しかし，最適解でない局所解が多く存在するような目的関数を扱う場合は，局所解の 1 つを出力することが，最適化アルゴリズムの主な目標になることもあります．

1.2.2 反復法と収束速度

最適化問題 (1.1) を解くとき，通常は計算機を用いて最適化を行います．このとき，最適化問題を計算機に解かせるための手順（アルゴリズム）を明示する必要があります．多くの最適化アルゴリズムは，基本的な手順として**アルゴリズム 1.1** に示す**反復法** (iteration method) として記述されます．

アルゴリズム 1.1 反復法

初期化：初期解 $\boldsymbol{x}_0$ を定める．$k \leftarrow 0$ とする．

1. 停止条件を満たすなら，結果を出力し，計算を終了する．
2. 関数 $f(\boldsymbol{x})$，集合 S，点列の履歴 $\boldsymbol{x}_0, \ldots, \boldsymbol{x}_k$ などの情報を用いて，$\boldsymbol{x}_{k+1}$ を計算する．
3. $k \leftarrow k+1$ とする．ステップ 1 に戻る．

初期解 $\boldsymbol{x}_0$ の選び方や点 $\boldsymbol{x}_k$ の更新について，さまざまな方法が提案されています．反復法における数値解 $\boldsymbol{x}_0, \boldsymbol{x}_1, \boldsymbol{x}_2, \ldots$ ができるだけ速く最適解 $\boldsymbol{x}^*$ に収束するように，アルゴリズムを構成することが重要です．実装では，3.3 節に示すようにアルゴリズムの停止条件を適切に設定する必要があります．

収束速度の評価尺度を以下に示します．数値解 $\boldsymbol{x}_k$ から最適解までの誤差を $\|\boldsymbol{x}_k - \boldsymbol{x}^*\|$ で測り，収束性 $\lim_{k\to\infty} \|\boldsymbol{x}_k - \boldsymbol{x}^*\| = 0$ は保証されているとします．このとき，

$$\limsup_{k\to\infty} \frac{\|\boldsymbol{x}_{k+1} - \boldsymbol{x}^*\|}{\|\boldsymbol{x}_k - \boldsymbol{x}^*\|} < 1 \tag{1.3}$$

を満たすなら，$\{\boldsymbol{x}_k\}_{k=0}^{\infty}$ は $\boldsymbol{x}^*$ に **1 次収束** (linear convergence) するといい，また

$$\lim_{k\to\infty} \frac{\|\boldsymbol{x}_{k+1} - \boldsymbol{x}^*\|}{\|\boldsymbol{x}_k - \boldsymbol{x}^*\|} = 0 \tag{1.4}$$

となるとき，**超 1 次収束** (superlinear convergence) するといいます．さらに，

$$\limsup_{k\to\infty} \frac{\|\boldsymbol{x}_{k+1} - \boldsymbol{x}^*\|}{\|\boldsymbol{x}_k - \boldsymbol{x}^*\|^2} < \infty \tag{1.5}$$

を満たすとき，**2 次収束** (quadratic convergence) するといいます．

数値解 $\{\boldsymbol{x}_k\}_{k=0}^{\infty}$ が $\boldsymbol{x}^*$ に 1 次収束するとき，定数 $C > 0$ と $r \in (0,1)$ が存在し，

$$\|\boldsymbol{x}_k - \boldsymbol{x}^*\| \leq Cr^k$$

が成り立ちます．超 1 次収束するときは $r_k \searrow 0\,(k \to \infty)$ となる数列 r_k が存在して

$$\|\boldsymbol{x}_k - \boldsymbol{x}^*\| \leq C \prod_{j=1}^{k} r_j$$

となります．2 次収束するときは，定数 $C > 0$ と $r \in (0,1)$ が存在し，

$$\|\boldsymbol{x}_k - \boldsymbol{x}^*\| \leq Cr^{2^k}$$

が成り立ちます．2 次収束は，1 次収束と比べて非常に収束速度が速いことがわかります．

Chapter 2

基礎事項

本章では，連続最適化の理論を理解するために必要な基礎事項について，簡単に紹介します．

2.1 微積分・線形代数の基礎

最適化アルゴリズムを記述し，理論的性質を調べるために，微積分や線形代数の知識を使います．本節でこれらの基礎事項を紹介します．まず行列の記法を定義します．実数を要素にもつ $n\times n$ 行列（n 次行列）の全体を $\mathbb{R}^{n\times n}$ と表します．より一般に，$\mathbb{R}^{n\times m}$ は $n\times m$ 実行列の全体です．行列 $\boldsymbol{A}\in\mathbb{R}^{n\times m}$ の要素を明示するときには $\boldsymbol{A}=(a_{ij})_{\substack{i=1,\dots,n\\ j=1,\dots,m}}$ のように記述し，簡単のため $\boldsymbol{A}=(a_{ij})$ と書くこともあります．

2.1.1 テイラーの定理

微分可能な関数 $f:\mathbb{R}^n\to\mathbb{R}$ の**勾配** (gradient) を

$$\nabla f(\boldsymbol{x})=\left(\frac{\partial f}{\partial x_1}(\boldsymbol{x}),\dots,\frac{\partial f}{\partial x_n}(\boldsymbol{x})\right)^\top\in\mathbb{R}^n$$

と定義します．点 $\boldsymbol{x}$ での勾配 $\nabla f(\boldsymbol{x})$ は，関数 $f(\boldsymbol{x})$ の等高線に直交するベクトルです．これは次のように示すことができます．関数 f の値が定数 $c\in\mathbb{R}$ である点の集合を $f_c=\{\boldsymbol{x}\in\mathbb{R}^n\,|\,f(\boldsymbol{x})=c\}$ とします．実数パラメータ $t\in\mathbb{R}$ に対して f_c 内の 1 点を対応させる写像を $\boldsymbol{x}(t)$ とします．このとき，

任意の t で $f(\boldsymbol{x}(t)) = c$ となるので，両辺を t で微分すると $t = 0$ において

$$\nabla f(\boldsymbol{x}(0))^\top \frac{d\boldsymbol{x}(0)}{dt} = 0$$

となります．つまり，ベクトル $\nabla f(\boldsymbol{x}(0))$ と $\frac{d\boldsymbol{x}(0)}{dt}$ は直交します．ここで，f_c 上のさまざまなま曲線 $\boldsymbol{x}(t)$ の「速度ベクトル」$\frac{d\boldsymbol{x}(0)}{dt}$ を集めたものが f_c の $\boldsymbol{x}(0)$ での接平面をなすので，勾配 $\nabla f(\boldsymbol{x}(0))$ は等高線（等高面）f_c と $\boldsymbol{x}(0)$ で直交します (図 2.1).

2 回微分可能な関数 f の**ヘッセ行列** (Hessian) $\nabla^2 f(\boldsymbol{x}) \in \mathbb{R}^{n\times n}$ を

$$(\nabla^2 f(\boldsymbol{x}))_{ij} = \frac{\partial^2 f}{\partial x_i \partial x_j}(\boldsymbol{x}), \quad i, j = 1, \ldots, n$$

と定義します．偏微分の可換性から，ヘッセ行列は対称行列であることがわかります．

勾配やヘッセ行列を用いると，関数 f を局所的に 1 次式や 2 次式で近似することができます．その基礎となる**テイラーの定理** (Taylor's theorem) を紹介します．

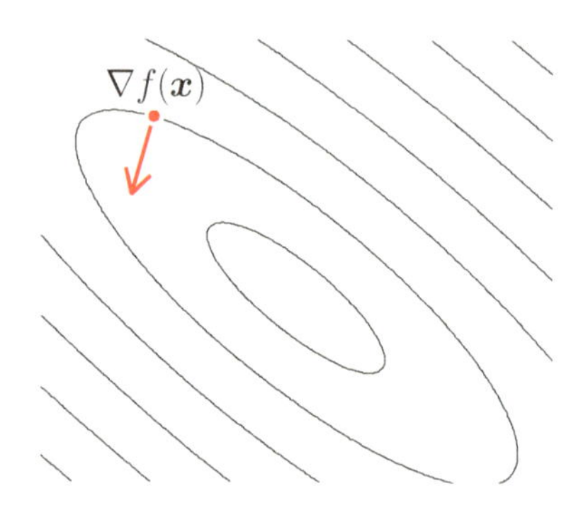

図 2.1　関数 $f(\boldsymbol{x})$ の等高線と勾配 $\nabla f(\boldsymbol{x})$.

定理 2.1（テイラーの定理）

関数 $f:\mathbb{R}^n \to \mathbb{R}$ が 1 回微分可能のとき，$\boldsymbol{x}, \boldsymbol{\delta} \in \mathbb{R}$ に対して実数 $c \in (0,1)$ が存在して

$$f(\boldsymbol{x}+\boldsymbol{\delta}) = f(\boldsymbol{x}) + \nabla f(\boldsymbol{x}+c\boldsymbol{\delta})^\top \boldsymbol{\delta}$$

が成り立ちます．また 2 回微分可能のとき，実数 $c \in (0,1)$ が存在して

$$f(\boldsymbol{x}+\boldsymbol{\delta}) = f(\boldsymbol{x}) + \nabla f(\boldsymbol{x})^\top \boldsymbol{\delta} + \frac{1}{2}\boldsymbol{\delta}^\top \nabla^2 f(\boldsymbol{x}+c\boldsymbol{\delta})\boldsymbol{\delta}$$

が成り立ちます．

証明は，微積分の標準的なテキストを参照してください．

関数値の大雑把な評価をするのに便利なランダウの記号 $O(\cdot)$, $o(\cdot)$ を導入します．関数 $f:\mathbb{R}^n \to \mathbb{R}$ と $g:\mathbb{R}^n \to \mathbb{R}$ が

$$\lim_{\boldsymbol{x}\to\boldsymbol{a}} \left| \frac{f(\boldsymbol{x})}{g(\boldsymbol{x})} \right| = 0$$

を満たすとき

$$f(\boldsymbol{x}) = o(g(\boldsymbol{x})), \quad (\boldsymbol{x}\to\boldsymbol{a})$$

と書きます．また

$$\limsup_{\boldsymbol{x}\to\boldsymbol{a}} \left| \frac{f(\boldsymbol{x})}{g(\boldsymbol{x})} \right| < \infty$$

のとき

$$f(\boldsymbol{x}) = O(g(\boldsymbol{x})), \quad (\boldsymbol{x}\to\boldsymbol{a})$$

と書きます．これらは点 $\boldsymbol{a}$ の近傍での $f(\boldsymbol{x})$ と $g(\boldsymbol{x})$ の大きさの関係を表しています．どの点の近傍を考えているか明らかなときは，$\boldsymbol{x}\to\boldsymbol{a}$ を省略することもあります．定義より $f(\boldsymbol{x}) = o(g(\boldsymbol{x}))$ なら $f(\boldsymbol{x}) = O(g(\boldsymbol{x}))$ となりますが，$f(\boldsymbol{x}) = o(g(\boldsymbol{x}))$ のほうがより詳細な情報を記述していることになります．関数 $f(\boldsymbol{x})$ を原点の近傍で $f(\boldsymbol{x}) = O(\|\boldsymbol{x}\|^k)$ や $f(\boldsymbol{x}) = o(\|\boldsymbol{x}\|^k)$ の

ように評価することで，関数値を大雑把に見積もることができます．

関数 $f:\mathbb{R}^n\to\mathbb{R}$ の 1 階微分が連続（1 回連続微分可能）なら，テイラーの定理より

$$f(\boldsymbol{x}+\boldsymbol{\delta})=f(\boldsymbol{x})+\nabla f(\boldsymbol{x})^\top\boldsymbol{\delta}+o(\|\boldsymbol{\delta}\|)$$

が成り立ちます．同様に 2 階微分が連続（2 回連続微分可能）なら

$$f(\boldsymbol{x}+\boldsymbol{\delta})=f(\boldsymbol{x})+\nabla f(\boldsymbol{x})^\top\boldsymbol{\delta}+\frac{1}{2}\boldsymbol{\delta}^\top\nabla^2 f(\boldsymbol{x})\boldsymbol{\delta}+o(\|\boldsymbol{\delta}\|^2)$$

となります．ここで $\boldsymbol{\delta}\to\boldsymbol{0}$ の状況を考えています．上式は，勾配とヘッセ行列を用いて関数 f を 1 次式や 2 次式で近似しているとみなせます．3 章以降で示すように，これらの近似式は f の最適化において重要な情報を保持しています．

勾配 $\nabla f(\boldsymbol{x})$ に関する類似の展開公式として，2 回微分可能な関数 f に対して

$$\nabla f(\boldsymbol{x}+\boldsymbol{\delta})=\nabla f(\boldsymbol{x})+\int_0^1\nabla^2 f(\boldsymbol{x}+t\boldsymbol{\delta})\boldsymbol{\delta}\,dt$$

が成り立ちます．ここで積分はベクトルの各要素ごとに計算されます．

最適化問題では，関数 f や勾配 ∇f にリプシッツ連続性を仮定することがあります．関数 $f:\mathbb{R}^n\to\mathbb{R}$ が**リプシッツ連続** (Lipschitz continuous) であるとは，正実数 $L>0$ が存在して，任意の $\boldsymbol{x},\boldsymbol{y}\in\mathbb{R}^n$ に対して

$$|f(\boldsymbol{x})-f(\boldsymbol{y})|\le L\|\boldsymbol{x}-\boldsymbol{y}\|$$

が成り立つことと定義します．定数 L をリプシッツ定数といいます．また勾配 ∇f がリプシッツ連続性

$$\|\nabla f(\boldsymbol{x})-\nabla f(\boldsymbol{y})\|\le\gamma\|\boldsymbol{x}-\boldsymbol{y}\|,\quad \gamma>0 \tag{2.1}$$

を満たすとき，f を **γ-平滑関数** (smooth function) といいます．

2.1.2 陰関数定理

関数 $\boldsymbol{F}:\mathbb{R}^k\times\mathbb{R}^n\to\mathbb{R}^k$ に対して，$\boldsymbol{F}(\boldsymbol{x},\boldsymbol{y})=\boldsymbol{0}\in\mathbb{R}^k$ を満たす変数 $\boldsymbol{x}\in\mathbb{R}^k$, $\boldsymbol{y}\in\mathbb{R}^n$ を考えます．ここで $\boldsymbol{y}$ に定数を代入すると，上式は k 次元変数 $\boldsymbol{x}$ と k 本の等式からなる方程式とみなせます．変数の数と式の数が等

しいので，方程式を満たす $\boldsymbol{x}$ が存在することが期待されます．例えば $\boldsymbol{F}$ が線形式

$$\boldsymbol{F}(\boldsymbol{x},\boldsymbol{y})=\boldsymbol{A}\boldsymbol{x}+\boldsymbol{B}\boldsymbol{y},\quad \boldsymbol{A}\in\mathbb{R}^{k\times k},\ \ \boldsymbol{B}\in\mathbb{R}^{k\times n}$$

で与えられるとします．行列 $\boldsymbol{A}$ が正則なら，与えられた $\boldsymbol{y}$ に対して

$$\boldsymbol{x}=-\boldsymbol{A}^{-1}\boldsymbol{B}\boldsymbol{y}$$

とすれば，$\boldsymbol{F}(\boldsymbol{x},\boldsymbol{y})=\boldsymbol{0}$ が成り立ちます．

一般の方程式 $\boldsymbol{F}(\boldsymbol{x},\boldsymbol{y})=\boldsymbol{0}$ を満たす $\boldsymbol{x}$ が変数 $\boldsymbol{y}$ にどのように依存するかを調べるとき，**陰関数定理** (implicit function theorem) が有用です．変数 $\boldsymbol{x}\in\mathbb{R}^k$, $\boldsymbol{y}\in\mathbb{R}^n$ に対して，関数 $\boldsymbol{F}(\boldsymbol{x},\boldsymbol{y})\in\mathbb{R}^k$ の微分を

$$\nabla_{\boldsymbol{x}}\boldsymbol{F}=\left(\frac{\partial F_j}{\partial x_i}\right)_{ij}\in\mathbb{R}^{k\times k},\quad \nabla_{\boldsymbol{y}}\boldsymbol{F}=\left(\frac{\partial F_j}{\partial y_i}\right)_{ij}\in\mathbb{R}^{n\times k}$$

とします．これらの行列を**ヤコビ行列** (Jacobian) といいます．

定理 2.2（陰関数定理）

関数 $\boldsymbol{F}:\mathbb{R}^k\times\mathbb{R}^n\to\mathbb{R}^k$ は r 回連続微分可能とし，点 $(\boldsymbol{a},\boldsymbol{b})\in\mathbb{R}^k\times\mathbb{R}^n$ において次の条件が成り立つとします．

$$\boldsymbol{F}(\boldsymbol{a},\boldsymbol{b})=\boldsymbol{0},\quad \det(\nabla_{\boldsymbol{x}}\boldsymbol{F}(\boldsymbol{a},\boldsymbol{b}))\neq 0.$$

第 2 式は行列式が非ゼロであることを意味します．このとき，$\boldsymbol{a}$ の近傍 $U_x\subset\mathbb{R}^k$，$\boldsymbol{b}$ の近傍 $U_y\subset\mathbb{R}^n$ と関数 $\boldsymbol{\varphi}:U_y\to U_x$ が存在し，

$$\begin{aligned}&\boldsymbol{\varphi}(\boldsymbol{b})=\boldsymbol{a},\\&\boldsymbol{y}\in U_y\implies \boldsymbol{F}(\boldsymbol{\varphi}(\boldsymbol{y}),\boldsymbol{y})=\boldsymbol{0}\end{aligned}$$

が成り立ちます．さらに $\boldsymbol{\varphi}$ は r 回連続微分可能です．

陰関数定理より，$\boldsymbol{\varphi}(\boldsymbol{y})$ の微分を $\boldsymbol{F}$ の微分で表すことができます．実際，関数 $\boldsymbol{F}(\varphi(\boldsymbol{y}),\boldsymbol{y})=\boldsymbol{0}$ を微分して

$$\nabla\boldsymbol{\varphi}(\boldsymbol{y})=-\nabla_{\boldsymbol{y}}\boldsymbol{F}(\boldsymbol{\varphi}(\boldsymbol{y}),\boldsymbol{y})\left(\nabla_{\boldsymbol{x}}\boldsymbol{F}(\boldsymbol{\varphi}(\boldsymbol{y}),\boldsymbol{y})\right)^{-1}$$

が得られます．ここで

$$\nabla \boldsymbol{\varphi}(\boldsymbol{y}) = (\nabla \varphi_1(\boldsymbol{y}), \ldots, \nabla \varphi_k(\boldsymbol{y})) = \left(\frac{\partial \varphi_j}{\partial y_i}\right)_{ij} \in \mathbb{R}^{n \times k}$$

です．線形式の場合の拡張になっていることがわかります．

2.1.3 対称行列と固有値

n 次行列 $\boldsymbol{A} = (a_{ij}) \in \mathbb{R}^{n \times n}$ の任意の要素について $a_{ij} = a_{ji}$（すなわち $\boldsymbol{A}^\top = \boldsymbol{A}$）となるとき，$\boldsymbol{A}$ を**対称行列** (symmetric matrix) と呼びます．連続最適化ではヘッセ行列を扱うことが多いため，対称行列の扱いに慣れることが大切です．統計学や機械学習においても，分散共分散行列などの対称行列を扱います．ここで対称行列の性質をまとめておきます．

行列 $\boldsymbol{A} \in \mathbb{R}^{n \times n}$ に対して，

$$\boldsymbol{A}\boldsymbol{x} = \lambda \boldsymbol{x}$$

を満たす値 λ と n 次元ベクトル $\boldsymbol{x}$ をそれぞれ**固有値** (eigenvalue)，**固有ベクトル** (eigenvector) と呼びます．一般に，$\boldsymbol{A}$ の要素がすべて実数でも λ や $\boldsymbol{x}$ の要素が実数とは限らず，複素数になることがあります．例えば回転行列などは，複素数の範囲で考える必要があります．

$\boldsymbol{A}$ が n 次対称行列なら，λ は実数値，$\boldsymbol{x}$ は $\mathbb{R}^n$ の元になります．さらに，n 本の固有ベクトルが互いに直交するように選ぶことができます．すなわち n 次対称行列 $\boldsymbol{A}$ に対して

$$\boldsymbol{A}\boldsymbol{x}_i = \lambda_i \boldsymbol{x}_i, \quad \boldsymbol{x}_i \in \mathbb{R}^n, \quad \lambda_i \in \mathbb{R}, \quad i = 1, \ldots, n,$$

$$\boldsymbol{x}_i^\top \boldsymbol{x}_j = \begin{cases} 1 & (i = j), \\ 0 & (i \neq j) \end{cases}$$

を満たす $\lambda_i, \boldsymbol{x}_i$ が存在します．行列 $\boldsymbol{Q}$ を

$$\boldsymbol{Q} = \begin{pmatrix} \boldsymbol{x}_1 & \boldsymbol{x}_2 & \cdots & \boldsymbol{x}_n \end{pmatrix} \in \mathbb{R}^{n \times n}$$

とおくと，$\boldsymbol{Q}^\top \boldsymbol{Q} = \boldsymbol{Q}\boldsymbol{Q}^\top = \boldsymbol{I}$ となるので $\boldsymbol{Q}$ は直交行列です．したがって対称行列は直交行列で対角化可能です．実際，$\lambda_1, \ldots, \lambda_n$ を対角要素にもつ n 次対角行列を $\boldsymbol{\Lambda}$ とすると，$\boldsymbol{A}$ の固有値，固有ベクトルの関係から

$$\boldsymbol{A}\boldsymbol{Q} = \boldsymbol{Q}\boldsymbol{\Lambda}$$

となり，$\boldsymbol{\Lambda} = \boldsymbol{Q}^\top \boldsymbol{A}\boldsymbol{Q}$ が成り立ちます．また $\boldsymbol{A}$ を

$$\boldsymbol{A} = \boldsymbol{Q}\boldsymbol{\Lambda}\boldsymbol{Q}^\top = \sum_{i=1}^{n} \lambda_i \boldsymbol{x}_i \boldsymbol{x}_i^\top \tag{2.2}$$

と表すことができます．

対称行列 $\boldsymbol{A} \in \mathbb{R}^{n\times n}$ が，任意の $\boldsymbol{x} \in \mathbb{R}^n$ に対して

$$\boldsymbol{x}^\top \boldsymbol{A}\boldsymbol{x} \geq 0$$

を満たすとき，$\boldsymbol{A}$ を**非負定値行列** (non-negative definite matrix) と呼び，$\boldsymbol{A} \succeq \boldsymbol{O}$（または $\boldsymbol{O} \preceq \boldsymbol{A}$）と表します．非負定値行列 $\boldsymbol{A}$ がさらに

$$\boldsymbol{x} \neq \boldsymbol{0} \quad \text{なら} \quad \boldsymbol{x}^\top \boldsymbol{A}\boldsymbol{x} > 0$$

を満たすとき**正定値行列** (positive definite matrix) と呼び，$\boldsymbol{A} \succ \boldsymbol{O}$（または $\boldsymbol{O} \prec \boldsymbol{A}$）と表します．例えば，行列 $\boldsymbol{X} \in \mathbb{R}^{n\times m}$ に対して $\boldsymbol{X}\boldsymbol{X}^\top$ は n 次非負定値行列であり，さらに $\boldsymbol{X}$ の階数（ランク）が n のとき正定値行列になります．

n 次対称行列 $\boldsymbol{A}, \boldsymbol{B}$ が任意のベクトル $\boldsymbol{x} \in \mathbb{R}^n$ に対して

$$\boldsymbol{x}^\top \boldsymbol{A}\boldsymbol{x} \geq \boldsymbol{x}^\top \boldsymbol{B}\boldsymbol{x}$$

を満たすとき，$\boldsymbol{A} \succeq \boldsymbol{B}$（または $\boldsymbol{B} \preceq \boldsymbol{A}$）と表します．これは $\boldsymbol{A} - \boldsymbol{B} \succeq \boldsymbol{O}$ と同値です．同様に，$\boldsymbol{A} - \boldsymbol{B} \succ \boldsymbol{O}$ なら $\boldsymbol{A} \succ \boldsymbol{B}$（または $\boldsymbol{B} \prec \boldsymbol{A}$）と表します．

非負定値性や正定値性は，固有値に対する条件として表すことができます．行列 $\boldsymbol{A}$ が非負定値行列であることは，$\boldsymbol{A}$ の固有値がすべて非負であることと同値です．また行列 $\boldsymbol{A}$ が正定値行列であることは，$\boldsymbol{A}$ の固有値がすべて正であることと同値です．実際，式 (2.2) を用いると，

$$\boldsymbol{x}^\top \boldsymbol{A}\boldsymbol{x} = \sum_{i=1}^{n} \lambda_i (\boldsymbol{x}^\top \boldsymbol{x}_i)^2$$

となり，左辺の符号と固有値の符号との関連がわかります．

関数 $f : \mathbb{R} \to \mathbb{R}$ と対称行列 $\boldsymbol{A}$ が与えられたとき，行列 $\boldsymbol{A}$ を式 (2.2) のよ

うに対角化し，変換 $\boldsymbol{A} \mapsto \widetilde{f}(\boldsymbol{A})$ を

$$\widetilde{f}(\boldsymbol{A}) = \sum_{i=1}^{n} f(\lambda_i)\boldsymbol{x}_i\boldsymbol{x}_i^\top$$

と定義します．関数 $f(x) = x^k$ とすると，k が自然数なら固有ベクトルの直交性から通常の行列の積 $\boldsymbol{A}^k$ と $\widetilde{f}(\boldsymbol{A})$ は一致します．対称行列 $\boldsymbol{A}$ が正則なら，$f(x) = 1/x$ に対して $\widetilde{f}(\boldsymbol{A})$ は $\boldsymbol{A}$ の逆行列に一致します．また $f(x) = x^{1/2}$ とすると，非負定値行列 $\boldsymbol{A}$ に対して

$$\boldsymbol{A}^{1/2} = \sum_{i=1}^{n} \lambda_i^{1/2}\boldsymbol{x}_i\boldsymbol{x}_i^\top$$

となります．定義から

$$\boldsymbol{A}^{1/2}\boldsymbol{A}^{1/2} = \boldsymbol{A}$$

が成り立ちます．非負定値（正定値）行列 $\boldsymbol{A}$ に対して，$\boldsymbol{A}^{1/2}$ も非負定値（正定値）行列です．単位行列 $\boldsymbol{I}$ は，正定値行列 $\boldsymbol{A}$ を用いると

$$\boldsymbol{I} = \boldsymbol{A}^{1/2}\boldsymbol{A}^{-1/2} = \boldsymbol{A}^{-1/2}\boldsymbol{A}^{1/2}$$

のように表すことができます．ここで $\boldsymbol{A}^{-1/2}$ は $(\boldsymbol{A}^{1/2})^{-1}$ を意味しますが，これは $(\boldsymbol{A}^{-1})^{1/2}$ と同じです．

2.1.4 部分空間への射影

n 次元空間の部分空間 S に対して，S の直交補空間 $S^\perp$ を

$$S^\perp = \{\boldsymbol{x} \in \mathbb{R}^n \mid \text{任意の } \boldsymbol{y} \in S \text{ に対して } \boldsymbol{x}^\top\boldsymbol{y} = 0\}$$

と定義します．このとき $S^\perp$ も $\mathbb{R}^n$ の部分空間となり，S と $S^\perp$ の共通部分はゼロベクトル $\mathbf{0}$ のみです．ベクトル $\boldsymbol{x} \in \mathbb{R}^n$ を

$$\boldsymbol{x} = \boldsymbol{x}_1 + \boldsymbol{x}_2, \quad \boldsymbol{x}_1 \in S,\ \boldsymbol{x}_2 \in S^\perp$$

となるように分解するとき，$\boldsymbol{x}_1$ を $\boldsymbol{x}$ の S への**射影** (projection) といいます (図 2.2).

以下，射影は一意に存在することを示します．部分空間 S の基底を

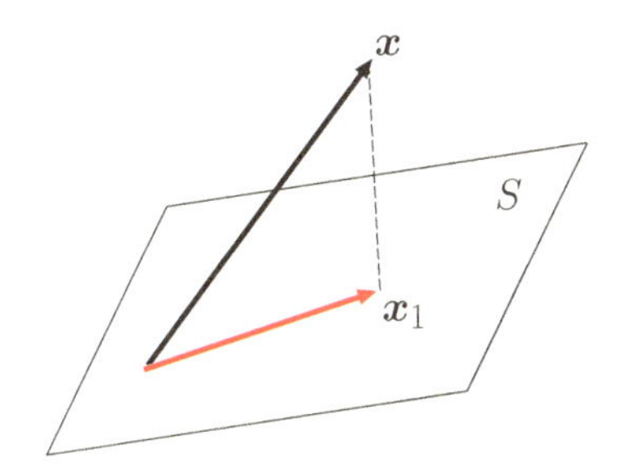

図 2.2　ベクトル $\boldsymbol{x}$ の部分空間 S への射影 $\boldsymbol{x}_1$.

$\boldsymbol{z}_1, \ldots, \boldsymbol{z}_p,\ p \le n$ とし，行列 $\boldsymbol{Z}$ を

$$\boldsymbol{Z} = \begin{pmatrix} \boldsymbol{z}_1 & \cdots & \boldsymbol{z}_p \end{pmatrix} \in \mathbb{R}^{n \times p}$$

とすると，$\boldsymbol{Z}$ の階数は p なので，$\boldsymbol{Z}^\top \boldsymbol{Z} \in \mathbb{R}^{p \times p}$ は正則です．n 次行列 $\boldsymbol{P}$ を

$$\boldsymbol{P} = \boldsymbol{Z}(\boldsymbol{Z}^\top \boldsymbol{Z})^{-1} \boldsymbol{Z}^\top$$

とすると，

$$\boldsymbol{P}^\top = \boldsymbol{P}, \quad \boldsymbol{P}^2 = \boldsymbol{P} \tag{2.3}$$

が成り立ちます．このとき

$$\boldsymbol{x} = \boldsymbol{P}\boldsymbol{x} + (\boldsymbol{I} - \boldsymbol{P})\boldsymbol{x}, \quad \boldsymbol{P}\boldsymbol{x} \in S, \quad (\boldsymbol{I} - \boldsymbol{P})\boldsymbol{x} \in S^\perp$$

と分解できます．実際，定義から $\boldsymbol{P}\boldsymbol{x} \in S$ となり，また

$$\boldsymbol{Z}^\top (\boldsymbol{I} - \boldsymbol{P})\boldsymbol{x} = (\boldsymbol{Z}^\top - \boldsymbol{Z}^\top)\boldsymbol{x} = \boldsymbol{0}$$

より $(\boldsymbol{I} - \boldsymbol{P})\boldsymbol{x} \in S^\perp$ となるため，射影の存在がわかります．次に射影の一意性を示します．もし $\boldsymbol{x} = \boldsymbol{x}_1 + \boldsymbol{x}_2 = \boldsymbol{x}_1' + \boldsymbol{x}_2'$ のように 2 通りの分解ができるなら

$$\boldsymbol{x}_1 - \boldsymbol{x}_1' = \boldsymbol{x}_2' - \boldsymbol{x}_2 \in S \cap S^\perp = \{\boldsymbol{0}\}$$

となって $\boldsymbol{x}_1 = \boldsymbol{x}_1'$ が導出されます．

射影 $\boldsymbol{x}_1$ は，$\boldsymbol{x}$ までの距離を最小にする S 上の点として特徴付けられます．これは，$\boldsymbol{z} \in S$ として

$$\begin{aligned}\|\boldsymbol{x}-\boldsymbol{z}\|^2 &= \|\boldsymbol{x}-\boldsymbol{x}_1+\boldsymbol{x}_1-\boldsymbol{z}\|^2 \\ &= \|\boldsymbol{x}-\boldsymbol{x}_1\|^2+\|\boldsymbol{x}_1-\boldsymbol{z}\|^2+2(\boldsymbol{x}-\boldsymbol{x}_1)^\top(\boldsymbol{x}_1-\boldsymbol{z}) \\ &= \|\boldsymbol{x}-\boldsymbol{x}_1\|^2+\|\boldsymbol{x}_1-\boldsymbol{z}\|^2\end{aligned}$$

が成り立つことから確認できます．最後の等式は

$$\boldsymbol{x}-\boldsymbol{x}_1=\boldsymbol{x}_2\in S^\perp,\quad \boldsymbol{x}_1-\boldsymbol{z}\in S$$

を用いました．

式 (2.3) を満たす行列を**射影行列** (projection matrix) といいます．射影行列の固有値は 0 または 1 であることがわかります．

2.1.5 行列の 1 ランク更新

行列 $\boldsymbol{A}$ に階数が 1 の行列を加えた $\boldsymbol{A}+\boldsymbol{x}\boldsymbol{y}^\top$ を，$\boldsymbol{A}$ の **1 ランク更新** (1 rank update) と呼びます．このような更新式は，自然勾配法や準ニュートン法で用いられます．更新する前の行列の情報を用いて，1 ランク更新した行列に関するさまざまな演算を効率的に行うための公式が考案されています．

シャーマン・モリソンの公式 (Sherman-Morrison formula) は n 次正則行列 $\boldsymbol{A}$ と $\boldsymbol{x},\boldsymbol{y}\in\mathbb{R}^n$ に対して

$$(\boldsymbol{A}+\boldsymbol{x}\boldsymbol{y}^\top)^{-1}=\boldsymbol{A}^{-1}-\frac{1}{1+\boldsymbol{y}^\top\boldsymbol{A}^{-1}\boldsymbol{x}}\boldsymbol{A}^{-1}\boldsymbol{x}\boldsymbol{y}^\top\boldsymbol{A}^{-1} \tag{2.4}$$

と表されます．実際に $\boldsymbol{A}+\boldsymbol{x}\boldsymbol{y}^\top$ との積を計算することで，公式が成り立つことが確認できます．逆行列 $\boldsymbol{A}^{-1}$ が既知なら，この公式を用いて 1 ランク更新の逆行列 $(\boldsymbol{A}+\boldsymbol{x}\boldsymbol{y}^\top)^{-1}$ を効率的に計算することができます．

式 (2.4) は，$\boldsymbol{A}+\boldsymbol{x}\boldsymbol{y}^\top$ が正則であるための必要十分条件が $1+\boldsymbol{y}^\top\boldsymbol{A}^{-1}\boldsymbol{x}\neq 0$ であることも示しています．より詳しく，行列式について次式が成り立ちます．

$$\det(\boldsymbol{A}+\boldsymbol{x}\boldsymbol{y}^\top)=(1+\boldsymbol{y}^\top\boldsymbol{A}^{-1}\boldsymbol{x})\det(\boldsymbol{A}). \tag{2.5}$$

式 (2.5) は，行列 $\boldsymbol{I}+\boldsymbol{A}^{-1}\boldsymbol{x}\boldsymbol{y}^\top$ の固有値が 1（$n-1$ 重）と $1+\boldsymbol{y}^\top\boldsymbol{A}^{-1}\boldsymbol{x}$ であることからわかります．

2.1.6 さまざまなノルム

ノルムとは，ベクトルの長さに対応する量です．機械学習や統計学ではさまざまなノルムを扱います．もっとも基本的なノルムは，1.2.1 節で定義したユークリッドノルムです．定義を再確認しておくと，ベクトル $\boldsymbol{x} = (x_1, \ldots, x_n)^\top \in \mathbb{R}^n$ に対して

$$\|\boldsymbol{x}\| = (\boldsymbol{x}^\top \boldsymbol{x})^{1/2} = \Big(\sum_{i=1}^{n} |x_i|^2\Big)^{1/2}$$

で定められます．

一般のノルムを定義します．

定義 2.3（ノルム）

ベクトル $\boldsymbol{x}$ に非負値 $n(\boldsymbol{x}) \geq 0$ を対応させる関数が以下の性質を満たすとき，$n(\cdot)$ を**ノルム** (norm) といいます．

1. $n(\boldsymbol{x}) \geq 0$. $n(\boldsymbol{x}) = 0 \Longleftrightarrow \boldsymbol{x} = \boldsymbol{0}$.
2. 任意の $\alpha \in \mathbb{R}$ に対して $n(\alpha\boldsymbol{x}) = |\alpha| n(\boldsymbol{x})$.
3. 任意の $\boldsymbol{x}, \boldsymbol{y}$ に対して $n(\boldsymbol{x} + \boldsymbol{y}) \leq n(\boldsymbol{x}) + n(\boldsymbol{y})$.

ユークリッドノルム $n(\boldsymbol{x}) = \|\boldsymbol{x}\|$ はノルムの定義を満たします．一般に $p \geq 1$ に対して，ベクトル $\boldsymbol{x}$ の p-ノルムを

$$\|\boldsymbol{x}\|_p = \left(\sum_{i=1}^{n} |x_i|^p\right)^{1/p}$$

と定義します．さらに $p = \infty$ に対して

$$\|\boldsymbol{x}\|_\infty = \max_{i=1,\ldots,n} |x_i|$$

とします．ユークリッドノルムは 2-ノルムにほかなりません．p-ノルムもノルムの定義を満たします．

ユークリッドノルムに対して，**シュワルツの不等式** (Schwart's inequality)

$$|\boldsymbol{x}^\top \boldsymbol{y}| \leq \|\boldsymbol{x}\|\|\boldsymbol{y}\|$$

が成り立ちます．これは，変数 $t \in \mathbb{R}$ をもつ 2 次関数 $\|\boldsymbol{x} + t\boldsymbol{y}\|^2$ の非負性の条件から導出されます．等号成立条件は $\boldsymbol{x}$ と $\boldsymbol{y}$ が 1 次従属となることです．

p-ノルムに対して，シュワルツの不等式の拡張である**ヘルダーの不等式** (Hölder's inequality)

$$|\boldsymbol{x}^\top \boldsymbol{y}| \le \|\boldsymbol{x}\|_p \|\boldsymbol{y}\|_q$$

が成立します．ここで p, q は

$$p, q \ge 1, \quad \frac{1}{p} + \frac{1}{q} = 1$$

を満たす実数の組とし，$p = 1, q = \infty$ の場合も含みます．ヘルダーの不等式で $p = q = 2$ とすると，シュワルツの不等式が得られます．

ベクトルに対するユークリッドノルム $\|\cdot\|$ を用いて，行列 $\boldsymbol{A} \in \mathbb{R}^{n \times m}$ のノルムを

$$\|\boldsymbol{A}\| = \max_{\substack{\boldsymbol{x} \in \mathbb{R}^m \\ \boldsymbol{x} \ne \boldsymbol{0}}} \frac{\|\boldsymbol{A}\boldsymbol{x}\|}{\|\boldsymbol{x}\|}$$

と定義することができます．実際にノルムの定義を満たすことを確認することができます．定義から，任意の $\boldsymbol{x}$ に対して

$$\|\boldsymbol{A}\boldsymbol{x}\| \le \|\boldsymbol{A}\|\|\boldsymbol{x}\|$$

が成り立ちます．さらに $\boldsymbol{A} \in \mathbb{R}^{n \times m}$, $\boldsymbol{B} \in \mathbb{R}^{m \times \ell}$ に対して

$$\|\boldsymbol{A}\boldsymbol{B}\| \le \|\boldsymbol{A}\|\|\boldsymbol{B}\|$$

となります．$\boldsymbol{A} \in \mathbb{R}^{n \times n}$ を対称行列とし，固有値を $\lambda_1, \ldots, \lambda_n \in \mathbb{R}$ とすると，ユークリッドノルムの性質から

$$\|\boldsymbol{A}\| = \max_{i=1,\ldots,n} |\lambda_i|$$

が成り立ちます．

同様に，ベクトルの p-ノルムから行列のノルムを定義することもできます．

2.1.7 行列空間上の関数

行列の集合を定義域とする関数 $f : \mathbb{R}^{n \times m} \to \mathbb{R}$ に関する公式を紹介し

ます．勾配を行列の形式で表し，$\boldsymbol{X} = (x_{ij}) \in \mathbb{R}^{n \times m}$ に対して $\nabla f(\boldsymbol{X}) \in \mathbb{R}^{n \times m}$ を

$$(\nabla f(\boldsymbol{X}))_{ij} = \frac{\partial f}{\partial x_{ij}}(\boldsymbol{X})$$

とします．以下，具体的な関数に対する勾配を示します．

行列 $\boldsymbol{A} = (a_{ij}) \in \mathbb{R}^{n \times m}$ に対して，$f : \mathbb{R}^{n \times m} \to \mathbb{R}$ を

$$f(\boldsymbol{X}) = \mathrm{tr}(\boldsymbol{X}\boldsymbol{A}^\top) = \sum_{i=1}^{n} \sum_{j=1}^{m} a_{ij} x_{ij}$$

と定義すると，導関数は

$$\nabla f(\boldsymbol{X}) = \boldsymbol{A}$$

となります．これは直接計算することで確認できます．

n 次正則行列 $\boldsymbol{X} \in \mathbb{R}^{n \times n}$ に対して

$$f(\boldsymbol{X}) = \log|\det(\boldsymbol{X})|$$

と定義します．導関数は

$$\nabla f(\boldsymbol{X}) = (\boldsymbol{X}^\top)^{-1}$$

となることを示します．行列 $\boldsymbol{X}$ の余因子行列を $\widetilde{\boldsymbol{X}} = (\Delta_{ij})$ とすると，余因子行列の性質から

$$\boldsymbol{X}\widetilde{\boldsymbol{X}} = \det(\boldsymbol{X}) \cdot \boldsymbol{I}$$

となります．よって任意の $j = 1, \ldots, n$ について

$$\det(\boldsymbol{X}) = \sum_{i=1}^{n} x_{ik} \Delta_{ki}$$

となります．ここで $\Delta_{ki}\,(k = 1, \ldots, n)$ は x_{ij} に依存しないので，

$$\frac{\partial}{\partial x_{ij}} \det(\boldsymbol{X}) = \Delta_{ji} = (\widetilde{\boldsymbol{X}^\top})_{ij}$$

となります．したがって

$$(\nabla f(\boldsymbol{X}))_{ij} = \frac{(\widetilde{\boldsymbol{X}^\top})_{ij}}{\det(\boldsymbol{X})} = ((\boldsymbol{X}^\top)^{-1})_{ij}$$

となります.

2.2 凸解析の基礎

本節では凸関数と凸集合を定義し，それらの性質について紹介します．関数や集合の凸性は，最適化問題にとって非常に重要です．最適化問題が「凸性」を満たすとき，局所的に最適なら大域的に最適であることを示すことができます．その性質を用いて，効率的な最適化アルゴリズムを設計することが可能になります．

2.2.1 凸集合・凸関数

まず凸集合の定義を示します．

定義 2.4（凸集合）

空集合でない集合 $S \subset \mathbb{R}^n$ に対して

$$\boldsymbol{u}, \boldsymbol{v} \in S,\ 0 \le \lambda \le 1 \implies (1-\lambda)\boldsymbol{u} + \lambda \boldsymbol{v} \in S$$

が成り立つとき，S を**凸集合** (convex set) といいます．便宜上，空集合 $\emptyset$ は凸集合とします．

図 2.3 に凸集合と非凸集合の例を示します．

実数 $\lambda \in [0,1]$ に対して，$(1-\lambda)\boldsymbol{x}_1 + \lambda \boldsymbol{x}_2$ を $\boldsymbol{x}_1$ と $\boldsymbol{x}_2$ の凸結合といいます．一般に，$\lambda_i \ge 0$, $\sum_{i=1}^k \lambda_i = 1$ を満たす実数の組と $\mathbb{R}^n$ の有限個の点 $\boldsymbol{x}_1, \ldots, \boldsymbol{x}_k$ に対して，$\sum_{i=1}^k \lambda_i \boldsymbol{x}_i \in \mathbb{R}^n$ を $\boldsymbol{x}_1, \ldots, \boldsymbol{x}_k$ の凸結合といいます．

凸集合に関するいくつかの性質を以下に示します．

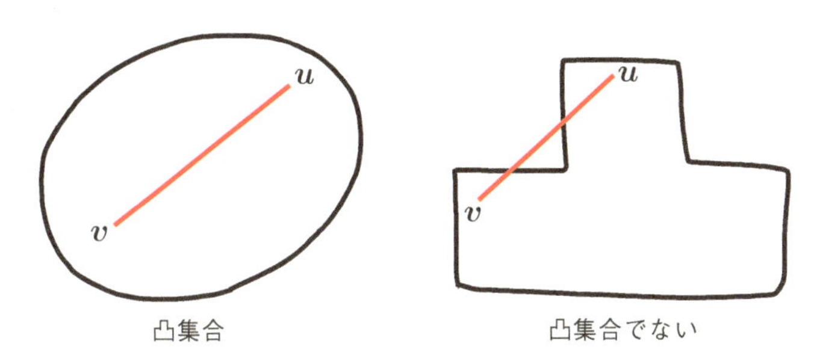

図 2.3　凸集合と非凸集合.

凸集合の性質

1. 凸集合 S に含まれる有限個の点 $\boldsymbol{x}_1, \ldots, \boldsymbol{x}_k \in S$ の凸結合は，S に含まれます.
2. S, T を凸集合とすると $S \cap T$ も凸集合です．一般に，$\mathcal{C}$ を凸集合の集合族とするとき，その共通集合

$$T = \bigcap_{S \in \mathcal{C}} S$$

は凸集合です.

3. $S,\ T \subset \mathbb{R}^n$ が凸集合なら，次の集合も凸集合です.

$$S + T = \{\boldsymbol{x} + \boldsymbol{y} \mid \boldsymbol{x} \in S,\ \boldsymbol{y} \in T\},$$
$$\alpha S = \{\alpha \boldsymbol{x} \mid \boldsymbol{x} \in S\}, \quad \alpha \in \mathbb{R}.$$

上記の 2 の性質から，凸集合とは限らない集合 S に対して，S を含む最小の凸集合を定義することができます.

定義 2.5（凸包）

任意の集合 $S \subset \mathbb{R}^n$ に対して，S を含む凸集合をすべて集めた集合族を $\mathcal{C}$ とします．このとき $\mathrm{conv}(S)$ を

$$\mathrm{conv}(S) = \bigcap_{T \in \mathcal{C}} T$$

と定義し，S の**凸包** (convex-hull) と呼びます．ここで $\mathbb{R}^n \in \mathcal{C}$ なので $\mathcal{C} \neq \emptyset$ です．

補題 2.6

集合 $S \subset \mathbb{R}^n$ と凸包 $\mathrm{conv}(S)$ に対して

$$\mathrm{conv}(S) = \left\{ \sum_{i=1}^{k} \alpha_i \boldsymbol{x}_i \,\middle|\, k \in \mathbb{N},\ \boldsymbol{x}_i \in S,\ \alpha_i \geq 0,\ \sum_{i=1}^{k} \alpha_i = 1 \right\}$$

が成り立ちます．つまり $\mathrm{conv}(S)$ は，S の任意個の要素の凸結合全体と一致します．

次に凸関数を定義します．集合 S 上の関数 $f : S \to \mathbb{R}$ に対して，$\boldsymbol{x} \notin S$ なら $f(\boldsymbol{x}) = \infty$ と定義することで，関数の定義域を $\mathbb{R}^n$，値域を $\mathbb{R} \cup \{\infty\}$ に拡張しておきます．このように拡張しておくことで，

(i) 最適化問題の制約を，関数値が ∞ の場合として扱う
(ii) 凸関数の性質を凸集合の性質に帰着させる

などが可能になります．

定義 2.7（凸関数）

関数 $f:\mathbb{R}^n \to \mathbb{R}\cup\{\infty\}$ に対して実効定義域 $\mathrm{dom}(f)$ を

$$\mathrm{dom}(f)=\{\boldsymbol{x}\in\mathbb{R}^n \mid f(\boldsymbol{x})<\infty\}$$

と定義します．任意の $\boldsymbol{u},\boldsymbol{v}\in\mathrm{dom}(f)$ と $\lambda\in[0,1]$ に対して

$$f((1-\lambda)\boldsymbol{u}+\lambda\boldsymbol{v})\le(1-\lambda)f(\boldsymbol{u})+\lambda f(\boldsymbol{v})$$

が成り立つとき，f を**凸関数** (convex function) と呼びます．

集合 $S\subset\mathbb{R}^n$ に対して関数 $f:S\to\mathbb{R}$ が凸関数であるとは，定義域と値域をそれぞれ $\mathbb{R}^n$ と $\mathbb{R}\cup\{\infty\}$ に拡張した関数が凸関数であることを意味します．

異なる 2 点 $\boldsymbol{u},\boldsymbol{v}\in\mathrm{dom}(f)$, $\boldsymbol{u}\neq\boldsymbol{v}$ と $0<\lambda<1$ に対して

$$f((1-\lambda)\boldsymbol{u}+\lambda\boldsymbol{v})<(1-\lambda)f(\boldsymbol{u})+\lambda f(\boldsymbol{v})$$

が成り立つとき，f を**狭義凸関数** (strictly convex function) といいます．また $-f$ が（狭義）凸関数になるとき，f を（狭義）**凹関数** (concave function) と呼びます．

凸関数 f と $\sum_{i=1}^k\lambda_i=1$ を満たす非負実数 $\lambda_1,\ldots,\lambda_k$ に対して，

$$f\Big(\sum_{i=1}^k\lambda_i\boldsymbol{x}_i\Big)\ \le\ \sum_{i=1}^k\lambda_i f(\boldsymbol{x}_i),\quad \boldsymbol{x}_1,\ldots,\boldsymbol{x}_k\in\mathbb{R}^n$$

が成り立ちます．一般の関数 $f:\mathbb{R}^n\to\mathbb{R}\cup\{\infty\}$ と $c\in\mathbb{R}$ に対して，集合

$$\{\boldsymbol{x}\in\mathbb{R}^n \mid f(\boldsymbol{x})\le c\}$$

を f の**レベル集合** (level set) といいます．凸関数のレベル集合は凸集合になります．

凸関数について，その他の性質を以下に示します．

凸関数の性質

f, f_1, f_2 を凸関数とします．

1. $\mathrm{dom}(f)$ は凸集合です．
2. 非負定数 c_1, c_2 に対して $c_1 f_1(\boldsymbol{x}) + c_2 f_2(\boldsymbol{x})$ も凸関数です．
3. $\max\{f_1(\boldsymbol{x}), f_2(\boldsymbol{x})\}$ も凸関数です．一般に Γ を添字集合とし，任意の $\gamma \in \Gamma$ に対して $f_\gamma(\boldsymbol{x})$ は $\boldsymbol{x}$ の凸関数とすると，$\sup_{\gamma\in\Gamma} f_\gamma(\boldsymbol{x})$ も $\boldsymbol{x}$ の凸関数です．
4. $g : \mathbb{R} \to \mathbb{R}$ を非減少な凸関数とすると $g(f(\boldsymbol{x}))$ は凸関数です．

例 2.1

1 次関数 $f(\boldsymbol{x}) = \boldsymbol{a}^\top \boldsymbol{x} + b$ やノルム $n(\boldsymbol{x})$ は凸関数であることが，定義からわかります．また，$x \in \mathbb{R}$ に対して $f(x) = |x|$ は凸関数です．これは $|x| = \max\{x, -x\}$ と凸関数の性質からわかります．微分可能な関数の凸性は，定理 2.12，2.13 から判定できます．

関数の凸性に関する定量的な定義を与えます．

定義 2.8（μ-強凸関数）

関数 $f : \mathbb{R}^n \to \mathbb{R} \cup \{\infty\}$ と $\mu \geq 0$ が次の条件を満たすとき，f を μ-**強凸関数** (strongly convex function) といいます．任意の $\theta \in (0,1)$ と任意の $\boldsymbol{x}, \boldsymbol{y} \in \mathrm{dom}(f)$ に対して

$$\frac{\mu}{2}\theta(1-\theta)\|\boldsymbol{x}-\boldsymbol{y}\|^2 + f(\theta\boldsymbol{x} + (1-\theta)\boldsymbol{y}) \leq \theta f(\boldsymbol{x}) + (1-\theta) f(\boldsymbol{y})$$

が成立．

関数 $f(\boldsymbol{x})$ が μ-強凸関数であることは，$f(\boldsymbol{x}) - \frac{\mu}{2}\|\boldsymbol{x}\|^2$ が凸関数であることと同値です．

強凸関数に関連する不等式を示します．適当なサイズの行列 $\boldsymbol{A}$ と $\mu \geq 0$ に対して，$f(\boldsymbol{x}) - \frac{\mu}{2}\|\boldsymbol{A}\boldsymbol{x}\|^2$ は凸関数であると仮定します．$\boldsymbol{A}$ が単位行列なら f は μ-強凸です．点 $\boldsymbol{x}^* \in \mathrm{dom}(f)$ で $f(\boldsymbol{x})$ が最小値をとるとします．こ

のとき任意の $\boldsymbol{x} \in \mathbb{R}^n$ に対して

$$f(\boldsymbol{x}^*) + \frac{\mu}{2}\|\boldsymbol{A}(\boldsymbol{x}^* - \boldsymbol{x})\|^2 \le f(\boldsymbol{x}) \tag{2.6}$$

が成り立ちます．凸性と $f(\boldsymbol{x}^*) \le f(\theta\boldsymbol{x}^* + (1-\theta)\boldsymbol{x}), 0 \le \theta \le 1$ より，$\boldsymbol{x} \in \mathbb{R}^n$ に対して

$$\begin{aligned}
&f(\boldsymbol{x}^*) - \frac{\mu}{2}\|\boldsymbol{A}(\theta\boldsymbol{x}^* + 1 - \theta)\boldsymbol{x})\|^2 \\
&\le f(\theta\boldsymbol{x}^* + (1-\theta)\boldsymbol{x}) - \frac{\mu}{2}\|\boldsymbol{A}(\theta\boldsymbol{x}^* + (1-\theta)\boldsymbol{x})\|^2 \\
&\le \theta f(\boldsymbol{x}^*) + (1-\theta)f(\boldsymbol{x}) - \frac{\theta\mu}{2}\|\boldsymbol{A}\boldsymbol{x}^*\|^2 - \frac{(1-\theta)\mu}{2}\|\boldsymbol{A}\boldsymbol{x}\|^2
\end{aligned}$$

となります．これを変形すると

$$(1-\theta)f(\boldsymbol{x}^*) + \theta(1-\theta)\frac{\mu}{2}\|\boldsymbol{A}(\boldsymbol{x}^* - \boldsymbol{x})\|^2 \le (1-\theta)f(\boldsymbol{x})$$

となります．上式を $1-\theta$ で割り，$\theta \to 1$ とすると式 (2.6) が得られます．

2.2.2 凸関数の最小化

凸関数の最小化問題について考えます．

定理 2.9（凸関数の最適化）

$f : \mathbb{R}^n \to \mathbb{R} \cup \{\infty\}$ を凸関数，$S \subset \mathbb{R}^n$ を凸集合とします．最適化問題

$$\min_{\boldsymbol{x}\in\mathbb{R}^n} f(\boldsymbol{x}) \quad \text{s.t.} \quad \boldsymbol{x} \in S$$

の局所最適解を $\boldsymbol{x}^* \in \mathrm{dom}(f) \cap S$ とします．このとき $\boldsymbol{x}^*$ は大域的最適解になっています．

証明． 最適化問題の実行可能領域は $T = \mathrm{dom}(f) \cap S$ となるので凸集合です．したがって $\boldsymbol{x} \in T$ と $\lambda \in (0,1)$ に対して $\lambda\boldsymbol{x}^* + (1-\lambda)\boldsymbol{x}$ は実行可能解です．もし $f(\boldsymbol{x}) < f(\boldsymbol{x}^*)$ が成り立つなら，関数 f の凸性から

$$f(\lambda\boldsymbol{x}^* + (1-\lambda)\boldsymbol{x}) \le \lambda f(\boldsymbol{x}^*) + (1-\lambda)f(\boldsymbol{x}) < f(\boldsymbol{x}^*)$$

となります．ここで λ を 1 に近い値にとると，$\boldsymbol{x}^*$ の近傍で $f(\boldsymbol{x}^*)$ より小さ

な値をとることになり，$\boldsymbol{x}^*$ が局所最適解であることに矛盾します．よって任意の $\boldsymbol{x} \in T$ で $f(\boldsymbol{x}) \geq f(\boldsymbol{x}^*)$ が成り立ちます． □

凸関数を凸集合上で最小化するとき，局所最適解なら大域的最適解であることが保証されます．したがって，局所的な探索アルゴリズムによって大域的最適解を求めることが可能になります．

任意の最適化問題は凸最適化問題として表現できます．まず次の補題を紹介します．

補題 2.10

$S \subset \mathbb{R}^n$ を任意の集合とし，$\boldsymbol{c} \in \mathbb{R}^n, a \in \mathbb{R}$ とすると

$$\inf\left\{\boldsymbol{c}^\top \boldsymbol{x} + a \mid \boldsymbol{x} \in S\right\} = \inf\left\{\boldsymbol{c}^\top \boldsymbol{x} + a \mid \boldsymbol{x} \in \mathrm{conv}(S)\right\}$$

が成立します．

凸包に対して補題 2.6 の表現を用いると，補題 2.10 を証明できます．詳細は省略します．

最適化問題 (1.1) に対して，集合 $\widetilde{S} \subset \mathbb{R}^{n+1}$ を

$$\widetilde{S} = \{(\boldsymbol{x}, t) \mid \boldsymbol{x} \in S,\ f(\boldsymbol{x}) \leq t\}$$

とします．すると (1.1) は

$$\min_{t, \boldsymbol{x}} t \quad \text{s.t.} \quad (\boldsymbol{x}, t) \in \widetilde{S}$$

と表せます．補題 2.10 を用いると，最適値は

$$\min_{t, \boldsymbol{x}} t \quad \text{s.t.} \quad (\boldsymbol{x}, t) \in \mathrm{conv}(\widetilde{S})$$

に一致します．凸包にすることで最適値は変化しませんが，最適解の集合は一般に異なります．

2.2.3 凸関数の連続性

凸関数は連続関数になります．この性質について解説します．まず微積分や位相に関する用語を紹介します．詳細は文献 [72] などを参照してください．

集合 $S \subset \mathbb{R}^n$ の補集合を $S^c = \{\boldsymbol{x} \in \mathbb{R}^n | \boldsymbol{x} \notin S\}$ とします．集合 $S \subset \mathbb{R}^n$ の点 $\boldsymbol{x} \in S$ に対して $B(\boldsymbol{x}, \varepsilon) \subset S$ となる ε 近傍 (1.2) が存在するとき，$\boldsymbol{x}$ を S の**内点**といいます．任意の ε 近傍 $B(\boldsymbol{x}, \varepsilon)$ に対して $S \cap B(\boldsymbol{x}, \varepsilon)$ と $S^c \cap B(\boldsymbol{x}, \varepsilon)$ がともに空集合ではないとき，$\boldsymbol{x}$ を S の**境界点**といいます．集合 S の内点全体を $\mathrm{int}(S)$ と書き，S の内部といいます．S の内点と境界点の全体を $\mathrm{cl}(S)$ と書き，S の**閉包**といいます．集合 S が $S = \mathrm{int}(S)$ を満たすとき S を開集合といい，$S = \mathrm{cl}(S)$ なら S を閉集合といいます．S が閉集合であることと S^c が開集合であることは同値です．

集合 S の**アフィン包** (affine hull) とは，S を含むような超平面で次元が最小のもの意味し，$\mathrm{aff}(S)$ と表します．また点 $\boldsymbol{x} \in S$ に対して $\mathrm{aff}(S) \cap B(\boldsymbol{x}, \varepsilon) \subset S$ となる ε 近傍が存在するとき，$\boldsymbol{x}$ を S の**相対的内点** (relative interior point) といいます．相対的内点全体を**相対的内部** (relative interior) といい，$\mathrm{ri}(S)$ と書きます．集合 $S \subset \mathbb{R}^n$ のアフィン包が全空間 $\mathbb{R}^n$ になるとき，相対的内部と内部は一致します．

凸関数の連続性について次の定理がよく知られています．

定理 2.11（凸関数の連続性）

凸関数 $f : \mathbb{R}^n \to \mathbb{R} \cup \{\infty\}$ は，$\mathrm{dom}(f)$ の相対的内部 $\mathrm{ri}(\mathrm{dom}(f))$ 上で連続です．

証明は文献 [65] の付録 B などを参照してください．

例 2.2

対称行列 $\boldsymbol{A}$ に最大固有値を対応させる関数を $f(\boldsymbol{A})$ とします．このとき $f(\boldsymbol{A})$ は凸関数であり，さらに定理 2.11 より連続関数です．以下，凸関数であることを示します．まず，最大固有値は

$$f(\boldsymbol{A}) = \max\{\boldsymbol{x}^\top \boldsymbol{A}\boldsymbol{x} \,|\, \boldsymbol{x}^\top \boldsymbol{x} = 1\}$$

と表せます．任意の $\boldsymbol{x}$ について，関数 $\boldsymbol{A} \mapsto \boldsymbol{x}^\top \boldsymbol{A}\boldsymbol{x}$ は $\boldsymbol{A}$ に関して線形なので凸関数です．したがって，凸関数の性質 (28 ページ) より $f(\boldsymbol{A})$ は凸関数です． □

2.2.4 微分可能な凸関数

凸関数と勾配について，次の定理が成り立ちます．

定理 2.12（勾配による凸関数の特徴付け）

S を開凸集合（開集合かつ凸集合）とし，$f: S \to \mathbb{R}$ を微分可能な関数とします．このとき，f が凸関数であることと，$\boldsymbol{x} \neq \boldsymbol{y}$ である任意の $\boldsymbol{x}, \boldsymbol{y} \in S$ に対して次式が成り立つことは同値です．

$$f(\boldsymbol{y}) \geq f(\boldsymbol{x}) + \nabla f(\boldsymbol{x})^\top (\boldsymbol{y} - \boldsymbol{x}). \tag{2.7}$$

また f が狭義凸関数であることと，式 (2.7) が等号なしの不等号で成り立つことは同値です．

凸関数と接線の関係を図 2.4 に示します．

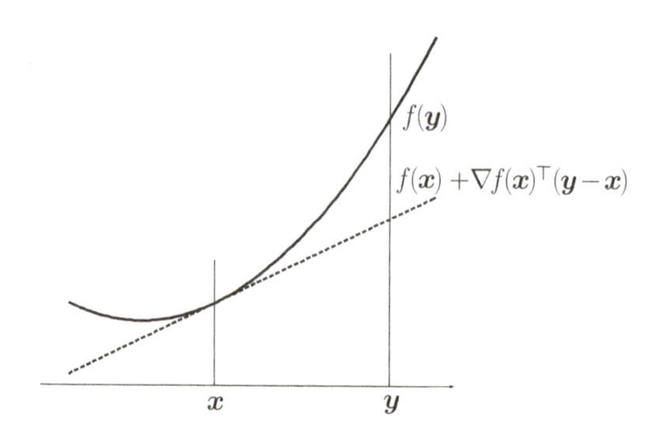

図 2.4 凸関数と接線．

証明． f を凸関数とします．点 $\boldsymbol{x}, \boldsymbol{y} \in S$ と $0 < \lambda < 1$ に対して

$$f(\lambda \boldsymbol{y} + (1-\lambda)\boldsymbol{x}) \leq \lambda f(\boldsymbol{y}) + (1-\lambda) f(\boldsymbol{x})$$

となり，これを変形すると

$$\frac{f(\boldsymbol{x} + \lambda(\boldsymbol{y} - \boldsymbol{x})) - f(\boldsymbol{x})}{\lambda} \leq f(\boldsymbol{y}) - f(\boldsymbol{x})$$

となります．ここで $\lambda \to +0$ とすると所望の不等式を得ます．狭義凸のと

きは上式は等号なしの不等式で成り立ち，さらに左辺は λ について単調非減少であることからわかります．詳細は文献 [72] の定理 2.28, 2.29 を参照してください．

逆に (2.7) を仮定すると，$\boldsymbol{z} = \lambda \boldsymbol{y} + (1-\lambda)\boldsymbol{x}$ に対して

$$
\begin{aligned}
&\lambda f(\boldsymbol{y}) + (1-\lambda) f(\boldsymbol{x}) \\
&\geq \lambda \left(f(\boldsymbol{z}) + \nabla f(\boldsymbol{z})^\top (\boldsymbol{y} - \boldsymbol{z}) \right) + (1-\lambda) \left(f(\boldsymbol{z}) + \nabla f(\boldsymbol{z})^\top (\boldsymbol{x} - \boldsymbol{z}) \right) \\
&= f(\boldsymbol{z})
\end{aligned}
$$

となり，f の凸性が導出されます．狭義凸の場合も同様です．

□

次にヘッセ行列による凸性の特徴付けを示します．

定理 2.13（ヘッセ行列による凸関数の特徴付け）

S を開凸集合とし，$f : S \to \mathbb{R}$ を 2 回連続微分可能な関数とします．このとき，関数 f が凸関数であることと，S 上で $\nabla^2 f \succeq \boldsymbol{O}$（つまり任意の $\boldsymbol{x} \in S$ で $\nabla^2 f(\boldsymbol{x}) \succeq \boldsymbol{O}$）となることは同値です．また S 上で $\nabla^2 f \succ \boldsymbol{O}$ なら，f は狭義凸関数です．

この定理はテイラーの定理から証明することができます．

狭義凸関数でもヘッセ行列が正定値にならないことがあります．したがって，狭義凸性については定理 2.13 は必要十分条件にはなりません．ヘッセ行列の情報から凸性を判定するときは，関数 f を 2 次関数で近似していることに注意してください．例えば $\mathbb{R}$ 上の関数 $f(x) = x^4$ は狭義凸関数ですが，ヘッセ行列は $x = 0$ で 0 になります．この例では，$x = 0$ の近傍で $f(x)$ を 2 次関数で近似することは適切ではないので，ヘッセ行列から狭義凸性を判定することはできません．

例 2.3

定数ベクトル $\boldsymbol{a} \in \mathbb{R}^n$ に対して，関数

$$
f(\boldsymbol{x}) = \log(1 + \exp\{\boldsymbol{a}^\top \boldsymbol{x}\}), \quad \boldsymbol{x} \in \mathbb{R}^n
$$

は凸関数です．$f(\boldsymbol{x})$ は 1 変数関数 $g(z) = \log(1+e^z), z \in \mathbb{R}$ と線形関数 $\boldsymbol{x} \mapsto z = \boldsymbol{a}^\top \boldsymbol{x}$ の合成関数として表せます．また $g'(z) = e^z/(1+e^z) > 0, g''(z) = e^z/(1+e^z)^2 > 0$ なので，$g(z)$ は $\mathbb{R}$ 上で単調増加であり，定理 2.13 より（狭義）凸関数です．したがって，線形関数の凸性と凸関数の性質（28 ページ）の 4 より，$f(\boldsymbol{x})$ は凸関数です．ただし，$n \geq 2$ のとき $\boldsymbol{a}$ に直交する方向には $f(\boldsymbol{x})$ の関数値は変わらないので，狭義凸関数ではありません．
□

例 2.4

定数ベクトル $\boldsymbol{a}_1, \ldots, \boldsymbol{a}_M \in \mathbb{R}^n$ に対して，関数

$$f(\boldsymbol{x}) = \sum_{j=1}^{M} \log(1 + \exp\{\boldsymbol{a}_j^\top \boldsymbol{x}\}), \quad \boldsymbol{x} \in \mathbb{R}^n$$

は凸関数であることが，例 2.3 からわかります．さらに，$f(\boldsymbol{x})$ が狭義凸関数であるための必要十分条件は，行列 $\boldsymbol{A} = (\boldsymbol{a}_1, \ldots, \boldsymbol{a}_M)^\top \in \mathbb{R}^{M \times n}$ の階数が n となることを確認します．異なる 2 点 $\boldsymbol{x}, \boldsymbol{y} \in \mathbb{R}^n$ に対して，$\boldsymbol{z}_t = (1-t)\boldsymbol{x} + t\boldsymbol{y}, t \in (0,1)$ とします．行列 $\boldsymbol{A}$ の階数が n のとき，$\boldsymbol{a}_m^\top(\boldsymbol{y}-\boldsymbol{x}) \neq 0$ となる $\boldsymbol{a}_m$ が存在します．このとき $\log(1+\exp\{\boldsymbol{a}_m^\top \boldsymbol{z}_t\}) = \log(1+\exp\{\boldsymbol{a}_m^\top \boldsymbol{x} + t\boldsymbol{a}_m^\top(\boldsymbol{y}-\boldsymbol{x})\})$ は t を変数とする狭義凸関数です．したがって $f(\boldsymbol{x})$ も狭義凸関数です．一方，行列 $\boldsymbol{A}$ の階数が n より小さいとき，すべての m に対して $\boldsymbol{a}_m^\top(\boldsymbol{y}-\boldsymbol{x}) = 0$ となるような異なる 2 点 $\boldsymbol{x}, \boldsymbol{y}$ が存在します．このとき，$f(\boldsymbol{z}_t)$ の値は t を 0 から 1 に変化させても変わりません．よって狭義凸関数ではありません． □

平滑性と凸性から，関数値の上下界を導出することができます．

定理 2.14（関数値の上下界）

γ-平滑な関数 $f:\mathbb{R}^n\to\mathbb{R}$ に対して，次の不等式が成立します．

$$f(\boldsymbol{y})\le f(\boldsymbol{x})+\nabla f(\boldsymbol{x})^\top(\boldsymbol{y}-\boldsymbol{x})+\frac{\gamma}{2}\|\boldsymbol{y}-\boldsymbol{x}\|^2. \tag{2.8}$$

さらに f が凸関数なら，次の不等式が成立します．

$$f(\boldsymbol{y})\ge f(\boldsymbol{x})+\nabla f(\boldsymbol{x})^\top(\boldsymbol{y}-\boldsymbol{x})+\frac{1}{2\gamma}\|\nabla f(\boldsymbol{x})-\nabla f(\boldsymbol{y})\|^2. \tag{2.9}$$

証明. 式 (2.8) は，以下のように積分表現を用いて示すことができます．

$$\begin{aligned}
&f(\boldsymbol{y})-f(\boldsymbol{x})-\nabla f(\boldsymbol{x})^\top(\boldsymbol{y}-\boldsymbol{x})\\
&=\int_0^1(\nabla f(\boldsymbol{x}+t(\boldsymbol{y}-\boldsymbol{x}))-\nabla f(\boldsymbol{x}))^\top(\boldsymbol{y}-\boldsymbol{x})dt\\
&\le\gamma\|\boldsymbol{y}-\boldsymbol{x}\|^2\int_0^1|t|dt=\frac{\gamma}{2}\|\boldsymbol{y}-\boldsymbol{x}\|^2.
\end{aligned}$$

上の不等式は，シュワルツの不等式と γ-平滑性から導かれます．次に式 (2.9) を示します．関数 $g:\mathbb{R}^n\to\mathbb{R}$ を，常に 0 以上の値をとる γ-平滑な凸関数とします．すると式 (2.8) から，

$$\begin{aligned}
0&\le g\big(\boldsymbol{y}-\frac{1}{\gamma}\nabla g(\boldsymbol{y})\big)\le g(\boldsymbol{y})-\frac{1}{\gamma}\|\nabla g(\boldsymbol{y})\|^2+\frac{1}{2\gamma}\|\nabla g(\boldsymbol{y})\|^2\\
&=g(\boldsymbol{y})-\frac{1}{2\gamma}\|\nabla g(\boldsymbol{y})\|^2
\end{aligned}$$

となります．γ-平滑な凸関数 f に対して，

$$g(\boldsymbol{y})=f(\boldsymbol{y})-\nabla f(\boldsymbol{x})^\top(\boldsymbol{y}-\boldsymbol{x})-f(\boldsymbol{x})$$

と定めると，g は γ-平滑な凸関数であり，定理 2.12 より非負であることがわかります．また $\nabla g(\boldsymbol{y})=\nabla f(\boldsymbol{y})-\nabla f(\boldsymbol{x})$ となります．これらを $g(\boldsymbol{y})$ の不等式に代入すると式 (2.9) が得られます． □

2 回微分可能な関数 $f(\boldsymbol{y})$ に対して，ヘッセ行列の固有値がある範囲にあ

るなら，$f(\boldsymbol{y})$ の上下界を $\boldsymbol{y}$ の 2 次関数によって与えることができます．一方，定理 2.14 は 2 回微分可能でない関数でも成立します．ただし下界には $\nabla f(\boldsymbol{y})$ が現れるので，一般に 2 次関数とはなりません．

2.2.5 共役関数

関数 f が微分可能なら，グラフの接平面が定まります．凸関数の場合，接平面の情報から関数を復元することができます．本節では，接平面の情報を保持する関数である共役関数 f^* を定義し，f と f^* との関連を調べます．

まず，関数 $f : \mathbb{R}^n \to \mathbb{R} \cup \{\infty\}$ の**エピグラフ** (epigraph) $\mathrm{epi}(f) \subset \mathbb{R}^{n+1}$ を

$$\mathrm{epi}(f) = \{(\boldsymbol{x}, t) \in \mathbb{R}^n \times \mathbb{R} \,|\, f(\boldsymbol{x}) \le t\}$$

と定義します．$f(\boldsymbol{x}) = \infty$ となる $\boldsymbol{x}$ に対して，$(\boldsymbol{x}, t) \notin \mathrm{epi}(f), t \in \mathbb{R}$ となります．凸関数の定義から，$f : \mathbb{R}^n \to \mathbb{R} \cup \{\infty\}$ が凸関数であることと $\mathrm{epi}(f)$ が凸集合であることは同値です．凸関数 f のエピググラフ $\mathrm{epi}(f)$ が空集合でないとき，f を**真凸関数** (proper convex function) といい，また $\mathrm{epi}(f)$ が閉集合のとき f を**閉凸関数** といいます．真凸関数であることは $f(\boldsymbol{x}) \ne +\infty$ となる $\boldsymbol{x}$ が存在することと同値です．また閉凸関数であることは，凸関数 f が**下半連続** (lower semicontinuous)，すなわち

$$\text{点列 } \{\boldsymbol{x}_k\} \subset \mathbb{R}^n \text{ が } \boldsymbol{x} \text{ に収束するとき } f(\boldsymbol{x}) \le \liminf_{k \to \infty} f(\boldsymbol{x}_k)$$

を満たすことと同値です．詳細は文献 [72] の定理 2.17 を参照してください．

真凸関数 $f : \mathbb{R}^n \to \mathbb{R} \cup \{\infty\}$ に対して**共役関数** (conjugate function) $f^* : \mathbb{R}^n \to \mathbb{R} \cup \{\infty\}$ を

$$f^*(\boldsymbol{y}) = \sup\{\boldsymbol{y}^\top \boldsymbol{x} - f(\boldsymbol{x}) \,|\, \boldsymbol{x} \in \mathbb{R}^n\}$$

と定義します．f が真凸関数なので $f^*(\boldsymbol{y}) = -\infty$ とはなりません．微分可能な関数 f に対して，共役関数 $f^*(\boldsymbol{y})$ の定義にある sup は，$\boldsymbol{y} = \nabla f(\boldsymbol{x}^*)$ のとき達成されるとします．点 $\boldsymbol{x}^*$ における $f(\boldsymbol{x})$ の接平面の方程式は

$$\boldsymbol{y}^\top (\boldsymbol{x} - \boldsymbol{x}^*) + f(\boldsymbol{x}^*) = \boldsymbol{y}^\top \boldsymbol{x} - (\boldsymbol{y}^\top \boldsymbol{x}^* - f(\boldsymbol{x}^*))$$

となるので，共役関数 $f^*(\boldsymbol{y})$ は，勾配ベクトルが $\boldsymbol{y}$ であるような $f(\boldsymbol{x})$ の接

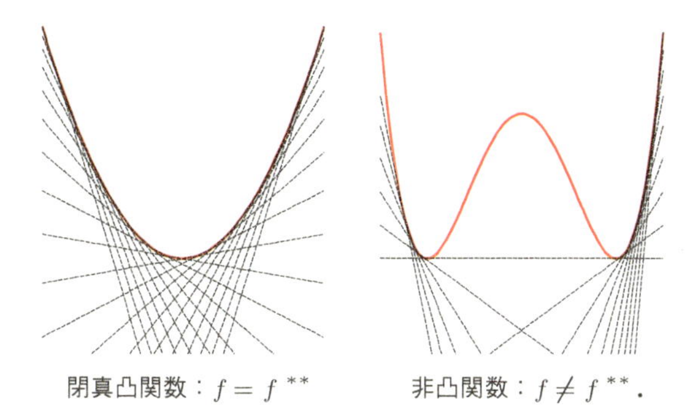

図 2.5 関数 f と接線の関係をプロット．f が閉真凸関数なら $f = f^{**}$，f が非凸関数なら f^{**} は f の凸包．

平面における切片（のマイナス）の値を返します．このことから，$f^*(\boldsymbol{y})$ は $f(\boldsymbol{x})$ の接平面の情報を保持しているといえます．

共役関数について重要な関係が成り立ちます．

定理 2.15（共役関数の性質）

閉真凸（閉凸かつ真凸）関数 $f : \mathbb{R}^n \to \mathbb{R} \cup \{\infty\}$ の共役関数 $f^* : \mathbb{R}^n \to \mathbb{R} \cup \{\infty\}$ は閉真凸関数になります．このとき $(f^*)^* = f$ が成り立ちます．

等式 $(f^*)^* = f$ は，接平面の情報から関数を復元できることを意味しています．図 2.5 にあるように，直感的には関数がへコんでいなければ，このような復元は可能です．関数 f が非凸関数のとき f^{**} は $\mathrm{epi}(f)$ の凸包から定義される関数になります．証明は文献 [72] の定理 2.39 を参照してください．

例 2.5

n 次正定値行列 $\boldsymbol{A} \succ \boldsymbol{O}$ に対して，関数 $f(\boldsymbol{x}) = \frac{1}{2}\boldsymbol{x}^\top \boldsymbol{A}\boldsymbol{x}$ は定理 2.13 より凸関数です．共役関数は

$$f^*(\boldsymbol{y}) = \sup_{\boldsymbol{x} \in \mathbb{R}^n} \left\{ \boldsymbol{x}^\top \boldsymbol{y} - \frac{1}{2}\boldsymbol{x}^\top \boldsymbol{A}\boldsymbol{x} \right\} = \frac{1}{2}\boldsymbol{y}^\top \boldsymbol{A}^{-1}\boldsymbol{y}$$

となります．よって $f^{**} = f$ が成り立つこともわかります． □

平滑性 (2.1) と定義 2.8 の強凸性は，共役関数を通して密接に関連しています．

定理 2.16（強凸性と平滑性）

閉真凸関数 $f : \mathbb{R}^n \to \mathbb{R} \cup \{\infty\}$ と $\mu > 0$ に対して，以下は同値です．

1. f は μ-強凸関数．
2. 共役関数 f^* は $1/\mu$-平滑関数．

証明は文献 [74] の定理 2.5.8 を参照してください．

例 2.6

例 2.5 の関数 $f(\boldsymbol{x})$ を考えます．行列 $\boldsymbol{A} \succ \boldsymbol{O}$ の固有値を $\lambda_1 \geq \lambda_2 \geq \cdots \geq \lambda_n > 0$，対応する単位固有ベクトルを並べた直交行列を $\boldsymbol{Q}$ とすると，$\mu \in \mathbb{R}$ に対し

$$f(\boldsymbol{x}) - \frac{\mu}{2}\|\boldsymbol{x}\|^2 = \frac{1}{2}\boldsymbol{x}^\top \boldsymbol{Q} \mathrm{diag}(\lambda_1 - \mu, \ldots, \lambda_n - \mu) \boldsymbol{Q}^\top \boldsymbol{x}$$

が成り立ちます．ここで $\mathrm{diag}(a_1, \ldots, a_n)$ は $a_1, \ldots, a_n$ を対角成分にもつ対角行列です．よって $f(\boldsymbol{x})$ は λ_n-強凸関数です．一方，

$$\|\nabla f^*(\boldsymbol{y}_1) - \nabla f^*(\boldsymbol{y}_2)\| \leq \|\boldsymbol{A}^{-1}\|\|\boldsymbol{y}_1 - \boldsymbol{y}_2\| = \frac{1}{\lambda_n}\|\boldsymbol{y}_1 - \boldsymbol{y}_2\|$$

となり，共役関数は $1/\lambda_n$-平滑です． □

2.2.6 劣勾配・劣微分

微分可能な関数における勾配と凸性との関連は，定理 2.12 で与えられます．この結果を参考にして，微分可能とは限らない凸関数に対して，勾配の

拡張である劣勾配を定義します.

定義 2.17（劣勾配・劣微分）

真凸関数 $f : \mathbb{R}^n \to \mathbb{R} \cup \{\infty\}$ と点 $\boldsymbol{x} \in \mathrm{dom}(f)$ を考えます. ベクトル $\boldsymbol{g} \in \mathbb{R}^n$ が任意の $\boldsymbol{y} \in \mathbb{R}^n$ に対して

$$f(\boldsymbol{y}) \geq f(\boldsymbol{x}) + \boldsymbol{g}^\top(\boldsymbol{y} - \boldsymbol{x})$$

を満たすとき, $\boldsymbol{g}$ を f の $\boldsymbol{x}$ における**劣勾配** (subgradient) といいます. 点 $\boldsymbol{x}$ におけるすべての劣勾配を集めた集合を $\partial f(\boldsymbol{x})$ と表し, **劣微分** (subdifferential) といいます.

劣勾配の存在や性質について, 以下が成り立ちます.

劣微分の性質

1. 真凸関数 $f : \mathbb{R}^n \to \mathbb{R} \cup \{\infty\}$ と $\boldsymbol{x} \in \mathrm{int}(\mathrm{dom}(f))$ に対して $\partial f(\boldsymbol{x})$ は空でないコンパクト凸集合.
2. $\boldsymbol{0} \in \partial f(\boldsymbol{x})$ のとき, 任意の $\boldsymbol{y} \in \mathbb{R}^n$ に対して $f(\boldsymbol{y}) \geq f(\boldsymbol{x})$.
3. 実数 $\lambda > 0$ に対して $\partial(\lambda \cdot f)(\boldsymbol{x}) = \lambda \partial f(\boldsymbol{x})$.
4. $\partial(f_1 + f_2) = \partial f_1 + \partial f_2$ が $\mathrm{ri}(\mathrm{dom}(f_1)) \cap \mathrm{ri}(\mathrm{dom}(f_2))$ 上で成立. ここで集合 A, B の和 $A + B$ は $\{\boldsymbol{a} + \boldsymbol{b} \,|\, \boldsymbol{a} \in A, \boldsymbol{b} \in B\}$ と定義されます.

次の公式は, 劣微分の計算に役立ちます. 証明は文献 [72] の定理 2.50 を参照してください.

定理 2.18（微分可能な凸関数と劣微分）

凸関数 $f : \mathbb{R}^n \to \mathbb{R}$ について次が成り立ちます．

1. f が微分可能なら $\partial f(\boldsymbol{x}) = \{\nabla f(\boldsymbol{x})\}$．
2. 関数 f が，微分可能な凸関数 $g_1, \ldots, g_p$ を用いて

$$f(\boldsymbol{x}) = \max_{i=1,\ldots,p} g_i(\boldsymbol{x})$$

と表せるとします．添字集合 $J(\boldsymbol{x})$ を

$$J(\boldsymbol{x}) = \{i \mid f(\boldsymbol{x}) = g_i(\boldsymbol{x})\}$$

とすると，

$$\partial f(\boldsymbol{x}) = \mathrm{conv}\left(\{\nabla g_i(\boldsymbol{x}) \mid i \in J(\boldsymbol{x})\}\right)$$

が成り立ちます．

例 2.7

$f : \mathbb{R}^2 \to \mathbb{R}$ を $\boldsymbol{x} = (x_1, x_2)$ に対して

$$f(\boldsymbol{x}) = \|\boldsymbol{x}\|_\infty = \max\{|x_1|, |x_2|\}$$

と定義します．これを書き換えて

$$f(\boldsymbol{x}) = \max\{x_1, -x_1, x_2, -x_2\}$$

として定理 2.18 を使うと

$$\partial f((0,0)) = \mathrm{conv}(\{(\pm 1, 0), (0, \pm 1)\}) = \{\boldsymbol{y} \in \mathbb{R}^2 \mid \|\boldsymbol{y}\|_1 \leq 1\},$$
$$\partial f((1,1)) = \mathrm{conv}(\{(1, 0), (0, 1)\}) = \{\boldsymbol{y} \in \mathbb{R}^2 \mid \|\boldsymbol{y}\|_1 = 1,\ \boldsymbol{y} \geq \boldsymbol{0}\},$$
$$\partial f((1,0)) = \{(1,0)\}$$

が得られます．ここで $\boldsymbol{y} \geq \boldsymbol{0}$ は各要素が非負であることを表します．各点での $f(\boldsymbol{x})$ の劣微分は図 2.6 のようになります．

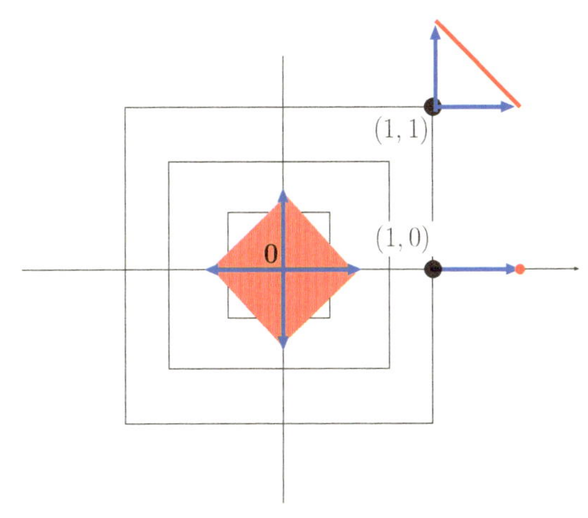

図 2.6 赤く塗った部分が $f(\boldsymbol{x}) = \|\boldsymbol{x}\|_\infty = \max\{x_1, -x_1, x_2, -x_2\}$ の劣微分．青い矢印は，最大値を達成する関数の勾配方向．

□

劣勾配と共役関数は密接に関連しています．

定理 2.19（劣勾配と共役関数の関係）

閉真凸関数 $f : \mathbb{R}^n \to \mathbb{R} \cup \{\infty\}$ に対して以下は同値です．

1. $\boldsymbol{g} \in \partial f(\boldsymbol{x})$
2. $\boldsymbol{x} \in \partial f^*(\boldsymbol{g})$
3. $f(\boldsymbol{x}) + f^*(\boldsymbol{g}) = \boldsymbol{g}^\top \boldsymbol{x}$

証明. 劣微分の定義より，$\boldsymbol{g} \in \partial f(\boldsymbol{x})$ に対して任意の $\boldsymbol{y} \in \mathbb{R}^n$ で

$$\boldsymbol{g}^\top \boldsymbol{x} - f(\boldsymbol{x}) \geq \boldsymbol{g}^\top \boldsymbol{y} - f(\boldsymbol{y})$$

となります．共役関数の定義より上式は $\boldsymbol{g}^\top \boldsymbol{x} - f(\boldsymbol{x}) = f^*(\boldsymbol{g})$ と等価です．閉真凸関数なら $f^{**} = f$ なので $\boldsymbol{g}^\top \boldsymbol{x} - f^*(\boldsymbol{g}) = f^{**}(\boldsymbol{x})$ となります．同様の議論により，これは $\boldsymbol{x} \in \partial f^*(\boldsymbol{g})$ と等価です． □

例 2.8

$f : \mathbb{R}^2 \to \mathbb{R}$ を $f(\boldsymbol{x}) = \|\boldsymbol{x}\|_\infty$ とします．共役関数は次のように計算できます．

$$f^*(\boldsymbol{g}) = \sup_{a \geq 0} \sup_{\substack{\boldsymbol{x} \in \mathbb{R}^2 \\ \|\boldsymbol{x}\|_\infty = a}} \boldsymbol{g}^\top \boldsymbol{x} - a = \sup_{a \geq 0} a(\|\boldsymbol{g}\|_1 - 1) = \begin{cases} 0 & (\|\boldsymbol{g}\|_1 \leq 1), \\ \infty & (\|\boldsymbol{g}\|_1 > 1). \end{cases}$$

劣微分 $\partial f^*(\boldsymbol{g})$ を求めます．定義より

$$\boldsymbol{n} \in \partial f^*(\boldsymbol{g}) \iff \text{任意の } \boldsymbol{h} \in \mathbb{R}^2 \text{ で } f^*(\boldsymbol{h}) \geq \boldsymbol{n}^\top(\boldsymbol{h} - \boldsymbol{g}) + f^*(\boldsymbol{g})$$

なので，$\|\boldsymbol{g}\|_1 \leq 1$ を満たす $\boldsymbol{g}$ が与えられたとき，$\|\boldsymbol{h}\|_1 \leq 1$ となる任意の $\boldsymbol{h}$ に対して $0 \geq \boldsymbol{n}^\top(\boldsymbol{h} - \boldsymbol{g})$ を満たす $\boldsymbol{n}$ が劣勾配になっています．これは f^* の実効定義域の点 $\boldsymbol{g}$ における法線ベクトルと解釈できます (図 2.7)．

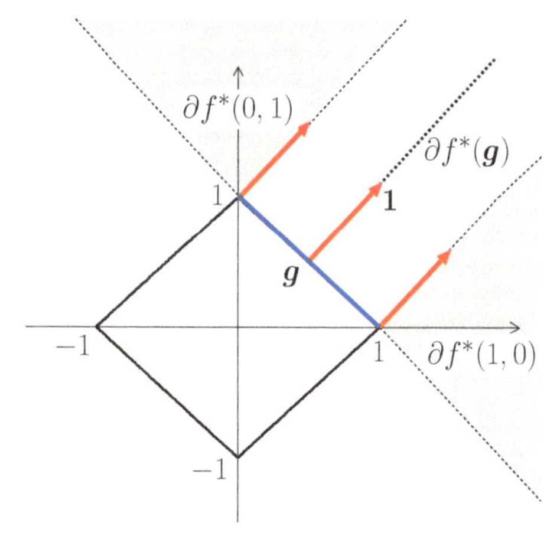

図 2.7 f^* の実効定義域と劣微分 ∂f^*．青い領域 ($\|\boldsymbol{g}\|_1 = 1$, $\boldsymbol{g} \geq \boldsymbol{0}$) の $\boldsymbol{g}$ に対して，$\partial f^*(\boldsymbol{g})$ は $(1, 1)$ 方向のベクトルを含みます．

定理 2.19 を確認します．

- 点 $\boldsymbol{x} = \boldsymbol{0}$ に対して

$$\partial f(\boldsymbol{0}) = \{\boldsymbol{y} \in \mathbb{R}^2 \mid \|\boldsymbol{y}\|_1 \leq 1\}$$

となります．このとき，$\|\boldsymbol{g}\|_1 \le 1$ となる $\boldsymbol{g}$ に対して $\partial f^*(\boldsymbol{g})$ は $\boldsymbol{0}$ を含みます．逆に $\boldsymbol{0} \in \partial f^*(\boldsymbol{g})$ となる $\boldsymbol{g}$ は $\|\boldsymbol{g}\|_1 \le 1$ となり，それ以外の $\boldsymbol{g}$ では $\partial f^*(\boldsymbol{g}) = \emptyset$ となります．$\|\boldsymbol{g}\|_1 \le 1$ に対して $f(\boldsymbol{0}) + f^*(\boldsymbol{g}) = 0$ となり，これは $\boldsymbol{0}^\top \boldsymbol{g}$ に一致します．

- 点 $\boldsymbol{x} = \boldsymbol{1} = (1,1)^\top$ に対して

$$\partial f(\boldsymbol{1}) = \{\boldsymbol{y} \in \mathbb{R}^2 \mid \|\boldsymbol{y}\|_1 = 1,\ \boldsymbol{y} \ge \boldsymbol{0}\}$$

となります．このとき $\|\boldsymbol{g}\|_1 = 1, \boldsymbol{g} \ge \boldsymbol{0}$ となる $\boldsymbol{g}$ に対して，$\boldsymbol{1} \in \partial f^*(\boldsymbol{g})$ となります．逆に $\boldsymbol{1} \in \partial f^*(\boldsymbol{g}) \Rightarrow \boldsymbol{g} \in \partial f(\boldsymbol{1})$ も図 2.7 からわかります．このような $\boldsymbol{g}$ に対して $f(\boldsymbol{1}) + f^*(\boldsymbol{g}) = \|\boldsymbol{1}\|_\infty + 0 = 1$ となり，これは $\boldsymbol{1}^\top \boldsymbol{g} = \|\boldsymbol{g}\|_1$ に一致します．

f^* の実効定義域 $\mathrm{dom}(f^*)$ の内点（$\|\boldsymbol{g}\|_1 < 1$ となる $\boldsymbol{g}$）では，劣微分は $\partial f^*(\boldsymbol{g}) = \{\boldsymbol{0}\}$ となりコンパクト集合です．一方，$\mathrm{dom}(f^*)$ の境界では劣微分はコンパクト集合ではありません． □

第II部

制約なし最適化

Machine Learning
Professional Series

Chapter 3

最適性条件とアルゴリズムの停止条件

最適化問題の最適性条件について説明します．また，反復法の停止条件について考察します．

3.1 局所最適解と最適性条件

関数 $f : \mathbb{R}^n \to \mathbb{R}$ に対する制約なし最適化問題を

$$\min_{\boldsymbol{x} \in \mathbb{R}^n} \quad f(\boldsymbol{x}) \tag{3.1}$$

とします．凸とは限らない一般の関数 f の最適化では，局所最適解を求めることが現実的な目標になります．

よく知られているように，目的関数が微分可能なら局所最適解における勾配がゼロベクトルになります．またヘッセ行列の情報を用いて局所最適解かどうかを判定することができます．テイラーの定理を用いて目的関数 f を 2 次関数で近似することで，さまざまな性質がわかります．これらの結果を以下にまとめておきます．

定理 3.1（1 次の必要条件）

関数 $f : \mathbb{R}^n \to \mathbb{R}$ は 1 回微分可能とし，$\boldsymbol{x}^* \in \mathbb{R}^n$ を問題 (3.1) の局所最適解とします．このとき

$$\nabla f(\boldsymbol{x}^*) = \boldsymbol{0} \tag{3.2}$$

が成り立ちます．

証明. $\boldsymbol{x}^*$ が局所最適解なので，任意のベクトル $\boldsymbol{\delta}$ が与えられたとき，十分小さいすべての正数 t に対して $0 \leq f(\boldsymbol{x}^* + t\boldsymbol{\delta}) - f(\boldsymbol{x}^*)$ となります．両辺を $t > 0$ で割って $t \to +0$ とすると $0 \leq \nabla f(\boldsymbol{x}^*)^\top \boldsymbol{\delta}$ となり，$\boldsymbol{\delta} = -\nabla f(\boldsymbol{x}^*)$ とおくと $\nabla f(\boldsymbol{x}^*) = \boldsymbol{0}$ が得られます． □

式 (3.2) を満たす点 $\boldsymbol{x}^*$ を関数 f の**停留点** (stationary point) といいます．2 階微分の情報を用いることで，停留点が局所最適解かどうかを判定することができます．

定理 3.2（2 次の必要条件）

関数 $f : \mathbb{R}^n \to \mathbb{R}$ は 2 回連続微分可能とし，$\boldsymbol{x}^* \in \mathbb{R}^n$ を問題 (3.1) の局所最適解とします．このとき

$$\nabla^2 f(\boldsymbol{x}^*) \succeq \boldsymbol{O} \tag{3.3}$$

が成り立ちます．

証明. 局所最適性とテイラーの定理を用います．式 (3.2) より $\nabla f(\boldsymbol{x}^*) = \boldsymbol{0}$ となるので，任意のベクトル $\boldsymbol{\delta} \in \mathbb{R}^n$ と，絶対値が十分小さな $t \in \mathbb{R}$ に対して

$$f(\boldsymbol{x}^*) \leq f(\boldsymbol{x}^* + t\boldsymbol{\delta}) = f(\boldsymbol{x}^*) + \frac{t^2}{2}\boldsymbol{\delta}^\top \nabla^2 f(\boldsymbol{x}^*)\boldsymbol{\delta} + o(t^2)$$

$$\Longrightarrow\ 0 \leq \boldsymbol{\delta}^\top \nabla^2 f(\boldsymbol{x}^*)\boldsymbol{\delta} + \frac{o(t^2)}{t^2}\ \longrightarrow\ \boldsymbol{\delta}^\top \nabla^2 f(\boldsymbol{x}^*)\boldsymbol{\delta}\ (t \to 0)$$

となります．したがって $\nabla^2 f(\boldsymbol{x}^*) \succeq \boldsymbol{O}$ が成り立ちます． □

1 次と 2 次の必要条件を使って，停留点から局所最適解でない点を除くことができます．局所最適解の候補点は $\nabla f(\boldsymbol{x}) = \boldsymbol{0}$ を満たします．ヘッセ行列が負の固有値をもつ候補点は，局所最適解ではありません．

局所最適解であることを確定するために，次の定理を用います．

定理 3.3（2 次の十分条件）

関数 $f : \mathbb{R}^n \to \mathbb{R}$ は 2 回連続微分可能とし，点 $\boldsymbol{x}^* \in \mathbb{R}^n$ において $\nabla f(\boldsymbol{x}^*) = \boldsymbol{0}$ と $\nabla^2 f(\boldsymbol{x}^*) \succ \boldsymbol{O}$ が成り立つとします．このとき $\boldsymbol{x}^*$ は問題 (3.1) の局所最適解です．

証明. 関数 f に対する仮定から，ヘッセ行列 $\nabla^2 f(\boldsymbol{x})$ は（$\mathbb{R}^n$ から $\mathbb{R}^{n\times n}$ への関数として）連続です．例 2.2 における最大固有値の連続性と同様に，ヘッセ行列の最小固有値

$$\lambda_{\min}(\boldsymbol{x}) = \min\{\boldsymbol{\delta}^\top \nabla^2 f(\boldsymbol{x})\boldsymbol{\delta} \mid \boldsymbol{\delta}^\top \boldsymbol{\delta} = 1\}$$

が連続関数になることを示すことができます．仮定より $\lambda_{\min}(\boldsymbol{x}^*) > 0$ なので，適当に ε 近傍 $B(\boldsymbol{x}^*, \varepsilon)$ をとれば，$\lambda_{\min}(\boldsymbol{x})$ の連続性から $B(\boldsymbol{x}^*, \varepsilon)$ 上で $\lambda_{\min}(\boldsymbol{x}) \geq a > 0$ となる正定数 a が存在します．テイラーの定理と $\nabla f(\boldsymbol{x}^*) = \boldsymbol{0}$ より，$\|\boldsymbol{\delta}\| < \varepsilon$ である任意のベクトル $\boldsymbol{\delta}$ に対して $c \in (0, 1)$ が存在して

$$f(\boldsymbol{x}^* + \boldsymbol{\delta}) - f(\boldsymbol{x}^*) = \frac{1}{2}\boldsymbol{\delta}^\top \nabla^2 f(\boldsymbol{x}^* + c\boldsymbol{\delta})\boldsymbol{\delta} \geq \frac{a}{2}\|\boldsymbol{\delta}\|^2$$

となります．したがって $\boldsymbol{x} \in B(\boldsymbol{x}^*, \varepsilon)$, $\boldsymbol{x} \neq \boldsymbol{x}^*$ なら $f(\boldsymbol{x}) > f(\boldsymbol{x}^*)$ となります． □

例 3.1

関数 $f(x_1, x_2)$ を

$$f(x_1, x_2) = x_1^4 + x_2^4 + 3x_1^2 x_2^2 - 2x_2^2$$

として，最適化問題

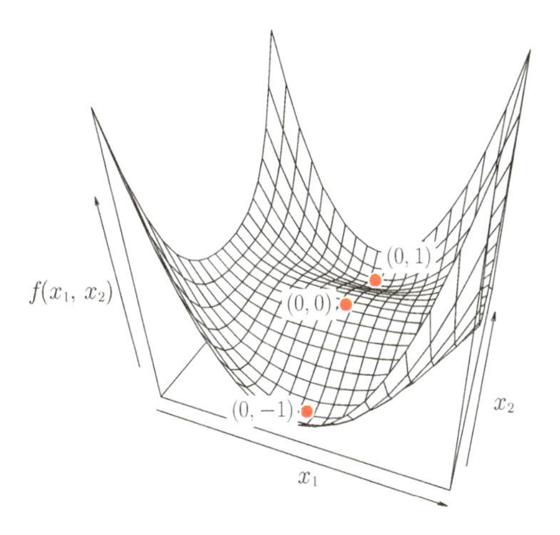

図 3.1　例 3.1 の最適化問題の停留点.

$$\min_{(x_1,x_2)\in\mathbb{R}^2} f(x_1,x_2)$$

を考えます．1 次の必要条件は

$$\frac{\partial f}{\partial x_1} = 2x_1(2x_1^2 + 3x_2^2) = 0,$$
$$\frac{\partial f}{\partial x_2} = 2x_2(3x_1^2 + 2x_2^2 - 2) = 0$$

となり，これを解いて $(x_1,x_2) = (0,0), (0,\pm 1)$ が得られます（図 3.1）．ヘッセ行列は

$$\nabla^2 f(0,0) = \begin{pmatrix} 0 & 0 \\ 0 & -4 \end{pmatrix}, \quad \nabla^2 f(0,\pm 1) = \begin{pmatrix} 6 & 0 \\ 0 & 8 \end{pmatrix}$$

となるので，2 次の十分条件より $(x_1,x_2) = (0,\pm 1)$ において極小値 -1 をとります．一方，$(x_1,x_2) = (0,0)$ は 2 次の必要条件を満たさないので局所最適解ではありません．よって，停留点のなかで極小値をとるのは点 $(0,\pm 1)$ です．これらの点での関数値は同じなので，点 $(0,\pm 1)$ はともに大域的最適解であることがわかります．　□

問題 (3.1) の目的関数が微分可能な凸関数のときは，定理 3.1 で示した 1 次の必要条件が十分条件にもなります．さらに凸関数の性質から局所最適解なら大域最適解なので，停留点なら大域最適解であるという著しい性質があります．

定理 3.4（凸最適化の 1 次の十分条件）

関数 $f:\mathbb{R}^n\to\mathbb{R}$ を微分可能な凸関数とし，点 $\boldsymbol{x}^*$ が $\nabla f(\boldsymbol{x}^*)=\boldsymbol{0}$ を満たすと仮定します．このとき $\boldsymbol{x}^*$ は問題 (3.1) の大域的最適解です．

証明. 定理 2.12 からわかります． □

一方，微分不可能な凸関数 f に対して $\boldsymbol{0}\in\partial f(\boldsymbol{x}^*)$ が成り立つとき，劣微分の性質（39 ページ）の 2 番目の性質から，$\boldsymbol{x}^*$ において関数 $f(\boldsymbol{x})$ の最小値をとることがわかります．

微分可能な関数 $f:\mathbb{R}^n\to\mathbb{R}$ の最小化問題について，結果をまとめると次のようになります．

1. $\boldsymbol{x}^*$ を $\nabla f(\boldsymbol{x}^*)=\boldsymbol{0}$ を満たす点とします．
2. f が凸関数なら $\boldsymbol{x}^*$ は大域的最適解です．
3. f が凸関数でないとき
   (a) $\nabla^2 f(\boldsymbol{x}^*)\succ\boldsymbol{O}$ なら $\boldsymbol{x}^*$ は局所最適解です．
   (b) $\nabla^2 f(\boldsymbol{x}^*)$ が負の固有値をもつなら $\boldsymbol{x}^*$ は局所最適解ではありません．
   (c) $\nabla^2 f(\boldsymbol{x}^*)\succeq\boldsymbol{O}$ であり，さらに $\nabla^2 f(\boldsymbol{x}^*)$ が 0 の固有値をもつとき，$\boldsymbol{x}^*$ が局所最適解かどうかを 2 階微分までの情報で判定することはできません．停留点の近傍での関数の形状を，さらに詳細に調べる必要があります．

3.2 集合制約に対する最適性条件

関数 $f:\mathbb{R}^n\to\mathbb{R}$ と集合 $S\subset\mathbb{R}^n$ から定義される制約付き最適化問題

$$\min_{\boldsymbol{x} \in \mathbb{R}^n} f(\boldsymbol{x}) \quad \text{s.t. } \boldsymbol{x} \in S \tag{3.4}$$

を考えます．応用では，S を凸集合とする場合が多いです．

定義 3.5（実行可能方向）

ベクトル $\boldsymbol{d} \in \mathbb{R}^n$ が次の条件を満たすとき，$\boldsymbol{x} \in S(\subset \mathbb{R}^n)$ における S の**実行可能方向** (feasible direction) といいます：$\bar{a} > 0$ が存在して，任意の $a \in [0, \bar{a}]$ に対して $\boldsymbol{x} + a\boldsymbol{d} \in S$ が成立．

S が凸集合なら，任意の $\boldsymbol{y} \in S$ に対して $\boldsymbol{y} - \boldsymbol{x}$ は $\boldsymbol{x}$ における S の実行可能方向です．よって $S = \mathbb{R}^n$ なら，実行可能方向の全体は $\mathbb{R}^n$ に一致します．

定理 3.6（凸最適化問題 (3.4) に対する 1 次の必要条件）

関数 $f : \mathbb{R}^n \to \mathbb{R}$ は 1 回微分可能とし，S を $\mathbb{R}^n$ の部分集合とします．また $\boldsymbol{x}^* \in \mathbb{R}^n$ を問題 (3.4) の局所最適解とします．このとき $\boldsymbol{x}^*$ における S の任意の実行可能方向 $\boldsymbol{d}$ に対して

$$\nabla f(\boldsymbol{x}^*)^\top \boldsymbol{d} \geq 0$$

が成り立ちます．

証明． 仮定より，十分小さな任意の $\alpha > 0$ に対して，$\boldsymbol{x}^* + \alpha\boldsymbol{d} \in S$ かつ $f(\boldsymbol{x}^* + \alpha\boldsymbol{d}) \geq f(\boldsymbol{x}^*)$ となります．よって $(f(\boldsymbol{x}^* + \alpha\boldsymbol{d}) - f(\boldsymbol{x}^*))/\alpha > 0$ となるので，$a \to +0$ とすると $\nabla f(\boldsymbol{x}^*)^\top \boldsymbol{d} \geq 0$ が得られます． □

停留点の定義を，問題 (3.4) に対して拡張しておきます．点 $\boldsymbol{x}^*$ における S の任意の実行可能方向 $\boldsymbol{d}$ に対して

$$\nabla f(\boldsymbol{x}^*)^\top \boldsymbol{d} \geq 0 \tag{3.5}$$

が成り立つとき，$\boldsymbol{x}^*$ を問題 (3.4) の停留点といいます．もし $S = \mathbb{R}^d$ なら制約なし最適化問題となり，このとき条件 (3.5) は $\nabla f(\boldsymbol{x}^*) = \boldsymbol{0}$ と同値です．

凸最適化問題の場合を考察します．制約なし最適化の場合と同様に，局所解なら大域解であることがわかります．

定理 3.7（凸最適化問題 (3.4) に対する 1 次の十分条件）

関数 $f:\mathbb{R}^n \to \mathbb{R}$ を 1 回微分可能な凸関数とし，S を $\mathbb{R}^n$ の凸集合とします．また $\boldsymbol{x}^* \in S$ は問題 (3.4) の停留点とします．このとき $\boldsymbol{x}^*$ は問題 (3.4) の大域的最適解です．

証明. 任意の $\boldsymbol{y} \in S$ に対して $\boldsymbol{y}-\boldsymbol{x}^*$ は実行可能方向なので

$$\nabla f(\boldsymbol{x}^*)^\top(\boldsymbol{y}-\boldsymbol{x}^*) \geq 0$$

が任意の $\boldsymbol{y} \in S$ に対して成立します．したがって，定理 2.12 と上記の不等式より，

$$f(\boldsymbol{y}) \geq f(\boldsymbol{x}^*) + \nabla f(\boldsymbol{x}^*)^\top(\boldsymbol{y}-\boldsymbol{x}^*) \geq f(\boldsymbol{x}^*)$$

が成立します． □

以上の結果から，問題 (3.4) が凸最適化問題のとき，停留点であることと最適解であることは同値です．凸最適化のさまざまな応用例において，停留点の条件から最適解に関する情報が得られ，各種のアルゴリズムに利用されています．第Ⅳ部でいくつかの例を示します．

3.3 最適化アルゴリズムの停止条件

多くの最適化アルゴリズムは，1.2.2 節で紹介した反復法により記述されます．制約なし最適化問題 (3.1) に対して反復法を適用し，k ステップ目で得られる数値解を $\boldsymbol{x}_k$ とします．このとき $\nabla f(\boldsymbol{x}_k)=\boldsymbol{0}$ と $\nabla^2 f(\boldsymbol{x}_k) \succ \boldsymbol{O}$ が満たされれば，$\boldsymbol{x}_k$ が局所最適解であることがわかり，反復法を終了させることができます．しかし実際の数値計算では，さまざまな数値誤差が混入し，厳密に $\nabla f(\boldsymbol{x}_k)=\boldsymbol{0}$ が成立しているか確認することは困難です．また，仮に数値誤差が存在しない場合でも，有限回の反復で最適解に到達することは期待できません．ある程度の誤差を許容し，有限回の反復で何らかの出力を返すアルゴリズムを構成する必要があります．以下，最適化アルゴリズム

の停止条件について解説します．

問題 (3.1) の局所最適解を $\boldsymbol{x}^*$ とし，反復法で生成される数値解の列 $\{\boldsymbol{x}_k\}$ が $\boldsymbol{x}^*$ に収束すると仮定します．最適性条件を緩めた

$$\|\nabla f(\boldsymbol{x}_k)\| < \varepsilon$$

が成り立つときにアルゴリズムを停止し，$\boldsymbol{x}_k$ を $\boldsymbol{x}^*$ の近似解として出力することを想定します．このときの ε の選び方について考えます．計算機の浮動小数点数における計算精度を $\varepsilon_{\mathrm{mach}}$ とします．この値は**機械イプシロン** (machine epsilon) などと呼ばれ，例えば $\varepsilon_{\mathrm{mach}} = 10^{-16}$ のような値をとります．

関数 f は 2 回連続微分可能とし，$\nabla f(\boldsymbol{x}^*) = \boldsymbol{0}$, $\nabla^2 f(\boldsymbol{x}^*) \succ \boldsymbol{O}$ が成り立つとします．関数値の差を $f(\boldsymbol{x}_k) - f(\boldsymbol{x}^*) = h$，解の差を $\boldsymbol{\delta} = \boldsymbol{x}_k - \boldsymbol{x}^*$ とおくと，テイラーの定理より適当な $t \in (0,1)$ が存在して

$$h = \frac{1}{2}\boldsymbol{\delta}^\top \nabla^2 f(\boldsymbol{x}^* + t\boldsymbol{\delta})\boldsymbol{\delta}$$

となります．したがって，$\boldsymbol{x}^*$ と $\boldsymbol{x}_k$ が十分近いとき $\|\boldsymbol{\delta}\| = O(\sqrt{h})$ となります．さらに勾配に対するテイラーの定理より

$$\nabla f(\boldsymbol{x}_k) = \nabla f(\boldsymbol{x}^*) + \int_0^1 \nabla^2 f(\boldsymbol{x}^* + t\boldsymbol{\delta})\boldsymbol{\delta} dt$$

となるので，$\|\nabla f(\boldsymbol{x}_k)\|$ は $\|\boldsymbol{\delta}\|$ と同じ $O(\sqrt{h})$ 程度のオーダーになります．以上の考察から，関数値 $f(\boldsymbol{x})$ を $\varepsilon_{\mathrm{mach}}$ の精度で計算するとき，

$$\|\nabla f(\boldsymbol{x}_k)\| < \sqrt{\varepsilon_{\mathrm{mach}}}$$

を停止条件とするのが適当と考えられます．

ここで関数値 $f(\boldsymbol{x})$ やベクトル $\boldsymbol{x}$ について，定数倍などスケーリングの影響を考えます．目的関数の値がさまざまな物理量から定義されるとき，単位系を代えるとそれに伴って関数値が定数倍されることがあります．これにより，停止条件の精度が大きく変わることがあります．このようなスケーリングの影響を緩和するために，上記の停止条件を変更して，

$$\|\nabla f(\boldsymbol{x}_k)\| < \sqrt{\varepsilon_{\mathrm{mach}}}|f(\boldsymbol{x}_k)|$$

を用いることもできます．しかし最適値 $f(\boldsymbol{x}^*)$ が 0 に近いときは，この停止条件は厳しくなりすぎる傾向があります．そこで，

$$\|\nabla f(\boldsymbol{x}_k)\| < \sqrt{\varepsilon_{\mathrm{mach}}}(1 + |f(\boldsymbol{x}_k)|)$$

のような停止条件が提案されています．最適値が 0 に近い場合には，スケーリングを考慮しない停止条件を近似しています．また最適値が 0 から離れているときは，スケーリングを考慮した停止条件に近い条件になっています．

実際の数値計算では，勾配だけでなく関数値 $f(\boldsymbol{x}_k)$ や反復解 $\boldsymbol{x}_k$ の挙動も観察しながら，停止するかどうかを判定します．上記のスケーリングに対する影響を考慮して，次の停止条件の組が提案されています．

$$\begin{aligned}
&|f(\boldsymbol{x}_k) - f(\boldsymbol{x}_{k-1})| < \varepsilon_{\mathrm{mach}}(1 + |f(\boldsymbol{x}_k)|), \\
&\|\nabla f(\boldsymbol{x}_k)\| < \sqrt{\varepsilon_{\mathrm{mach}}}(1 + |f(\boldsymbol{x}_k)|), \\
&\|\boldsymbol{x}_k - \boldsymbol{x}_{k-1}\| < \sqrt{\varepsilon_{\mathrm{mach}}}(1 + \|\boldsymbol{x}_k\|).
\end{aligned}$$

これらがすべて満たされたとき，アルゴリズムを停止します．実問題では，上記の $\sqrt{\varepsilon_{\mathrm{mach}}}$ をより大きな $\varepsilon_{\mathrm{mach}}^{1/3}$ に置き換えた停止条件も用いられます．詳細は文献 [19] の Section 12.6 に記述があります．

Chapter 4

勾配法の基礎

制約なし最適化問題に対する基本的なアルゴリズムとして，直線探索法，座標降下法，最急降下法などを紹介します．

目的関数 $f:\mathbb{R}^n\to\mathbb{R}$ に対する制約なし最適化問題を考えます．まず $n=1$ の関数に対する計算アルゴリズムを紹介します．これは直線探索法と呼ばれ，さまざまな最適化アルゴリズムの基本的な構成要素として用いられます．次に，2 次元以上の空間 $\mathbb{R}^n$ 上で定義された関数の最適化手法として，座標降下法と最急降下法を紹介します．これらは実装が簡単であり，また実行時のメモリが少なく済むため，手軽な方法としてよく用いられます．さらに，収束性や収束速度などを調べるための理論的な道具立てについて解説します．勾配法の機械学習への応用として，集団学習のアルゴリズムであるブースティングと，ニューラルネットワークの学習に用いられる誤差逆伝搬法を紹介します．

4.1 直線探索法

関数 $f:\mathbb{R}^n\to\mathbb{R}$ の最小化アルゴリズムにおいて，点 $\boldsymbol{x}\in\mathbb{R}^n$ を $\boldsymbol{d}$ 方向に更新することを考えます．このとき，1 変数関数 $\phi(\alpha)=f(\boldsymbol{x}+\alpha\boldsymbol{d})$ を扱うことになります．本節では，1 変数関数を効率的に最適化する方法について説明します．

関数 $\phi(\alpha)$ は非負実数 α に対して定義されるとします．目標は，$\phi(0)$ よりも十分小さな関数値 $\phi(\alpha)$ を与える $\alpha>0$ を求めることです．そのための計算法を**直線探索法** (line search) と呼びます．計算効率の観点から，必ずしも関数 ϕ の大域解や局所解を高い精度で求める必要はありません．本節では主に，厳密でない直線探索法を紹介します．

関数 $\phi(\alpha)$ は $\phi'(0) < 0$ を満たすとします．ただし $\phi'(0)$ は右微分 $\lim_{h\to+0}(\phi(h)-\phi(0))/h$ とします．このとき，十分小さい $\alpha > 0$ に対して $\phi(0) > \phi(\alpha)$ が保証されます．しかし，減少幅 $\phi(0) - \phi(\alpha)$ が十分大きいとは限りません．一般の最適化アルゴリズムでは直線探索を何度も実行するので，計算効率がよいことと，1 回の直線探索で関数値が十分減少することを両立させることが重要です．

直線探索において，関数値が十分に減少したかを判定するための条件がいくつか提案されています．以下，この条件を紹介します．

アルミホ条件 (Armijo condition)： $c_1 \in (0,1)$ として，

$$\phi(\alpha) \leq \phi(0) + c_1\alpha\phi'(0) \tag{4.1}$$

を満たす $\alpha > 0$ を選択します．ステップ幅の許容範囲は**図 4.1**（左）のようになります．

ウルフ条件 (Wolfe condition)：アルミホ条件では $\alpha > 0$ が非常に小さな値をとることもあります．十分な大きさのステップ幅を保証するために，ウルフ条件ではアルミホ条件に加えて，勾配が $\phi'(0)$ よりも十分に 0 に近いことを要請します．すなわち，以下の条件を満たす α をステップ幅にとります．

$$\begin{aligned} &\phi(\alpha) \leq \phi(0) + c_1\alpha\phi'(0), \\ &\phi'(\alpha) \geq c_2\phi'(0). \end{aligned} \tag{4.2}$$

ここで $0 < c_1 < c_2 < 1$ とします．ステップ幅の許容範囲を図 4.1（右）に示します．ウルフ条件を満たす $\alpha > 0$ が存在することは補題 4.1 で証明します．

強ウルフ条件 (strong Wolfe condition)：ウルフ条件では，$\phi'(\alpha)$ の値が正の大きな値をとることがあります．これを防ぐために，ウルフ条件 (4.2) の第 2 式を

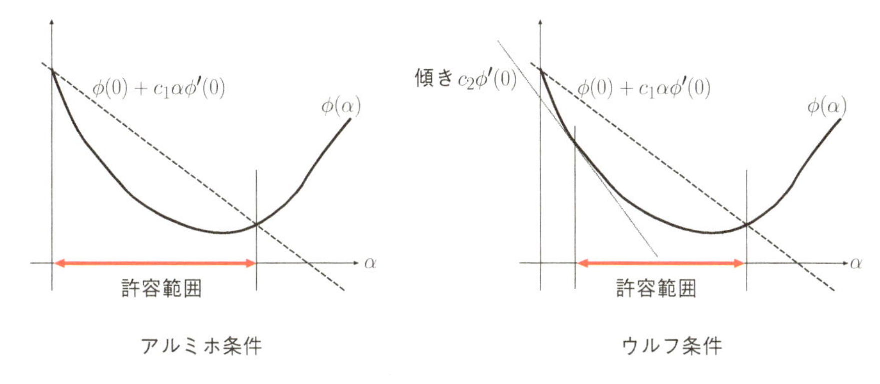

図 4.1 ステップ幅の許容範囲.

$$|\phi'(\alpha)| \le c_2|\phi'(0)|$$

で置き換えた条件を用いることがあります.

ゴールドシュタイン条件 (Goldstein condition)：ウルフ条件とは別の基準で, α が小さくなりすぎることを防ぎます. アルミホ基準と同様の考え方で, 関数値 $\phi(\alpha)$ に対して次のように上界と下界を定めます.

$$\phi(0) + (1-c)\alpha\phi'(0) \le \phi(\alpha) \le \phi(0) + c\,\alpha\phi'(0). \tag{4.3}$$

ここで $c \in (0, 1/2)$ と定めます.

パラメータ α の探索法を工夫することで, アルミホ条件のもとで適切なステップ幅を得ることもできます. そのような方法の 1 つとして, **アルゴリズム 4.1 のバックトラッキング法** (backtracking method) があります.

関数 ϕ が $\phi'(0) < 0$ を満たすので, バックトラッキング法は有限回の反復で停止することがわかります. 大き目の初期値から始めて, アルミホ条件が満たされたときにアルゴリズムが停止するので, α の値が小さくなり過ぎないことが期待されます.

アルゴリズム 4.1 バックトラッキング法

初期化：アルミホ条件の定数 $c_1 \in (0,1)$，縮小率 $\rho \in (0,1)$，初期値 $\alpha > 0$ を設定．

1. α がアルミホ条件を満たすなら，α をステップ幅として出力して停止．
2. $\alpha \leftarrow \alpha\rho$ とする．ステップ 1 に戻る．

補題 4.1

関数 $\phi(\alpha), \alpha \geq 0$ は下に有界で 1 回連続微分可能，また $\phi'(0) < 0$ を満たすとします．このときウルフ条件 (4.2) を満たす α の区間が存在します．強ウルフ条件 でも同様です．

条件を満たす α が区間をなすことは，実用上重要です．以下，ウルフ条件に対する証明を示します．

証明. 関数 $\phi(\alpha)$ は下に有界で，$\alpha = 0$ の近傍では $\phi(\alpha) < \phi(0) + c_1\alpha\phi'(0)$ となります．直線 $\phi(0) + c_1\alpha\phi'(0)$ は $\alpha \to \infty$ で $-\infty$ に発散するので，$\alpha > 0$ の範囲で $\phi(\alpha)$ と少なくとも 1 度交わります（中間値の定理）．そのような最小の正実数を α_1 とすると，$\phi(\alpha_1) = \phi(0) + c_1\alpha_1\phi'(0)$ となり，また区間 $(0, \alpha_1)$ 内の点はウルフ条件 (4.2) の第 1 式を満たします．テイラーの定理より $\alpha_2 \in (0, \alpha_1)$ が存在して

$$\phi(\alpha_1) - \phi(0) = \alpha_1\phi'(\alpha_2)$$

となります．したがって

$$\alpha_1\phi'(\alpha_2) = \phi(\alpha_1) - \phi(0) = c_1\alpha_1\phi'(0) > c_2\alpha_1\phi'(0)$$

となるので，α_2 はウルフ条件 (4.2) の第 2 式を満たします．さらに ϕ' の連続性から，α_2 の近傍でも上の（等号なしの）不等式が成り立ちます．したがって，ウルフ条件を満たす区間が存在することがわかります． □

4.2 直線探索を用いる反復法

反復法（アルゴリズム 1.1）と直線探索法を用いて，関数 $f : \mathbb{R}^n \to \mathbb{R}$ を最適化することを考えます．この収束性について考察します．

反復法のアルゴリズムで，点 $\boldsymbol{x}_k$ まで到達しているとします．このとき $\boldsymbol{x}_k$ から探索方向 $\boldsymbol{d}_k$ の方向に進み，ステップ幅 $\alpha_k \geq 0$ を適切に選んで，

$$\boldsymbol{x}_{k+1} = \boldsymbol{x}_k + \alpha_k \boldsymbol{d}_k$$

のように点 $\boldsymbol{x}_k$ を更新します．探索方向 $\boldsymbol{d}_k$ は

$$\nabla f(\boldsymbol{x}_k)^\top \boldsymbol{d}_k < 0 \tag{4.4}$$

を満たすように選びます．このとき，テイラーの定理より

$$f(\boldsymbol{x}_k + \alpha_k \boldsymbol{d}_k) - f(\boldsymbol{x}_k) = \alpha_k \left(\nabla f(\boldsymbol{x}_k)^\top \boldsymbol{d}_k + \frac{o(\alpha_k)}{\alpha_k} \right)$$

となります．ここで $o(\alpha_k)/\alpha_k \to 0\,(\alpha_k \to +0)$ なので，十分小さな $\alpha_k > 0$ で $f(\boldsymbol{x}_k + \alpha_k \boldsymbol{d}_k) - f(\boldsymbol{x}_k) < 0$ となり，関数値が減少することがわかります．式 (4.4) を満たす $\boldsymbol{d}_k$ を，f の $\boldsymbol{x}_k$ における**降下方向** (descent direction) といいます．探索方向として降下方向をとる反復法を，アルゴリズム 4.2 に示します．

アルゴリズム 4.2 直線探索を用いる反復法

初期化： 初期解 $\boldsymbol{x}_0 \in \mathbb{R}^n$ を定める．$k \leftarrow 0$ とする．

1. 停止条件が満たされるなら，$\boldsymbol{x}_k$ を数値解として出力して停止．
2. 降下方向を探索方向 $\boldsymbol{d}_k$ に設定．
3. 関数 $\phi(\alpha) = f(\boldsymbol{x}_k + \alpha \boldsymbol{d}_k)$, $\alpha \geq 0$ に対する直線探索により，ステップ幅 α_k を計算．
4. $\boldsymbol{x}_{k+1} \leftarrow \boldsymbol{x}_k + \alpha_k \boldsymbol{d}_k$ と更新．
5. $k \leftarrow k + 1$ とする．ステップ 1 に戻る．

直線探索にウルフ条件を用いるとき，アルゴリズムの収束性を保証するために有用な次の定理が成り立ちます．

定理 4.2（ゾーテンダイク条件 (Zoutendijk condition)）

関数 $f : \mathbb{R}^n \to \mathbb{R}$ は下に有界で 1 回連続微分可能とします．初期解 $\boldsymbol{x}_0$ から定まるレベル集合 $\{\boldsymbol{x} \in \mathbb{R}^n \mid f(\boldsymbol{x}) \leq f(\boldsymbol{x}_0)\}$ を含む開集合上で，f が式 (2.1) の γ-平滑性を満たすとします．アルゴリズム 4.2 の直線探索にウルフ条件を用い，探索方向 $\boldsymbol{d}_k$ と勾配 $\nabla f(\boldsymbol{x}_k)$ の間の角度を

$$\cos\theta_k = -\frac{\nabla f(\boldsymbol{x}_k)^\top \boldsymbol{d}_k}{\|\nabla f(\boldsymbol{x}_k)\|\|\boldsymbol{d}_k\|}$$

と定めます．このとき

$$\sum_{k=0}^{\infty}(\cos\theta_k)^2\|\nabla f(\boldsymbol{x}_k)\|^2 < \infty \tag{4.5}$$

が成り立ちます．式 (4.5) を**ゾーテンダイク条件**といいます．

証明． 関数 $\phi(\alpha) = f(\boldsymbol{x}_k + \alpha\boldsymbol{d}_k)$ に対するウルフ条件 (4.2) の第 2 式から

$$(\nabla f(\boldsymbol{x}_{k+1}) - \nabla f(\boldsymbol{x}_k))^\top \boldsymbol{d}_k \geq (c_2 - 1)\nabla f(\boldsymbol{x}_k)^\top \boldsymbol{d}_k$$

となります．また γ-平滑性とシュワルツの不等式から

$$(\nabla f(\boldsymbol{x}_{k+1}) - \nabla f(\boldsymbol{x}_k))^\top \boldsymbol{d}_k \leq \alpha_k\gamma\|\boldsymbol{d}_k\|^2$$

となります．よって $\boldsymbol{d}_k$ が降下方向なので

$$(c_2 - 1)\nabla f(\boldsymbol{x}_k)^\top \boldsymbol{d}_k \leq \alpha_k\gamma\|\boldsymbol{d}_k\|^2 \implies 0 < \frac{(c_2 - 1)\nabla f(\boldsymbol{x}_k)^\top \boldsymbol{d}_k}{\gamma\|\boldsymbol{d}_k\|^2} \leq \alpha_k$$

となり，これをウルフ条件 (4.2) の第 1 式に代入すると，

$$\begin{aligned} f(\boldsymbol{x}_{k+1}) &\leq f(\boldsymbol{x}_k) - \frac{c_1(1 - c_2)(\nabla f(\boldsymbol{x}_k)^\top \boldsymbol{d}_k)^2}{\gamma\|\boldsymbol{d}_k\|^2} \\ &= f(\boldsymbol{x}_k) - \frac{c_1(1 - c_2)}{\gamma}(\cos\theta_k)^2\|\nabla f(\boldsymbol{x}_k)\|^2 \end{aligned}$$

となります．これを $k = 0, 1, 2, \ldots, K$ について和をとると

$$f(\boldsymbol{x}_{K+1}) \leq f(\boldsymbol{x}_0) - \frac{c_1(1-c_2)}{\gamma} \sum_{k=0}^{K} (\cos\theta_k)^2 \|\nabla f(\boldsymbol{x}_k)\|^2$$

となります．関数 f は下に有界であることから

$$\sum_{k=1}^{\infty} (\cos\theta_k)^2 \|\nabla f(\boldsymbol{x}_k)\|^2 < \infty$$

が得られます． □

定理 4.2 から収束性を示す手順を説明します．定理の結論から，

$$(\cos\theta_k)^2 \|\nabla f(\boldsymbol{x}_k)\|^2 \to 0, \quad k \to \infty$$

となります．降下方向 $\boldsymbol{d}_k$ が勾配方向 $\nabla f(\boldsymbol{x}_k)$ と直交しないように

$$\liminf_{k\to\infty} (\cos\theta_k)^2 > 0$$

と設定すると，勾配について

$$\nabla f(\boldsymbol{x}_k) \to \boldsymbol{0}, \quad k \to \infty$$

が成り立ちます．点列 $\{\boldsymbol{x}_k\}$ がコンパクト集合に含まれるなら，停留点に収束する部分列を含むことがわかります．

初期解 $\boldsymbol{x}_0$ に依存せずに勾配がゼロベクトルに収束することを**大域的収束** (global convergence) といいます．ゾーテンダイク条件は大域的収束性が成り立つための十分条件を与えます．

4.3 座標降下法

目的関数 $f : \mathbb{R}^n \to \mathbb{R}$ を各座標軸に沿って最適化していく手法を，**座標降下法** (coordinate descent method) と呼びます．ベクトル $\boldsymbol{e}_i$ を，i 番目の要素が 1，その他の要素が 0 である単位ベクトルとします．座標降下法の探索方向は，$\pm\boldsymbol{e}_1, \ldots, \pm\boldsymbol{e}_n$ の中から選ばれます．探索方向の選び方として，一様ランダムに選ぶ方法，座標軸を巡回的に $1, 2, \ldots, n, 1, 2, \ldots, n, \ldots$ と選ぶ方法，また勾配 ∇f の要素の絶対値が最大である座標軸を選ぶ方法などがあ

ります [57]．座標軸の選択法とステップ幅の計算法を定めれば，座標降下法はアルゴリズム 4.3 のように記述されます．

アルゴリズム 4.3 関数 $f(\boldsymbol{x})$ に対する座標降下法

初期化：初期解 $\boldsymbol{x}_0 \in \mathbb{R}^n$ を定める．$k \leftarrow 0$ とする．

1. 停止条件が満たされるなら，$\boldsymbol{x}_k$ を数値解として出力して停止．
2. 探索方向 $\boldsymbol{d}_k$ を $\pm\boldsymbol{e}_1, \ldots, \pm\boldsymbol{e}_n$ の中から選択．
3. $\phi(\alpha) = f(\boldsymbol{x}_k + \alpha\boldsymbol{d}_k)$ に対する直線探索により $\alpha_k \geq 0$ を計算．
4. $\boldsymbol{x}_{k+1} \leftarrow \boldsymbol{x}_k + \alpha_k\boldsymbol{d}_k$ と更新．
5. $k \leftarrow k+1$ とする．ステップ 1 に戻る．

目的関数が微分不可能なとき，図 4.2 のような簡単な例でも座標降下法が局所解に収束しないことがあります．本節では，目的関数は微分可能とします．

勾配がもっとも大きい軸を選択する方法について，定理 4.2 の余弦 $\cos\theta_k$ の下限を求めます．まず，

$$\|\nabla f(\boldsymbol{x}_k)\|^2 = \sum_{i=1}^{n} \left(\frac{\partial f}{\partial x_i}(\boldsymbol{x}_k) \right)^2 \leq n \cdot \max \left(\frac{\partial f}{\partial x_i}(\boldsymbol{x}_k) \right)^2$$

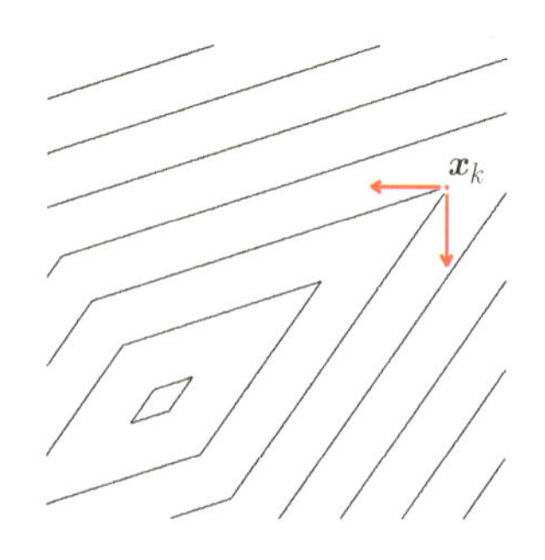

図 4.2 目的関数 $f(\boldsymbol{x})$ の等高線と，$\boldsymbol{x}_k$ での探索方向．

が成り立つことから

$$\max_{i=1,\ldots,n}\left|\frac{\partial f}{\partial x_i}(\boldsymbol{x}_k)\right| \geq \frac{\|\nabla f(\boldsymbol{x}_k)\|}{\sqrt{n}}$$

が得られます．上式左辺の最大を達成する座標軸を i^* として，$\frac{\partial f}{\partial x_{i^*}}(\boldsymbol{x}_k)$ が正なら探索方向を $\boldsymbol{d}_k = -\boldsymbol{e}_{i^*}$，負なら $\boldsymbol{d}_k = \boldsymbol{e}_{i^*}$ とします．このとき

$$\cos\theta_k = -\frac{\boldsymbol{d}_k^\top \nabla f(\boldsymbol{x}_k)}{\|\boldsymbol{d}_k\|\|\nabla f(\boldsymbol{x}_k)\|} = \frac{1}{\|\nabla f(\boldsymbol{x}_k)\|}\left|\frac{\partial f}{\partial x_{i^*}}(\boldsymbol{x}_k)\right| \geq \frac{1}{\sqrt{n}}$$

となり，$(\cos\theta_k)^2 \geq 1/n$ が成り立ちます．定理 4.2 の仮定を満たす関数に対して，ウルフ条件による直線探索でステップ幅を決めれば，$\nabla f(\boldsymbol{x}_k) \to \boldsymbol{0}$ が保証されます．

探索方向を巡回的に定めるとき，ステップ幅を適切に決めれば，次の定理に示すように収束性を保証することができます．

定理 4.3（座標降下法の収束性）

関数 $f : \mathbb{R}^n \to \mathbb{R}$ は 2 回連続微分可能で γ-平滑とします．正実数 σ が存在して $\sigma\boldsymbol{I} \prec \nabla^2 f$ が成り立つとします．座標降下法の勾配方向 $\boldsymbol{d}_k$ を巡回的に選択し，

$$\boldsymbol{d}_k = -\mathrm{sign}\left(\frac{\partial f}{\partial x_i}(\boldsymbol{x}_k)\right)\boldsymbol{e}_i$$

と定めます．ここで $\mathrm{sign}\,(a) \in \{\pm 1\}$ は $a \in \mathbb{R}$ の符号を返す関数，i は k を n で割った余りに 1 を加えた数とします．さらにステップ幅を $\alpha_k = \frac{1}{\gamma}\left|\frac{\partial f}{\partial x_i}(\boldsymbol{x}_k)\right|$ と定めます．関数 f の最適値を f^* とすると，座標降下法で得られる点列 $\{\boldsymbol{x}_k\}$ について

$$f(\boldsymbol{x}_k) - f^* \leq \left(1 - \frac{\sigma}{2\gamma(n+1)}\right)^{k/n}(f(\boldsymbol{x}_0) - f^*)$$

が成り立ちます．ただし $k = n, 2n, 3n, \ldots,$ とします．

証明の詳細は文献 [57] の Section 3.6, Theorem 3 を参照してください．

また探索方向の座標軸をランダムに選ぶときの平均的な挙動については，文献 [57] の Section 3.3, Theorem 1 で示されています．

4.4 最急降下法

勾配ベクトルの計算が簡単な場合には，最急降下法が手軽な方法としてよく使われます．

4.4.1 最適化アルゴリズム

最急降下法 (steepest descent method) は直線探索を用いる反復法の一種です．探索方向として，降下方向である $\boldsymbol{d}_k = -\nabla f(\boldsymbol{x}_k)$ を用います．この探索方向は単に降下方向であるだけでなく，局所的には関数値がもっとも減少するという意味で，最適な降下方向になっています．これは次のように確認できます．微小量 $\alpha > 0$ に対して関数 $f(\boldsymbol{x} + \alpha\boldsymbol{d})$ をテイラー展開すると

$$f(\boldsymbol{x} + \alpha\boldsymbol{d}) = f(\boldsymbol{x}) + \alpha\nabla f(\boldsymbol{x})^\top \boldsymbol{d} + o(\alpha)$$

となります．ここで $\|\boldsymbol{d}\| = 1$ の条件のもとで $\nabla f(\boldsymbol{x})^\top \boldsymbol{d}$ を最小にする $\boldsymbol{d}$ は，シュワルツの不等式より

$$\boldsymbol{d} = -\frac{1}{\|\nabla f(\boldsymbol{x})\|}\nabla f(\boldsymbol{x})$$

となります．したがって $-\nabla f(\boldsymbol{x})$ 方向に更新するのが，局所的に関数値をもっとも減少させます．

最急降下法の手順を**アルゴリズム 4.4** に示します．最急降下法のステップ 3 で，ステップ幅を決める基準としてウルフ条件を考えます．このとき定理 4.2 の仮定を満たす関数 $f(\boldsymbol{x})$ に対して，最急降下法で生成される点列 $\{\boldsymbol{x}_k\}$ は停留点に収束します．実際，定理 4.2 の角度 θ_k は

$$\cos\theta_k = -\frac{\nabla f(\boldsymbol{x}_k)^\top \boldsymbol{d}_k}{\|\nabla f(\boldsymbol{x}_k)\|\|\boldsymbol{d}_k\|} = 1$$

となり，$\cos\theta_k\|\nabla f(\boldsymbol{x}_k)\|$ が 0 に収束することから，最急降下法では

$$\nabla f(\boldsymbol{x}_k) \ \longrightarrow\ \boldsymbol{0}, \quad k \to \infty$$

となります．したがって大域的収束性が成り立ちます．

アルゴリズム 4.4 関数 $f(\boldsymbol{x})$ に対する最急降下法

初期化： 初期解 $\boldsymbol{x}_0 \in \mathbb{R}^n$ を定める．$k \leftarrow 0$ とする．
1. 停止条件が満たされるなら，$\boldsymbol{x}_k$ を数値解として出力して停止.
2. 探索方向を $\boldsymbol{d}_k \leftarrow -\nabla f(\boldsymbol{x}_k)$ と設定.
3. $\phi(\alpha) = f(\boldsymbol{x}_k + \alpha \boldsymbol{d}_k)$ に対する直線探索により $\alpha_k \geq 0$ を計算.
4. $\boldsymbol{x}_{k+1} \leftarrow \boldsymbol{x}_k + \alpha_k \boldsymbol{d}_k$ と更新.
5. $k \leftarrow k+1$ とする．ステップ 1 に戻る.

4.4.2 最急降下法の収束速度

収束速度を理論的に考察するために，次の凸 2 次関数に最急降下法を適用して，その挙動を調べます.

$$f(\boldsymbol{x}) = \frac{1}{2}(\boldsymbol{x} - \boldsymbol{x}^*)^\top \boldsymbol{Q}(\boldsymbol{x} - \boldsymbol{x}^*). \tag{4.6}$$

ここで $\boldsymbol{Q} \in \mathbb{R}^{n \times n}$ は正定値対称行列とします．したがって最適解は $\boldsymbol{x}^*$，最適値は $f(\boldsymbol{x}^*) = 0$ となります.

直線探索を厳密に実行し，$\alpha_k \geq 0$ を $\phi(\alpha) = f(\boldsymbol{x}_k + \alpha \boldsymbol{d}_k)$ の最適解とします．ステップ幅 α_k に関する停留条件と勾配 $\nabla f(\boldsymbol{x}_k) = \boldsymbol{Q}(\boldsymbol{x}_k - \boldsymbol{x}^*)$ より，

$$\begin{aligned} 0 &= \nabla f(\boldsymbol{x}_k - \alpha_k \nabla f(\boldsymbol{x}_k))^\top \nabla f(\boldsymbol{x}_k) \\ &= \nabla f(\boldsymbol{x}_k)^\top \nabla f(\boldsymbol{x}_k) - \alpha_k \nabla f(\boldsymbol{x}_k)^\top \boldsymbol{Q} \nabla f(\boldsymbol{x}_k) \end{aligned}$$

となるので

$$\alpha_k = \frac{\nabla f(\boldsymbol{x}_k)^\top \nabla f(\boldsymbol{x}_k)}{\nabla f(\boldsymbol{x}_k)^\top \boldsymbol{Q} \nabla f(\boldsymbol{x}_k)}$$

が得られます．この結果を用いて計算すると

$$f(\boldsymbol{x}_{k+1}) = \left\{ 1 - \frac{\|\nabla f(\boldsymbol{x}_k)\|^4}{\nabla f(\boldsymbol{x}_k)^\top \boldsymbol{Q} \nabla f(\boldsymbol{x}_k) \cdot \nabla f(\boldsymbol{x}_k)^\top \boldsymbol{Q}^{-1} \nabla f(\boldsymbol{x}_k)} \right\} f(\boldsymbol{x}_k) \tag{4.7}$$

となります．行列 $\boldsymbol{Q}$ の固有値を $0 < \lambda_1 \leq \lambda_2 \leq \cdots \leq \lambda_n$ とします．固有値

に関する簡単な評価によって

$$\begin{aligned}&\nabla f(\boldsymbol{x}_k)^\top \boldsymbol{Q}\nabla f(\boldsymbol{x}_k)\cdot\nabla f(\boldsymbol{x}_k)^\top \boldsymbol{Q}^{-1}\nabla f(\boldsymbol{x}_k)\\ &\le \lambda_n\|\nabla f(\boldsymbol{x}_k)\|^2\cdot\frac{1}{\lambda_1}\|\nabla f(\boldsymbol{x}_k)\|^2=\frac{\lambda_n}{\lambda_1}\|\nabla f(\boldsymbol{x}_k)\|^4\end{aligned}$$

となるので,

$$f(\boldsymbol{x}_{k+1})\le\left(1-\frac{\lambda_1}{\lambda_n}\right)f(\boldsymbol{x}_k)$$

が得られます. 4.4.3 節で示すように, この上界は直線探索としてバックトラッキング法を用いる場合とほぼ同じです.

上界をより精密に評価すると, 次の定理が得られます.

定理 4.4（最急降下法の収束性）

式 (4.6) の凸 2 次関数において, 正定値行列 $\boldsymbol{Q}$ の最小固有値を λ_1, 最大固有値を λ_n とします. 厳密な直線探索を用いる最急降下法で生成される点列 $\{\boldsymbol{x}_k\}$ について, 以下が成り立ちます.

$$f(\boldsymbol{x}_{k+1})\ \le\ \left(\frac{\lambda_n-\lambda_1}{\lambda_n+\lambda_1}\right)^2 f(\boldsymbol{x}_k).$$

定理を証明する前に, 行列 $\boldsymbol{Q}$ の性質と収束速度の関連について説明します. 最小固有値と最大固有値の比 $\lambda_n/\lambda_1(\ge 1)$ を行列 $\boldsymbol{Q}$ の**条件数** (condition number) といいます*1. 条件数が 1 に近いほど, $f(\boldsymbol{x})$ の等高面の形が球に近くなります. このとき $(\lambda_n-\lambda_1)/(\lambda_n+\lambda_1)$ が 0 に近くなり, 収束が速くなります. 一方, 条件数が大きいほど $f(\boldsymbol{x})$ の等高面は細長い楕円形になり, 最急降下法の収束速度は一般に遅くなります（図 4.3）.

一般の微分可能な凸関数 $f(\boldsymbol{x})$ を最急降下法で最適化することを考えます. 行列 $\boldsymbol{Q}$ の代わりに $f(\boldsymbol{x})$ の最適解におけるヘッセ行列を考えることで, 収束性について同様の結果が得られます.

定理 4.4 の評価式を得るために, 次のカントロビッチの不等式を用います.

*1 一般に, 条件数は行列の最大特異値と最小特異値に対して定義されます.

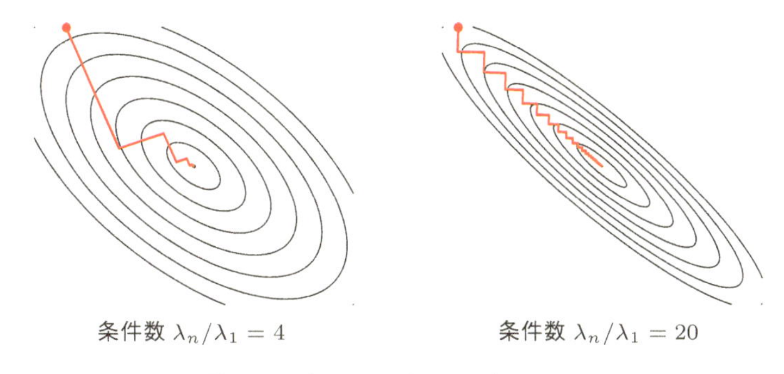

図 4.3 厳密な直線探索による最急降下法.

補題 4.5（カントロビッチの不等式 (Kantorovich's inequality)）

$\boldsymbol{Q}$ を $n \times n$ 正定値行列とし，$\boldsymbol{Q}$ の最小固有値と最大固有値をそれぞれ λ_1, λ_n とします．このとき，任意の $\boldsymbol{x} \in \mathbb{R}^n, \boldsymbol{x} \neq \boldsymbol{0}$ に対して

$$\frac{\|\boldsymbol{x}\|^4}{(\boldsymbol{x}^\top \boldsymbol{Q}\boldsymbol{x})(\boldsymbol{x}^\top \boldsymbol{Q}^{-1}\boldsymbol{x})} \geq \frac{4\lambda_1\lambda_n}{(\lambda_1 + \lambda_n)^2}$$

が成り立ちます．

証明. $\boldsymbol{Q}$ の固有値を $0 < \lambda_1 \leq \lambda_2 \leq \cdots \leq \lambda_n$，対応する単位固有ベクトルを $\boldsymbol{r}_1, \ldots, \boldsymbol{r}_n \in \mathbb{R}^n$ とします．ベクトル $\boldsymbol{x}$ に対して $p_1, \ldots, p_n$ を $p_i = (\boldsymbol{r}_i^\top \boldsymbol{x})^2 / \|\boldsymbol{x}\|^2$ とすると $p_i \geq 0$, $\sum_{i=1}^n p_i = 1$ となります．さらに

$$\frac{\|\boldsymbol{x}\|^4}{(\boldsymbol{x}^\top \boldsymbol{Q}\boldsymbol{x})(\boldsymbol{x}^\top \boldsymbol{Q}^{-1}\boldsymbol{x})} = \frac{1/\sum_{i=1}^n p_i\lambda_i}{\sum_{j=1}^n p_j/\lambda_j} \tag{4.8}$$

が成り立ちます．2 次元平面上の 2 点 $(\lambda_1, 1/\lambda_1), (\lambda_n, 1/\lambda_n)$ を通る直線を $\ell(\lambda)$，また $h(\lambda) = 1/\lambda$ とすると，$\lambda_1 \leq \lambda \leq \lambda_n$ で $h(\lambda) \leq \ell(\lambda)$ が成り立ちます．また $\lambda_1 \leq \lambda \leq \lambda_n$ において $h(\lambda)$ と $\ell(\lambda)$ で囲まれる領域は凸集合です．したがって，$\lambda = \sum_i p_i\lambda_i$ となる $p_1, \ldots, p_n$ に対して，点 $(\lambda_i, 1/\lambda_i)(i = 1, \ldots, n)$ の凸結合 $(\lambda, \sum_j p_j/\lambda_j)$ は，

$$h(\lambda) \le \sum_j \frac{p_j}{\lambda_j} \le \ell(\lambda)$$

を満たします．よって式 (4.8) の右辺は

$$\min_{\lambda \in [\lambda_1, \lambda_n]} \frac{h(\lambda)}{\ell(\lambda)} = \frac{4\lambda_1\lambda_n}{(\lambda_1 + \lambda_n)^2}$$

を下界にもつことがわかります． □

補題 4.5 を式 (4.7) に適用して，定理 4.4 が得られます．

4.4.3 バックトラッキング法による最急降下法

直線探索としてバックトラッキング法を用いる最急降下法は，実用的なアルゴリズムとして広く用いられています．この方法の収束速度を調べます．

最適化アルゴリズムの初期解を $\boldsymbol{x}_0$ とし，レベル集合 $\{\boldsymbol{x} \in \mathbb{R}^n \mid f(\boldsymbol{x}) \le f(\boldsymbol{x}_0)\}$ を含む開凸集合 S 上で目的関数 $f : \mathbb{R}^n \to \mathbb{R}$ は 2 回微分可能とします．また f のヘッセ行列について S 上で

$$O \prec \lambda_1 \boldsymbol{I} \preceq \nabla^2 f(\boldsymbol{x}) \preceq \lambda_n \boldsymbol{I}$$

を仮定します．バックトラッキング法で，ステップ幅の初期値を 1，縮小率を ρ，アルミホ条件のパラメータを $c_1 \in (0, 1/2)$ と選びます．次の補題を用いて収束速度を計算します．

補題 4.6

関数 f の S 上での最適解を $\boldsymbol{x}^* \in S$ とします．このとき $\boldsymbol{x} \in S$ に対して次式が成り立ちます．

$$\|\nabla f(\boldsymbol{x})\|^2 \ge 2\lambda_1 (f(\boldsymbol{x}) - f(\boldsymbol{x}^*)).$$

また $0 \le \alpha \le 1/\lambda_n$ のとき

$$f(\boldsymbol{x} - \alpha \nabla f(\boldsymbol{x})) \le f(\boldsymbol{x}) - c_1 \alpha \|\nabla f(\boldsymbol{x})\|^2$$

が成り立ちます．

補題 4.6 の第 2 式は，バックトラッキング法の停止条件が成り立つことを

意味しています.

証明. まず最初の不等式を示します. 関数 f のヘッセ行列に対する仮定から, テイラーの定理より点 $\boldsymbol{x} \in S$ に対して

$$f(\boldsymbol{x}^*) \geq f(\boldsymbol{x}) + \nabla f(\boldsymbol{x})^\top (\boldsymbol{x}^* - \boldsymbol{x}) + \frac{\lambda_1}{2}\|\boldsymbol{x}^* - \boldsymbol{x}\|^2 \geq f(\boldsymbol{x}) - \frac{\|\nabla f(\boldsymbol{x})\|^2}{2\lambda_1}$$

となります. 最後の不等式は, ベクトル $\boldsymbol{x}^* - \boldsymbol{x}$ に関して最小化することで得られます. これは補題 4.6 の第 1 式と等価です. 第 2 式を示します. 仮定 $0 \leq \alpha \leq 1/\lambda_n$ を同値変形して $-\alpha + \lambda_n \alpha^2/2 \leq -\alpha/2$ が得られます. テイラーの定理より

$$\begin{aligned} f(\boldsymbol{x} - \alpha \nabla f(\boldsymbol{x})) &\leq f(\boldsymbol{x}) - \alpha \|\nabla f(\boldsymbol{x})\|^2 + \frac{\lambda_n \alpha^2}{2}\|\nabla f(\boldsymbol{x})\|^2 \\ &\leq f(\boldsymbol{x}) - \frac{\alpha}{2}\|\nabla f(\boldsymbol{x})\|^2 \\ &\leq f(\boldsymbol{x}) - c_1 \alpha \|\nabla f(\boldsymbol{x})\|^2 \qquad (c_1 \in (0, 1/2)) \end{aligned}$$

となります. □

反復法で点 $\boldsymbol{x}_k$ まで得られているとします. 補題 4.6 の第 2 式より, バックトラッキング法が停止するとき, ステップ幅 α_k は初期値 1 に等しいか, もしくは $\alpha_k \geq \rho/\lambda_n$ を満たす値に設定されます. このとき

$$\begin{aligned} & f(\boldsymbol{x}_{k+1}) \\ & \leq f(\boldsymbol{x}_k) - c_1 \min\{1, \rho/\lambda_n\} \|\nabla f(\boldsymbol{x}_k)\|^2 && (\text{補題 4.6 第 2 式}) \\ & \leq f(\boldsymbol{x}_k) - 2\lambda_1 c_1 \min\{1, \rho/\lambda_n\}(f(\boldsymbol{x}_k) - f(\boldsymbol{x}^*)) && (\text{補題 4.6 第 1 式}) \end{aligned}$$

となります. 上の不等式を同値変形すると

$$f(\boldsymbol{x}_{k+1}) - f(\boldsymbol{x}^*) \leq \left(1 - 2c_1 \min\left\{\lambda_1, \rho\frac{\lambda_1}{\lambda_n}\right\}\right)(f(\boldsymbol{x}_k) - f(\boldsymbol{x}^*))$$

が得られます. 条件数が大きく λ_1/λ_n が小さい値をとるとき, 上の評価式の因子は $1 - 2c_1\rho\lambda_1/\lambda_n$ となります. これは, 厳密な直線探索を行うときの緩い上界と同様に $1 - O(\lambda_1/\lambda_n)$ のオーダーになっています.

4.5 機械学習への応用

4.5.1 座標降下法とブースティング

座標降下法の機械学習への応用例を紹介します．2 値データ

$$(\boldsymbol{a}_1, b_1), \ldots, (\boldsymbol{a}_T, b_T), \quad \boldsymbol{a}_t \in \mathbb{R}^d,\, b_t \in \{+1, -1\}$$

が観測されたとします．新たなデータ $\boldsymbol{a} \in \mathbb{R}^d$ に対する出力 $b \in \{+1, -1\}$ を，関数

$$H_{\boldsymbol{x}}(\boldsymbol{a}) = \sum_{i=1}^{n} x_i h_i(\boldsymbol{a})$$

の符号で予測します．すなわち $H_{\boldsymbol{x}}(\boldsymbol{a})$ が正なら対応する出力 b は $+1$，負なら -1 とします．ここで $h_1(\boldsymbol{a}), \ldots, h_n(\boldsymbol{a})$ は，$\{+1, -1\}$ に値をとる基底関数とします．1 つ 1 つの基底関数は単純でも，線形和によって複雑な関数を表現することができます．単純な基底関数を逐次的に組み合わせて，高い予測精度を達成する判別器を構成する一般的な方法を**ブースティング** (boosting) と呼びます．本節で紹介するアダブーストは，ブースティングの代表例です．

関数 $H_{\boldsymbol{x}}(\boldsymbol{a})$ の係数 $\boldsymbol{x} = (x_1, \ldots, x_n)$ を観測データから適切に定めます．データ $(\boldsymbol{a}_t, b_t)$ に対して $b_t \times H_{\boldsymbol{x}}(\boldsymbol{a}_t) > 0$ なら，このデータを関数 $H_{\boldsymbol{x}}$ で正しく判別していることに対応します．したがって，できるだけ多くの観測データに対して $b_t H_{\boldsymbol{x}}(\boldsymbol{a}_t) > 0$ が成り立つように $\boldsymbol{x}$ を定めればよいことになります．

以上の目標を達成するために，指数損失

$$f(\boldsymbol{x}) = \sum_{t=1}^{T} e^{-b_t H_{\boldsymbol{x}}(\boldsymbol{a}_t)}$$

を最小化する学習法が提案されています．実際，各データに対して $b_t H_{\boldsymbol{x}}(\boldsymbol{a}_t)$ の値が大きいほど，指数損失は小さくなることがわかります．最適化法として座標降下法を用いる学習アルゴリズムを**アダブースト** (Adaboost; adaptive boosting の略称) といい，実データの解析に応用されています [15]．

指数損失の勾配を計算します．データ $(\boldsymbol{a}_t, b_t)$ の重みを $w_t = e^{-b_t H_{\boldsymbol{x}}(\boldsymbol{a}_t)}$ とおくと，h_i の値域が $\{+1, -1\}$ であることから

$$\pm\frac{\partial f}{\partial x_i}(\boldsymbol{x}) = \mp\sum_{t=1}^{T} w_t b_t h_i(\boldsymbol{a}_t)$$
$$= 2\sum_{t=1}^{T} w_t \mathbf{1}[b_t \neq \pm h_i(\boldsymbol{a}_t)] - \sum_{t=1}^{T} w_t$$

となります．ここで $\mathbf{1}[A]$ は A が真なら 1，偽なら 0 をとる**定義関数** (indicator function) です．

以上の計算から，もっとも関数値が減少する座標軸の方向は，$\pm h_1, \ldots, \pm h_n$ のなかで

$$\sum_{t=1}^{T} w_t \mathbf{1}[b_t \neq \pm h_i(\boldsymbol{a}_t)] \tag{4.9}$$

を最小にする方向に対応します．式 (4.9) は，$\boldsymbol{a}_t$ に対する出力 b_t を基底関数 h_i または $-h_i$ を用いて予測するときの，重み付き誤り数と解釈できます．したがって，次の 2 つは等価です．

- 勾配がもっとも小さな座標軸の方向．
- 重み付き誤り数の意味でもっとも精度のよい基底関数．

式 (4.9) を（大抵は近似的に）最小にする基底関数を返す実用的な学習アルゴリズムとして，**決定株** (decision stumps) などが知られています [65]．決定株の基底関数は，座標軸に直交する超平面で入力空間 $\mathbb{R}^d$ を分割するような関数です．このような関数の線形和によって，図 4.4 のような判別境界を表現することができます．

観測データ $D = \{(\boldsymbol{a}_1, b_1), \ldots, (\boldsymbol{a}_T, b_T)\}$ と重み $\boldsymbol{w} = (w_t)_{t=1,\ldots,T}$ に対して式 (4.9) を最小にする h_i または $-h_i$ を返す学習アルゴリズムを $\mathcal{A}(D, \boldsymbol{w})$ とします．$s = +1$ または -1 として $\mathcal{A}(D, \boldsymbol{w}) = sh_i$ のように表します．

次に直線探索について説明します．もし $\mathcal{A}(D, \boldsymbol{w}) = sh_i$ なら，$f(\boldsymbol{x})$ に対する座標降下法の探索方向は $s\boldsymbol{e}_i$ となります．指数損失に対して，1 次元最適化問題

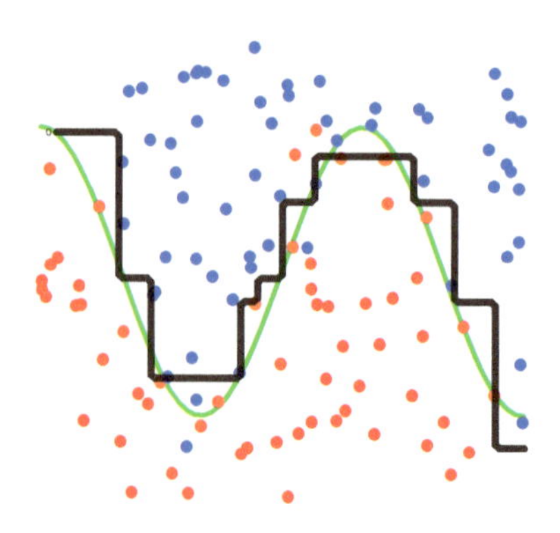

図 4.4 決定株における基底関数の線形和で判別境界を表現.

$$\min_{\alpha \geq 0} f(\boldsymbol{x} + \alpha s \boldsymbol{e}_i)$$

の解を陽に求めることができます．実際，

$$W_-(sh_i) = \sum_{t=1}^{T} w_t \mathbf{1}[b_t \neq sh_i(\boldsymbol{a}_t)], \quad W_+(sh_i) = \sum_{t=1}^{T} w_t \mathbf{1}[b_t = sh_i(\boldsymbol{a}_t)]$$

とおくと，最適解は

$$\alpha = \frac{1}{2} \log \frac{W_+(sh_i)}{W_-(sh_i)}$$

となります．関数 sh_i が学習アルゴリズム $\mathcal{A}(D, \boldsymbol{w})$ の出力なら，$W_-(sh_i) \leq W_-(-sh_i) = W_+(sh_i)$ より，上の最適解が非負であることがわかります．

以上をまとめて，アダブーストによる学習法を**アルゴリズム 4.5** に示します．

実際のアダブーストでは，無限個の基底関数の中から，重み付き誤り数を近似的に最小にする基底関数を選ぶ学習アルゴリズムが用いられることもあります．これにより，さまざまなタイプのデータに対応することができます．データの特性に合わせて，指数損失の代わりに他の損失を用いることもあります．

アルゴリズム 4.5 アダブースト

入力：観測データ $D = \{(\boldsymbol{a}_1, b_1), \dots, (\boldsymbol{a}_T, b_T)\}$.
初期化：初期解 $\boldsymbol{x}_0 = \mathbf{0} \in \mathbb{R}^n$ を定める．$k \leftarrow 0$ とする．

1. 停止条件が満たされるなら，$\boldsymbol{x}_k$ を数値解として出力して停止.
2. 重み $\boldsymbol{w}_k \leftarrow (e^{-b_t H_{\boldsymbol{x}_k}(\boldsymbol{a}_t)})_{t=1,\dots,T}$ を設定.
3. 学習アルゴリズム $\mathcal{A}$ で基底関数を選択：
   $sh_{i_k} \leftarrow \mathcal{A}(D, \boldsymbol{w}_k)$. ここで $s = +1$ または -1.
4. ステップ幅を $\alpha_k \leftarrow \frac{1}{2} \log \frac{W_+(sh_{i_k})}{W_-(sh_{i_k})}$ と設定.
5. $\boldsymbol{x}_{k+1} \leftarrow \boldsymbol{x}_k + \alpha_k s \boldsymbol{e}_{i_k}$ と更新.
6. $k \leftarrow k+1$ とする．ステップ 1 に戻る.

4.5.2 誤差逆伝搬法

パターン認識などの情報処理を行うために，脳の動作原理を模倣した**ニューラルネットワークモデル** (neural network model) と呼ばれる統計モデルを用いる手法が，古くから研究されています.

回帰分析や判別分析の問題を考えます．データ $(\boldsymbol{a}_1, \boldsymbol{b}_1), \dots, (\boldsymbol{a}_N, \boldsymbol{b}_N)$ が与えられたとします．このとき $\boldsymbol{a}_i$ と $\boldsymbol{b}_i$ の間の関数関係を学習し，新たな入力 $\boldsymbol{a}$ に対する出力 $\boldsymbol{b}$ を精度よく予測することを考えます．例えば郵便番号の読み取りなどでは，手書き文字の画像データ $\boldsymbol{a}_i$ に $0, \dots, 9$ の数字 $\boldsymbol{b}_i$ が対応します．最近では深層学習などで，一般の画像 $\boldsymbol{a}_i$ に現れるオブジェクト $\boldsymbol{b}_i$ を特定したり，画像を説明する文章 $\boldsymbol{b}_i$ を出力するといった高度な応用が広がりをみせています [64].

多層パーセプトロンの学習

ニューラルネットワークモデルの一種である**多層パーセプトロン** (multi-layer perceptron) を紹介し，その学習法である誤差逆伝播法について説明します．典型的な誤差逆伝播法は勾配法と等価であり，また勾配の計算に高速自動微分を用いていると解釈できます [68].

多層パーセプトロンは，パラメータを調整することでさまざまな入出力関係を表現できます．パラメータは，いくつかの適当なサイズの行列 $\boldsymbol{W}^{(\ell)}, \ell = 1, \dots, L$ で表されます．入力 $\boldsymbol{a} \in \mathbb{R}^{D_0}$ と出力 $\boldsymbol{b} \in \mathbb{R}^{D}$ の間の関係は，$\boldsymbol{a}^{(0)} = \boldsymbol{a}$ として

$$\begin{aligned} &\boldsymbol{a}^{(\ell)} = \boldsymbol{\phi}_\ell(\boldsymbol{W}^{(\ell)}\boldsymbol{a}^{(\ell-1)}), \quad \ell = 1, \dots, L, \\ &\boldsymbol{b} = \boldsymbol{a}^{(L)} \end{aligned} \tag{4.10}$$

と定義されます．すなわち

$$\boldsymbol{b} = \boldsymbol{\phi}_L(\boldsymbol{W}^{(L)}\boldsymbol{\phi}_{L-1}(\boldsymbol{W}^{(L-1)} \cdots \boldsymbol{W}^{(2)}\boldsymbol{\phi}_1(\boldsymbol{W}^{(1)}\boldsymbol{a}^{(0)}) \cdots))$$

と表せます．ここで関数 $\boldsymbol{\phi}_\ell$ は適当な非線形関数とします．例えば $\boldsymbol{z} = (z_1, \dots, z_{D_\ell})$ に対して

$$\boldsymbol{\phi}_\ell(\boldsymbol{z}) = (\tanh(z_1), \dots, \tanh(z_{D_\ell}))$$

などが用いられます．通常の多層パーセプトロンモデルでは，最後の関数 $\boldsymbol{\phi}_L$ は恒等関数とします．各段階で，入力 $\boldsymbol{a}^{(\ell-1)}$ を $\boldsymbol{W}^{(\ell)}\boldsymbol{a}^{(\ell-1)} + \boldsymbol{v}^{(\ell)}$ のように定数項 $\boldsymbol{v}^{(\ell)}$ を加えて 1 次変換してから関数 $\boldsymbol{\phi}_\ell$ に代入するときは，行列 $(\boldsymbol{W}^{(\ell)}, \boldsymbol{v}^{(\ell)})$ と入力 $(\boldsymbol{a}^{(\ell-1)T}, 1)^T$ をそれぞれ改めて $\boldsymbol{W}^{(\ell)}$, $\boldsymbol{a}^{(\ell-1)}$ と書いていると解釈します．

計算過程をダイアグラムにすると図 4.5 のようになります．式 (4.10) の入出力関係を

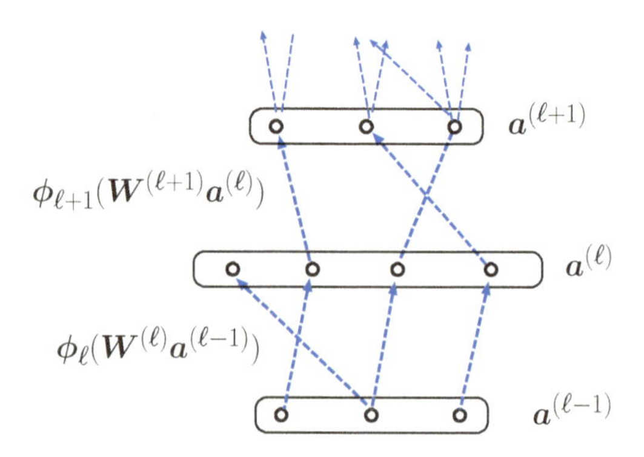

図 4.5 多層パーセプトロンモデル．

$$\begin{aligned}\boldsymbol{b} &= \boldsymbol{\Phi}(\boldsymbol{a}, \boldsymbol{W}) = (\Phi_1(\boldsymbol{a}, \boldsymbol{W}), \ldots, \Phi_D(\boldsymbol{a}, \boldsymbol{W})),\\ \boldsymbol{W} &= (\boldsymbol{W}^{(1)}, \ldots, \boldsymbol{W}^{(L)})\end{aligned}$$

と記述します.

データから多層パーセプトロンのパラメータ $\boldsymbol{W}$ を学習します. 関数 $\boldsymbol{\phi}_\ell$ は, どの ℓ でも同じ関数 $\psi : \mathbb{R} \to \mathbb{R}$ を用いて

$$\boldsymbol{\phi}_\ell(\boldsymbol{z}) = (\psi(z_1), \ldots, \psi(z_{D_\ell}))$$

と定義されるとします. 関数の出力をデータに近づけるために, 目的関数を

$$f(\boldsymbol{W}) = \frac{1}{2N}\sum_{m=1}^{N} \|\boldsymbol{\Phi}(\boldsymbol{a}_m, \boldsymbol{W}) - \boldsymbol{b}_m\|^2$$

と定めます. 探索方向を求めるために勾配の計算が必要になります. 連鎖律を用いる勾配の計算は, 誤差を出力層から入力層に伝播させているように解釈できます. このことから, 勾配法によるニューラルネットワークの学習は**誤差逆伝搬法** (backpropagation method) と呼ばれます.

勾配を求めます. 変数 $\boldsymbol{u}^{(\ell+1)}$ を

$$\boldsymbol{u}^{(\ell+1)} = \boldsymbol{W}^{(\ell+1)}\boldsymbol{a}^{(\ell)} = \boldsymbol{W}^{(\ell+1)}\boldsymbol{\phi}_\ell(\boldsymbol{u}^{(\ell)})$$

とすると, 多層パーセプトロンの微分について

$$\frac{\partial \Phi_d}{\partial u_i^{(\ell)}} = \sum_k \frac{\partial \Phi_d}{\partial u_k^{(\ell+1)}}\frac{\partial u_k^{(\ell+1)}}{\partial u_i^{(\ell)}} = \sum_k \frac{\partial \Phi_d}{\partial u_k^{(\ell+1)}} W_{ki}^{(\ell+1)}\psi'(u_i^{(\ell)})$$

が成り立ちます. よって, $\ell+1$ 層目の微分から ℓ 層目の微分を求めることができます (図 4.6). これは関数値の計算とは逆順になっています. この式から, パラメータに関する微分

$$\frac{\partial \Phi_d}{\partial W_{ij}^{(\ell)}} = \sum_k \frac{\partial \Phi_d}{\partial u_k^{(\ell)}}\frac{\partial u_k^{(\ell)}}{\partial W_{ij}^{(\ell)}} = \frac{\partial \Phi_d}{\partial u_i^{(\ell)}} a_j^{(\ell-1)}$$

が計算できます. ここで $\boldsymbol{a}^{(\ell-1)}$ は $W_{ij}^{(\ell)}$ に依存しないことを使っています. 関数 $\boldsymbol{\Phi}(\boldsymbol{a}, \boldsymbol{W})$ の微分を出力層から入力層に向かって逐次的に計算することで, 目的関数の微分

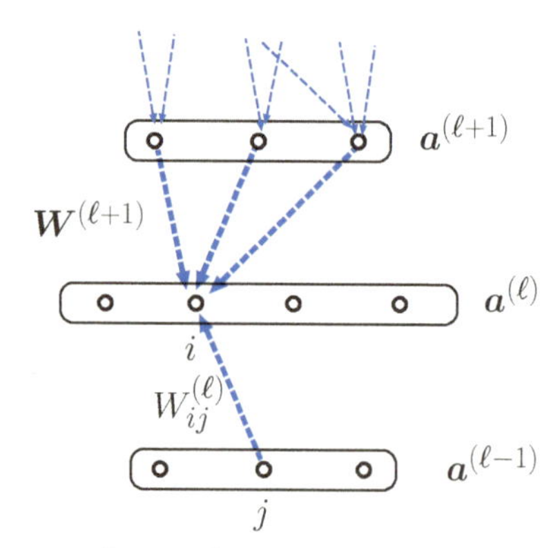

図 4.6 $\dfrac{\partial \Phi_d}{\partial u_i^{(\ell)}}, \dfrac{\partial \Phi_d}{\partial W_{ij}^{(\ell)}}$ の更新則のダイアグラム．

$$\frac{\partial f}{\partial W_{ij}^{(\ell)}}(\boldsymbol{W}) = \frac{1}{N}\sum_{m=1}^{N}\sum_{d=1}^{D}(\Phi_d(\boldsymbol{a}_m, \boldsymbol{W}) - b_{m,d})\frac{\partial \Phi_d}{\partial W_{ij}^{(\ell)}}(\boldsymbol{a}_m, \boldsymbol{W})$$

を求めることができます．これを用いて $f(\boldsymbol{W})$ の最適化を行います．

誤差逆伝播法は，層の数 L が大きいと数値誤差のため入力層に近い層でパラメータの更新が停滞することが知られています．深層学習では，このような数値計算上の困難を克服し，大規模データに容易にアクセスできるネットワーク環境と，GPU などによる計算の高速化を背景にして，画像や音声データに対して高度な情報処理を実現しています．

確率的最適化における勾配法

深層学習で扱うデータが非常に大規模であり，二乗誤差の和 $f(\boldsymbol{W})$ を毎回計算することが困難です．そこで，データを 1 つ観測するたびにパラメータを更新する手法がよく用いられます．このような学習法をオンライン・アルゴリズムと呼びます．確率的な設定のもとで，各ステップで少数のデータのみを用いてパラメータを更新するタイプのアルゴリズムについては，**確率的最適化** (stochastic optimization) の分野で研究が進められています [8,74]．

入出力データ $(\boldsymbol{a}, \boldsymbol{b})$ から関数 $\boldsymbol{\Phi}(\boldsymbol{a}, \boldsymbol{W})$ のパラメータ $\boldsymbol{W}$ を学習する問題を考えます．時刻 t でデータ $(\bar{\boldsymbol{a}}_t, \bar{\boldsymbol{b}}_t)$ が 1 つ与えられたとき，パラメータ $\boldsymbol{W}$ を

$$W_{ij}^{(\ell)} \longleftarrow W_{ij}^{(\ell)} - \varepsilon_t \cdot \sum_{d=1}^{D} (\Phi_d(\bar{\boldsymbol{a}}_t, \boldsymbol{W}) - \bar{b}_{t,d}) \frac{\partial \Phi_d}{\partial W_{ij}^{(\ell)}} (\bar{\boldsymbol{a}}_t, \boldsymbol{W}) \tag{4.11}$$

のように更新します．ここで ε_t は適当な正数とします．

いま，観測データ $(\boldsymbol{a}_1, \boldsymbol{b}_1), \ldots, (\boldsymbol{a}_N, \boldsymbol{b}_N)$ がすでに得られている状況を考えます．各時刻 $t = 1, 2, 3, \ldots$ において，データの中から一様分布に従ってランダムに $(\bar{\boldsymbol{a}}_t, \bar{\boldsymbol{b}}_t)$ を生成します．このとき，式 (4.11) で定まる探索方向は，平均的には $f(\boldsymbol{W})$ の勾配方向になっています．適当な仮定のもとで，$\varepsilon_t = O(1/t)$ として式 (4.11) の更新則を用いると，数値解は高い確率で $f(\boldsymbol{W})$ の局所解に収束します．

本節では，オンライン版の最急降下法を簡単に紹介しました．5.5.2 節では，自然勾配法に関連したオンライン・アルゴリズムを紹介します．

Chapter 5

ニュートン法

ヘッセ行列を用いる最適化法であるニュートン法と関連する話題を紹介します.

5.1 ニュートン法の導出

ニュートン法 (Newton's method) は勾配だけでなくヘッセ行列の情報も用いる計算法です．ヘッセ行列が簡単に計算できるときは，ニュートン法は効率的な最適化法として有用です．

ニュートン法を導出します．2 回連続微分可能な関数 $f(\boldsymbol{x})$ を最小化するとき，反復法で点 $\boldsymbol{x}_k$ まで計算が進んだとします．点 $\boldsymbol{x}_k$ において f をテイラー展開すると

$$f(\boldsymbol{x}_k+\boldsymbol{\delta})=f(\boldsymbol{x}_k)+\nabla f(\boldsymbol{x}_k)^\top\boldsymbol{\delta}+\frac{1}{2}\boldsymbol{\delta}^\top\nabla^2 f(\boldsymbol{x}_k)\boldsymbol{\delta}+o(\|\boldsymbol{\delta}\|^2) \qquad (5.1)$$

となります．ヘッセ行列 $\nabla^2 f(\boldsymbol{x}_k)$ が正定値行列であると仮定して，テイラー展開の 2 次までの式を最小にする $\boldsymbol{\delta}$ を求めると，

$$\boldsymbol{\delta}=-(\nabla^2 f(\boldsymbol{x}_k))^{-1}\nabla f(\boldsymbol{x}_k)$$

となります．よって $\boldsymbol{x}_k$ を

$$\boldsymbol{x}_{k+1}=\boldsymbol{x}_k-(\nabla^2 f(\boldsymbol{x}_k))^{-1}\nabla f(\boldsymbol{x}_k)$$

と更新すれば，関数値が減少することが期待されます．この結果を用い，点

$\boldsymbol{x}_k$ における探索方向とステップ幅を

$$\text{探索方向}\quad : \boldsymbol{d}_k = -(\nabla^2 f(\boldsymbol{x}_k))^{-1} \nabla f(\boldsymbol{x}_k)$$

$$\text{ステップ幅}\ : \alpha_k = 1$$

として，点列を生成していく方法をニュートン法といいます．このときの探索方向を**ニュートン方向** (Newton direction) といいます．ニュートン法の計算手順を**アルゴリズム 5.1** に示します．

アルゴリズム 5.1 ニュートン法

初期化： 初期解 $\boldsymbol{x}_0 \in \mathbb{R}^n$ を定める．$k \leftarrow 0$ とする．

1. 停止条件が満たされるなら，$\boldsymbol{x}_k$ を数値解として出力して停止．
2. 探索方向を $\boldsymbol{d}_k \leftarrow -(\nabla^2 f(\boldsymbol{x}_k))^{-1} \nabla f(\boldsymbol{x}_k)$ と設定．
3. ステップ幅を $\alpha_k \leftarrow 1$ と設定
4. $\boldsymbol{x}_{k+1} \leftarrow \boldsymbol{x}_k + \alpha_k \boldsymbol{d}_k$ と更新．
5. $k \leftarrow k+1$ とする．ステップ 1 に戻る．

関数 f のヘッセ行列は正定値とし，$\boldsymbol{x}_k$ は停留点でないとします．このときニュートン法の探索方向 $\boldsymbol{d}_k$ は

$$\nabla f(\boldsymbol{x}_k)^\top \boldsymbol{d}_k = -\nabla f(\boldsymbol{x}_k)^\top \nabla^2 f(\boldsymbol{x}_k)^{-1} \nabla f(\boldsymbol{x}_k) < 0$$

を満たすので，降下方向であることがわかります．しかし，ステップ幅を $\alpha_k = 1$ と固定しているため $f(\boldsymbol{x}_{k+1}) \leq f(\boldsymbol{x}_k)$ は保証されません．また $f(\boldsymbol{x})$ が凸関数でないときはヘッセ行列は一般に正定値とはならず，**図 5.1** に示すように探索方向が降下方向にならないこともあります．このため，ニュートン法を実問題に応用するときは注意が必要です．これらの問題点を回避するために，ニュートン法を修正したアルゴリズムが多数考案されています．

ニュートン法の収束性と収束速度を調べます．適当な仮定のもとで，初期解 $\boldsymbol{x}_0$ が最適解に十分近いときは，ニュートン法は理論的によい性質をもちます．

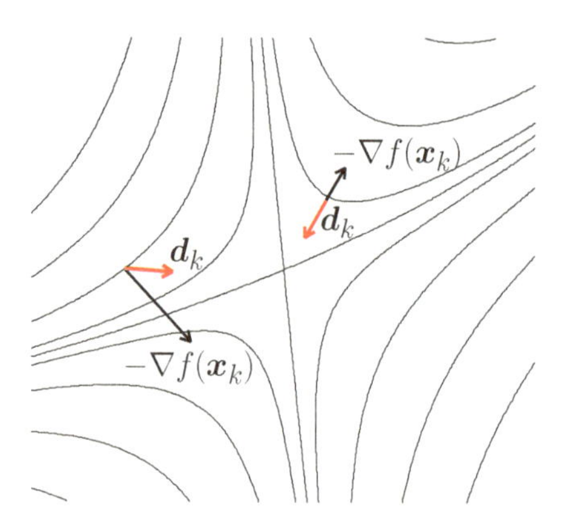

図 5.1 非凸関数 $f(\boldsymbol{x})$ の負の勾配 $-\nabla f(\boldsymbol{x}_k)$ とニュートン法の探索方向 $\boldsymbol{d}_k$.

定理 5.1（ニュートン法の収束性）

関数 $f:\mathbb{R}^n \to \mathbb{R}$ は 3 回連続微分可能とし，f の局所解 $\boldsymbol{x}^*$ におけるヘッセ行列 $\nabla^2 f(\boldsymbol{x}^*)$ は正定値とします．初期解 $\boldsymbol{x}_0$ が $\boldsymbol{x}^*$ に十分近ければ，ニュートン法は $\boldsymbol{x}^*$ に収束します．

証明. ヘッセ行列 $\nabla^2 f(\boldsymbol{x})$ の連続性より，ある近傍 $B(\boldsymbol{x}^*, \varepsilon)$ が存在して，そのうえで $\nabla^2 f$ の最小固有値は $a>0$ で一様に下から抑えられます．勾配のテイラー展開を計算すると，f に対する仮定から $B(\boldsymbol{x}^*, \varepsilon)$ 上で

$$\|\nabla f(\boldsymbol{x}^*) - \nabla f(\boldsymbol{x}) - \nabla^2 f(\boldsymbol{x})(\boldsymbol{x}^* - \boldsymbol{x})\| \le b\|\boldsymbol{x}^* - \boldsymbol{x}\|^2$$

となります．ここで $b>0$ は適当な正実数です．点 $\boldsymbol{x}_k$ を $\boldsymbol{x}^*$ の近傍の点として

$$\boldsymbol{x}_k \in B(\boldsymbol{x}^*, \min\{\varepsilon,\ a/(2b)\})$$

を満たすように選び，ニュートン法で $\boldsymbol{x}_{k+1}$ に更新します．このとき $\nabla f(\boldsymbol{x}^*) = \boldsymbol{0}$ より

$$\|\boldsymbol{x}_{k+1} - \boldsymbol{x}^*\| = \|\boldsymbol{x}_k - \boldsymbol{x}^* - \nabla^2 f(\boldsymbol{x}_k)^{-1}\nabla f(\boldsymbol{x}_k)\|$$

$$
\begin{aligned}
&= \|(\nabla^2 f(\boldsymbol{x}_k))^{-1}(\nabla f(\boldsymbol{x}^*) - \nabla f(\boldsymbol{x}_k) - \nabla^2 f(\boldsymbol{x}_k)(\boldsymbol{x}^* - \boldsymbol{x}_k))\| \\
&\leq \frac{b}{a}\|\boldsymbol{x}_k - \boldsymbol{x}^*\|^2 < \frac{1}{2}\|\boldsymbol{x}_k - \boldsymbol{x}^*\| \qquad (5.2)
\end{aligned}
$$

となります．したがって初期解が $\boldsymbol{x}^*$ に十分近いとき，ニュートン法で生成される点列 $\{\boldsymbol{x}_k\}$ は $\boldsymbol{x}^*$ に収束します． □

定理 5.1 の証明から，ニュートン法の収束速度が計算できます．式 (5.2) より，初期解 $\boldsymbol{x}_0$ が局所解 $\boldsymbol{x}^*$ に十分近いとき，ある $c > 0$ が存在して

$$\|\boldsymbol{x}_{k+1} - \boldsymbol{x}^*\| < c\|\boldsymbol{x}_k - \boldsymbol{x}^*\|^2, \quad k = 0, 1, 2, \ldots$$

となります．よってニュートン法は局所解の近傍で 2 次収束することがわかります．1.2.2 節で示したことから，$C > 0$ と $r \in (0,1)$ が存在して

$$\|\boldsymbol{x}_k - \boldsymbol{x}^*\| < Cr^{2^k}$$

が成り立ちます．一方，最急降下法では，定理 4.4 の結果を用いて解 $\boldsymbol{x}_k$ の収束速度を評価すると，ある $r \in (0,1)$ に対して

$$\|\boldsymbol{x}_{k+1} - \boldsymbol{x}^*\| < r\|\boldsymbol{x}_k - \boldsymbol{x}^*\|, \quad k = 0, 1, 2, \ldots$$

となります．よって 1 次収束 することがわかります．このとき適当な $C > 0$ と $r \in (0,1)$ が存在して

$$\|\boldsymbol{x}_k - \boldsymbol{x}^*\| < Cr^k$$

が成り立ちます．最急降下法と比べて，ニュートン法の収束速度が非常に速いことがわかります．ただしニュートン法ではヘッセ行列の計算が必要なので，最急降下法と比較すると 1 回の反復に時間がかかります．このため大規模な最適化問題では，最急降下法のほうが実際の計算時間が少なく済むことがあります．

5.2　座標変換に対する共変性

観測された実データに基づいて最適化問題を構成するとき，データの単位系を変えると，それに伴って最適化問題も変換されます．このような変換は，

しばしばパラメータ $\boldsymbol{x}$ の座標変換として表せます．最適化アルゴリズムの挙動が，座標変換とどのように関連するか説明します．

正則行列 $\boldsymbol{T} \in \mathbb{R}^{n\times n}$ を用いて

$$\boldsymbol{x} \ \longmapsto \ \bar{\boldsymbol{x}} = \boldsymbol{T}\boldsymbol{x}$$

と座標系を $\boldsymbol{x}$ から $\bar{\boldsymbol{x}}$ に変換します．このとき，関数 $f(\boldsymbol{x})$ は

$$\bar{f}(\bar{\boldsymbol{x}}) = f(\boldsymbol{T}^{-1}\bar{\boldsymbol{x}})$$

と変換されます．これに伴って，ニュートン法のアルゴリズムがどのように変換されるか調べます．関数 $\bar{f}(\bar{\boldsymbol{x}})$ の勾配 $\nabla\bar{f}$ を変数 $\bar{\boldsymbol{x}}$ に関する偏微分で定義します．このとき勾配とヘッセ行列について

$$\begin{aligned}\nabla\bar{f}(\bar{\boldsymbol{x}}) &= (\boldsymbol{T}^{-1})^{\top}\nabla f(\boldsymbol{x}),\\ \nabla^2\bar{f}(\bar{\boldsymbol{x}}) &= (\boldsymbol{T}^{-1})^{\top}\nabla^2 f(\boldsymbol{x})\boldsymbol{T}^{-1}\end{aligned}$$

が成り立ちます．

ニュートン法のアルゴリズムを $\bar{\boldsymbol{x}}$ 座標系で記述すると

$$\begin{aligned}\boldsymbol{T}\boldsymbol{x}_{k+1} &= \bar{\boldsymbol{x}}_{k+1}\\ &= \bar{\boldsymbol{x}}_k - (\nabla^2\bar{f}(\bar{\boldsymbol{x}}_k))^{-1}\nabla\bar{f}(\bar{\boldsymbol{x}}_k)\\ &= \boldsymbol{T}(\boldsymbol{x}_k - (\nabla^2 f(\boldsymbol{x}_k))^{-1}\nabla f(\boldsymbol{x}_k))\end{aligned}$$

となります．したがって，次の可換図式が成り立ちます．

<table>
<tr><td>$\boldsymbol{x}_k$</td><td>座標変換 →</td><td>$\bar{\boldsymbol{x}}_k$</td></tr>
<tr><td>更新 ↓</td><td></td><td>↓ 更新</td></tr>
<tr><td>$\boldsymbol{x}_{k+1}$</td><td>座標変換 →</td><td>$\bar{\boldsymbol{x}}_{k+1}$</td></tr>
</table>

初期解が $\bar{\boldsymbol{x}}_0 = \boldsymbol{T}\boldsymbol{x}_0$ を満たすとします．どちらの座標系でニュートン法を実行しても，計算結果 $\bar{\boldsymbol{x}}_k, \boldsymbol{x}_k$ に対して $\bar{\boldsymbol{x}}_k = \boldsymbol{T}\boldsymbol{x}_k$ が成り立ちます．このような性質は，座標系の変換に対して**共変的** (covariant) と呼ばれます．

一方，最急勾配法は座標系の変換に対して共変的ではありません．実際，

$$\bar{\boldsymbol{x}}_{k+1} = \bar{\boldsymbol{x}}_k - \alpha\nabla\bar{f}(\bar{\boldsymbol{x}}_k)$$

$$\iff \boldsymbol{x}_{k+1} = \boldsymbol{x}_k - \alpha(\boldsymbol{T}^\top \boldsymbol{T})^{-1}\nabla f(\boldsymbol{x}_k)$$

となり，$\boldsymbol{T}$ が直交行列でないとき，$\bar{\boldsymbol{x}}$ 座標での勾配方向は $\boldsymbol{x}$ 座標での勾配方向に対応していません．このため，最急勾配法については可換図式は成立しません．一般に座標系のとり方によって収束速度が異なります．

5.3 修正ニュートン法

関数 $f(\boldsymbol{x})$ に対して，ニュートン方向は必ずしも降下方向にはなっていません．このため初期解が局所解から離れているときには，収束性が保証されません．修正ニュートン法では，探索方向が降下方向になるように，ニュートン法を修正します．以下，**修正ニュートン法** (modified Newton's method) について解説します．

ニュートン法の探索方向 $\boldsymbol{d}_k$ は

$$\nabla^2 f(\boldsymbol{x}_k)\boldsymbol{d}_k = -\nabla f(\boldsymbol{x}_k)$$

の解です．ここでヘッセ行列に単位行列 $\boldsymbol{I}$ の定数倍を足して

$$(\nabla^2 f(\boldsymbol{x}_k) + \mu \boldsymbol{I})\boldsymbol{d}_k = -\nabla f(\boldsymbol{x}_k) \tag{5.3}$$

とした方程式を考えます．定数 μ を大きくすれば，行列 $\nabla^2 f(\boldsymbol{x}_k) + \mu\boldsymbol{I}$ は必ず正定値になります．例えば $\nabla^2 f(\boldsymbol{x}_k)$ の最小固有値が λ_1 のとき，μ を $\max\{0, -\lambda_1\}$ より大きくとれば正定値性が保証されます．このとき線形方程式の解

$$\boldsymbol{d}_k = -(\nabla^2 f(\boldsymbol{x}_k) + \mu\boldsymbol{I})^{-1}\nabla f(\boldsymbol{x}_k)$$

は，降下方向になります．

定数 μ を選ぶために**コレスキー分解** (Cholesky decomposition) を用います．正定値行列 $\boldsymbol{A}$ に対して

$$\boldsymbol{A} = \boldsymbol{L}\boldsymbol{L}^\top \tag{5.4}$$

となるような，対角成分がすべて正の下三角行列 $\boldsymbol{L}$ が一意に存在します．これを $\boldsymbol{A}$ のコレスキー分解と呼び，コレスキー分解を求めるアルゴリズムを

コレスキー法と呼びます．コレスキー法を用いて $\boldsymbol{A}$ から $\boldsymbol{L}$ を求めることができます．詳細は文献 [67] を参照してください．一方，正定値行列でない対称行列にコレスキー法を適用すると，計算は途中で停止します．これにより $\boldsymbol{A}$ が正定値行列でないことが確認できます．

修正ニュートン法の手順を**アルゴリズム 5.2** に示します．行列 $\nabla^2 f(\boldsymbol{x}_k)+\mu \boldsymbol{I}$ のコレスキー分解が最後まで完了して式 (5.4) の $\boldsymbol{L}$ が得られれば，$\boldsymbol{L}$ が下三角行列であることから方程式 (5.3) を効率的に解くことができます．コレスキー分解の回数を減らすために，μ を更新する際の拡大因子として $\rho = 10$ などの値が用いられます．

アルゴリズム 5.2 修正ニュートン法

初期化：初期解 $\boldsymbol{x}_0 \in \mathbb{R}^n$ を定める．$k \leftarrow 0$ とする．

1. 停止条件が満たされるなら，$\boldsymbol{x}_k$ を数値解として出力して停止．
2. $\mu\,(>0)$ の初期値と拡大因子 $\rho\,(>1)$ を設定．
   (a) $\boldsymbol{A} = \nabla^2 f(\boldsymbol{x}_k) + \mu \boldsymbol{I}$ をコレスキー分解．
   (b) コレスキー分解が途中で停止したら
   $\mu \leftarrow \rho\mu$ としてステップ (a) に戻る．
   (c) コレスキー分解を $\boldsymbol{A} = \boldsymbol{L}\boldsymbol{L}^\top$ とし，
   $$\boldsymbol{L}\boldsymbol{L}^\top \boldsymbol{d}_k = -\nabla f(\boldsymbol{x}_k)$$
   を $\boldsymbol{d}_k$ について解く．
3. $\phi(\alpha) = f(\boldsymbol{x}_k + \alpha \boldsymbol{d}_k)$ に対する直線探索により α_k を計算．
4. $\boldsymbol{x}_{k+1} \leftarrow \boldsymbol{x}_k + \alpha_k \boldsymbol{d}_k$ と更新．
5. $k \leftarrow k+1$ とする．ステップ 1 に戻る．

修正ニュートン法の大域的収束性について簡単に紹介します．アルゴリズム 5.2 のステップ 2(c) でコレスキー分解 $\boldsymbol{A} = \boldsymbol{L}\boldsymbol{L}^\top$ が得られたとします．このとき，最小固有値が事前に定められた値 $\mu_0 > 0$ より大きくなることを保証するために，$\boldsymbol{A}$ ではなく $\boldsymbol{A}+\mu_0\boldsymbol{I}$ に対して探索方向 $\boldsymbol{d}_k$ を計算することにします．まず，レベル集合 $\{\boldsymbol{x}\in\mathbb{R}^n \mid f(\boldsymbol{x})\le f(\boldsymbol{x}_0)\}$ 上でヘッセ行列 $\nabla^2 f(\boldsymbol{x})$ は

$$a\boldsymbol{I}\preceq\nabla^2 f(\boldsymbol{x})\preceq b\boldsymbol{I}$$

を満たすとします．ここで a は一般に負値です．修正ニュートン法で求まる行列

$$\bar{\boldsymbol{A}}=\nabla^2 f(\boldsymbol{x}_k)+\mu\boldsymbol{I}+\mu_0\boldsymbol{I}$$

について，最小固有値の下界は μ_0, 最大固有値の上界は $b+\rho|a|+\mu_0$ で与えられます．したがって，定理 4.2 における探索方向と勾配方向の余弦 $\cos\theta_k$ は

$$\cos\theta_k=\frac{\nabla f(\boldsymbol{x}_k)^\top\bar{\boldsymbol{A}}^{-1}\nabla f(\boldsymbol{x}_k)}{\|\nabla f(\boldsymbol{x}_k)\|\|\bar{\boldsymbol{A}}^{-1}\nabla f(\boldsymbol{x}_k)\|}\ge\frac{\mu_0}{b+\rho|a|+\mu_0}>0$$

となります．定理 4.2 の仮定を満たす関数 $f(\boldsymbol{x})$ に対して直線探索にウルフ条件を用いると，修正ニュートン法で生成される点列 $\boldsymbol{x}_k$ は

$$\nabla f(\boldsymbol{x}_k)\longrightarrow\boldsymbol{0}\quad(k\to\infty)$$

を満たします．

次に，変数変換に対するアルゴリズムの共変性について補足します．ニュートン法では，正則行列 T によって座標系を $\boldsymbol{x}\to\bar{\boldsymbol{x}}=\boldsymbol{T}^{-1}\boldsymbol{x}$ に変換すると，数値解の更新則は共変的に変換されます．修正ニュートン法では，一般の正則行列による変換のもとで共変的ではありません．しかし，直交行列 $\boldsymbol{Q}$ による変換行列

$$\boldsymbol{x}\ \longrightarrow\ \bar{\boldsymbol{x}}=\boldsymbol{Q}\boldsymbol{x}$$

のもとで共変的です．この事実を確認します．

関数 $\bar{f}(\bar{\boldsymbol{x}})=f(\boldsymbol{Q}^\top\bar{\boldsymbol{x}})$ に対して

$$\nabla\bar{f}(\bar{\boldsymbol{x}})=\boldsymbol{Q}\nabla f(\boldsymbol{Q}^\top\bar{\boldsymbol{x}}),\quad\nabla^2\bar{f}(\bar{\boldsymbol{x}})=\boldsymbol{Q}\nabla^2 f(\boldsymbol{Q}^\top\bar{\boldsymbol{x}})\boldsymbol{Q}^\top$$

が成り立ちます．よって

$$\nabla^2\bar{f}(\bar{\boldsymbol{x}})+\mu\boldsymbol{I}=\boldsymbol{Q}(\nabla^2 f(\boldsymbol{x})+\mu\boldsymbol{I})\boldsymbol{Q}^\top$$

となるので，コレスキー分解から定まる μ の値は $f(\boldsymbol{x})$ と $\bar{f}(\bar{\boldsymbol{x}})$ のどちらでも同じです[*1]．このことから探索方向 $\boldsymbol{d}_k$, $\bar{\boldsymbol{d}}_k$ について

$$\bar{\boldsymbol{d}}_k = \boldsymbol{Q}\boldsymbol{d}_k$$

となり，以下の等式が成り立ちます．

$$\begin{aligned}\bar{f}(\bar{\boldsymbol{x}}_k + \alpha\bar{\boldsymbol{d}}_k) &= f(\boldsymbol{x}_k + \alpha\boldsymbol{d}_k),\\ \nabla\bar{f}(\bar{\boldsymbol{x}}_k + \alpha\bar{\boldsymbol{d}}_k)^\top\bar{\boldsymbol{d}}_k &= \nabla f(\boldsymbol{x}_k + \alpha\boldsymbol{d}_k)^\top\boldsymbol{d}_k.\end{aligned}$$

4.1 節で紹介した直線探索では，上記の値を使ってステップ幅 $\alpha_k, \bar{\alpha}_k$ を定めます．したがって $\boldsymbol{x}$ と $\bar{\boldsymbol{x}}$ のどちらの座標系でも，直線探索のパラメータ (c_1, c_2 など) が同じなら得られるステップ幅は同じです．結局，点列の更新について

$$\begin{aligned}&\bar{\boldsymbol{x}}_{k+1} = \bar{\boldsymbol{x}}_k - \alpha_k(\nabla^2\bar{f}(\bar{\boldsymbol{x}}_k) + \mu\boldsymbol{I})^{-1}\nabla\bar{f}(\bar{\boldsymbol{x}}_k)\\ \Longleftrightarrow\ &\boldsymbol{Q}\boldsymbol{x}_{k+1} = \boldsymbol{Q}\left\{\boldsymbol{x}_k - \alpha_k(\nabla^2 f(\boldsymbol{x}_k) + \mu\boldsymbol{I})^{-1}\nabla f(\boldsymbol{x}_k)\right\}\end{aligned}$$

となります．ここで α_k と μ が共通の値になることに注意してください．以上より，直交行列による座標変換のもとで点列の更新則が共変的 に変換されることが確認されました．

5.4 ガウス・ニュートン法と関連する話題

統計学や機械学習では，データに対する誤差関数の和や平均を最小にする問題がよく現れます．本節では，目的関数 $f : \mathbb{R}^n \to \mathbb{R}$ が，

$$f(\boldsymbol{x}) = \frac{1}{2}\sum_{i=1}^{m}(\ell_i(\boldsymbol{x}))^2 \tag{5.5}$$

のように m 個の関数 $\ell_1(\boldsymbol{x}), \ldots, \ell_m(\boldsymbol{x})$ の二乗和で書けると仮定します．ここで関数 ℓ_i は i 番目のデータに対する統計的な誤差を表すと考えます．例えば，データ $(\boldsymbol{a}_i, b_i) \in \mathbb{R}^n \times \mathbb{R}$ を関数 $\phi(\boldsymbol{a}, \boldsymbol{x})$ で説明するとします．ここで $\boldsymbol{x}$ は関数の入出力関係を調整するパラメータです．このとき

---

*1 一般の正則行列による変換の場合，これは成立しません．

$$\ell_i(\boldsymbol{x}) = b_i - \phi(\boldsymbol{a}_i, \boldsymbol{x})$$

とすると，関数 $f(\boldsymbol{x})$ は累積二乗誤差を表します．

目的関数が (5.5) の形式で表されるとき，勾配とヘッセ行列を計算すると，

$$\nabla f(\boldsymbol{x}) = \sum_{i=1}^{m} \ell_i(\boldsymbol{x}) \nabla \ell_i(\boldsymbol{x}),$$
$$\nabla^2 f(\boldsymbol{x}) = \sum_{i=1}^{m} \nabla \ell_i(\boldsymbol{x}) \nabla \ell_i(\boldsymbol{x})^\top + \sum_{i=1}^{m} \ell_i(\boldsymbol{x}) \nabla^2 \ell_i(\boldsymbol{x})$$

となります．これからニュートン法における探索方向を計算することができます．しかし ℓ_i のヘッセ行列の計算は困難なときは，計算を簡略化し，効率を向上させる必要があります．そのような最適化法として，ガウス・ニュートン法とレーベンバーグ・マーカート法を紹介します．

5.4.1 ガウス・ニュートン法の導出

ガウス・ニュートン法 (Gauss-Newton method) では，ヘッセ行列 $\nabla^2 f$ の第 2 項を省略し，点 $\boldsymbol{x}_k$ における探索方向として

$$\boldsymbol{d}_k = -\left(\sum_{i=1}^{m} \nabla \ell_i(\boldsymbol{x}_k) \nabla \ell_i(\boldsymbol{x}_k)^\top \right)^{-1} \sum_{i=1}^{m} \ell_i(\boldsymbol{x}_k) \nabla \ell_i(\boldsymbol{x}_k) \tag{5.6}$$

を用います．ここで逆行列の存在を仮定しています．これにより ℓ_i のヘッセ行列 $\nabla^2 \ell_i$ を計算する必要がなくなります．以下，$\boldsymbol{d}_k$ が降下方向になっていることを確認します．行列 $\boldsymbol{J}(\boldsymbol{x}) \in \mathbb{R}^{n \times m}$ を

$$\boldsymbol{J}(\boldsymbol{x}_k) = \begin{pmatrix} \nabla \ell_1(\boldsymbol{x}_k) & \ldots & \nabla \ell_m(\boldsymbol{x}_k) \end{pmatrix}$$

とすると，探索方向は $\boldsymbol{d}_k = -(\boldsymbol{J}(\boldsymbol{x}_k)\boldsymbol{J}(\boldsymbol{x}_k)^\top)^{-1} \nabla f(\boldsymbol{x}_k)$ と表せます．正則性の仮定から $\boldsymbol{J}(\boldsymbol{x}_k)\boldsymbol{J}(\boldsymbol{x}_k)^\top$ は正定値行列となるので，停留点以外では

$$-\nabla f(\boldsymbol{x}_k)^\top \boldsymbol{d}_k = \nabla f(\boldsymbol{x}_k)^\top (\boldsymbol{J}(\boldsymbol{x}_k)\boldsymbol{J}(\boldsymbol{x}_k)^\top)^{-1} \nabla f(\boldsymbol{x}_k) > 0$$

が成り立ちます．

探索方向 (5.6) は，目的関数の近似式から導出されます．関数 ℓ_i をテイラー展開すると

$$\ell_i(\boldsymbol{x}_k + \boldsymbol{d}) = \ell_i(\boldsymbol{x}_k) + \nabla \ell_i(\boldsymbol{x}_k)^\top \boldsymbol{d} + o(\|\boldsymbol{d}\|)$$

となります．ここで $\ell_i(\boldsymbol{x}_k + \boldsymbol{d})$ を 1 次式 $\ell_i(\boldsymbol{x}_k) + \nabla \ell_i(\boldsymbol{x}_k)^\top \boldsymbol{d}$ で近似すると，目的関数 $f(\boldsymbol{x}_k + \boldsymbol{d})$ は次式で近似されます．

$$\bar{f}(\boldsymbol{x}_k + \boldsymbol{d}) = \frac{1}{2}\sum_{i=1}^{m} (\ell_i(\boldsymbol{x}_k) + \nabla \ell_i(\boldsymbol{x}_k)^\top \boldsymbol{d})^2. \tag{5.7}$$

関数 $\bar{f}(\boldsymbol{x}_k + \boldsymbol{d})$ は $\boldsymbol{d}$ に関する凸 2 次関数であり，最小値を達成する $\boldsymbol{d}$ は式 (5.6) の $\boldsymbol{d}_k$ に一致することがわかります．すなわち $\boldsymbol{d}_k$ は，ℓ_i を点 $\boldsymbol{x}_k$ のまわりで 1 次近似した目的関数に対するニュートン方向になっています．

収束性について解説します．直線探索としてウルフ条件を用います．初期解 $\boldsymbol{x}_0$ から定まる関数 f のレベル集合

$$S = \{\boldsymbol{x} \in \mathbb{R}^n \mid f(\boldsymbol{x}) \le f(\boldsymbol{x}_0)\}$$

上で，行列 $\boldsymbol{J}(\boldsymbol{x})\boldsymbol{J}(\boldsymbol{x})^\top$ が一様に

$$O \prec a\boldsymbol{I} \preceq \boldsymbol{J}(\boldsymbol{x})\boldsymbol{J}(\boldsymbol{x})^\top \preceq b\boldsymbol{I}$$

を満たすと仮定します．ここで $0 < a < b$ とします．5.3 節の議論と同様にして，定理 4.2 における探索方向と勾配方向の余弦について，$(\cos\theta_k)^2$ が正の下界をもつことが証明できます．これより，ウルフ条件による直線探索を用いたガウス・ニュートン法の大域的収束性が保証されます．

収束速度に関して，ニュートン法に対する解析法と同様の方法を用いることができます．適当な条件のもとで $f(\boldsymbol{x})$ の局所解を $\boldsymbol{x}^*$ とすると，$r \in (0,1)$ が存在して

$$\|\boldsymbol{x}_{k+1} - \boldsymbol{x}^*\| \le r\|\boldsymbol{x}_k - \boldsymbol{x}^*\| + O(\|\boldsymbol{x}_k - \boldsymbol{x}^*\|^2)$$

となります．さらに，ヘッセ行列 $\nabla^2 f(\boldsymbol{x})$ が $\boldsymbol{J}(\boldsymbol{x})\boldsymbol{J}(\boldsymbol{x})^\top$ によってよく近似できるときは $r \approx 0$ となり，ニュートン法の収束速度に近くなります．詳細は文献 [41] の 10.3 節を参照してください．

5.4.2 レーベンバーグ・マーカート法

ガウス・ニュートン法では，目的関数 (5.5) のヘッセ行列 $\nabla^2 f(\boldsymbol{x})$ を近似した $\boldsymbol{J}(\boldsymbol{x})\boldsymbol{J}(\boldsymbol{x})^\top$ に正定値性を仮定します．しかし $m < n$ のときは，

$\boldsymbol{J}(\boldsymbol{x}) \in \mathbb{R}^{n\times m}$ に対して $\boldsymbol{J}(\boldsymbol{x})\boldsymbol{J}(\boldsymbol{x})^\top$ は非負定値ですが正則になりません．また $m \geq n$ のときでも，0 に近い固有値をもつことがあります．このような場合，探索方向 $\boldsymbol{d}_k$ を求めるための方程式

$$\boldsymbol{J}(\boldsymbol{x}_k)\boldsymbol{J}(\boldsymbol{x}_k)^\top \boldsymbol{d} = -\nabla f(\boldsymbol{x}_k)$$

の数値解が，数値誤差に対して不安定になる傾向があります．

上記の問題を回避するために，修正ニュートン法と同様に探索方向として

$$(\boldsymbol{J}(\boldsymbol{x}_k)\boldsymbol{J}(\boldsymbol{x}_k)^\top + \mu\boldsymbol{I})\boldsymbol{d} = -\nabla f(\boldsymbol{x}_k) \tag{5.8}$$

の解を用いることを考えます．ここで μ は適当な正実数とします．方程式 (5.8) の解 $\boldsymbol{d}_{k,\mu}$ を探索方向として用いる方法を**レーベンバーグ・マーカート法** (Levenberg-Marquardt algorithm) と呼びます．定数 μ が 0 のときはガウス・ニュートン法と一致します．また μ を大きな値にすると，$\boldsymbol{d}_{k,\mu}$ の方向は最急降下方向 $-\nabla f(\boldsymbol{x}_k)$ に近づきます．実際，

$$\mu \cdot \boldsymbol{d}_{k,\mu} = -\left(\frac{1}{\mu}\boldsymbol{J}(\boldsymbol{x}_k)\boldsymbol{J}(\boldsymbol{x}_k)^\top + \boldsymbol{I}\right)^{-1} \nabla f(\boldsymbol{x}_k) \longrightarrow -\nabla f(\boldsymbol{x}_k), \quad (\mu \to \infty)$$

が成り立ちます．よって $\boldsymbol{x}_k$ が停留点でないなら，十分大きな μ に対して

$$f(\boldsymbol{x}_k) > f(\boldsymbol{x}_k + \boldsymbol{d}_{k,\mu})$$

が成立することが，テイラー展開により確認できます．

定数 μ の決め方は，目的関数 f の値が減るように設定するのが一般的です．レーベンバーグ・マーカート法の計算手順を**アルゴリズム 5.3** に示します．局所解への収束性を保証するためには，$f(\boldsymbol{x}_k) - f(\boldsymbol{x}_{k+1})$ がある程度大きな値をとるように μ を定める必要があります．詳細は文献 [41] の定理 10.3 を参照してください．

レーベンバーグ・マーカート法とガウス・ニュートン法の関係を説明します．ガウス・ニュートン法において，探索方向 $\boldsymbol{d}_k$ のノルムがあまり大きくならないように目的関数の近似式 (5.7) にペナルティを加えて

$$\min_{\boldsymbol{d}\in\mathbb{R}^n} \frac{1}{2}\sum_{i=1}^{m}(\ell_i(\boldsymbol{x}_k) + \nabla\ell_i(\boldsymbol{x}_k)^\top \boldsymbol{d})^2 + \frac{\mu}{2}\|\boldsymbol{d}\|^2$$

とします．この最小解はレーベンバーグ・マーカート法の $\boldsymbol{d}_{k,\mu}$ に一致しま

アルゴリズム 5.3 レーベンバーグ・マーカート法

初期化：初期解 $\boldsymbol{x}_0 \in \mathbb{R}^n$ を定める．$k \leftarrow 0$ とする．

1. 停止条件が満たされるなら，$\boldsymbol{x}_k$ を数値解として出力して停止．
2. $\boldsymbol{J}(\boldsymbol{x}_k)$ と $\nabla f(\boldsymbol{x}_k)$ を計算．
3. $\mu\,(>0)$ の初期値と拡大因子 $\rho\,(>1)$ を設定．
   (a) 次の線形方程式を $\boldsymbol{d}$ について解き，解を $\boldsymbol{d}_{k,\mu}$ とする．
   $$(\boldsymbol{J}(\boldsymbol{x}_k)\boldsymbol{J}(\boldsymbol{x}_k)^\top + \mu\boldsymbol{I})\boldsymbol{d} = -\nabla f(\boldsymbol{x}_k)$$
   (b) $f(\boldsymbol{x}_k) \leq f(\boldsymbol{x}_k + \boldsymbol{d}_{k,\mu})$ なら $\mu \leftarrow \mu\rho$ として ステップ (a) に戻る．
4. $\boldsymbol{x}_{k+1} \leftarrow \boldsymbol{x}_k + \boldsymbol{d}_{k,\mu}$ と更新．
5. $k \leftarrow k+1$ とする．ステップ 1 に戻る．

す．統計学では二乗のペナルティを加える方法は**リッジ回帰**と呼ばれ，数値計算の安定化，また推定精度の向上のために用いられます．

ペナルティを加える代わりに，$\boldsymbol{d}$ に制約条件を課して

$$\min_{\boldsymbol{d}\in\mathbb{R}^n} \frac{1}{2}\sum_{i=1}^{m}(\ell_i(\boldsymbol{x}_k) + \nabla\ell_i(\boldsymbol{x}_k)^\top\boldsymbol{d})^2, \quad \|\boldsymbol{d}\|^2 \leq \Delta^2 \tag{5.9}$$

という最適化問題を考えることもできます．ノルム制約を定める正数 Δ を適切に選ぶと，この問題の最適解は $\boldsymbol{d}_{k,\mu}$ に一致します．目的関数を近似した関数を，ある領域上で最小化することで点列を更新する方法を**信頼領域法**といいます．上記の定式化により，レーベンバーグ・マーカート法を信頼領域法の一種と考えて，さまざまな解析を行うことができます．信頼領域法については 8 章で解説します．

5.5 自然勾配法

5.5.1 フィッシャー情報行列から定まる降下方向

機械学習や統計学では，最適化パラメータ $\boldsymbol{x}$ の空間上にユークリッド距離

とは異なる距離が自然に定義されることがあります．例えば標本空間 Ω 上の 2 つの確率密度関数が，パラメータ $\boldsymbol{x}, \boldsymbol{x}' \in \mathbb{R}^n$ を用いて $p(\cdot, \boldsymbol{x}), p(\cdot, \boldsymbol{x}')$ のように与えられているとします．これらの間の距離を測るとき，**ヘリンジャー距離** (Hellinger distance) を用いることがあります．この距離は $\sqrt{p(a, \boldsymbol{x})}$ と $\sqrt{p(a, \boldsymbol{x}')}$ の間の二乗距離，すなわち

$$\left\{\int_\Omega \left(\sqrt{p(a, \boldsymbol{x})} - \sqrt{p(a, \boldsymbol{x}')}\right)^2 da\right\}^{1/2}$$

で定義されます．ヘリンジャー距離は，$\boldsymbol{x}$ と $\boldsymbol{x}'$ が近いとき定数倍を除いて

$$d_G(\boldsymbol{x}, \boldsymbol{x}') = \left\{(\boldsymbol{x} - \boldsymbol{x}')^\top \boldsymbol{G}(\boldsymbol{x})(\boldsymbol{x} - \boldsymbol{x}')\right\}^{1/2}$$

で近似できます．ここで $\boldsymbol{G}(\boldsymbol{x}) \in \mathbb{R}^{n \times n}$ は，パラメータ $\boldsymbol{x}$ に関する勾配 $\nabla \log p(a, \boldsymbol{x})$ を用いて

$$\boldsymbol{G}(\boldsymbol{x}) = \int_\Omega p(a, \boldsymbol{x}) \nabla \log p(a, \boldsymbol{x}) \nabla \log p(a, \boldsymbol{x})^\top da$$

と定義され，統計モデル $p(a, \boldsymbol{x})$ の**フィッシャー情報行列** (Fisher information matrix) と呼ばれます．定義から非負定値性が保証されますが，さらに正定値性を仮定します．

統計学におけるパラメータ推定などでは，距離構造が局所的に $d_G(\boldsymbol{x}, \boldsymbol{x}')$ によって定まる空間をよく扱います．このような空間上での勾配法は，機械学習の分野で**自然勾配法** (natural gradient method) と呼ばれています [2]．自然勾配法は最急降下法を一般化した方法であり，距離構造や目的関数によっては，探索方向がニュートン法にほぼ一致します．

例 5.1

期待値 $\mu \in \mathbb{R}$，分散 $v > 0$ の正規分布のフィッシャー情報量を計算します．パラメータ $\boldsymbol{x} = (\mu, v)$ の確率密度関数は

$$p(a, \boldsymbol{x}) = \frac{1}{\sqrt{2\pi v}} \exp\left\{-\frac{(a - \mu)^2}{2v}\right\}$$

で与えられ，$\log p(a, \boldsymbol{x})$ の $\boldsymbol{x}$ に関する勾配を計算すると

$$\nabla \log p(a, \boldsymbol{x}) = \left(\frac{\partial}{\partial \mu} \log p(a, \boldsymbol{x}), \frac{\partial}{\partial v} \log p(a, \boldsymbol{x})\right)^\top$$
$$= \left(\frac{a-\mu}{v}, \frac{(a-\mu)^2}{2v^2} - \frac{1}{2v}\right)^\top$$

となります．よってフィッシャー情報行列は

$$\boldsymbol{G}(\boldsymbol{x}) = \begin{pmatrix} 1/v & 0 \\ 0 & 1/(2v^2) \end{pmatrix}$$

となり，$\boldsymbol{x} = (\mu, v)$ と $\boldsymbol{x}' = (\mu + \delta\mu, v + \delta v)$ の間の距離 $d_G(\boldsymbol{x}, \boldsymbol{x}')$ は

$$d_G(\boldsymbol{x}, \boldsymbol{x}') = \sqrt{\frac{(\delta\mu)^2}{v} + \frac{(\delta v)^2}{2v^2}}$$

で与えられます．パラメータの変動 $(\delta\mu, \delta v)$ に対して，分散 v が大きいほど分布間の距離が小さくなる傾向があります．これは，分散が大きいほどデータから分布を見分けるのが難しくなるという，統計データの特性に合っているといえます． □

パラメータ空間の距離構造がフィッシャー情報行列から定まるとき，最急降下方向を計算します．点 $\boldsymbol{x}_k$ を $\boldsymbol{x}_{k+1}$ に更新するとき，パラメータ空間の距離がフィッシャー情報行列から定まることを考慮して，$f(\boldsymbol{x}_k + \boldsymbol{d})$ を $\boldsymbol{x}_k$ の近傍で最小化します．

$$\min_{\boldsymbol{d} \in \mathbb{R}^n} f(\boldsymbol{x}_k + \boldsymbol{d}) \quad \text{s.t.} \quad \boldsymbol{d}^\top \boldsymbol{G}(\boldsymbol{x}_k)\boldsymbol{d} = \delta^2.$$

目的関数を 1 次式で近似して，$f(\boldsymbol{x}_k) + \nabla f(\boldsymbol{x}_k)^\top \boldsymbol{d}$ を最小化します．シュワルツの不等式から，$\boldsymbol{d}$ のノルム制約のもとで

$$\nabla f(\boldsymbol{x}_k)^\top \boldsymbol{d} = (\boldsymbol{G}(\boldsymbol{x}_k)^{-1/2}\nabla f(\boldsymbol{x}_k))^\top (\boldsymbol{G}(\boldsymbol{x}_k)^{1/2}\boldsymbol{d})$$
$$\geq -\delta \|\boldsymbol{G}(\boldsymbol{x}_k)^{-1/2}\nabla f(\boldsymbol{x}_k)\|$$

となります．等号が成立するのは $\boldsymbol{G}(\boldsymbol{x}_k)^{1/2}\boldsymbol{d}$ が $-\boldsymbol{G}(\boldsymbol{x}_k)^{-1/2}\nabla f(\boldsymbol{x}_k)$ に比例するときなので，

$$\boldsymbol{d}_k \propto -\boldsymbol{G}(\boldsymbol{x}_k)^{-1}\nabla f(\boldsymbol{x}_k)$$

となります．ここで比例定数は正とします．自然勾配法では，このような探索方向が用いられます．

通常の最急降下法は，$\boldsymbol{G}(\boldsymbol{x}_k)$ が単位行列に等しい場合に一致します．またニュートン法は，$\boldsymbol{G}(\boldsymbol{x}_k)$ が目的関数 f のヘッセ行列 $\nabla^2 f$ に等しい場合と解釈できます．自然勾配法では，距離を定める行列 $\boldsymbol{G}(\boldsymbol{x})$ は目的関数 $f(\boldsymbol{x})$ とは独立に，パラメータ空間の幾何構造から定まります．

自然勾配法とニュートン法の関係について述べます．確率分布のパラメータを推定するための方法である最尤推定法では，負の対数尤度

$$f(\boldsymbol{x}) = -\frac{1}{m}\sum_{i=1}^{m} \log p(a_i, \boldsymbol{x})$$

を最小化します．データ $a_1, \ldots, a_m$ を生成する確率分布が $p(a_i, \bar{\boldsymbol{x}})$ であるとします．統計的漸近理論の知見を用いると，データ数 m が十分大きいとき，高い確率で，負の対数尤度の最適解 $\boldsymbol{x}^*$ は $\bar{\boldsymbol{x}}$ の近傍にあることがわかります．このとき，$\boldsymbol{x}^*$ の近傍における自然勾配法の探索方向はニュートン法の探索方向に近いことを示します．目的関数のヘッセ行列は

$$\nabla^2 f(\boldsymbol{x}) = -\frac{1}{m}\sum_{i=1}^{m} \nabla^2 \log p(a_i, \boldsymbol{x})$$

となります．データ数 m が十分大きいとき，大数の法則から標本平均は真の分布のもとでの期待値に近いので，$\boldsymbol{x}_k \approx \boldsymbol{x}^* \approx \bar{\boldsymbol{x}}$ なら

$$\begin{aligned}\nabla^2 f(\boldsymbol{x}_k) &\approx -\int_\Omega (\nabla^2 \log p(a, \boldsymbol{x}_k)) p(a, \bar{\boldsymbol{x}}) da \\ &\approx -\int_\Omega (\nabla^2 \log p(a, \boldsymbol{x}_k)) p(a, \boldsymbol{x}_k) da = \boldsymbol{G}(\boldsymbol{x}_k)\end{aligned}$$

となります．最後の等式はフィッシャー情報行列に関してよく知られた恒等式です．したがって自然勾配法による探索方向は

$$-\boldsymbol{G}(\boldsymbol{x}_k)^{-1}\nabla f(\boldsymbol{x}_k) \approx -(\nabla^2 f(\boldsymbol{x}_k))^{-1}\nabla f(\boldsymbol{x}_k)$$

のように近似できます．ただし，点 $\boldsymbol{x}_k$ が最適解から遠い場合や，データを生成する分布が設定した統計モデルに含まれないときは，自然勾配法とニュートン法は一般に異なる挙動を示します．

5.5.2 オンライン学習における自然勾配法

確率的最適化の設定のように，データがオンラインで逐次的に与えられる状況を考えます．このとき，自然勾配法のオンライン・アルゴリズム [2] は，統計的に優れた性質をもつことが明らかにされています．この結果を簡単に紹介します．

統計モデル $p(a, \bar{\boldsymbol{x}})$ からデータ $a_1, \ldots, a_m$ が独立に得られたとき，パラメータ $\bar{\boldsymbol{x}}$ を推定量 $\widehat{\boldsymbol{x}}$ で推定することを考えます．推定量 $\widehat{\boldsymbol{x}}$ の漸近分散を

$$\boldsymbol{V}[\widehat{\boldsymbol{x}}] = \int_{\Omega} (\widehat{\boldsymbol{x}} - \bar{\boldsymbol{x}})(\widehat{\boldsymbol{x}} - \bar{\boldsymbol{x}})^{\top} \prod_{i=1}^{m} p(a_i, \bar{\boldsymbol{x}}) da_i$$

とします．適当な正則条件を満たす任意の推定量について，

$$\lim_{m \to \infty} m \cdot \boldsymbol{V}[\widehat{\boldsymbol{x}}] \succeq G(\bar{\boldsymbol{x}})^{-1}$$

が成り立ちます．すなわち，フィッシャー情報行列の意味で情報量が多いほど，推定誤差は平均的に小さくなります．

ここで，負の対数尤度をオンラインの設定で最小化するアルゴリズムを考えます．以下，対数尤度 $\log p(a, \boldsymbol{x})$ を $\ell(a, \boldsymbol{x})$ と略記し，パラメータ $\boldsymbol{x}$ に関する勾配やヘッセ行列を $\nabla \ell(a, \boldsymbol{x}), \nabla^2 \ell(a, \boldsymbol{x})$ と表します．時刻 t でパラメータ $\boldsymbol{x}_t$ まで反復法が進み，観測データ a_{t+1} が得られたとき，パラメータを

$$\boldsymbol{x}_{t+1} = \boldsymbol{x}_t + \frac{1}{t} \boldsymbol{G}(\boldsymbol{x}_t)^{-1} \nabla \ell(a_{t+1}, \boldsymbol{x}_t)$$

と更新します．このとき，漸近分散 $\boldsymbol{V}[\boldsymbol{x}_{t+1}]$ に関する漸化式を導出します．まず，統計モデル $p(a, \boldsymbol{x})$ に対して

$$\int_{\Omega} p(a, \boldsymbol{x}) \nabla \ell(a, \boldsymbol{x}) da = \boldsymbol{0},$$
$$-\int_{\Omega} p(a, \boldsymbol{x}) \nabla^2 \ell(a, \boldsymbol{x}) da = \boldsymbol{G}(\boldsymbol{x})$$

が成り立つことに注意します．また，確率的最適化に関する適当な条件のもとで

$$\boldsymbol{G}(\boldsymbol{x}_t) = \boldsymbol{G}(\bar{\boldsymbol{x}}) + O(1/t)$$

が成り立ちます [30]．これらの式を用いると

$$
\begin{aligned}
&\boldsymbol{V}[\boldsymbol{x}_{t+1}] \\
&= \boldsymbol{V}\left[\boldsymbol{x}_t + \frac{1}{t}\boldsymbol{G}(\boldsymbol{x}_t)^{-1}\nabla\ell(a_{t+1}, \boldsymbol{x}_t)\right] \\
&= \boldsymbol{V}[\boldsymbol{x}_t] + \frac{1}{t^2}\boldsymbol{G}(\bar{\boldsymbol{x}})^{-1} \\
&\quad + \frac{1}{t}\boldsymbol{E}\left[(\boldsymbol{x}_t - \bar{\boldsymbol{x}})\left\{(\nabla\ell(a_{t+1}, \bar{\boldsymbol{x}}) + \nabla^2\ell(a_{t+1}, \bar{\boldsymbol{x}})(\boldsymbol{x}_t - \bar{\boldsymbol{x}}))\right\}^\top\right]\boldsymbol{G}(\bar{\boldsymbol{x}})^{-1} \\
&\quad + (\text{第 3 項の転置}) + o(1/t^2) \\
&= \boldsymbol{V}[\boldsymbol{x}_t] + \frac{1}{t^2}\boldsymbol{G}(\bar{\boldsymbol{x}})^{-1} - \frac{2}{t}\boldsymbol{V}[\boldsymbol{x}_t] + o(1/t^2)
\end{aligned}
$$

が得られます．漸化式を解いて

$$
\boldsymbol{V}[\boldsymbol{x}_t] = \frac{1}{t}\boldsymbol{G}(\bar{\boldsymbol{x}})^{-1} + O(1/t^2)
$$

となります．これは漸化式に代入することで確認できます．したがって，自然勾配法のオンライン・アルゴリズムについて，漸近分散はフィッシャー情報行列から定まる下限を達成することがわかります．実用上は，ターゲットとなる確率分布が時間とともに多少変動する場合に対処するために，ステップ幅を $1/t$ の代わりに小さな定数に設定することもあります．

上記の方法は，各反復で $\boldsymbol{G}(\boldsymbol{x}_t)$ を計算し，探索方向 $\boldsymbol{G}(\boldsymbol{x}_t)^{-1}\nabla\ell(a_{t+1}, \boldsymbol{x}_t)$ を得るために線形方程式を解く必要があります．フィッシャー情報行列を標本平均で置き換えることで，アルゴリズムを効率化できます．フィッシャー情報行列 $\boldsymbol{G}(\boldsymbol{x}_t)$ を近似する行列を $\bar{\boldsymbol{G}}_t$ とし，パラメータを $\boldsymbol{x}_t$ から

$$
\boldsymbol{x}_{t+1} = \boldsymbol{x}_t + \frac{1}{t}\bar{\boldsymbol{G}}_t^{-1}\nabla\ell(a_{t+1}, \boldsymbol{x}_t)
$$

と更新します．このとき行列 $\bar{\boldsymbol{G}}_t$ を

$$
\bar{\boldsymbol{G}}_{t+1} = \frac{t}{t+1}\bar{\boldsymbol{G}}_t + \frac{1}{t+1}\nabla\ell(a_{t+1}, \boldsymbol{x}_{t+1})\nabla\ell(a_{t+1}, \boldsymbol{x}_{t+1})^\top
$$

と更新します．これは 1 ランク更新なので，シャーマン・モリソンの公式 (2.4) を使って $\bar{\boldsymbol{G}}_t^{-1}$ から $\bar{\boldsymbol{G}}_{t+1}^{-1}$ を簡単に計算することができます．データが次々に得られるとき，点列 $\boldsymbol{x}_t$ と行列 $\bar{\boldsymbol{G}}_t^{-1}$ を逐次的に更新することで，効率的に最適化を行うことができます．

Chapter 6

共役勾配法

共役勾配法は計算コストが小さく，またメモリ領域を節約できる方法として，大規模な問題の最適化に用いられます．

最急降下法より収束性に優れた最適化法である共役勾配法について解説します．まず，凸2次関数の最適化のための方法である共役方向法と共役勾配法について説明します．次に，一般の非線形関数への拡張について，いくつかの方法を紹介します．

6.1 共役方向法

目的関数 $f(\boldsymbol{x})$ を

$$f(\boldsymbol{x}) = \frac{1}{2}(\boldsymbol{x} - \boldsymbol{x}^*)^\top \boldsymbol{A}(\boldsymbol{x} - \boldsymbol{x}^*) \tag{6.1}$$

とします．ここで $\boldsymbol{A} \in \mathbb{R}^{n \times n}$ は正定値行列とします．すると f は凸2次関数です．最適解 $\boldsymbol{x}^*$ を反復法で求めることを考えます．定理 4.4 で示したように，$\boldsymbol{A}$ の条件数が大きいと最急降下法の収束性が悪くなる傾向があります．行列 $\boldsymbol{A}$ の情報を利用して適切に降下方向を定めることで，収束性が改善されます．

まず，どのようなときに効率的に最適化できるかを考えます．行列 $\boldsymbol{A}$ を単位行列と仮定します．このとき $f(\boldsymbol{x})$ の等高面は球面になります．これを座標降下法で最適化すると，直線探索が厳密なら高々 n 回の反復で最適値 $\boldsymbol{x}^*$ に到達します．行列 $\boldsymbol{A}$ が対角行列の場合も同様です．一方，行列 $\boldsymbol{A}$ が非対

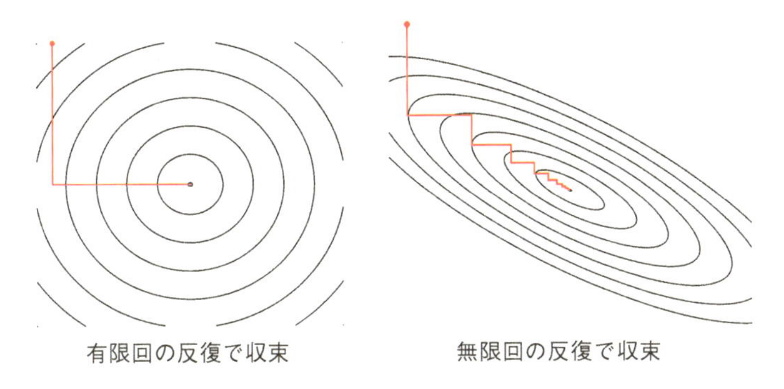

図 6.1 座標降下法の収束性.

角行列のときは，$f(\boldsymbol{x})$ の等高面である楕円の軸は座標軸に沿っていません．このとき座標降下法を用いると，最適解 $\boldsymbol{x}^*$ に到達するまで無限回の反復が必要になります．これらの状況を図 6.1 に示します．

探索方向をうまく定めることで，一般の $\boldsymbol{A}$ の場合も有限回の反復で最適解に到達することができます．まず行列 $\boldsymbol{A}$ を $\boldsymbol{A} = \boldsymbol{C}^\top \boldsymbol{C}, \boldsymbol{C} \in \mathbb{R}^{n \times n}$ と分解します．例えば $\boldsymbol{C} = \boldsymbol{A}^{1/2}$ とおきます．変数 $\boldsymbol{x}$ を $\bar{\boldsymbol{x}} = \boldsymbol{C}\boldsymbol{x}$ と変換すると，関数 $f(\boldsymbol{x})$ は $\bar{\boldsymbol{x}}$ 座標系では

$$\bar{f}(\bar{\boldsymbol{x}}) = \frac{1}{2}\|\bar{\boldsymbol{x}} - \bar{\boldsymbol{x}}^*\|^2, \quad \bar{\boldsymbol{x}}^* = \boldsymbol{C}\boldsymbol{x}^*$$

と表せます．$\bar{\boldsymbol{x}}$ 座標系の非ゼロベクトル $\bar{\boldsymbol{d}}_0, \ldots, \bar{\boldsymbol{d}}_{n-1}$ を，互いに直交するように選びます．関数 $\bar{f}$ の等高面は球面なので，これらのベクトルに沿って順番に 1 次元最適化を繰り返すことで，高々 n 回の反復で最適解 $\bar{\boldsymbol{x}}^*$ に到達します．厳密な直線探索で点 $\bar{\boldsymbol{x}}$ を $\bar{\boldsymbol{x}} + \alpha_k \bar{\boldsymbol{d}}_k$ に更新するとき，係数 α_k は

$$\alpha_k = -\frac{(\bar{\boldsymbol{x}} - \bar{\boldsymbol{x}}^*)^\top \bar{\boldsymbol{d}}_k}{\|\bar{\boldsymbol{d}}_k\|^2} = -\frac{\nabla \bar{f}(\bar{\boldsymbol{x}})^\top \bar{\boldsymbol{d}}_k}{\|\bar{\boldsymbol{d}}_k\|^2}$$

となります．したがってアルゴリズム 6.1 に示す手順により，出力として $\bar{\boldsymbol{x}}_n = \bar{\boldsymbol{x}}^*$ が得られます．

この計算を $\boldsymbol{x}$ 座標で表現します．ベクトル $\boldsymbol{d}_i$ を $\boldsymbol{d}_i = \boldsymbol{C}^{-1}\bar{\boldsymbol{d}}_i$ と定めると，$\bar{\boldsymbol{d}}_i$ の直交性より

$$\boldsymbol{d}_i^\top \boldsymbol{A} \boldsymbol{d}_j = 0, \quad i \neq j \tag{6.2}$$

アルゴリズム 6.1　$\bar{\boldsymbol{x}}$ 座標系での座標降下法

初期化：初期解 $\bar{\boldsymbol{x}}_0 \in \mathbb{R}^n$，互いに直交するベクトル $\bar{\boldsymbol{d}}_0, \ldots, \bar{\boldsymbol{d}}_{n-1} \in \mathbb{R}^n$ を定める．

1. $k = 0, \ldots, n-1$ として以下を反復：

$$\bar{\boldsymbol{x}}_{k+1} \leftarrow \bar{\boldsymbol{x}}_k - \frac{\nabla \bar{f}(\bar{\boldsymbol{x}}_k)^\top \bar{\boldsymbol{d}}_k}{\|\bar{\boldsymbol{d}}_k\|^2} \bar{\boldsymbol{d}}_k$$

2. $\bar{\boldsymbol{x}}_n$ を出力．

が成り立ちます．式 (6.2) の性質を，$\boldsymbol{A}$ に関して互いに**共役** (conjugate)，もしくは $\boldsymbol{A}$-直交といいます．行列 $\boldsymbol{A}$ の正定値性より，ベクトル $\boldsymbol{d}_0, \ldots, \boldsymbol{d}_{n-1}$ が互いに共役なら 1 次独立です．勾配は，$\bar{f}(\bar{\boldsymbol{x}}) = f(\boldsymbol{C}^{-1}\bar{\boldsymbol{x}})$ より

$$\nabla \bar{f}(\bar{\boldsymbol{x}}) = (\boldsymbol{C}^\top)^{-1} \nabla f(\boldsymbol{x})$$

となります．左辺は $\bar{\boldsymbol{x}}$ 座標での勾配，右辺は $\boldsymbol{x}$ 座標での勾配です．これらを $\bar{\boldsymbol{x}}$ 座標系における更新則に代入すると，$\boldsymbol{x}$ 座標系での更新則は次式のようになります．

$$\begin{aligned} \boldsymbol{C}\boldsymbol{x}_{k+1} &\leftarrow \boldsymbol{C}\boldsymbol{x}_k - \frac{\nabla f(\boldsymbol{x}_k)^\top \boldsymbol{C}^{-1}\boldsymbol{C}\boldsymbol{d}_k}{\boldsymbol{d}_k^\top \boldsymbol{A}\boldsymbol{d}_k} \boldsymbol{C}\boldsymbol{d}_k \\ \iff \boldsymbol{x}_{k+1} &\leftarrow \boldsymbol{x}_k - \frac{\nabla f(\boldsymbol{x}_k)^\top \boldsymbol{d}_k}{\boldsymbol{d}_k^\top \boldsymbol{A}\boldsymbol{d}_k} \boldsymbol{d}_k. \end{aligned} \tag{6.3}$$

この更新則によって $\boldsymbol{x}_n$ として $\boldsymbol{x}^*$ が得られます．行列 $\boldsymbol{A}$ に関して互いに共役なベクトル $\boldsymbol{d}_0, \ldots, \boldsymbol{d}_{n-1}$ が与えられたとき，上記のようにして凸 2 次関数 $f(\boldsymbol{x})$ の最適解を求める方法を**共役方向法** (conjugate direction method) といいます．計算手順をアルゴリズム 6.2 に示します．

このとき，次の定理が成り立ちます．

アルゴリズム 6.2 共役方向法による式 (6.1) の最適化

初期化：初期解 $\boldsymbol{x}_0 \in \mathbb{R}^n$，$\boldsymbol{A}$ に関して共役なベクトル $\boldsymbol{d}_0, \ldots, \boldsymbol{d}_{n-1} \in \mathbb{R}^n$ を定める．

1. $k = 0, \ldots, n-1$ として以下を反復：

$$\boldsymbol{x}_{k+1} \leftarrow \boldsymbol{x}_k - \frac{\nabla f(\boldsymbol{x}_k)^\top \boldsymbol{d}_k}{\boldsymbol{d}_k^\top \boldsymbol{A} \boldsymbol{d}_k} \boldsymbol{d}_k$$

2. $\boldsymbol{x}_n$ を出力．

定理 6.1（共役方向法の有限回収束性）

目的関数は式 (6.1) の凸 2 次関数で与えられるとします．アルゴリズム 6.2 の共役方向法について，以下が成り立ちます．

(a) $k = 1, \ldots, n$ に対して

$$\nabla f(\boldsymbol{x}_k)^\top \boldsymbol{d}_i = 0, \quad i = 0, \ldots, k-1$$

となります．

(b) アフィン部分空間 $S_k (k = 1, \ldots, n)$ を

$$S_k = \{\boldsymbol{x}_0 + \boldsymbol{\delta} \in \mathbb{R}^n \mid \boldsymbol{\delta} \in \mathrm{span}\{\boldsymbol{d}_0, \ldots, \boldsymbol{d}_{k-1}\}\}$$

とします．ここで $\mathrm{span}\{\boldsymbol{d}_0, \ldots, \boldsymbol{d}_{k-1}\}$ はベクトル $\boldsymbol{d}_0, \ldots, \boldsymbol{d}_{k-1}$ で張られる部分空間です．このとき，点 $\boldsymbol{x}_k$ は S_k 上での $f(\boldsymbol{x})$ の最適解です．

共役方向法で $\boldsymbol{x}_n = \boldsymbol{x}^*$ となるのは，定理 6.1(b) からも確認できます．

証明. (a) の証明.　等式 $\bar{\boldsymbol{d}}_i = \boldsymbol{C}\boldsymbol{d}_i$, $\nabla \bar{f}(\bar{\boldsymbol{x}}) = (\boldsymbol{C}^\top)^{-1}\nabla f(\boldsymbol{x})$ より

$$\boldsymbol{d}_i^\top \nabla f(\boldsymbol{x}_k) = \bar{\boldsymbol{d}}_i^\top \nabla \bar{f}(\bar{\boldsymbol{x}}_k) = \bar{\boldsymbol{d}}_i^\top (\bar{\boldsymbol{x}}_k - \bar{\boldsymbol{x}}^*)$$

となります．関数 $\bar{f}$ の等高面は球面であることと $\bar{\boldsymbol{d}}_i$ の直交性を考慮すると，残差 $\bar{\boldsymbol{x}}_k - \bar{\boldsymbol{x}}^*$ に $\bar{\boldsymbol{d}}_i$ 方向 $(i = 0, \ldots, k-1)$ の成分は含まれません．よって上式の右辺は $i = 0, \ldots, k-1$ で 0 となります．

(b) の証明.　$\boldsymbol{x}(\alpha) = \boldsymbol{x}_0 + \alpha_1\boldsymbol{d}_1 + \cdots + \alpha_{k-1}\boldsymbol{d}_{k-1}$ とすると，$f(\boldsymbol{x}(\alpha))$ の α_i による偏微分は $\nabla f(\boldsymbol{x}(\alpha))^\top \boldsymbol{d}_i$ です．したがって (a) の $\nabla f(\boldsymbol{x}_k)^\top \boldsymbol{d}_i = 0 (i = 1, \ldots, k-1)$ は，点 $\boldsymbol{x}_k$ における 1 次の最適性条件を意味します．凸性から $\boldsymbol{x}_k$ が S_k 上の最適解であることがわかります．　□

6.2　共役勾配法

共役方向法では，共役なベクトルをあらかじめ用意しておく必要があります．行列 $\boldsymbol{A}$ の対角化やコレスキー分解を用いて共役なベクトルを求めることは，計算コストが高く実用的ではありません．実際には，$\boldsymbol{d}_k$ を簡単な計算で生成しながら最適化を行います．このような最適化法が**共役勾配法** (conjugate gradient method) です．

共役なベクトルが $\boldsymbol{d}_0, \ldots, \boldsymbol{d}_{k-1}$ まで求まり，点 $\boldsymbol{x}_k$ に到達したとします．勾配 $\nabla f(\boldsymbol{x}_k)$ から $\boldsymbol{d}_k$ を構成するために

$$\boldsymbol{d}_k = -\nabla f(\boldsymbol{x}_k) + \beta_0\boldsymbol{d}_0 + \cdots + \beta_{k-1}\boldsymbol{d}_{k-1} \tag{6.4}$$

とおきます．ここで $\boldsymbol{d}_0 = -\nabla f(\boldsymbol{x}_0)$ とします．共役性が満たされるように係数 $\beta_0, \ldots, \beta_{k-1}$ を定めます．点列の更新を

$$\boldsymbol{x}_{k+1} = \boldsymbol{x}_k + \alpha_k\boldsymbol{d}_k$$

とします．厳密な直線探索のもとで，もし $\alpha_k = 0$ なら $\nabla f(\boldsymbol{x}_k)^\top \boldsymbol{d}_k = 0$ なので，$\nabla f(\boldsymbol{x}_k)$ と式 (6.4) の内積をとると定理 6.1(a) より，

$$0 = -\|\nabla f(\boldsymbol{x}_k)\|^2$$

となります．よって $\boldsymbol{x}_k$ が最適解となり，その時点でアルゴリズムを停止します．同様に考え，$\alpha_0, \ldots, \alpha_k$ はすべて非ゼロとします．式 (6.4) と $\boldsymbol{A}\boldsymbol{d}_i$ $(i =$

$0, \ldots, k-1)$ との内積を計算します．共役性の要請から

$$
\begin{aligned}
0 &= -\nabla f(\boldsymbol{x}_k)^\top \boldsymbol{A}\boldsymbol{d}_i + \beta_i \boldsymbol{d}_i^\top \boldsymbol{A}\boldsymbol{d}_i \\
&= -\frac{1}{\alpha_i}\nabla f(\boldsymbol{x}_k)^\top \boldsymbol{A}(\boldsymbol{x}_{i+1} - \boldsymbol{x}_i) + \beta_i \boldsymbol{d}_i^\top \boldsymbol{A}\boldsymbol{d}_i \\
&= -\frac{1}{\alpha_i}\nabla f(\boldsymbol{x}_k)^\top (\nabla f(\boldsymbol{x}_{i+1}) - \nabla f(\boldsymbol{x}_i)) + \beta_i \boldsymbol{d}_i^\top \boldsymbol{A}\boldsymbol{d}_i
\end{aligned}
$$

となります．式 (6.4) のように $\boldsymbol{d}_k$ を定めることから，$\mathrm{span}\{\boldsymbol{d}_0, \ldots, \boldsymbol{d}_{k-1}\}$ と $\mathrm{span}\{\nabla f(\boldsymbol{x}_0), \ldots, \nabla f(\boldsymbol{x}_{k-1})\}$ は部分空間として一致します．よって定理 6.1(a) より，

$$
\nabla f(\boldsymbol{x}_k)^\top \nabla f(\boldsymbol{x}_i) = 0, \quad i = 1, \ldots, k-1 \tag{6.5}
$$

となるので，$i = 0, \ldots, k-2$ に対して

$$
\nabla f(\boldsymbol{x}_k)^\top (\nabla f(\boldsymbol{x}_{i+1}) - \nabla f(\boldsymbol{x}_i)) = 0
$$

となります．したがって $i = 0, \ldots, k-2$ に対して $\beta_i = 0$ が得られます．また β_{k-1} は

$$
\beta_{k-1} = \frac{\nabla f(\boldsymbol{x}_k)^\top \boldsymbol{A}\boldsymbol{d}_{k-1}}{\boldsymbol{d}_{k-1}^\top \boldsymbol{A}\boldsymbol{d}_{k-1}}
$$

となります．以上より

$$
\boldsymbol{d}_k = -\nabla f(\boldsymbol{x}_k) + \frac{\nabla f(\boldsymbol{x}_k)^\top \boldsymbol{A}\boldsymbol{d}_{k-1}}{\boldsymbol{d}_{k-1}^\top \boldsymbol{A}\boldsymbol{d}_{k-1}} \boldsymbol{d}_{k-1}
$$

となり，勾配と直前の探索方向だけから計算できます．この性質により，計算に必要なメモリ領域を節約することができます．

共役勾配法をアルゴリズム 6.3 に示します．

アルゴリズム 6.3　共役勾配法による式 (6.1) の最適化

初期化：初期解 $\boldsymbol{x}_0 \in \mathbb{R}^n$ を定める．$\boldsymbol{d}_0 \leftarrow -\nabla f(\boldsymbol{x}_0)$ とする．

1. $k = 0, \ldots, n-1$ として以下を反復：

   (a) $\boldsymbol{x}_{k+1} \longleftarrow \boldsymbol{x}_k - \dfrac{\nabla f(\boldsymbol{x}_k)^\top \boldsymbol{d}_k}{\boldsymbol{d}_k^\top \boldsymbol{A} \boldsymbol{d}_k} \boldsymbol{d}_k$

   (b) $\boldsymbol{d}_{k+1} \longleftarrow -\nabla f(\boldsymbol{x}_{k+1}) + \dfrac{\nabla f(\boldsymbol{x}_{k+1})^\top \boldsymbol{A} \boldsymbol{d}_k}{\boldsymbol{d}_k^\top \boldsymbol{A} \boldsymbol{d}_k} \boldsymbol{d}_k$

2. $\boldsymbol{x}_n$ を出力．

共役勾配法の収束速度について，次の結果が知られています．

定理 6.2（共役勾配法の収束性）

凸 2 次関数

$$f(\boldsymbol{x}) = \frac{1}{2}(\boldsymbol{x} - \boldsymbol{x}^*)^\top \boldsymbol{A}(\boldsymbol{x} - \boldsymbol{x}^*)$$

における正定値行列 $\boldsymbol{A}$ の最小固有値を λ_1，最大固有値を λ_n とします．共役勾配法で生成される点列 $\{\boldsymbol{x}_k\}$ について，

$$f(\boldsymbol{x}_k) \ \leq \ 4\left(\frac{\sqrt{\lambda_n/\lambda_1} - 1}{\sqrt{\lambda_n/\lambda_1} + 1}\right)^{2k} f(\boldsymbol{x}_0)$$

が成り立ちます．

証明は文献 [36] の演習問題 9.10 を参照してください．

厳密な直線探索を用いる最急降下法では，定理 4.4 より

$$f(\boldsymbol{x}_k) \ \leq \ \left(\frac{\lambda_n/\lambda_1 - 1}{\lambda_n/\lambda_1 + 1}\right)^{2k} f(\boldsymbol{x}_0)$$

となります．条件数に対する依存性が λ_n/λ_1 から $\sqrt{\lambda_n/\lambda_1}$ に改善され，共役勾配法のほうが上界が小さくなっています．

6.3　非線形共役勾配法

凸 2 次関数に対する共役勾配法を，一般の微分可能な関数の最適化に拡張します．計算効率の観点から，ヘッセ行列 $\boldsymbol{A}$ を計算しないアルゴリズムを構成します．また，一般に厳密な直線探索を行うことは困難なので，近似的な直線探索でステップ幅を定めます．

関数 $f(\boldsymbol{x})$ を式 (6.1) の凸 2 次関数とします．アルゴリズム 6.3 の係数

$$\beta_k = \frac{\nabla f(\boldsymbol{x}_{k+1})^\top \boldsymbol{A}\boldsymbol{d}_k}{\boldsymbol{d}_k^\top \boldsymbol{A}\boldsymbol{d}_k}$$

を書き換えて，ヘッセ行列 $\boldsymbol{A}$ を用いない表現をいくつか導出します．$\alpha_k \boldsymbol{d}_k = \boldsymbol{x}_{k+1} - \boldsymbol{x}_k$ より

$$\alpha_k \boldsymbol{A}\boldsymbol{d}_k = \nabla f(\boldsymbol{x}_{k+1}) - \nabla f(\boldsymbol{x}_k).$$

これと式 (6.5) から

$$\begin{aligned}\alpha_k \nabla f(\boldsymbol{x}_{k+1})^\top \boldsymbol{A}\boldsymbol{d}_k &= \nabla f(\boldsymbol{x}_{k+1})^\top (\nabla f(\boldsymbol{x}_{k+1}) - \nabla f(\boldsymbol{x}_k)) \\ &= \|\nabla f(\boldsymbol{x}_{k+1})\|^2\end{aligned}$$

が得られます．また定理 6.1(a) と式 (6.5) より，

$$\begin{aligned}\alpha_k \boldsymbol{d}_k^\top \boldsymbol{A}\boldsymbol{d}_k &= \boldsymbol{d}_k^\top (\nabla f(\boldsymbol{x}_{k+1}) - \nabla f(\boldsymbol{x}_k)) \\ &= (-\nabla f(\boldsymbol{x}_k) + \beta_{k-1}\boldsymbol{d}_{k-1})^\top (\nabla f(\boldsymbol{x}_{k+1}) - \nabla f(\boldsymbol{x}_k)) \\ &= \|\nabla f(\boldsymbol{x}_k)\|^2\end{aligned}$$

となります．まとめると，係数 β_k の分子と分母に対してそれぞれ

$$\alpha_k \nabla f(\boldsymbol{x}_{k+1})^\top \boldsymbol{A}\boldsymbol{d}_k = \begin{cases}\|\nabla f(\boldsymbol{x}_{k+1})\|^2, \\ \nabla f(\boldsymbol{x}_{k+1})^\top (\nabla f(\boldsymbol{x}_{k+1}) - \nabla f(\boldsymbol{x}_k)),\end{cases}$$

$$\alpha_k \boldsymbol{d}_k^\top \boldsymbol{A} \boldsymbol{d}_k = \begin{cases} \|\nabla f(\boldsymbol{x}_k)\|^2, \\ \boldsymbol{d}_k^\top (\nabla f(\boldsymbol{x}_{k+1}) - \nabla f(\boldsymbol{x}_k)) \end{cases}$$

が成り立ちます．分子と分母でそれぞれ 2 通り，すなわち β_k について 4 通りの表現が考えられます．以下，$\boldsymbol{y}_k = \nabla f(\boldsymbol{x}_{k+1}) - \nabla f(\boldsymbol{x}_k)$ とすると，β_k は次のように表せます．

$$\left.\begin{aligned} &\textbf{Fletcher-Reeves 法：} && \beta_k = \frac{\|\nabla f(\boldsymbol{x}_{k+1})\|^2}{\|\nabla f(\boldsymbol{x}_k)\|^2} \\ &\textbf{Polak-Ribière 法：} && \beta_k = \frac{\nabla f(\boldsymbol{x}_{k+1})^\top \boldsymbol{y}_k}{\|\nabla f(\boldsymbol{x}_k)\|^2} \\ &\textbf{Hestenes-Stiefel 法：} && \beta_k = \frac{\nabla f(\boldsymbol{x}_{k+1})^\top \boldsymbol{y}_k}{\boldsymbol{d}_k^\top \boldsymbol{y}_k} \\ &\textbf{Dai-Yuan 法：} && \beta_k = \frac{\|\nabla f(\boldsymbol{x}_{k+1})\|^2}{\boldsymbol{d}_k^\top \boldsymbol{y}_k} \end{aligned}\right\} \tag{6.6}$$

上記の係数 β_k のいずれかを一般の非線形関数 $f : \mathbb{R}^n \to \mathbb{R}$ に適用することで，共役勾配法を非線形関数に拡張することができます．非線形共役勾配法をアルゴリズム 6.4 に示します．

各反復で必要な情報は $\boldsymbol{x}_k, \boldsymbol{d}_k, \nabla f(\boldsymbol{x}_k), \nabla f(\boldsymbol{x}_{k+1})$ であり，ニュートン法のように $n \times n$ 行列を保持する必要はありません．このため非線形共役勾配法は，最急降下法より収束性に優れ，ニュートン法よりメモリ領域を節約できる方法として，大規模な問題に利用されています．

非線形共役勾配法の探索方向について，次の定理が成立します．

定理 6.3（非線形共役勾配法の探索方向）

(a) 厳密な直線探索を用いれば，$\boldsymbol{d}_k$ は降下方向です．

(b) 強ウルフ条件による直線探索と Fletcher-Reeves 法の β_k を用いれば，$\boldsymbol{d}_k$ は降下方向です．

証明． (a) のみ証明します．厳密な直線探索を行うと $\nabla f(\boldsymbol{x}_{k+1})^\top \boldsymbol{d}_k = 0$ となります．よって $\boldsymbol{x}_{k+1}$ が停留点でなければ

アルゴリズム 6.4 非線形共役勾配法

初期化：初期解 $\boldsymbol{x}_0 \in \mathbb{R}^n$ を定める．$\boldsymbol{d}_0 \leftarrow -\nabla f(\boldsymbol{x}_k)$ とする．
$k \leftarrow 0$ とする．
1. 停止条件が満たされるなら，$\boldsymbol{x}_k$ を数値解として出力して停止．
2. $\phi(\alpha) = f(\boldsymbol{x}_k + \alpha \boldsymbol{d}_k)$ に対する直線探索により $\alpha_k \geq 0$ を計算．
3. $\boldsymbol{x}_{k+1} \leftarrow \boldsymbol{x}_k + \alpha_k \boldsymbol{d}_k$ と更新．
4. 係数 β_k を式 (6.6) のいずれかで計算．
5. $\boldsymbol{d}_{k+1} \leftarrow -\nabla f(\boldsymbol{x}_{k+1}) + \beta_k \boldsymbol{d}_k$ と更新．
6. $k \leftarrow k+1$ とする．ステップ 1 に戻る．

$$
\begin{aligned}
-\boldsymbol{d}_{k+1}^\top \nabla f(\boldsymbol{x}_{k+1}) &= -(-\nabla f(\boldsymbol{x}_{k+1}) + \beta_k \boldsymbol{d}_k)^\top \nabla f(\boldsymbol{x}_{k+1}) \\
&= \|\nabla f(\boldsymbol{x}_{k+1})\|^2 > 0
\end{aligned}
$$

となり，$\boldsymbol{d}_{k+1}$ が降下方向になることがわかります． □

アルゴリズムの収束性について，目的関数 $f(\boldsymbol{x})$ に関する適当な条件のもとで，以下のように構成した非線形共役勾配法は大域的収束性をもつことが証明されています[*1]．

- 強ウルフ条件による直線探索と Fletcher-Reeves 法．
- ウルフ条件による直線探索と Dai-Yuan 法．

また Polak-Ribière 法については，厳密な直線探索を行っても停留点に収束しない例が知られています．一方，実用上は Polak-Ribière 法は他の更新則より収束性に優れ，数値誤差に対してロバストであることが報告されています．これらについて，詳細は文献 [41] の 5.2 節，文献 [73] の定理 4.6 などを参照してください．

---

*1 正確には $\liminf_{k\to\infty} \|\nabla f(\boldsymbol{x}_k)\| = 0$ が示されます．

ニューラルネットワークの学習におけるモーメント法 [43] は，非線形共役勾配法と類似の方法です．この方法は，過去の探索方向 $\boldsymbol{d}_k$ を慣性項として勾配方向に加え，次の探索方向 $\boldsymbol{d}_{k+1}$ を $-\nabla f(\boldsymbol{x}_k) + \mu_k \boldsymbol{d}_k$ のように決めます．慣性項を加えることで，数値解 $\{\boldsymbol{x}_k\}$ が振動するのを防ぎ，局所解付近での収束性が改善することが期待されます．慣性項に対する重み μ_k は，式 (6.4) の係数 β_k に対応します．共役勾配法の更新則から重みを決めることもできますが，学習の予測精度を考慮して設定することもあります．

Chapter 7

準ニュートン法

準ニュートン法は，ニュートン法におけるヘッセ行列の計算を回避し，効率的に最適化を行うための手法です．代表的なアルゴリズムを概観し，正定値行列空間上の幾何構造との関連を述べます．ヘッセ行列の疎性を利用する方法についても紹介します．

7.1 可変計量を用いる最適化法とセカント条件

制約なし最適化問題

$$\min_{\boldsymbol{x}\in\mathbb{R}^n} f(\boldsymbol{x}) \tag{7.1}$$

を考えます．5 章で示したように，ニュートン法は局所解の近くでは収束性に優れています．しかし，一般に探索方向が降下方向になることは保証されません．また，数値解の更新に $f(\boldsymbol{x})$ のヘッセ行列が必要になるため，1 反復ごとの計算コストが高く，大規模な問題には適していません．

準ニュートン法 (quasi-Newton method) は，最急降下法における「計算が簡便・探索方向が降下方向」という性質と，ニュートン法の「局所的に速い収束性」を併せ持つ解法として考案されました．準ニュートン法における探索方向は，点 $\boldsymbol{x}_k$ において

$$\boldsymbol{d}_k = -\boldsymbol{B}_k^{-1}\nabla f(\boldsymbol{x}_k)$$

もしくは

$$\boldsymbol{d}_k = -\boldsymbol{H}_k \nabla f(\boldsymbol{x}_k)$$

と表されます．ここで $\boldsymbol{B}_k$ はヘッセ行列 $\nabla^2 f(\boldsymbol{x}_k)$ を近似する正定値行列，また $\boldsymbol{H}_k$ は $\nabla^2 f(\boldsymbol{x}_k)^{-1}$ を近似する正定値行列です．ただし，ヘッセ行列 $\nabla^2 f$ が正定値でないときでも $\boldsymbol{B}_k$ や $\boldsymbol{H}_k$ は正定値行列として構成されるので，常にヘッセ行列（またはその逆行列）をよく近似しているとは限りません．行列 $\boldsymbol{B}_k, \boldsymbol{H}_k$ は，点 $\boldsymbol{x}_k$ のまわりでの距離構造を定める行列と解釈できます．このような役割をもつ行列を（**可変**）**計量**といいます．各反復ごとに適切に可変計量を定め，効率的な最適化アルゴリズムを構成します．

準ニュートン法では，行列 $\boldsymbol{B}_k, \boldsymbol{H}_k$ の計算には勾配ベクトルが使われ，$f(\boldsymbol{x})$ の 2 階微分の情報は不要です．準ニュートン法の一般形をアルゴリズム 7.1 に示します．

アルゴリズム 7.1 準ニュートン法

初期化：初期解 $\boldsymbol{x}_0 \in \mathbb{R}^n$ と初期行列 $\boldsymbol{B}_0$（または $\boldsymbol{H}_0$）を定める（$\boldsymbol{B}_0 = \boldsymbol{I}$, $\boldsymbol{H}_0 = \boldsymbol{I}$ など）．$k \leftarrow 0$ とする．

1. 停止条件が満たされるなら，$\boldsymbol{x}_k$ を数値解として出力して停止．
2. $\boldsymbol{d}_k = -\boldsymbol{B}_k^{-1} \nabla f(\boldsymbol{x}_k)$ （または $\boldsymbol{d}_k = -\boldsymbol{H}_k \nabla f(\boldsymbol{x}_k)$）を計算．
3. $\phi(\alpha) = f(\boldsymbol{x}_k + \alpha \boldsymbol{d}_k)$ に対する直線探索により α_k を計算．
4. $\boldsymbol{x}_{k+1} \leftarrow \boldsymbol{x}_k + \alpha_k \boldsymbol{d}_k$ と更新．
5. $\boldsymbol{B}_k$ を $\boldsymbol{B}_{k+1}$ に更新（または $\boldsymbol{H}_k$ を $\boldsymbol{H}_{k+1}$ に更新）．
6. $k \leftarrow k+1$ とする．ステップ 1 に戻る．

行列 $\boldsymbol{B}_k$ が満たすべき条件を挙げます．勾配 $\nabla f(\boldsymbol{x}_k)$ を $\boldsymbol{x}_{k+1}$ のまわりでテイラー展開すると

$$\nabla^2 f(\boldsymbol{x}_{k+1})(\boldsymbol{x}_{k+1} - \boldsymbol{x}_k) = \nabla f(\boldsymbol{x}_{k+1}) - \nabla f(\boldsymbol{x}_k) + O(\|\boldsymbol{x}_k - \boldsymbol{x}_{k+1}\|^2)$$

が得られます．ここで，

$$\boldsymbol{s}_k = \boldsymbol{x}_{k+1} - \boldsymbol{x}_k, \quad \boldsymbol{y}_k = \nabla f(\boldsymbol{x}_{k+1}) - \nabla f(\boldsymbol{x}_k)$$

とおくと，上式は

$$\nabla^2 f(\boldsymbol{x}_{k+1})\boldsymbol{s}_k = \boldsymbol{y}_k + O(\|\boldsymbol{s}_k\|^2)$$

となります．同様の関係式が行列 $\boldsymbol{B}_{k+1}$ とその逆行列 $\boldsymbol{H}_{k+1}$ でも成り立つように，**セカント条件** (secant condition) と呼ばれる条件

$$\begin{aligned} \boldsymbol{B}_{k+1}\boldsymbol{s}_k &= \boldsymbol{y}_k, \\ \boldsymbol{H}_{k+1}\boldsymbol{y}_k &= \boldsymbol{s}_k \end{aligned} \tag{7.2}$$

を課します．このような正定値行列が存在するためには，$\boldsymbol{s}_k \neq \boldsymbol{0}$ のとき

$$\boldsymbol{s}_k^\top \boldsymbol{y}_k > 0$$

が成り立つ必要があります．この不等式について，次の補題が成り立ちます．

補題 7.1

アルゴリズム 7.1 において $\boldsymbol{x}_k$ から $\boldsymbol{x}_{k+1}$ を求めるとき，直線探索としてウルフ条件を用いると $\boldsymbol{s}_k^\top \boldsymbol{y}_k > 0$ が成り立ちます．

証明. 探索方向を $\boldsymbol{d}_k$，ステップ幅を α_k とすると，定義より $\boldsymbol{s}_k = \boldsymbol{x}_{k+1} - \boldsymbol{x}_k = \alpha_k \boldsymbol{d}_k$ となります．ウルフ条件 (4.2) の第 2 式と $\alpha_k > 0$ より

$$\nabla f(\boldsymbol{x}_{k+1})^\top \boldsymbol{s}_k \geq c_2 \nabla f(\boldsymbol{x}_k)^\top \boldsymbol{s}_k$$

となります．両辺から $\nabla f(\boldsymbol{x}_k)^\top \boldsymbol{s}_k$ を引いて

$$\boldsymbol{y}_k^\top \boldsymbol{s}_k \geq -(1 - c_2)\nabla f(\boldsymbol{x}_k)^\top \boldsymbol{s}_k$$

となり，$c_2 < 1$ と $\boldsymbol{s}_k$ が降下方向であることから $\boldsymbol{y}_k^\top \boldsymbol{s}_k > 0$ となります． □

セカント条件と正定値性を満たす公式として，次の **BFGS 公式**と **DFP 公式**が知られています．

$$\text{BFGS 公式：} \quad \boldsymbol{B}_{k+1} = \boldsymbol{B}_k - \frac{\boldsymbol{B}_k \boldsymbol{s}_k \boldsymbol{s}_k^\top \boldsymbol{B}_k}{\boldsymbol{s}_k^\top \boldsymbol{B}_k \boldsymbol{s}_k} + \frac{\boldsymbol{y}_k \boldsymbol{y}_k^\top}{\boldsymbol{s}_k^\top \boldsymbol{y}_k}, \tag{7.3}$$

$$\text{DFP 公式：} \quad \boldsymbol{B}_{k+1} = \left(\boldsymbol{I} - \frac{\boldsymbol{y}_k \boldsymbol{s}_k^\top}{\boldsymbol{s}_k^\top \boldsymbol{y}_k}\right) \boldsymbol{B}_k \left(\boldsymbol{I} - \frac{\boldsymbol{s}_k \boldsymbol{y}_k^\top}{\boldsymbol{s}_k^\top \boldsymbol{y}_k}\right) + \frac{\boldsymbol{y}_k \boldsymbol{y}_k^\top}{\boldsymbol{s}_k^\top \boldsymbol{y}_k}. \tag{7.4}$$

これらの公式の導出は次節で示します．

BFGS 公式と DFP 公式は互いに関係しています．BFGS 公式における $\boldsymbol{B}_{k+1}$ の逆行列 $\boldsymbol{H}_{k+1} = \boldsymbol{B}_{k+1}^{-1}$ は，DFP 公式の $\boldsymbol{B}_k$ を $\boldsymbol{H}_k$ に置き換え，$\boldsymbol{s}_k$ と $\boldsymbol{y}_k$ を入れ替えた式を用いて更新されます．すなわち，BFGS 公式の逆行列について

$$\boldsymbol{H}_{k+1} = \left(\boldsymbol{I} - \frac{\boldsymbol{s}_k\boldsymbol{y}_k^\top}{\boldsymbol{s}_k^\top\boldsymbol{y}_k}\right)\boldsymbol{H}_k\left(\boldsymbol{I} - \frac{\boldsymbol{y}_k\boldsymbol{s}_k^\top}{\boldsymbol{s}_k^\top\boldsymbol{y}_k}\right) + \frac{\boldsymbol{s}_k\boldsymbol{s}_k^\top}{\boldsymbol{s}_k^\top\boldsymbol{y}_k}$$

が成り立ちます．また DFP 公式の逆行列も，同様に BFGS 公式の記号を入れ替えることで得られます．そのような性質が成り立つ理由について，更新則の導出過程で説明します．

上記の公式について，基本的な性質を示しておきます．

定理 7.2（正定値性の継承）

ベクトル $\boldsymbol{s}_k, \boldsymbol{y}_k$ が $\boldsymbol{s}_k^\top\boldsymbol{y}_k > 0$ を満たし，$\boldsymbol{B}_k$ は正定値行列とします．このとき式 (7.3) と式 (7.4) の $\boldsymbol{B}_{k+1}$ はともに正定値行列で，$\boldsymbol{B}_{k+1}\boldsymbol{s}_k = \boldsymbol{y}_k$ が成り立ちます．

証明． 等式 $\boldsymbol{B}_{k+1}\boldsymbol{s}_k = \boldsymbol{y}_k$ については直接計算することで確認できます．まず DFP 公式について正定値性を示します．式 (7.4) の $\boldsymbol{B}_{k+1}$ が非負定値であることは，仮定からわかります．あるベクトル $\boldsymbol{x}$ で $\boldsymbol{x}^\top\boldsymbol{B}_{k+1}\boldsymbol{x} = 0$ が成り立つとすると

$$\boldsymbol{y}_k^\top\boldsymbol{x} = 0, \qquad \left(\boldsymbol{I} - \frac{\boldsymbol{s}_k\boldsymbol{y}_k^\top}{\boldsymbol{s}_k^\top\boldsymbol{y}_k}\right)\boldsymbol{x} = \boldsymbol{0}$$

が成り立ちます．第 1 式を第 2 式に代入して $\boldsymbol{x} = \boldsymbol{0}$ が得られます．よって $\boldsymbol{B}_{k+1}$ は非負定値かつ正則なので正定値です．

次に BFGS 公式 (7.3) の正定値性について証明します．非ゼロベクトル $\boldsymbol{x}$ に対して

$$\boldsymbol{x}^\top\boldsymbol{B}_{k+1}\boldsymbol{x} = \boldsymbol{x}^\top\boldsymbol{B}_k\boldsymbol{x} + \frac{(\boldsymbol{y}_k^\top\boldsymbol{x})^2}{\boldsymbol{s}_k^\top\boldsymbol{y}_k} - \frac{(\boldsymbol{s}_k^\top\boldsymbol{B}_k\boldsymbol{x})^2}{\boldsymbol{s}_k^\top\boldsymbol{B}_k\boldsymbol{s}_k} > 0 \tag{7.5}$$

となることを示します．シュワルツの不等式から

$$(\boldsymbol{s}_k^\top\boldsymbol{B}_k\boldsymbol{x})^2 = \{(\boldsymbol{B}_k^{1/2}\boldsymbol{s}_k)^\top(\boldsymbol{B}_k^{1/2}\boldsymbol{x})\}^2 \le \boldsymbol{s}_k^\top\boldsymbol{B}_k\boldsymbol{s}_k\cdot\boldsymbol{x}^\top\boldsymbol{B}_k\boldsymbol{x}$$

となります．したがって $\boldsymbol{s}_k^\top \boldsymbol{y}_k > 0$ と併せて，式 (7.5) の左辺が非負であることがわかります．ここで式 (7.5) の左辺が 0 に等しいとします．このとき，シュワルツの不等式が等号で成立するので，$\boldsymbol{x}$ と $\boldsymbol{s}_k$ は 1 次従属です．また仮定から $\boldsymbol{s}_k \neq \boldsymbol{0}$ なので，適当な定数 $c \in \mathbb{R}$ を用いて $\boldsymbol{x} = c \cdot \boldsymbol{s}_k$ と表せます．さらに $\boldsymbol{y}_k^\top \boldsymbol{x} = 0$ であり，これと $\boldsymbol{s}_k^\top \boldsymbol{y}_k > 0$ より $c = 0$ となるので，$\boldsymbol{x} = \boldsymbol{0}$ が得られます．以上より式 (7.3) の $\boldsymbol{B}_{k+1}$ は非負定値かつ正則なので正定値です． □

また，逆行列 $\boldsymbol{H}_{k+1}$ が正定値であることもわかります．

7.2 正定値行列の近接的更新

セカント条件 (7.2) を満たし，さらに $\boldsymbol{B}_k$ が正定値なら $\boldsymbol{B}_{k+1}$ も正定値になるような更新式が，これまで数多く提案されています．更新式の多くは，セカント条件を満たす正定値行列のなかで，$\boldsymbol{B}_k$ にもっとも「近い」正定値行列を $\boldsymbol{B}_{k+1}$ とするという基準で導出することができます．すなわち，$\boldsymbol{B}_k$ と $\boldsymbol{B}$ の間の「距離」を $D(\boldsymbol{B}, \boldsymbol{B}_k)$ として，

$$\min_{\boldsymbol{B} \succ O} D(\boldsymbol{B}, \boldsymbol{B}_k) \quad \text{s.t.} \quad \boldsymbol{B}\boldsymbol{s}_k = \boldsymbol{y}_k \tag{7.6}$$

の最適解として $\boldsymbol{B}_{k+1}$ を定めます．点列が更新されたとき，対応するヘッセ行列はあまり急激に変化しないという事前知識を取り入れていることに相当します．適切に $D(\boldsymbol{B}, \boldsymbol{B}_k)$ を定めることで，解 $\boldsymbol{B}_{k+1}$ を陽な形式で得ることができます．

7.2.1 ダイバージェンス最小化による更新則の定式化

正定値行列 $\boldsymbol{A}, \boldsymbol{B}$ に対する「距離」として，次の性質を満たす $D(\boldsymbol{A}, \boldsymbol{B})$ を考えます．

(i) $D(\boldsymbol{A}, \boldsymbol{B}) \geq 0$.
(ii) $D(\boldsymbol{A}, \boldsymbol{B}) = 0 \iff \boldsymbol{A} = \boldsymbol{B}$.

上記の 2 つの性質を満たす距離のような尺度を，（正定値行列上の）**ダイバージェンス** (divergence) といいます．ダイバージェンスは一般に距離の公理

は満たしません．しかし，2 点間の「近さ」のような幾何的構造を定めます．

さまざまなダイバージェンスに対応して，準ニュートン法の更新則が導出されます．ここでは**カルバック-ライブラー (KL) ダイバージェンス** (Kullback-Leibler divergence; KL-divergence)

$$\mathrm{KL}(\boldsymbol{A},\boldsymbol{B}) = \mathrm{tr}(\boldsymbol{A}\boldsymbol{B}^{-1}) - \log\det(\boldsymbol{A}\boldsymbol{B}^{-1}) - n, \quad \boldsymbol{A},\boldsymbol{B} \succ O \tag{7.7}$$

を用います．距離の公理を満たす尺度を用いて準ニュートン法の公式を導出することもできます．KL-ダイバージェンスによる導出と距離に基づく定式化の違いについては 7.2.3 節で説明します．

以下に示すように KL-ダイバージェンスは，変換に対する不変性をもちます．この性質から，準ニュートン法の更新則に対する共変性が導出されます．

補題 7.3

n 次正定値行列 $\boldsymbol{A},\boldsymbol{B}$ に対して，式 (7.7) の $\mathrm{KL}(\boldsymbol{A},\boldsymbol{B})$ は次の性質をもちます．

1. $\mathrm{KL}(\boldsymbol{A},\boldsymbol{B})$ はダイバージェンスの定義を満たします．
2. $\mathrm{KL}(\boldsymbol{A},\boldsymbol{B}) = \mathrm{KL}(\boldsymbol{B}^{-1},\boldsymbol{A}^{-1})$
3. 任意の正則行列 $\boldsymbol{T}$ に対して $\mathrm{KL}(\boldsymbol{T}^\top\boldsymbol{A}\boldsymbol{T},\boldsymbol{T}^\top\boldsymbol{B}\boldsymbol{T}) = \mathrm{KL}(\boldsymbol{A},\boldsymbol{B})$.

証明. 2, 3 は直接計算することで示すことができます．1 を証明します．正定値行列 $\boldsymbol{B}^{-1/2}\boldsymbol{A}\boldsymbol{B}^{-1/2}$ の固有値を $\lambda_i > 0\,(i=1,\ldots,n)$ とすると

$$\mathrm{KL}(\boldsymbol{A},\boldsymbol{B}) = \sum_{i=1}^{n}(\lambda_i - \log\lambda_i - 1) \geq 0$$

となり，非負性が成り立ちます．等号成立条件は $\lambda_1 = \cdots = \lambda_n = 1$，すなわち $\boldsymbol{A} = \boldsymbol{B}$ となります． □

KL-ダイバージェンスは，確率分布間の近さを測る尺度としてより一般的に定義されます．本節で定義した KL-ダイバージェンスは，2 つの多変量正規分布の間の距離尺度と密接に関連しています．詳細は文献 [27] を参照してください．

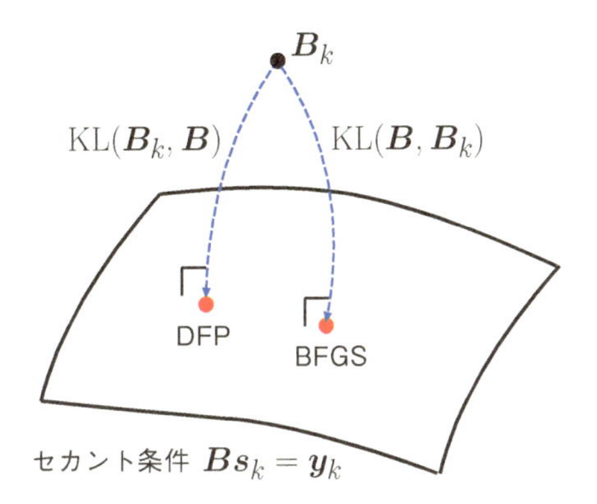

図 7.1 正定値行列の空間における BFGS 公式と DFP 公式の幾何的解釈.

KL-ダイバージェンスを用いて，B_{k+1} を

$$\min_{B \succ O} \mathrm{KL}(B, B_k) \quad \text{s.t.} \quad Bs_k = y_k \tag{7.8}$$

の最適解として定めます．このようにして得られる更新則は BFGS 公式に一致します．また，KL-ダイバージェンスで B と B_k を入れ替えて，

$$\min_{B \succ O} \mathrm{KL}(B_k, B) \quad \text{s.t.} \quad Bs_k = y_k \tag{7.9}$$

としたときの最適解は DFP 公式に一致します．それぞれの更新則の幾何的な解釈を図 7.1 に示します．更新則の導出は 7.2.4 節を参照してください．

7.2.2 ダイバージェンスの性質と更新則の関係

KL-ダイバージェンス の性質から，B_{k+1} の逆行列の更新則が得られます．補題 7.3 の 2 より，$H_k = B_k^{-1}$, $H = B^{-1}$ とおくと

$$\mathrm{KL}(H_k, H) = \mathrm{KL}(B, B_k)$$

となり，また $Bs_k = y_k$ と $Hy_k = s_k$ は等価です．したがって BFGS 公式において $H_{k+1} = B_{k+1}^{-1}$ は

$$\min_{H \succ O} \mathrm{KL}(H_k, H) \quad \text{s.t.} \quad Hy_k = s_k \tag{7.10}$$

の最適解になります．これは DFP 公式に対応する最適化問題 (7.9) の B_k

を $\boldsymbol{H}_k$ に置き換え，$\boldsymbol{s}_k$ と $\boldsymbol{y}_k$ を入れ替えることで得られます．したがって，BFGS 公式の逆行列は，$\boldsymbol{B}_{k+1}$ に対する DFP 公式において，記号を入れ替えることで得られます．同様に DFP 公式の逆行列も，BFGS 公式に対する文字の置き換えで得られます．

次に座標変換に関する更新則の共変性について調べます．正則行列 $\boldsymbol{T} \in \mathbb{R}^{n\times n}$ から定義される座標変換を $\boldsymbol{x} \mapsto \bar{\boldsymbol{x}} = \boldsymbol{T}^{-1}\boldsymbol{x}$ とします．座標系 $\bar{\boldsymbol{x}}$ では，ベクトル $\boldsymbol{s}_k, \boldsymbol{y}_k$ は

$$\bar{\boldsymbol{s}}_k = \boldsymbol{T}^{-1}\boldsymbol{s}_k, \quad \bar{\boldsymbol{y}}_k = \boldsymbol{T}^\top \boldsymbol{y}_k$$

に変換されます．補題 7.3 の 3 より，問題 (7.8) の最適解は

$$\min_{\boldsymbol{B}\succ O} \mathrm{KL}(\boldsymbol{T}^\top \boldsymbol{B}\boldsymbol{T}, \boldsymbol{T}^\top \boldsymbol{B}_k \boldsymbol{T}) \quad \text{s.t.} \quad \boldsymbol{T}^\top \boldsymbol{B}\boldsymbol{T}\bar{\boldsymbol{s}}_k = \bar{\boldsymbol{y}}_k \tag{7.11}$$

の最適解になっています．このことから，行列 $\boldsymbol{B}_k$ が $\bar{\boldsymbol{x}}$ 座標で $\boldsymbol{T}^\top \boldsymbol{B}_k \boldsymbol{T}$ と変換されるとき，問題 (7.8) から定まる $\boldsymbol{B}_{k+1}$ は $\bar{\boldsymbol{x}}$ 座標で $\boldsymbol{T}^\top \boldsymbol{B}_{k+1}\boldsymbol{T}$ となることがわかります．行列の更新則が，座標変換に関して共変的 であることが示されました．

7.2.3 距離最小化とダイバージェンス最小化

距離の公理を満たす基準を用いて，BFGS 公式や DFP 公式を導出することもできます．n 次正定値行列 $\boldsymbol{W}$ に対して，対称行列 $\boldsymbol{A} \in \mathbb{R}^{n\times n}$ のノルムを

$$\|\boldsymbol{A}\|_{\boldsymbol{W}} = (\mathrm{tr}(\boldsymbol{A}\boldsymbol{W}\boldsymbol{A}\boldsymbol{W}))^{1/2}$$

とし，正定値行列 $\boldsymbol{A}, \boldsymbol{B}$ の間の距離を $\|\boldsymbol{A}-\boldsymbol{B}\|_{\boldsymbol{W}}$ と定めます．これは距離の公理を満たします．

準ニュートン法の更新則を，この距離から導くことができます．不等式 $\boldsymbol{s}_k^\top \boldsymbol{y}_k > 0$ を満たすベクトル $\boldsymbol{s}_k, \boldsymbol{y}_k$ に対して，$\boldsymbol{W}\boldsymbol{y}_k = \boldsymbol{s}_k$ となる正定値行列 $\boldsymbol{W}$ を 1 つ選びます．このとき最適化問題

$$\min_{\boldsymbol{B}\succ O} \|\boldsymbol{B}-\boldsymbol{B}_k\|_{\boldsymbol{W}} \quad \text{s.t.} \quad \boldsymbol{B}\boldsymbol{s}_k = \boldsymbol{y}_k$$

の最適解は，DFP 公式の $\boldsymbol{B}_{k+1}$ に一致します．詳細は文献 [41] の 6 章を参照してください．

ここで，ノルム $\|\cdot\|_{\boldsymbol{W}}$ は $\boldsymbol{s}_k, \boldsymbol{y}_k$ に依存して決まることに注意が必要です．すなわち，距離構造が点 $\boldsymbol{x}_k$ の履歴に依存することになります．したがって，ノルム $\|\cdot\|_{\boldsymbol{W}}$ から定まる距離を正定値行列空間上の距離として表現することはできず，ベクトル $\boldsymbol{s}_k, \boldsymbol{y}_k$ まで含めた空間

$$M = \{(\boldsymbol{A}, \boldsymbol{s}, \boldsymbol{y}) \in \mathbb{R}^{n\times n} \times \mathbb{R}^n \times \mathbb{R}^n \mid \boldsymbol{A} \succ O,\ \boldsymbol{s}^\top \boldsymbol{y} > 0\}$$

での幾何学として表現する必要があります．具体的には，$(\boldsymbol{s}, \boldsymbol{y})$ に対して $\boldsymbol{W}\boldsymbol{y} = \boldsymbol{s}$ を満たす正定値行列 $\boldsymbol{W}_{\boldsymbol{s},\boldsymbol{y}}$ を 1 つ定め，M 上のダイバージェンス D を

$$D((\boldsymbol{A}, \boldsymbol{s}, \boldsymbol{y}), (\boldsymbol{A}', \boldsymbol{s}', \boldsymbol{y}')) = \|\boldsymbol{A} - \boldsymbol{A}'\|^2_{\boldsymbol{W}_{\boldsymbol{s}',\boldsymbol{y}'}} + \|\boldsymbol{s} - \boldsymbol{s}'\|^2 + \|\boldsymbol{y} - \boldsymbol{y}'\|^2$$

と定義します．この幾何構造のもとでの最適化問題

$$\min_{(\boldsymbol{B},\boldsymbol{s},\boldsymbol{y})\in M} D((\boldsymbol{B}, \boldsymbol{s}, \boldsymbol{y}), (\boldsymbol{B}_k, \boldsymbol{s}_k, \boldsymbol{y}_k)) \quad \text{s.t.}\ \ \boldsymbol{B}\boldsymbol{s}_k = \boldsymbol{y}_k$$

を解くことで，DFP 公式を導出することができます．

KL-ダイバージェンスによる定式化では，正定値行列空間上の幾何構造は，点列 $\boldsymbol{x}_k$ とは独立に定義されます．反復解の履歴の情報はセカント条件に反映されます．一方，上記のノルムによる定式化では，点列 $\boldsymbol{x}_k$ の履歴の情報である $\boldsymbol{s}_k$, $\boldsymbol{y}_k$ まで含めた空間 M 上で，幾何構造を定義する必要があります．

7.2.4 更新則の導出

KL-ダイバージェンス最小化の定式化から，BFGS 公式を導出します．9 章で紹介する等式制約付き最適化問題の最適性条件を用います．KL-ダイバージェンスの不変性を用いると，$\boldsymbol{B}_k = \boldsymbol{I}$ の場合について解けば，BFGS 公式だけでなく DFP 公式やそれらの逆行列に関する一般の更新式を得ることができます．そこで，n 次正定値行列 $\boldsymbol{B}$ に対して最適化問題

$$\min_{\boldsymbol{B}\succ O} \mathrm{KL}(\boldsymbol{B}, \boldsymbol{I}), \quad \boldsymbol{B}\boldsymbol{s} = \boldsymbol{y}, \ \ \boldsymbol{B} = \boldsymbol{B}^\top \tag{7.12}$$

を考えます．これは凸最適化問題です．

等式制約付き最適化問題 (7.12) の最適性条件は，ラグランジュ関数

$$L(\boldsymbol{B}, \boldsymbol{\lambda}, \boldsymbol{\Lambda})$$

$$= \mathrm{tr}(\boldsymbol{B}) - \log\det(\boldsymbol{B}) - n + 2\boldsymbol{\lambda}^\top(\boldsymbol{B}\boldsymbol{s} - \boldsymbol{y}) + \mathrm{tr}(\boldsymbol{\Lambda}(\boldsymbol{B} - \boldsymbol{B}^\top))$$

の停留条件で与えられます．ここで $\boldsymbol{\lambda} \in \mathbb{R}^n, \boldsymbol{\Lambda} \in \mathbb{R}^{n\times n}$ はラグランジュ乗数です．詳しい説明は 9 章の定理 9.1 にあります．よって最適性条件は，$\boldsymbol{B}$ に関する勾配について

$$\nabla L(\boldsymbol{B}, \boldsymbol{\lambda}, \boldsymbol{\Lambda}) = \boldsymbol{I} - \boldsymbol{B}^{-1} + 2\boldsymbol{\lambda}\boldsymbol{s}^\top + \boldsymbol{\Lambda}^\top - \boldsymbol{\Lambda} = \boldsymbol{O}$$

となります．ここで 2.1.7 節の公式を用いています．等式制約を満たすように $\boldsymbol{\lambda}$ を定めます．等式

$$\nabla L(\boldsymbol{B}, \boldsymbol{\lambda}, \boldsymbol{\Lambda}) + \nabla L(\boldsymbol{B}, \boldsymbol{\lambda}, \boldsymbol{\Lambda})^\top = \boldsymbol{O}$$

と対称性の制約から

$$\boldsymbol{I} + \boldsymbol{\lambda}\boldsymbol{s}^\top + \boldsymbol{s}\boldsymbol{\lambda}^\top = \boldsymbol{B}^{-1} \tag{7.13}$$

となります．ベクトル $\boldsymbol{y}$ を右から掛けた式と，さらに左から $\boldsymbol{y}^\top$ を掛けた式はそれぞれ

$$\boldsymbol{y} + (\boldsymbol{s}^\top\boldsymbol{y})\boldsymbol{\lambda} + (\boldsymbol{\lambda}^\top\boldsymbol{y})\boldsymbol{s} = \boldsymbol{s},$$
$$\boldsymbol{y}^\top\boldsymbol{y} + 2(\boldsymbol{s}^\top\boldsymbol{y})(\boldsymbol{y}^\top\boldsymbol{\lambda}) = \boldsymbol{y}^\top\boldsymbol{s}$$

となります．第 2 式から $\boldsymbol{y}^\top\boldsymbol{\lambda}$ が得られ，これを第 1 式に代入すると

$$\boldsymbol{\lambda} = \frac{\boldsymbol{s}^\top\boldsymbol{y} + \boldsymbol{y}^\top\boldsymbol{y}}{2(\boldsymbol{s}^\top\boldsymbol{y})^2}\boldsymbol{s} - \frac{1}{\boldsymbol{s}^\top\boldsymbol{y}}\boldsymbol{y}$$

が得られます．これを式 (7.13) に代入して整理すると，

$$\boldsymbol{B}^{-1} = \left(\boldsymbol{I} - \frac{\boldsymbol{s}\boldsymbol{y}^\top}{\boldsymbol{s}^\top\boldsymbol{y}}\right)\left(\boldsymbol{I} - \frac{\boldsymbol{y}\boldsymbol{s}^\top}{\boldsymbol{s}^\top\boldsymbol{y}}\right) + \frac{\boldsymbol{s}\boldsymbol{s}^\top}{\boldsymbol{s}^\top\boldsymbol{y}}$$

となり，BFGS 公式 (7.3) の $\boldsymbol{B}_k = \boldsymbol{I}$ の場合の $\boldsymbol{B}_{k+1}^{-1} = \boldsymbol{H}_{k+1}$ が得られました．逆行列であることは，実際に掛け算をして確認できます．上記の結果を次のように置き換えることで，一般の公式を得ます．

$$\boldsymbol{s} \to \boldsymbol{B}_k^{1/2}\boldsymbol{s}_k, \quad \boldsymbol{y} \to \boldsymbol{B}_k^{-1/2}\boldsymbol{y}_k, \quad \boldsymbol{B}_{k+1} \to \boldsymbol{B}_k^{-1/2}\boldsymbol{B}_{k+1}\boldsymbol{B}_k^{-1/2}.$$

7.3 準ニュートン法の収束性

BFGS 公式を用いる準ニュートン法の収束性について，結果のみ紹介します．

定理 7.4（BFGS 準ニュートン法の収束性）

目的関数 $f : \mathbb{R}^n \to \mathbb{R}$ は 2 回連続微分可能とします．初期解を $\boldsymbol{x}_0$ とし，レベル集合 $S = \{\boldsymbol{x} \in \mathbb{R}^n \mid f(\boldsymbol{x}) \leq f(\boldsymbol{x}_0)\}$ は凸集合，また S 上でヘッセ行列が

$$O \prec m\boldsymbol{I} \preceq \nabla^2 f(\boldsymbol{x}) \preceq M\boldsymbol{I}$$

を満たすとします．ここで m, M は正実数です．アルゴリズム 7.1 において，任意の初期行列 $\boldsymbol{B}_0 \succ O$ から BFGS 公式 (7.3) を用いて行列を更新するとします．またステップ幅を定める直線探索にウルフ条件を用います．このとき点列 $\boldsymbol{x}_k$ は S 上の f の最適解 $\boldsymbol{x}^*$ に収束します．

証明概略を示します．詳細は文献 [41] の定理 6.5 を参照してください．

定理 7.4 の略証． 勾配方向 $\nabla f(\boldsymbol{x}_k)$ と降下方向 $-\boldsymbol{B}_k^{-1}\nabla f(\boldsymbol{x}_k) \propto \boldsymbol{s}_k$ の余弦を $\cos\theta_k$ とすると

$$\cos\theta_k = \frac{\boldsymbol{s}_k \boldsymbol{B}_k \boldsymbol{s}_k}{\|\boldsymbol{s}_k\| \|\boldsymbol{B}_k \boldsymbol{s}_k\|}$$

となります．BFGS 公式の $\boldsymbol{B}_{k+1}$ について，トレースと行列式を計算すると

$$\mathrm{tr}(\boldsymbol{B}_{k+1}) = \mathrm{tr}(\boldsymbol{B}_k) - \frac{\|\boldsymbol{B}_k \boldsymbol{s}_k\|^2}{\boldsymbol{s}_k^\top \boldsymbol{B}_k \boldsymbol{s}_k} + \frac{\|\boldsymbol{y}_k\|^2}{\boldsymbol{s}_k^\top \boldsymbol{y}_k},$$
$$\det(\boldsymbol{B}_{k+1}) = \det(\boldsymbol{B}_k) \cdot \frac{\boldsymbol{s}_k^\top \boldsymbol{y}_k}{\boldsymbol{s}_k^\top \boldsymbol{B}_k \boldsymbol{s}_k}$$

となります．第 2 式は，1 ランク更新した行列の行列式に関する公式 (2.5) から導出されます．正定値行列 $\boldsymbol{B}$ に対して関数 ψ を $\psi(\boldsymbol{B}) = \mathrm{KL}(\boldsymbol{B}, \boldsymbol{I})$ と

定義すると，上式を用いて $\psi(\boldsymbol{B}_{k+1})$ と $\psi(\boldsymbol{B}_k)$ の関係を導出することができます．仮定を用いて $\psi(\boldsymbol{B}_{k+1})$ の上界を評価すると，

$$0 \leq \psi(\boldsymbol{B}_{k+1}) \leq \psi(\boldsymbol{B}_k) + (M - \log m - 1) + \log(\cos\theta_k)^2$$

が得られます．これから

$$0 \leq \psi(\boldsymbol{B}_{k+1}) \leq \psi(\boldsymbol{B}_0) + (M - \log m - 1)(k+1) + \sum_{j=0}^{k} \log(\cos\theta_j)^2$$

となります．この評価式から $(\cos\theta_k)^2 \geq a > 0$ となる a が存在することがわかり，定理 4.2 から $\nabla f(\boldsymbol{x}_k) \to \boldsymbol{0}$ が示されます．集合 S 上で f は狭義凸関数なので，これは $\boldsymbol{x}_k$ が S 上の最適解に収束することを意味します． □

次に，局所的な収束速度について説明します．定理 7.4 の条件を仮定します．ただし，直線探索ではウルフ条件は用いず，ステップ幅を $\alpha_k = 1$ と固定します．また $\boldsymbol{x}^*$ の近傍でのヘッセ行列のリプシッツ連続性，すなわち

$$\|\nabla^2 f(\boldsymbol{x}) - \nabla^2 f(\boldsymbol{x}^*)\| \leq L\|\boldsymbol{x} - \boldsymbol{x}^*\|$$

を仮定します．初期解 $\boldsymbol{x}_0$ が最適解に十分近いとき，点列 $\boldsymbol{x}_k$ は $\boldsymbol{x}^*$ に超 1 次収束します．詳細は文献 [41] の定理 6.6 を参照してください．

7.4 記憶制限付き準ニュートン法

記憶制限付き準ニュートン法 (limited-memory quasi-Newton method) は，行列を更新するための計算量とメモリ容量を削減するたの方法です．通常の準ニュートン法の計算では，ヘッセ行列を近似する $n \times n$ 行列を記憶しておく必要があります．また行列を更新するために $O(n^2)$ の計算量が必要です．変数 $\boldsymbol{x}$ の次元 n が大きい問題を扱うときは，より効率的なアルゴリズムを構築する必要があります．記憶制限付き準ニュートン法では，準ニュートン法の行列 $\boldsymbol{B}_k$ を近似的に計算します．

BFGS 更新則 (7.3) の逆行列に対する更新則を，記憶制限付きで近似的に計算する方法を示します．この方法は **L-BFGS 法**と呼ばれ，広く応用されています．7.2.2 節で示したように，式 (7.3) の逆行列の更新則は，DFP 公式 (7.4) の文字を入れ替えることで得られます．具体的には

$$\boldsymbol{H}_k = \boldsymbol{V}_{k-1}^\top \boldsymbol{H}_{k-1} \boldsymbol{V}_{k-1} + c_{k-1} \boldsymbol{s}_{k-1} \boldsymbol{s}_{k-1}^\top, \tag{7.14}$$
$$\boldsymbol{V}_{k-1} = \boldsymbol{I} - c_{k-1} \boldsymbol{y}_{k-1} \boldsymbol{s}_{k-1}^\top, \quad c_{k-1} = \frac{1}{\boldsymbol{s}_{k-1}^\top \boldsymbol{y}_{k-1}}$$

となります．同様に，行列 $\boldsymbol{H}_{k-1}$ を $\boldsymbol{H}_{k-2}$ で表すことができます．これを m 回繰り返すと，以下の式が得られます．

$$\begin{aligned}
&\boldsymbol{H}_k \\
&= \boldsymbol{V}_{k-1}^\top (\boldsymbol{V}_{k-2}^\top \boldsymbol{H}_{k-2} \boldsymbol{V}_{k-2} + c_{k-2} \boldsymbol{s}_{k-2} \boldsymbol{s}_{k-2}^\top) \boldsymbol{V}_{k-1} + c_{k-1} \boldsymbol{s}_{k-1} \boldsymbol{s}_{k-1}^\top \\
&= \boldsymbol{V}_{k-1}^\top \boldsymbol{V}_{k-2}^\top \boldsymbol{H}_{k-2} \boldsymbol{V}_{k-2} \boldsymbol{V}_{k-1} + c_{k-2} \boldsymbol{V}_{k-1}^\top \boldsymbol{s}_{k-2} \boldsymbol{s}_{k-2} \boldsymbol{V}_{k-1}^\top + c_{k-1} \boldsymbol{s}_{k-1} \boldsymbol{s}_{k-1}^\top \\
&= \cdots \\
&= \boldsymbol{V}_{k-1}^\top \cdots \boldsymbol{V}_{k-m}^\top \boldsymbol{H}_{k-m} \boldsymbol{V}_{k-m} \cdots \boldsymbol{V}_{k-1} \\
&\quad + \boldsymbol{V}_{k-1}^\top \cdots \boldsymbol{V}_{k-m+1}^\top \boldsymbol{s}_{k-m} c_{k-m} \boldsymbol{s}_{k-m}^\top \boldsymbol{V}_{k-m+1} \cdots \boldsymbol{V}_{k-1} \\
&\quad + \boldsymbol{V}_{k-1}^\top \cdots \boldsymbol{V}_{k-m+2}^\top \boldsymbol{s}_{k-m+1} c_{k-m+1} \boldsymbol{s}_{k-m+1}^\top \boldsymbol{V}_{k-m+2} \cdots \boldsymbol{V}_{k-1} \\
&\quad + \cdots + c_{k-1} \boldsymbol{s}_{k-1} \boldsymbol{s}_{k-1}^\top.
\end{aligned}$$

上式の $\boldsymbol{H}_{k-m}$ を簡単な初期行列 $\boldsymbol{H}_{k,0}$（例えば単位行列 $\boldsymbol{I}$ など）で置き換えた行列を $\widetilde{\boldsymbol{H}}_k$ とします．すると $\widetilde{\boldsymbol{H}}_k$ は，$2m$ 本のベクトル $\boldsymbol{s}_{k-1}, \ldots, \boldsymbol{s}_{k-m}, \boldsymbol{y}_{k-1}, \ldots, \boldsymbol{y}_{k-m}$ から計算できます．

実用上は，行列 $\widetilde{\boldsymbol{H}}_k$ そのものではなく探索方向 $-\widetilde{\boldsymbol{H}}_k \nabla f(\boldsymbol{x}_k)$ を求めれば十分です．探索方向の再帰的な計算法を以下に示します．まず実数 $\tau_i\,(i = k-1, \ldots, k-m)$ を

$$\tau_i = c_i \boldsymbol{s}_i^\top \boldsymbol{V}_{i+1} \cdots \boldsymbol{V}_{k-1} \nabla f(\boldsymbol{x}_k)$$

とします．ただし $\tau_{k-1} = c_{k-1} \boldsymbol{s}_{k-1} \nabla f(\boldsymbol{x}_k)$ とします．さらに

$$\boldsymbol{r} = \boldsymbol{H}_{k,0} \boldsymbol{V}_{k-m} \cdots \boldsymbol{V}_{k-1} \nabla f(\boldsymbol{x}_k)$$

とおくと

$$\begin{aligned}
&\widetilde{\boldsymbol{H}}_k \nabla f(\boldsymbol{x}_k) \\
&= \boldsymbol{V}_{k-1}^\top \cdots \boldsymbol{V}_{k-m}^\top \boldsymbol{r} + \boldsymbol{V}_{k-1}^\top \cdots \boldsymbol{V}_{k-m+1}^\top (\tau_{k-m} \boldsymbol{s}_{k-m}) \\
&\quad + \cdots + \boldsymbol{V}_{k-1}^\top (\tau_{k-2} \boldsymbol{s}_{k-2}) + \tau_{k-1} \boldsymbol{s}_{k-1}
\end{aligned}$$

アルゴリズム 7.2 L-BFGS 法の探索方向の計算

入力：$\boldsymbol{s}_i, \boldsymbol{y}_i \, (i = k-1, \ldots, k-m)$.

初期化：初期行列 $\boldsymbol{H}_{k,0}$（対角行列）を定める．$\boldsymbol{q} \leftarrow \nabla f(\boldsymbol{x}_k)$ とする．

1. $i = k-1, k-2, \ldots, k-m$ として以下を反復：
   (a) $\tau_i \leftarrow c_i \boldsymbol{s}_i^\top \boldsymbol{q}$
   (b) $\boldsymbol{q} \leftarrow \boldsymbol{q} - \tau_i \boldsymbol{y}_i \; (= \boldsymbol{V}_i \boldsymbol{q})$
2. $\boldsymbol{d} \leftarrow \boldsymbol{H}_{k,0} \boldsymbol{q}$
3. $i = k-m, k-m+1, \ldots, k-1$ として以下を反復：
   $\boldsymbol{d} \leftarrow \boldsymbol{d} - (c_i \boldsymbol{y}_i^\top \boldsymbol{d}) \boldsymbol{s}_i + \tau_i \boldsymbol{s}_i \; (= \boldsymbol{V}_i^\top \boldsymbol{d} + \tau_i \boldsymbol{s}_i)$
4. $-\boldsymbol{d}$ を出力．

$$
\begin{aligned}
&= \boldsymbol{V}_{k-1}^\top (\cdots \boldsymbol{V}_{k-m+1}^\top (\boldsymbol{V}_{k-m}^\top \boldsymbol{r} + \tau_{k-m} \boldsymbol{s}_{k-m}) + \tau_{k-m+1} \boldsymbol{s}_{k-m+1}) \\
&\quad + \cdots + \tau_{k-2} \boldsymbol{s}_{k-2}) + \tau_{k-1} \boldsymbol{s}_{k-1}
\end{aligned}
$$

となります．この式を用いると，探索方向の計算をアルゴリズム 7.2 のように実行することができます．ステップ 1，2 で $\boldsymbol{r}$ を逐次的に計算し，ステップ 3 で $\widetilde{\boldsymbol{H}}_k \nabla f(\boldsymbol{x}_k)$ の展開式を内側から計算しています．

L-BFGS 法による最適化アルゴリズムの反復回数を k とするとき，$k \leq m$ の間は $\boldsymbol{s}_i, \boldsymbol{y}_i \, (i = 1, \ldots, k)$ だけを用いて計算を実行します．反復回数 k が m を越えたら，$\boldsymbol{s}_{k-m}, \boldsymbol{y}_{k-m}$ を削除，$\boldsymbol{s}_k, \boldsymbol{y}_k$ を保持して探索方向を計算します．

L-BFGS 法の各反復での初期行列 $\boldsymbol{H}_{k,0}$ を対角行列にすると，$\boldsymbol{H}_{k,0} \boldsymbol{q}$ の計算は $O(n)$ の計算量で実行できます．このときアルゴリズム 7.2 の計算に必要な演算回数は $O(mn)$，必要なメモリ領域は $O(mn)$ となります．実用上は，$\boldsymbol{H}_{k,0}$ として

$$
\boldsymbol{H}_{k,0} = \frac{\boldsymbol{s}_{k-1}^\top \boldsymbol{y}_{k-1}}{\boldsymbol{y}_{k-1}^\top \boldsymbol{y}_{k-1}} \boldsymbol{I}
$$

が推奨されています．このように設定することで探索方向のスケールが調整され，直線探索のステップ幅として $\alpha_k = 1$ が受容されやすくなることが知られています．

L-BFGS 法で $m = 1$ とし，厳密な直線探索を行うと，非線形共役勾配法による更新則が導出されます．初期行列 $\boldsymbol{H}_{1,0}$ を単位行列とします．直線探索が厳密なので，各 k で $\boldsymbol{s}_k^\top \nabla f(\boldsymbol{x}_{k+1}) = 0$ となります．よって $k+1$ ステップ目の探索方向 $-\widetilde{\boldsymbol{H}}_{k+1}\nabla f(\boldsymbol{x}_{k+1})$ は

$$
\begin{aligned}
&-\widetilde{\boldsymbol{H}}_{k+1}\nabla f(\boldsymbol{x}_{k+1})\\
&= -\left(\boldsymbol{I} - \frac{\boldsymbol{s}_k \boldsymbol{y}_k^\top}{\boldsymbol{s}_k^\top \boldsymbol{y}_k}\right)\left(\boldsymbol{I} - \frac{\boldsymbol{y}_k \boldsymbol{s}_k^\top}{\boldsymbol{s}_k^\top \boldsymbol{y}_k}\right)\nabla f(\boldsymbol{x}_{k+1}) - \frac{\boldsymbol{s}_k \boldsymbol{s}_k^\top}{\boldsymbol{s}_k^\top \boldsymbol{y}_k}\nabla f(\boldsymbol{x}_{k+1})\\
&= -\nabla f(\boldsymbol{x}_{k+1}) + \frac{\nabla f(\boldsymbol{x}_{k+1})^\top \boldsymbol{y}_k}{\boldsymbol{s}_k^\top \boldsymbol{y}_k}\boldsymbol{s}_k
\end{aligned}
$$

となります．共役勾配法の探索方向 $\boldsymbol{d}_k$ は，ステップ幅 α_k に対して $\boldsymbol{s}_k = \alpha_k \boldsymbol{d}_k$ を満たします．よって上式で与えられる探索方向は，式 (6.6) の Hestenes-Stiefel 法による更新式と一致します．

さまざまな問題に L-BFGS 法が適用され，次元 n が数千の問題に対して $m = 10$ 程度で良好な結果が得られることが確認されています．詳細は文献 [41] の 7 章を参照してください．

7.5 ヘッセ行列の疎性の利用

メモリ領域や計算量を削減するために，ヘッセ行列の構造を利用することもできます．高次元空間上の関数 $f(\boldsymbol{x})$ が，少数の変数に依存する関数の和に分解できるとします．例えば，$\boldsymbol{x} = (x_1, \ldots, x_n) \in \mathbb{R}^n$ に対して

$$
f(\boldsymbol{x}) = \sum_{i=1}^{n-1} f_i(x_i, x_{i+1})
$$

のように表せるとします．このとき f のヘッセ行列は 3 重対角行列になり，ゼロを多く含む疎行列とみなせます．この構造を利用して計算効率を向上させることができます [58]．ただしヘッセ行列が疎行列であっても，逆行列が疎行列とは限らないので，計算上の工夫が必要です．また，行列の疎性は

変数変換のもとで不変な性質ではありません．疎性を利用するアルゴリズムは，特定の座標系において効率的な計算法になっています．

7.5.1 関数のグラフ表現

変数間の関係をグラフ理論の用語で表現します [16]．頂点集合 $V = \{1,\ldots,n\}$，枝集合 $E \subset V \times V$ をもつグラフを $G = (V,E)$ と書きます．枝には向きがなく，G は**無向グラフ** (undirected graph) とします．グラフを図示するときは，$(v_1,v_2) \in E$ なら頂点 v_1, v_2 を線で結びます．なお，枝について，(v_1,v_2) と (v_2,v_1) は区別しません．ある頂点から枝で結ばれた頂点を**隣接頂点** (adjacent vertex) といいます．部分集合 $V' \subset V$ をとり，両端点が V' に含まれる枝の集合を $E' \subset E$ とします．すなわち $E' = E \cap (V' \times V')$ です．このときグラフ $G' = (V',E')$ を G の**部分グラフ** (subgraph) といいます．部分グラフ G' のすべての頂点間に枝が張られているとき，G' を G の**クリーク** (clique)，または完全部分グラフといいます．他のクリークに真に含まれないクリークを**極大クリーク** (maximal clique) といいます．

グラフ G の**閉路** (cycle) とは，「輪」のようになった頂点と枝の集合です．すなわち，ある頂点から隣接頂点を辿って元の頂点に戻るときの，頂点の列を意味します．辿る頂点はすべて異なるとします．閉路で隣り合っていない頂点間に G の枝が存在するとき，その枝を閉路の弦といいます．**コーダルグラフ** (chordal graph) とは，長さ 4 以上の（4 つ以上異なるの頂点からなる）閉路は必ず弦をもつようなグラフを指します．

例 7.1

図 7.2 のグラフを考えます．頂点の列 $1,2,4,5,1$ は閉路をなします．また，頂点の列 $1,2,3,4,5,1$ は閉路をなし，$2,4$ の間の枝はこの閉路の弦です．長さ 4 の閉路 $1,2,4,5,1$ は弦をもたないので，図 7.2 のグラフはコーダルグラフではありません． □

関数の分割とグラフの対応を説明します．グラフ $G = (V,E)$ をコーダルグラフとし，$C_1,\ldots,C_\ell$ を G の極大クリークとします．n 次元変数 $\boldsymbol{x} = (x_1,\ldots,x_n)$ に対して，関数 f_k は $\boldsymbol{x}_{C_k} = \{x_i \,|\, i \in C_k\}$ のみに依存

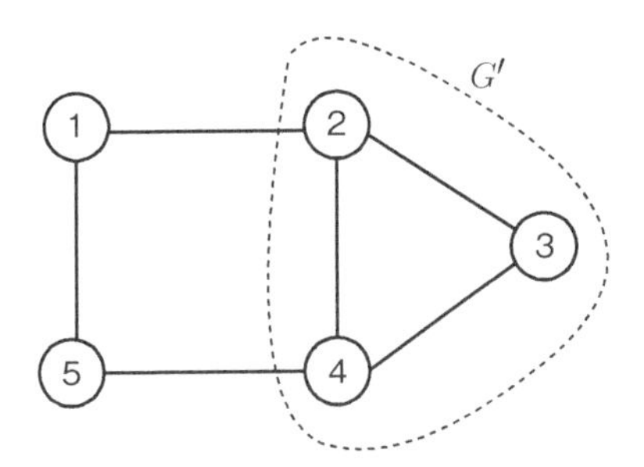

図 7.2 頂点集合を $V = \{1,2,3,4,5\}$ とするグラフ $G = (V,E)$ を図示しています．$V' = \{2,3,4\}$ から部分グラフ G' が定まります．部分グラフ G' は G における極大クリークになっています．

する関数とし，目的関数 $f: \mathbb{R}^n \to \mathbb{R}$ は

$$f(\boldsymbol{x}) = \sum_{k=1}^{\ell} f_k(\boldsymbol{x}_{C_k}) \tag{7.15}$$

と表せるとします．任意の関数 $f(\boldsymbol{x})$ に対してコーダルグラフが存在して，式 (7.15) のように表せます．自明な例は $V = \{1,\ldots,n\}$ を頂点とする完全グラフで，このとき $\ell = 1$ です．実用上は，C_k のサイズが小さくなるように f を分解することが重要です．7.5.2 節で，コーダルグラフと f のヘッセ行列との関連を解説します．

関数 f に対してコーダルグラフを作成し，極大クリークを列挙する手順を簡単に紹介します．例 7.2 に具体例を示します．詳細は文献 [10] の 4 章などを参照してください．関数 $f: \mathbb{R}^n \to \mathbb{R}$ が

$$f(\boldsymbol{x}) = \sum_{i=1}^{m} g_i(\boldsymbol{x}_{U_i})$$

のように和の表現で与えられたとします．ここで U_i は $\{1,\ldots,n\}$ の部分集合とします．頂点集合を $V = \{1,\ldots,n\}$ とし，各 U_i に含まれる頂点の間に枝を張ります．このようにして作られたグラフを $G = (V,E)$ とします．この G に枝を加えて，コーダルグラフにします．この操作は，グラフの**三角化**と呼ばれます．その結果，コーダルグラフ $\bar{G} = (V,\bar{E})$ が得られたとします．三角化では頂点の番号付けを行いますが，その情報から効率的に極大ク

リークをみつけることができます*1．それらを $C_1,\dots,C_\ell$ とします．各 U_i を，それを含む極大クリークで置き換えます．これに伴って，いくつかの関数 g_i をまとめ直して f_k とすることで式 (7.15) の表現が得られます．

例 7.2

関数 $f:\mathbb{R}^5\to\mathbb{R}$ を

$$f(\boldsymbol{x})=g_1(x_1,x_2)+g_2(x_2,x_4)+g_3(x_3,x_2,x_4)+g_4(x_4,x_5)+g_5(x_5,x_1)$$

とすると，図 7.2 のグラフ G が対応します．G はコーダルグラフでないので，G を三角化して，次のコーダルグラフ $\bar{G}$ を得ます．

$$\bar{G}=(V,\bar{E}),\ \bar{E}=E\cup\{(1,4)\}.$$

$\bar{G}$ の極大クリークは

$$C_1=\{1,4,5\},C_2=\{1,2,4\},C_3=\{2,3,4\}$$

となります（図 7.3）．

そこで $f(\boldsymbol{x})=\{g_1(x_1,x_2)+g_2(x_2,x_4)\}+g_3(x_3,x_2,x_4)+\{g_4(x_4,x_5)+g_5(x_5,x_1)\}$ と分割し，

$$\begin{aligned}
f_1(x_1,x_4,x_5)&=g_4(x_4,x_5)+g_5(x_5,x_1), & C_1&=\{1,4,5\},\\
f_2(x_1,x_2,x_4)&=g_1(x_1,x_2)+g_2(x_2,x_4), & C_2&=\{1,2,4\},\\
f_3(x_2,x_3,x_4)&=g_3(x_3,x_2,x_4), & C_3&=\{2,3,4\}
\end{aligned}$$

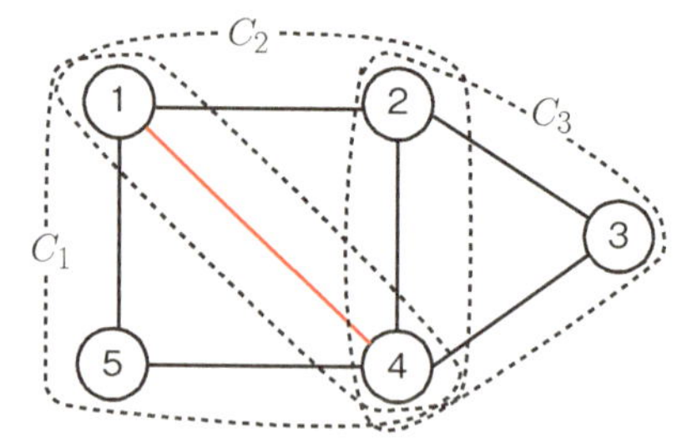

図 7.3 図 7.2 のグラフに枝 $(1,4)$ を加えて三角化し，極大クリークを列挙．

*1 極大クリークの番号付けは $\forall r=1,\dots,\ell-1,\ \exists s\geq r+1: C_r\cap(C_{r+1}\cup\cdots\cup C_\ell)\subset C_s$ を満たします．これは "running intersection property" と呼ばれ，コーダルグラフを作成するときの情報を用いて実現できます．詳細は文献 [10] の 4 章などを参照してください．

とおきます．この分割はコーダルグラフ $\bar{G}$ に対応します． □

7.5.2 正定値行列補完

関数 $f : \mathbb{R}^n \to \mathbb{R}$ が，コーダルグラフ $G = (V, E)$, $V = \{1, \ldots, n\}$ の極大クリーク $C_1, \ldots, C_\ell$ を用いて式 (7.15) のように表せるとします．もし $(i, j) \notin E$, $i \neq j$ なら，ヘッセ行列 $\nabla^2 f(\boldsymbol{x})$ の (i, j) 成分と (j, i) 成分は 0 になります．このとき準ニュートン法の行列 $\boldsymbol{B}_k$ についても，(i, j) 成分と (j, i) 成分を 0 に制約するのが自然です．ただし，いくつかの成分を 0 に固定した行列に対して，他の要素を適切に選んで正定値行列にすることができるか，確認する必要があります．これに関連する定理を紹介します．

行列 $\boldsymbol{B} \in \mathbb{R}^{n \times n}$ と添字の部分集合 $U, V \subset \{1, \ldots, n\}$ に対して，部分行列 $(\boldsymbol{B}_{ij})_{i \in U, j \in V}$ を $\boldsymbol{B}_{UV}$ と表します．行列 $\boldsymbol{B}$ を指定せずに $\boldsymbol{B}_{UV}$ と書くこともあります．この場合は，添字集合として $U, V \subset \{1, \ldots, n\}$ を用いている行列と解釈します．

定理 7.5（正定値行列補完 (positive definite matrix completion)）

$G = (V, E)$ をコーダルグラフ，G のすべての極大クリークを $C_1, \ldots, C_\ell$ とします．各極大クリークに正定値行列 $\bar{\boldsymbol{H}}_{C_k C_k}$ $(k = 1, \ldots, \ell)$ が割り当てられているとき，以下が成立します．

(a) n 次正定値行列の部分集合

$$M_G = \{\boldsymbol{O} \prec \boldsymbol{X} \in \mathbb{R}^{n \times n} \mid \boldsymbol{X}_{C_k C_k} = \bar{\boldsymbol{H}}_{C_k C_k}, \ k = 1, \ldots, \ell\}$$

は非空集合です．

(b) 最適化問題

$$\max_{\boldsymbol{X}} \det(\boldsymbol{X}), \quad \boldsymbol{X} \in M_G$$

の最適解 $\hat{\boldsymbol{H}} \in \mathbb{R}^{n \times n}$ がただ 1 つ存在し，$(i, j) \notin E$, $i \neq j$ に対して $(\hat{\boldsymbol{H}}^{-1})_{ij} = 0$ が成立します．

証明の詳細は文献 [16,20] を参照してください．

準ニュートン法の行列 $\boldsymbol{H}_k = \boldsymbol{B}_k^{-1}$ に対して，定理 7.5(b) の行列 $\hat{\boldsymbol{H}}$ を適用します．まず，行列 $\hat{\boldsymbol{H}}$ を KL-ダイバージェンスの最小化で特徴付けます．

コーダルグラフ $G=(V,E)$ に対して，n 次正定値行列の部分集合 E_G を

$$E_G = \{\boldsymbol{X} \succ \boldsymbol{O} \,|\, (i,j) \notin E,\ i \neq j \text{ に対して } (\boldsymbol{X}^{-1})_{ij} = (\boldsymbol{X}^{-1})_{ji} = 0\}$$

とします．行列 $\bar{\boldsymbol{H}} \in M_G$ を 1 つとり，最適化問題

$$\min_{\boldsymbol{H}} \mathrm{KL}(\bar{\boldsymbol{H}}, \boldsymbol{H}) \quad \text{s.t. } \boldsymbol{H} \in E_G \tag{7.16}$$

を考えます．この最適解は定理 7.5(b) の行列 $\hat{\boldsymbol{H}}$ に一致することを確認します．任意の $\boldsymbol{H} \in E_G$ に対して，次の等式が成り立ちます．

$$\begin{aligned}
&\mathrm{KL}(\bar{\boldsymbol{H}}, \boldsymbol{H}) - \mathrm{KL}(\bar{\boldsymbol{H}}, \hat{\boldsymbol{H}}) - \mathrm{KL}(\hat{\boldsymbol{H}}, \boldsymbol{H}) \\
&= \mathrm{tr}((\bar{\boldsymbol{H}} - \hat{\boldsymbol{H}})(\boldsymbol{H}^{-1} - \hat{\boldsymbol{H}}^{-1})) \\
&= \sum_{\substack{(i,j)\notin E \\ i\neq j}} (\bar{\boldsymbol{H}} - \hat{\boldsymbol{H}})_{ij} (\boldsymbol{H}^{-1} - \hat{\boldsymbol{H}}^{-1})_{ij} \\
&= 0.
\end{aligned}$$

ここで 2 番目の等式は

$$(i,j) \in E \implies \bar{\boldsymbol{H}}_{ij} = \hat{\boldsymbol{H}}_{ij}$$

3 番目の等式は

$$(i,j) \notin E \implies (\hat{\boldsymbol{H}}^{-1})_{ij} = (\boldsymbol{H}^{-1})_{ij} = 0$$

を用いました．よって $\bar{\boldsymbol{H}} \in M_G$ と $\boldsymbol{H} \in E_G$ に対して

$$\mathrm{KL}(\bar{\boldsymbol{H}}, \boldsymbol{H}) = \mathrm{KL}(\bar{\boldsymbol{H}}, \hat{\boldsymbol{H}}) + \mathrm{KL}(\hat{\boldsymbol{H}}, \boldsymbol{H}) \tag{7.17}$$

となります（図 7.4）．$\hat{\boldsymbol{H}} \in E_G$ とダイバージェンスの非負性から，$\boldsymbol{H} = \hat{\boldsymbol{H}}$ のとき $\mathrm{KL}(\bar{\boldsymbol{H}}, \boldsymbol{H})$ は最小値をとります．

上の結果を参考にして，疎性を利用した準ニュートン法の更新則を定義します．行列 $\boldsymbol{H}_k$ が与えられたとき，まず通常の BFGS 公式，または DFP 公式を用いて行列を更新します．その結果得られた行列を $\bar{\boldsymbol{H}}$ とし，次に問題

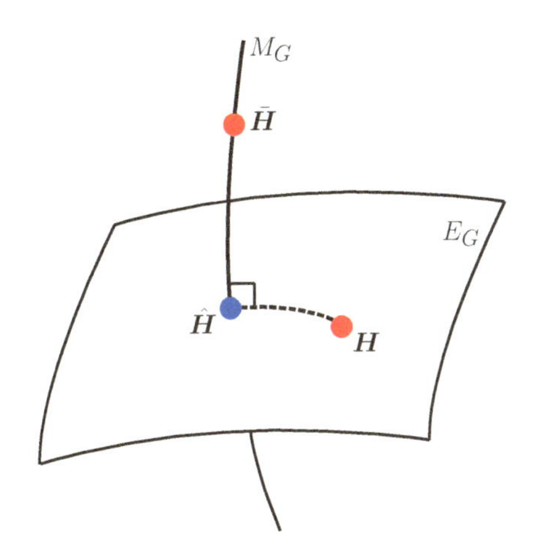

図 7.4　式 (7.17) の幾何的描像.

(7.16) の最適解 $\hat{\boldsymbol{H}}$ を求めます．この行列を $\boldsymbol{H}_{k+1}$ とします [58]．BFGS 公式を用いるときの計算手順を KL-ダイバージェンスで表すと，アルゴリズム 7.3 のようになります．DFP 公式を用いるときも同様です．

アルゴリズム 7.3　疎ヘッセ行列による準ニュートン法の更新則（BFGS 公式）

入力：$\boldsymbol{O} \prec \boldsymbol{H}_k \in E_G,\ \boldsymbol{s}_k,\ \boldsymbol{y}_k \in \mathbb{R}^n$．ただし $\boldsymbol{s}_k^\top \boldsymbol{y}_k > 0$.

1. 以下の最適化問題の最適解を $\bar{\boldsymbol{H}}$ とする（BFGS 公式）：

$$\min_{\boldsymbol{H} \succ O} \mathrm{KL}(\boldsymbol{H}_k, \boldsymbol{H}) \quad \text{s.t.} \quad \boldsymbol{H}\boldsymbol{y}_k = \boldsymbol{s}_k$$

2. 以下の最適化問題の最適解を $\boldsymbol{H}_{k+1}$ とする：

$$\min_{\boldsymbol{H} \succ O} \mathrm{KL}(\bar{\boldsymbol{H}}, \boldsymbol{H}) \quad \text{s.t.} \quad \boldsymbol{H} \in E_G$$

3. $\boldsymbol{H}_{k+1}$ を出力.

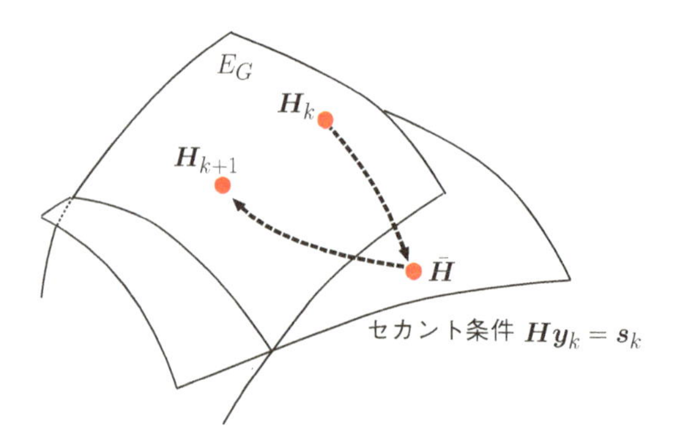

図 7.5 BFGS 公式による疎ヘッセ行列の更新則.

以上の手順で得られる $\boldsymbol{H}_{k+1}$ は，逆行列 $\boldsymbol{H}_{k+1}^{-1}$ の $(i,j) \notin E$ 成分が 0 となります．したがって，最初にグラフ G で指定した疎性のパターンを保持しながら行列が更新されます．アルゴリズム 7.3 における計算途中の行列 $\bar{\boldsymbol{H}}$ はセカント条件を満たすので，$\boldsymbol{H}_{k+1}$ はセカント条件を近似的に満たすと期待されます．幾何的な描像は図 7.5 のようになります．

疎性とセカント条件を同時に満たす行列を用いる方法も提案されています．これは図 7.5 の E_G とセカント条件 $\boldsymbol{H}\boldsymbol{y}_k = \boldsymbol{s}_k$ の共通部分から $\boldsymbol{H}_{k+1}$ を選ぶことに対応しますが，計算量が大きく，数値的に不安定となることが報告されています [48].

7.5.3 疎クリーク分解による更新則

アルゴリズム 7.3 で，具体的に $\boldsymbol{H}_k$ から $\bar{\boldsymbol{H}}$ と $\boldsymbol{H}_{k+1}$ を計算する手順を示します．まず定理 7.5(b) の $\hat{\boldsymbol{H}}$ を陽に表す式を紹介します．

コーダルグラフ $G = (V, E)$ の極大クリーク $C_1, \ldots, C_\ell$ に対して集合 S_r, U_r を

$$S_r = C_r \setminus (C_{r+1} \cup \cdots \cup C_\ell), \quad r = 1, \ldots, \ell$$
$$U_r = C_r \cap (C_{r+1} \cup \cdots \cup C_\ell), \quad r = 1, \ldots, \ell - 1$$

と定義します．このとき次の定義が成り立ちます．

定理 7.6（疎クリーク分解 (sparse clique factorization)[16]）

定理 7.5(b) の $\hat{\boldsymbol{H}}$ は次のように表せます．

$$\hat{\boldsymbol{H}} = \boldsymbol{P}_1^\top \cdots \boldsymbol{P}_{\ell-1}^\top \boldsymbol{Q} \boldsymbol{P}_{\ell-1} \cdots \boldsymbol{P}_1. \tag{7.18}$$

ここで行列 $\boldsymbol{P}_1, \ldots, \boldsymbol{P}_{\ell-1}, \boldsymbol{Q} \in \mathbb{R}^{n\times n}$ は以下のように定義されます．

$$\begin{aligned}
\boldsymbol{P}_r:&\ (\boldsymbol{P}_r)_{ii} = 1,\ i = 1, \ldots, n,\ \ (\boldsymbol{P}_r)_{U_r S_r} = \bar{\boldsymbol{H}}_{U_r U_r}^{-1} \bar{\boldsymbol{H}}_{U_r S_r},\\
\boldsymbol{Q}:&\ (\boldsymbol{Q})_{S_r S_r} = \bar{\boldsymbol{H}}_{S_r S_r} - \bar{\boldsymbol{H}}_{S_r U_r} \bar{\boldsymbol{H}}_{U_r U_r}^{-1} \bar{\boldsymbol{H}}_{U_r S_r},\quad r = 1, \ldots, \ell - 1,\\
&\ (\boldsymbol{Q})_{S_\ell S_\ell} = \bar{\boldsymbol{H}}_{S_\ell S_\ell}.
\end{aligned}$$

その他の要素は 0 とします．

式 (7.18) の $\ell = 2$ の場合を示します．極大クリークを

$$C_1 = S \cup U,\ \ C_2 = U \cup T,\ \ U \cap S = U \cap T = \emptyset$$

とします．このとき，$S_1 = S, U_1 = U, S_2 = C_2$ となります．直接計算すると，$\hat{\boldsymbol{H}}$ の (1,3) ブロックと (3,1) ブロックを

$$\hat{\boldsymbol{H}} = \begin{pmatrix} \bar{\boldsymbol{H}}_{SS} & \bar{\boldsymbol{H}}_{SU} & \bar{\boldsymbol{H}}_{SU}\bar{\boldsymbol{H}}_{UU}^{-1}\bar{\boldsymbol{H}}_{UT} \\ \bar{\boldsymbol{H}}_{US} & \bar{\boldsymbol{H}}_{UU} & \bar{\boldsymbol{H}}_{UT} \\ \bar{\boldsymbol{H}}_{TU}\bar{\boldsymbol{H}}_{UU}^{-1}\bar{\boldsymbol{H}}_{US} & \bar{\boldsymbol{H}}_{TU} & \bar{\boldsymbol{H}}_{TT} \end{pmatrix}$$

とすれば，$\hat{\boldsymbol{H}}^{-1}$ の ST 成分と TS 成分がゼロ行列になることがわかります．さらに

$$\begin{aligned}
&\begin{pmatrix} \boldsymbol{I} & -\bar{\boldsymbol{H}}_{SU}\bar{\boldsymbol{H}}_{UU}^{-1} & \boldsymbol{O} \\ \boldsymbol{O} & \boldsymbol{I} & \boldsymbol{O} \\ \boldsymbol{O} & \boldsymbol{O} & \boldsymbol{I} \end{pmatrix} \hat{\boldsymbol{H}} \begin{pmatrix} \boldsymbol{I} & \boldsymbol{O} & \boldsymbol{O} \\ -\bar{\boldsymbol{H}}_{UU}^{-1}\bar{\boldsymbol{H}}_{US} & \boldsymbol{I} & \boldsymbol{O} \\ \boldsymbol{O} & \boldsymbol{O} & \boldsymbol{I} \end{pmatrix}\\
&= \begin{pmatrix} \bar{\boldsymbol{H}}_{SS} - \bar{\boldsymbol{H}}_{SU}\bar{\boldsymbol{H}}_{UU}^{-1}\bar{\boldsymbol{H}}_{US} & \boldsymbol{O} & \boldsymbol{O} \\ \boldsymbol{O} & \bar{\boldsymbol{H}}_{UU} & \bar{\boldsymbol{H}}_{UT} \\ \boldsymbol{O} & \bar{\boldsymbol{H}}_{TU} & \bar{\boldsymbol{H}}_{TT} \end{pmatrix}
\end{aligned}$$

となり，疎クリーク分解の式 (7.18) が成り立ちます．これから一般の場合を

類推することができます．

これらの式から，疎ヘッセ行列を用いる準ニュートン法の更新則が導出されます．アルゴリズム 7.3 の $\bar{\boldsymbol{H}}$ の計算では，すべての要素を求める必要はなく $\bar{\boldsymbol{H}}_{C_rC_r}$ $(r=1,\dots,\ell)$ を計算すれば十分です．いま $\boldsymbol{H}_k$ の疎クリーク分解 (7.18) が与えられているとします．BFGS 公式 (7.14) を展開した表現を用いると

$$
\begin{aligned}
(\bar{\boldsymbol{H}})_{C_rC_r} &= (\boldsymbol{H}_k)_{C_rC_r} + \rho_k(\boldsymbol{s}_k)_{C_r}(\boldsymbol{s}_k)_{C_r}^\top \\
&\quad - c_k\left((\boldsymbol{H}_k\boldsymbol{y}_k)_{C_r}(\boldsymbol{s}_k)_{C_r}^\top + (\boldsymbol{s}_k)_{C_r}(\boldsymbol{H}_k\boldsymbol{y}_k)_{C_r}^\top\right), \\
c_k &= \frac{1}{\boldsymbol{s}_k^\top\boldsymbol{y}_k}, \quad \rho_k = c_k + c_k^2\boldsymbol{y}_k^\top\boldsymbol{H}_k\boldsymbol{y}_k
\end{aligned}
$$

となります．これらの行列は，$\boldsymbol{H}_k$ の疎クリーク分解を用いれば $O(\sum_{r=1}^{\ell}|C_r|^3)$ の計算量で得られます．このオーダーは，疎クリーク分解の $\boldsymbol{H}_{U_rU_r}^{-1}$ に関連して必要になります．ただし，メモリ容量を 2 倍にして $\boldsymbol{B}_{C_rC_r}$ の情報も保持して逐次更新すれば，$O(\sum_{r=1}^{\ell}|C_r|^2)$ のオーダーで計算できます．

このようにして $\bar{\boldsymbol{H}}_{C_rC_r}$ が得られれば，$\boldsymbol{H}_{k+1}$ が疎クリーク分解の形式で得られたと考えることができます．行列更新の例を示します．

例 7.3

疎クリーク分解による行列更新の例を示します．グラフ $G=(V,E)$ を $V=\{1,2,3,4\}$, $E=\{(1,4),(2,4),(3,4)\}$ とします（図 7.6）．これはコーダルグラフで，極大クリークは

$$
\begin{aligned}
&C_1=\{4,1\},\ C_2=\{4,2\},\ C_3=\{4,3\},\\
&S_1=\{1\},\ S_2=\{2\},\ S_3=\{4,3\},\\
&U_1=\{4\},\ U_2=\{4\},\ U_3=\emptyset
\end{aligned}
$$

で与えられます．行列 $\boldsymbol{H}_k, \boldsymbol{B}_k \in \mathbb{R}^{4\times 4}$ がそれぞれ以下のように与えられているとします．

$$
\boldsymbol{H}_k = \begin{pmatrix} 1 & 1 & 2 & -2 \\ 1 & 2 & 3 & -3 \\ 2 & 3 & 7 & -6 \\ -2 & -3 & -6 & 6 \end{pmatrix}, \quad \boldsymbol{B}_k = \boldsymbol{H}_k^{-1} = \begin{pmatrix} 3 & 0 & 0 & 1 \\ 0 & 2 & 0 & 1 \\ 0 & 0 & 1 & 1 \\ 1 & 1 & 1 & 2 \end{pmatrix}.
$$

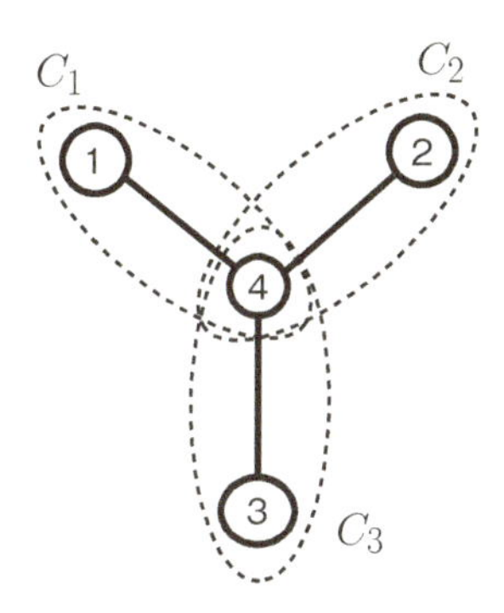

図 7.6 グラフ $G = (V, E)$ と極大クリーク．

ベクトル $\boldsymbol{s}_k$, $\boldsymbol{y}_k$ を

$$\boldsymbol{s}_k = (2, 0, 1, 0)^\top, \quad \boldsymbol{y}_k = (1, -1, 2, -1)^\top$$

とします．$\boldsymbol{H}_k$ の小行列は

$$\boldsymbol{H}_{k,C_1C_1} = \begin{pmatrix} 1 & -2 \\ -2 & 6 \end{pmatrix}, \quad \boldsymbol{H}_{k,C_2C_2} = \begin{pmatrix} 2 & -3 \\ -3 & 6 \end{pmatrix},$$
$$\boldsymbol{H}_{k,S_3S_3} = \begin{pmatrix} 7 & -6 \\ -6 & 6 \end{pmatrix}.$$

行列 $\boldsymbol{H}_k$ の疎クリーク分解は，式 (7.18) より以下のようになります．

$$\boldsymbol{P}_1 = \begin{pmatrix} 1 & 0 & 0 & 0 \\ 0 & 1 & 0 & 0 \\ 0 & 0 & 1 & 0 \\ -1/3 & 0 & 0 & 1 \end{pmatrix}, \quad \boldsymbol{P}_2 = \begin{pmatrix} 1 & 0 & 0 & 0 \\ 0 & 1 & 0 & 0 \\ 0 & 0 & 1 & 0 \\ 0 & -1/2 & 0 & 1 \end{pmatrix},$$
$$\boldsymbol{Q} = \mathrm{diag}(1/3, 1/3, \boldsymbol{H}_{k,S_3,S_3}).$$

ここで $\mathrm{diag}(\boldsymbol{C}_1, \ldots, \boldsymbol{C}_\ell)$ は $\boldsymbol{C}_1, \ldots, \boldsymbol{C}_\ell$ を対角ブロックにもつブロック対角行列です．疎クリーク分解から，BFGS 更新則で得られる $\bar{\boldsymbol{H}}$ を計算します．$\boldsymbol{H}_k\boldsymbol{y}_k$ の計算は，行列の疎性を利用して効率的に計算できます．計算を実行すると，$\boldsymbol{H}_k\boldsymbol{y}_k = (6, 8, 19, -17)^\top$, $c_k = 1/4$, $\rho_k = 57/16$ と

なり，次式が得られます．

$$\bar{\boldsymbol{H}}_{C_1C_1} = \begin{pmatrix} 37/4 & 13/2 \\ 13/2 & 6 \end{pmatrix}, \quad \bar{\boldsymbol{H}}_{C_2C_2} = \begin{pmatrix} 2 & -3 \\ -3 & 6 \end{pmatrix},$$

$$\bar{\boldsymbol{H}}_{S_3S_3} = \begin{pmatrix} 17/16 & -7/4 \\ -7/4 & 6 \end{pmatrix}.$$

これより，H_{k+1} の疎クリーク分解は以下の行列で与えられます．

$$\boldsymbol{P}_1 = \begin{pmatrix} 1 & 0 & 0 & 0 \\ 0 & 1 & 0 & 0 \\ 0 & 0 & 1 & 0 \\ 13/12 & 0 & 0 & 1 \end{pmatrix}, \quad \boldsymbol{P}_2 = \begin{pmatrix} 1 & 0 & 0 & 0 \\ 0 & 1 & 0 & 0 \\ 0 & 0 & 1 & 0 \\ 0 & -1/2 & 0 & 1 \end{pmatrix},$$

$$\boldsymbol{Q} = \mathrm{diag}(53/24, 1/2, \bar{\boldsymbol{H}}_{S_3S_3}).$$

これらの計算はすべて $|C_r| \times |C_r|$ のサイズの行列の計算を組み合わせることで実行できます．疎クリーク分解の行列はほとんどの要素がゼロなので，疎行列のデータ構造を用いることで効率的に計算することができます．

□

Chapter 

信頼領域法

制約なし最適化問題に対する最適化法として，準ニュートン法と並んで広く応用されている信頼領域法について解説します．

信頼領域法 (trust-region method) では，まず反復解の近傍で，目的関数 $f(\boldsymbol{x})$ を最適化しやすい関数 $m(\boldsymbol{x})$ で近似します．さらに，近似がよく成り立つ信頼領域を設定します．次に，信頼領域上で $m(\boldsymbol{x})$ を近似的に最小化し，解を更新します．直線探索を用いる勾配法などでは，まず降下方向を決めてからステップ幅を決めますが，信頼領域法では，ステップ幅の上限を決めてから更新方向を決めていると解釈することもできます．

8.1 アルゴリズムの構成

制約なし最適化問題

$$\min_{\boldsymbol{x}\in\mathbb{R}^n} f(\boldsymbol{x}) \tag{8.1}$$

を考えます．反復法で得られる点 $\boldsymbol{x}_k$ のまわりで，目的関数 $f(\boldsymbol{x}_k+\boldsymbol{p})$ を**モデル関数** (model function) $m_k(\boldsymbol{p})$ で近似します．通常，モデル関数として 2 次関数

$$m_k(\boldsymbol{p}) = f(\boldsymbol{x}_k) + \nabla f(\boldsymbol{x}_k)^\top \boldsymbol{p} + \frac{1}{2}\boldsymbol{p}^\top \boldsymbol{B}_k \boldsymbol{p} \tag{8.2}$$

が用いられます．ここで $\boldsymbol{B}_k$ はヘッセ行列 $\nabla^2 f(\boldsymbol{x}_k)$ を近似する行列とします．また，モデル関数 m_k が目的関数 f をよく近似している範囲を $\|\boldsymbol{p}\| \le \Delta_k$

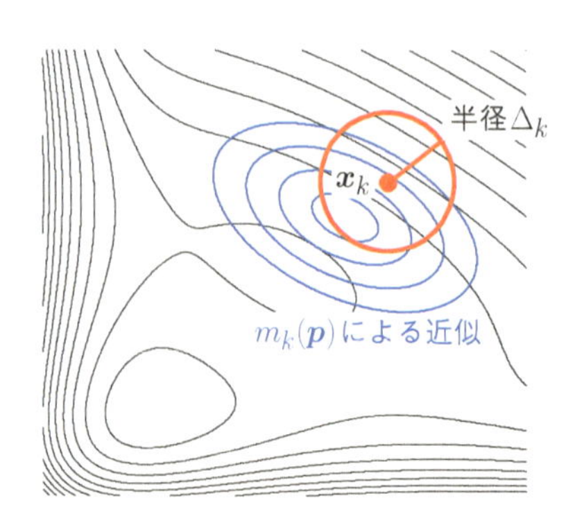

図 8.1 モデル関数 $m_k(\boldsymbol{p})$ による目的関数 $f(\boldsymbol{x}_k+\boldsymbol{p})$ の近似と信頼領域の半径 Δ_k.

とします．この範囲を**信頼領域** (trust region)，また Δ_k を**信頼領域半径** (trust region radius) といいます（図 8.1）．近似の精度が高いときは Δ_k の値を大きくとり，あまり近似の精度が高くないときは Δ_k の値を小さくします．このようにして構成した 2 次関数の制約付き最適化問題

$$\min_{\boldsymbol{p}\in\mathbb{R}^n} m_k(\boldsymbol{p}) \quad \text{s.t.} \quad \|\boldsymbol{p}\| \le \Delta_k \tag{8.3}$$

を解き，その最適解または近似解を用いて点 $\boldsymbol{x}_k$ を更新します．さらに関数値の近似精度などを考慮して，モデル関数と信頼領域半径を更新します．問題 (8.3) を部分問題と呼びます．

式 (8.3) から定まる更新則から，ニュートン法や最急降下法が導出されます．行列 $\boldsymbol{B}_k$ をヘッセ行列 $\nabla^2 f(\boldsymbol{x}_k)$ とすると，ヘッセ行列が正定値で $\|\boldsymbol{B}_k^{-1}\nabla f(\boldsymbol{x}_k)\| \le \Delta_k$ なら，ニュートン法による更新式に一致します．また，行列 $\boldsymbol{B}_k$ を単位行列の正数倍 ($\boldsymbol{B}_k = c\boldsymbol{I}$, $c > 0$) に設定すると，探索方向として最急降下方向 $-\nabla f(\boldsymbol{x}_k)$ が得られます．ステップ幅は正定数 c と半径 Δ_k に依存して定まります．

信頼領域法 のアルゴリズムの概略を示します．ここでは，部分問題 (8.3) の近似解を求める方法は指定せずにアルゴリズムを記述します．具体的に近似解を求める方法は 8.2 節で解説します．

アルゴリズムでは部分問題の解法のほかに，信頼領域の半径 Δ_k の決め方が重要です．直感的には次のようにします．

- モデル関数が目的関数をよく近似し，さらに目的関数の値が十分減少するなら，半径 Δ_k を大きくする．
- 目的関数の値があまり減少しないなら，半径 Δ_k を小さくする．

近似のよさと目的関数の減少の程度を測るために，(8.3) の近似解 $\boldsymbol{p}_k$ に対して，ρ_k を

$$\rho_k = \frac{f(\boldsymbol{x}_k) - f(\boldsymbol{x}_k + \boldsymbol{p}_k)}{m_k(\boldsymbol{0}) - m_k(\boldsymbol{p}_k)} \tag{8.4}$$

と定義します．点 $\boldsymbol{x}_k$ が $f(\boldsymbol{x})$ の停留点でなければ，適当な近似解 $\boldsymbol{p}_k$ に対して分母 $m_k(\boldsymbol{0}) - m_k(\boldsymbol{p}_k)$ は正値をとります．一方，分子 $f(\boldsymbol{x}_k) - f(\boldsymbol{x}_k + \boldsymbol{p}_k)$ は正になる保証はありません．モデル関数が目的関数をよく近似していれば，ρ_k は 1 に近い値をとります．パラメータ ρ_k の大きさに基づいて半径 Δ_k を次のように調整します．

信頼領域の半径 ρ_k の設定

- ρ_k が小さいとき： $\Delta_{k+1} < \Delta_k$ と縮小．
- ρ_k が大きいとき：
  - ・近似解が $\|\boldsymbol{p}_k\| = \Delta_k$ なら，$\Delta_{k+1} > \Delta_k$ と拡大．
  - ・$\|\boldsymbol{p}_k\| < \Delta_k$ なら，$\Delta_{k+1} = \Delta_k$ と設定．

適切に ρ_k の閾値などを設定すると，信頼領域法はアルゴリズム 8.1 のようになります．ここで，ρ_k に対する閾値 1/4, 3/4 の値などは，適当な条件のもとで反復解の収束性が成り立つように設定されています．収束性については 8.3 節で説明します．

アルゴリズム 8.1 信頼領域法

初期化： 初期解 $\boldsymbol{x}_0 \in \mathbb{R}^n$ を定める．パラメータ $\bar{\Delta} > 0$, $\eta \in (0, 1/4)$ と，半径の初期値 $\Delta_0 \in (0, \bar{\Delta})$ を定める．$k \leftarrow 0$ とする．

1. 停止条件が満たされるなら，$\boldsymbol{x}_k$ を数値解として出力して停止.
2. モデル関数 $m_k(\boldsymbol{x})$ を定める．部分問題 (8.3) の近似解 $\boldsymbol{p}_k$ を計算.
3. 式 (8.4) の ρ_k を計算.
4. 次の条件に従って Δ_{k+1} を更新.

   $\rho_k < 1/4$ のとき： $\Delta_{k+1} = \Delta_k/4$.
   $\rho_k > 3/4$ かつ $\|\boldsymbol{p}_k\| = \Delta_k$ のとき： $\Delta_{k+1} = \min\{2\Delta_k, \bar{\Delta}\}$.
   それ以外： $\Delta_{k+1} = \Delta_k$.

5. 次の条件に従って $\boldsymbol{x}_{k+1}$ を更新：

   $\rho_k > \eta$ のとき： $\boldsymbol{x}_{k+1} = \boldsymbol{x}_k + \boldsymbol{p}_k$.
   それ以外： $\boldsymbol{x}_{k+1} = \boldsymbol{x}_k$.

6. $k \leftarrow k + 1$ とする．ステップ 1 に戻る.

8.2 部分問題の近似解法

本節では，部分問題 (8.3) の近似解を得るための解法を紹介します．

8.2.1 部分問題の最適性条件

最適化問題

$$\min_{\boldsymbol{p} \in \mathbb{R}^n} \nabla f(\boldsymbol{x})^\top \boldsymbol{p} + \frac{1}{2} \boldsymbol{p}^\top \boldsymbol{B} \boldsymbol{p} \quad \text{s.t.} \quad \|\boldsymbol{p}\| \leq \Delta \tag{8.5}$$

を考えます．最適性条件について，次の定理が成り立ちます．

定理 8.1（部分問題の大域的最適解）

点 $\boldsymbol{p}^*$ が問題 (8.5) の大域的最適解であることと，$\lambda \geq 0$ が存在して次式が成り立つことは同値です．

$$(\boldsymbol{B} + \lambda \boldsymbol{I})\boldsymbol{p}^* = -\nabla f(\boldsymbol{x}), \tag{8.6}$$

$$\lambda(\Delta^2 - \|\boldsymbol{p}^*\|^2) = 0, \quad \|\boldsymbol{p}^*\| \leq \Delta, \tag{8.7}$$

$$\boldsymbol{B} + \lambda \boldsymbol{I} \succeq \boldsymbol{O}. \tag{8.8}$$

式 (8.6)，(8.7) は 10 章で解説する不等式制約付き最適化問題の KKT 条件から導出することができます．式 (8.8) は大域的最適性の条件から得られます．証明は文献 [41] の 4.3 節を参照してください．

行列 $\boldsymbol{B}_k$ をヘッセ行列 $\nabla^2 f(\boldsymbol{x}_k)$ に設定すると，式 (8.6) と式 (8.8) から，最適解 $\boldsymbol{p}^*$ は 5.3 節で示した修正ニュートン法の探索方向と同じ形式になります．関数 $m_k(\boldsymbol{p})$ は一般に凸とは限らないので，最適解を求めることは必ずしも簡単ではありません．変数の次元 n が低いときには，定理 8.1 の条件を参考にして数値的に λ を求めることができます．通常は，最適解の近似解を求めます．$\boldsymbol{B}_k$ を正定値行列にとることで，近似解を求める計算コストを軽減することができます．

8.2.2 ドッグレッグ法

ドッグレッグ法 (dogleg method) は部分問題 (8.3) の近似解を得るための方法です．まず，部分問題 (8.3) の最適解の性質を調べます．半径 Δ_k が大きく，$\boldsymbol{B}_k$ は正定値とします．もし $\|\boldsymbol{B}_k^{-1}\nabla f(\boldsymbol{x}_k)\| < \Delta_k$ なら，$\boldsymbol{B} = \boldsymbol{B}_k$，$\Delta = \Delta_k$ として $\lambda = 0$ で定理 8.1 の条件が満たされます．よって最適解は

$$\boldsymbol{p}^* = -\boldsymbol{B}_k^{-1}\nabla f(\boldsymbol{x}_k)$$

となります．一方，半径 Δ_k が小さいときは，最適解は信頼領域の境界上にあると考えられるので，

$$\|(\boldsymbol{B}_k + \lambda \boldsymbol{I})^{-1}\nabla f(\boldsymbol{x}_k)\| = \Delta_k$$

となります．このとき最適解は

$$\boldsymbol{p}^* = -(\boldsymbol{B}_k + \lambda \boldsymbol{I})^{-1} \nabla f(\boldsymbol{x}_k) = -\frac{1}{\lambda}(\boldsymbol{B}_k/\lambda + \boldsymbol{I})^{-1} \nabla f(\boldsymbol{x}_k)$$

となります．Δ_k が小さいほど λ が大きくなる傾向にあるので，$\boldsymbol{p}^*$ の方向は $-\nabla f(\boldsymbol{x}_k)$ の方向に近くなります．まとめると次のようになります．

- 半径 Δ_k が小さいとき：最適解 $\boldsymbol{p}^*$ は $-\nabla f(\boldsymbol{x}_k)$ の定数倍で近似できます．
- 半径 Δ_k が大きいとき：$\boldsymbol{B}_k$ が正定値なら，最適解は $\boldsymbol{p}^* = -\boldsymbol{B}_k^{-1} \nabla f(\boldsymbol{x}_k)$ となります．

上記の結果を参考にして，近似解を探索する範囲を構成します．モデル関数 $m_k(\boldsymbol{p})$ のヘッセ行列 $\boldsymbol{B}_k$ は正定値とします．変数 $\boldsymbol{p}$ を勾配降下方向に制約した 1 次元最適化問題

$$\min_{\boldsymbol{p} \in \mathbb{R}^n, \tau \in \mathbb{R}} m_k(\boldsymbol{p}) \quad \text{s.t.} \ \ \boldsymbol{p} = -\tau \nabla f(\boldsymbol{x}_k),\ \tau > 0$$

の最適解を $\boldsymbol{p}_k^0$ とすると，簡単な計算から

$$\boldsymbol{p}_k^0 = -\frac{\|\nabla f(\boldsymbol{x}_k)\|^2}{\nabla f(\boldsymbol{x}_k)^\top \boldsymbol{B}_k \nabla f(\boldsymbol{x}_k)} \nabla f(\boldsymbol{x}_k)$$

となります．また $\boldsymbol{p}_k^1$ を $m_k(\boldsymbol{p}), \boldsymbol{p} \in \mathbb{R}^n$ の大域的最適解

$$\boldsymbol{p}_k^1 = -\boldsymbol{B}_k^{-1} \nabla f(\boldsymbol{x}_k)$$

とします．これらの解を結んで，$\widetilde{\boldsymbol{p}}_k(t), t \in [0, 2]$ を

$$\widetilde{\boldsymbol{p}}_k(t) = \begin{cases} t\,\boldsymbol{p}_k^0 & (t \in [0, 1]), \\ \boldsymbol{p}_k^0 + (t-1)(\boldsymbol{p}_k^1 - \boldsymbol{p}_k^0) & (t \in [1, 2]) \end{cases}$$

と定義します（図 8.2）．

ドッグレッグ法は，モデル関数を最小にする点を，

$$\{\widetilde{\boldsymbol{p}}_k(t) \,|\, t \in [0, 2],\ \|\widetilde{\boldsymbol{p}}_k(t)\| \le \Delta_k\}$$

の範囲で探索する方法です．パラメータ t の選択法は，次の定理からわかります．

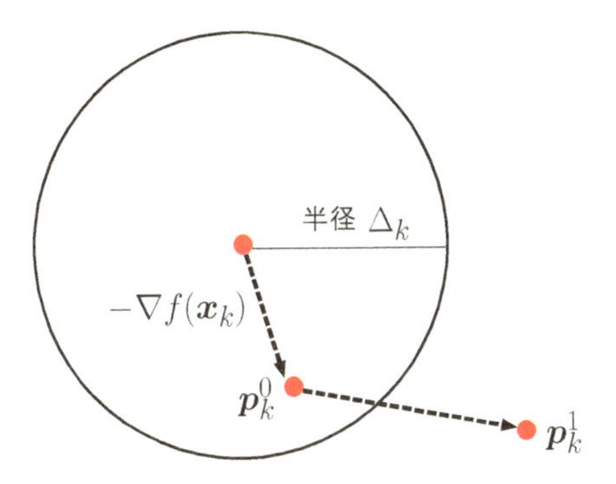

図 8.2 $\widetilde{\boldsymbol{p}}_k(t)$ の軌跡とドッグレッグ法の探索範囲.

定理 8.2（ドッグレッグ法の性質）

$\boldsymbol{B}_k$ を正定値行列とすると，次が成り立ちます.

(a) ノルム $\|\widetilde{\boldsymbol{p}}_k(t)\|$ は t について単調非減少.

(b) モデル関数の値 $m_k(\widetilde{\boldsymbol{p}}_k(t))$ は t について単調非増加.

証明. (a),(b) とも $t \in [0,1]$ のときは $\widetilde{\boldsymbol{p}}_k(t)$ の定義から明らかです．$t \in [1,2]$ のとき，$s = t-1 \in [0,1]$ として

$$h(s) = \frac{1}{2}\|\widetilde{\boldsymbol{p}}_k(1+s)\|^2 = \frac{1}{2}\|\boldsymbol{p}_k^0 + s(\boldsymbol{p}_k^1 - \boldsymbol{p}_k^0)\|^2$$

とおきます．勾配を $\boldsymbol{g}_k = \nabla f(\boldsymbol{x}_k)$ とおくと，導関数 $h'(s)$ は

$$\begin{aligned}
h'(s) &= s\|\boldsymbol{p}_k^1 - \boldsymbol{p}_k^0\|^2 + (\boldsymbol{p}_k^1 - \boldsymbol{p}_k^0)^\top \boldsymbol{p}_k^0 \\
&\geq (\boldsymbol{p}_k^1 - \boldsymbol{p}_k^0)^\top \boldsymbol{p}_k^0 \\
&= \frac{\|\boldsymbol{g}_k\|^2 \boldsymbol{g}_k^\top \boldsymbol{B}_k^{-1} \boldsymbol{g}_k}{\boldsymbol{g}_k^\top \boldsymbol{B}_k \boldsymbol{g}_k} \left(1 - \frac{\|\boldsymbol{g}_k\|^4}{\boldsymbol{g}_k^\top \boldsymbol{B}_k^{-1} \boldsymbol{g}_k \cdot \boldsymbol{g}_k^\top \boldsymbol{B}_k \boldsymbol{g}_k}\right) \\
&\geq 0
\end{aligned}$$

となります．最後の不等式は，ベクトル $\boldsymbol{B}_k^{1/2}\boldsymbol{g}_k, \boldsymbol{B}_k^{-1/2}\boldsymbol{g}_k$ に対するシュワルツの不等式から導出されます．次にモデル関数

$$m_k(\widetilde{\boldsymbol{p}}(1+s)) = m_k(\boldsymbol{p}_k^0 + s(\boldsymbol{p}_k^1 - \boldsymbol{p}_k^0))$$

に対して，s に関する微分を計算すると次のようになります．

$$\begin{aligned}
&6\frac{d}{ds}m_k(\boldsymbol{p}_k^0 + s(\boldsymbol{p}_k^1 - \boldsymbol{p}_k^0)) \\
&\quad = (\boldsymbol{g}_k + \boldsymbol{B}_k\boldsymbol{p}_k^0)^\top(\boldsymbol{p}_k^1 - \boldsymbol{p}_k^0) + s(\boldsymbol{p}_k^1 - \boldsymbol{p}_k^0)^\top\boldsymbol{B}_k(\boldsymbol{p}_k^1 - \boldsymbol{p}_k^0) \\
&\quad \le (\boldsymbol{g}_k + \boldsymbol{B}_k\boldsymbol{p}_k^0)^\top(\boldsymbol{p}_k^1 - \boldsymbol{p}_k^0) + (\boldsymbol{p}_k^1 - \boldsymbol{p}_k^0)^\top\boldsymbol{B}_k(\boldsymbol{p}_k^1 - \boldsymbol{p}_k^0) \\
&\quad = (\boldsymbol{g}_k + \boldsymbol{B}_k\boldsymbol{p}_k^1)^\top(\boldsymbol{p}_k^1 - \boldsymbol{p}_k^0) = 0.
\end{aligned}$$

これより s について単調に減少することがわかります．　□

ドッグレッグ法で部分問題 (8.3) の近似解 $\boldsymbol{p}_k$ を計算する方法を**アルゴリズム 8.2** に示します．ドッグレッグ法よりよい近似解を求める方法として，ノルム制約 $\|\boldsymbol{p}\| \le \Delta_k$ のほかに次の制約

$$\boldsymbol{p} \in \mathrm{span}\{\nabla f(\boldsymbol{x}_k),\, \boldsymbol{B}_k^{-1}\nabla f(\boldsymbol{x}_k)\}$$

を加えて，モデル関数 $m_k(\boldsymbol{p})$ を最適化する方法も提案されています．

アルゴリズム 8.2　ドッグレッグ法による部分問題の近似解法

入力：半径 Δ_k，勾配 $\boldsymbol{g}_k = \nabla f(\boldsymbol{x}_k)$，モデル関数のヘッセ行列 $\boldsymbol{B}_k$．

1. $\boldsymbol{p}_k^0 = -\dfrac{\|\boldsymbol{g}_k\|^2}{\boldsymbol{g}_k^\top\boldsymbol{B}_k\boldsymbol{g}_k}\boldsymbol{g}_k$ を計算．
2. $\|\boldsymbol{p}_k^0\| \ge \Delta_k$ なら，近似解 $\boldsymbol{p}_k = \dfrac{\Delta_k}{\|\boldsymbol{p}_k^0\|}\boldsymbol{p}_k^0$ を出力して終了．
3. $\boldsymbol{p}_k^1 = -\boldsymbol{B}_k^{-1}\boldsymbol{g}_k$ を計算．
4. $\|\boldsymbol{p}_k^1\| \le \Delta_k$ なら $\boldsymbol{p}_k = \boldsymbol{p}_k^1$ を出力して終了
5. パラメータ $s \in [0,1]$ に関する 2 次方程式

$$\|\boldsymbol{p}_k^0 + s(\boldsymbol{p}_k^1 - \boldsymbol{p}_k^0)\|^2 - \Delta_k^2 = 0$$

　の解を s_k とし，近似解 $\boldsymbol{p}_k = \boldsymbol{p}_k^0 + s_k(\boldsymbol{p}_k^1 - \boldsymbol{p}_k^0)$ を出力して終了．

8.3 収束性

信頼領域法の収束性について，知られている結果を紹介します．ドッグレッグ法や 8.2.2 節の最後に示した手法で得られる近似解 $\boldsymbol{p}_k$ は，モデル関数を十分に減少させています．実際，次の不等式が成り立ちます．

$$m_k(\mathbf{0}) - m_k(\boldsymbol{p}_k) \geq \frac{1}{2}\|\nabla f(\boldsymbol{x}_k)\| \min\left\{\Delta_k, \frac{\|\nabla f(\boldsymbol{x}_k)\|}{\|\boldsymbol{B}_k\|}\right\}. \tag{8.9}$$

この不等式について，証明の概略を示します．モデル関数 $m_k(\boldsymbol{p})$ を，制約

$$\|\boldsymbol{p}\| \leq \Delta_k, \quad \boldsymbol{p} = \widetilde{\boldsymbol{p}}_k(t),\, t \in [0, 1]$$

のもとで最適化します．パラメータ t の範囲を $[0, 2]$ ではなく $[0, 1]$ としています．この最適解を**コーシー点** (Cauchy point) といい，ここでは $\boldsymbol{p}_k^C$ と表します．ノルム $\|\widetilde{\boldsymbol{p}}(1)\|$ が Δ_k より大きいかどうかで場合分けして，$m_k(\mathbf{0}) - m_k(\boldsymbol{p}_k^C)$ の大きさを評価します．このとき，下界として式 (8.9) の右辺が得られます．したがって，$\boldsymbol{p}_k^C$ よりもモデル関数を小さくする点を近似解とする方法に対して，式 (8.9) が成り立ちます．

収束性について，次の定理が成り立ちます．

定理 8.3（信頼領域法の収束性）

アルゴリズム 8.1 の初期解を $\boldsymbol{x}_0$ とします．目的関数 $f : \mathbb{R}^n \to \mathbb{R}$ のレベル集合を $S = \{\boldsymbol{x} \in \mathbb{R}^n \mid f(\boldsymbol{x}) \leq f(\boldsymbol{x}_0)\}$ とします．S 上で f は下に有界，また $\gamma > 0$ として f は γ-平滑とします．モデル関数のヘッセ行列について，$\beta > 0$ が存在して $\|\boldsymbol{B}_k\| \leq \beta$ が任意の $k \geq 1$ で成り立つとします．さらに，部分問題 (8.3) の近似解が式 (8.9) を満たすとします．このとき

$$\lim_{k\to\infty} \nabla f(\boldsymbol{x}_k) = \mathbf{0}$$

が成り立ちます．

以下，証明の概略を示します．アルゴリズムにおける点列 $\boldsymbol{x}_k$ の更新則より，

関数値 $f(\boldsymbol{x}_k)$ は単調非増加で下に有界なので，極限値 $f^* = \lim_{k\to\infty} f(\boldsymbol{x}_k)$ が存在します．信頼領域法における初期設定のパラメータを η とし，数値解 $\boldsymbol{x}_k$ が $\boldsymbol{x}_k + \boldsymbol{p}_k$ に更新されるとすると，

$$
\begin{aligned}
f(\boldsymbol{x}_k) - f^* &\geq f(\boldsymbol{x}_k) - f(\boldsymbol{x}_k + \boldsymbol{p}_k) \\
&\geq \eta(m_k(\boldsymbol{0}) - m_k(\boldsymbol{p}_k)) \\
&\geq \frac{\eta}{2}\|\nabla f(\boldsymbol{x}_k)\| \min\left\{\Delta_k, \frac{\|\nabla f(\boldsymbol{x}_k)\|}{\|\boldsymbol{B}_k\|}\right\} \\
&\geq \frac{\eta}{2}\|\nabla f(\boldsymbol{x}_k)\| \min\left\{\Delta_k, \frac{\|\nabla f(\boldsymbol{x}_k)\|}{\beta}\right\}
\end{aligned}
$$

が成り立ちます．さらに Δ_k と $\|\nabla f(\boldsymbol{x}_k)\|$ の大小関係について場合分けをして評価します．このとき γ から定まる正定数 R_0 と c が存在して，

$$
f(\boldsymbol{x}_k) - f^* \geq \frac{c\eta}{2}\|\nabla f(\boldsymbol{x}_k)\| \min\{\|\nabla f(\boldsymbol{x}_k)\|, R_0\}
$$

が成り立つことが示されています．以上より，$\|\nabla f(\boldsymbol{x}_k)\| \to 0, (k \to \infty)$ が成り立ちます．

証明の詳細は文献 [41] の定理 4.6 を参照してください．

第III部

制約付き最適化

Machine Learning
Professional Series

Chapter 9

等式制約付き最適化の最適性条件

等式制約付き最適化問題の最適性条件について解説します．

次の最適化問題を扱います．

$$\min_{\boldsymbol{x}\in\mathbb{R}^n} f(\boldsymbol{x}) \quad \text{s.t.} \quad g_i(\boldsymbol{x})=0, \quad i=1,\ldots,p. \tag{9.1}$$

変数の次元と等式制約の数に関して $p<n$ を仮定します．また，関数 $f,g_1,\ldots,g_p$ はすべて微分可能とします．等式制約 $g_i(\boldsymbol{x})=0\,(i=1,\ldots,p)$ を満たす集合は，一般に凸集合とはなりません．ただし，f が凸関数で $g_i(\boldsymbol{x})$ がすべて 1 次式の場合には，(9.1) は凸最適化問題になります．

9.1 1 次の最適性条件

問題 (9.1) の局所最適解が満たすべき条件について解説します．簡単のため，まず等式制約が 1 つの場合

$$\min_{\boldsymbol{x}\in\mathbb{R}^n} f(\boldsymbol{x}) \quad \text{s.t.} \quad g_1(\boldsymbol{x})=0 \tag{9.2}$$

を考えます．ここで g_1 は 1 回連続微分可能とします．もし $\boldsymbol{x}^*$ が局所解なら，$\boldsymbol{x}^*$ の近傍の実行可能解

$$\boldsymbol{x}\in B(\boldsymbol{x}^*,\delta)\cap\{\boldsymbol{x}\in\mathbb{R}^n \mid g_1(\boldsymbol{x})=0\}$$

における関数値が $f(\boldsymbol{x}^*)$ よりも小さくなることはありません．この条件について考えます．

1 次元パラメータ $t \in \mathbb{R}$ から実行可能解への写像 $t \mapsto \boldsymbol{x}(t)$ を考えます．ここで $\boldsymbol{x}(t)$ は t に関して微分可能で $\boldsymbol{x}(0) = \boldsymbol{x}^*$ を満たすとします．等式制約を満たすので，任意の t で $g_1(\boldsymbol{x}(t)) = 0$ となります．これを微分して

$$\nabla g_1(\boldsymbol{x}^*)^\top \frac{d\boldsymbol{x}}{dt}(0) = 0$$

となります．一方，$f(\boldsymbol{x}(t))$ は $t = 0$ で極小値をとるので，制約なし最適化における最適性条件より

$$\nabla f(\boldsymbol{x}^*)^\top \frac{d\boldsymbol{x}}{dt}(0) = 0$$

となります．さまざまな曲線 $\boldsymbol{x}(t)$ に対して同様の関係式が得られるので，

「$\nabla g_1(\boldsymbol{x}^*)$ に直交する任意の $\dfrac{d\boldsymbol{x}}{dt}(0)$ に対して，$\nabla f(\boldsymbol{x}^*)$ は直交する」

ことがわかります．これは $\nabla g_1(\boldsymbol{x}^*)$ と $\nabla f(\boldsymbol{x}^*)$ は 1 次従属であることを意味します．ここで $\nabla g_1(\boldsymbol{x}^*) \neq \mathbf{0}$ を仮定すると，$\lambda_1 \in \mathbb{R}$ が存在して

$$\nabla f(\boldsymbol{x}^*) + \lambda_1 \nabla g_1(\boldsymbol{x}^*) = \mathbf{0}$$

が成り立ちます．

等式制約が複数あるときも同様に考えると，次の定理が得られます．

定理 9.1（1 次の必要条件）

関数 $f, g_1, \ldots, g_p$ は 1 回連続微分可能とします．問題 (9.1) の局所最適解を $\boldsymbol{x}^* \in \mathbb{R}^n$ とします．また $\nabla g_1(\boldsymbol{x}^*), \ldots, \nabla g_p(\boldsymbol{x}^*)$ は 1 次独立とします．このとき，$\lambda_1^*, \ldots, \lambda_p^* \in \mathbb{R}$ が存在して

$$\nabla f(\boldsymbol{x}^*) + \sum_{i=1}^{p} \lambda_i^* \nabla g_i(\boldsymbol{x}^*) = \mathbf{0}$$

$$g_i(\boldsymbol{x}^*) = 0, \quad i = 1, \ldots, p$$

が成り立ちます．

定理 9.1 を証明するために，次の補題を用います．補題の証明は文献 [36] の

11.2 節を参照してください．

補題 9.2

関数 $g_1, \dots, g_p$ は 1 回連続微分可能とします．問題 (9.1) の実行可能領域に点 $\boldsymbol{x}^*$ で接する接平面を

$$T = \left\{ \frac{d\boldsymbol{x}}{dt}(0) \;\middle|\; \begin{array}{l} t \mapsto \boldsymbol{x}(t),\, t \in (-\varepsilon, \varepsilon) \text{ は微分可能で } \boldsymbol{x}(0) = \boldsymbol{x}^*, \\ g_i(\boldsymbol{x}(t)) = 0\,(i = 1, \dots, p) \text{ を満たす任意の曲線.} \end{array} \right\}$$

と定義します．また $g_1, \dots, g_p$ の勾配ベクトルから定義される部分空間 S を

$$S = \left\{ \boldsymbol{y} \in \mathbb{R}^n \mid \nabla g_i(\boldsymbol{x}^*)^\top \boldsymbol{y} = 0,\, i = 1, \dots, p \right\}$$

とします．勾配 $\nabla g_i(\boldsymbol{x}^*)\,(i = 1, \dots, p)$ が 1 次独立なら $T = S$ が成り立ちます．

定理 9.1 の証明． 点 $\boldsymbol{x}^*$ は実行可能解なので，$g_i(\boldsymbol{x}^*) = 0\,(i = 1, \dots, p)$ が成り立ちます．次に $\nabla f(\boldsymbol{x}^*)$ が $\nabla g_i(\boldsymbol{x}^*)\,(i = 1, \dots, p)$ の線形和で表せることを示します．微分可能な 1 変数関数 $t \mapsto \boldsymbol{x}(t)$ は，実行可能領域に値をとり，また $\boldsymbol{x}(0) = \boldsymbol{x}^*$ を満たすとします．このとき $g_i(\boldsymbol{x}(t)) = 0\,(i = 1, \dots, p)$ が恒等的に成り立つので，両辺を t で微分して

$$\nabla g_i(\boldsymbol{x}^*)^\top \frac{d\boldsymbol{x}}{dt}(0) = 0, \quad i = 1, \dots, p$$

を得ます．また $f(\boldsymbol{x}(t))$ は $t = 0$ で極小値をとるので，制約なし最適化の最適性条件より

$$\nabla f(\boldsymbol{x}^*)^\top \frac{d\boldsymbol{x}}{dt}(0) = 0$$

となります．よって補題 9.2 より，$\nabla g_i(\boldsymbol{x}^*)(i = 1, \dots, p)$ に直交する任意のベクトルに対して $\nabla f(\boldsymbol{x}^*)$ は直交します．これは $\nabla f(\boldsymbol{x}^*)$ が $\nabla g_i(\boldsymbol{x}^*)\,(i = 1, \dots, p)$ で張られる部分空間の元であることを意味します． □

1 次の必要条件を満たすパラメータ $(\boldsymbol{x}^*, \boldsymbol{\lambda}^*) \in \mathbb{R}^{n+p}$ は，$(\boldsymbol{x}, \boldsymbol{\lambda})$ に関する次の方程式の解とみなすことができます．

$$\nabla f(\boldsymbol{x}) + \sum_{i=1}^{p} \lambda_i \nabla g_i(\boldsymbol{x}) = \boldsymbol{0},$$
$$g_i(\boldsymbol{x}) = 0, \qquad i = 1, \ldots, p.$$

方程式が $n+p$ 本あるので解をもつことが期待されます．この方程式の変数 $\boldsymbol{\lambda} = (\lambda_1, \ldots, \lambda_p) \in \mathbb{R}^p$ を**ラグランジュ乗数**といいます．この方程式を解くことにより最適解の候補を得る方法を，**ラグランジュの未定乗数法**といいます．

ラグランジュ関数 (Lagrangian function) $L(\boldsymbol{x}, \boldsymbol{\lambda})$ を

$$L(\boldsymbol{x}, \boldsymbol{\lambda}) = f(\boldsymbol{x}) + \sum_{i=1}^{p} \lambda_i g_i(\boldsymbol{x})$$

と定義すると，1 次の必要条件は，

$$\frac{\partial L}{\partial x_i}(\boldsymbol{x}^*, \boldsymbol{\lambda}^*) = 0, \quad i = 1, \ldots, n, \qquad \frac{\partial L}{\partial \lambda_j}(\boldsymbol{x}^*, \boldsymbol{\lambda}^*) = 0, \quad j = 1, \ldots, p$$

と等価です．すなわち定理 9.1 の条件は，ラグランジュ関数 L に対する停留条件として表現できます．

いくつかの例を通して，$\nabla g_i(\boldsymbol{x}^*)\,(i = 1, \ldots, p)$ に対する 1 次独立性の条件について考察します．

例 9.1

次の最適化問題を考えます．

$$\min_{(x_1, x_2, x_3) \in \mathbb{R}^3} \; x_1 + x_2^2 \qquad \text{s.t. } g_1(\boldsymbol{x}) := x_3 = 0, \quad g_2(\boldsymbol{x}) := x_3 - x_1^2 = 0.$$

実行可能領域は $\{(0, x_2, 0) \mid x_2 \in \mathbb{R}\}$ となるので，最適解は $\boldsymbol{x}^* = (0, 0, 0)$ となります．このとき

$$\nabla f(\boldsymbol{x}^*) = \begin{pmatrix} 1 \\ 0 \\ 0 \end{pmatrix}, \quad \nabla g_1(\boldsymbol{x}^*) = \begin{pmatrix} 0 \\ 0 \\ 1 \end{pmatrix}, \quad \nabla g_2(\boldsymbol{x}^*) = \begin{pmatrix} 0 \\ 0 \\ 1 \end{pmatrix}$$

なので，$\nabla g_1(\boldsymbol{x}^*)$ と $\nabla g_2(\boldsymbol{x}^*)$ は 1 次独立ではありません．また 1 次の必要条件を満たす λ_1, λ_2 は存在しません．ラグランジュの未定乗数法では解が得られないことがわかります． □

例 9.2

次の最適化問題を考えます．

$$\min_{(x_1,x_2,x_3)\in\mathbb{R}^3} \quad x_1 + x_2^2 \qquad \text{s.t. } g_1(\boldsymbol{x}) := x_3 = 0, \quad g_2(\boldsymbol{x}) := x_1 = 0.$$

実行可能領域は $\{(0, x_2, 0) \mid x_2 \in \mathbb{R}\}$ と書けます．目的関数と実行可能領域は例 9.1 と同じですが，実行可能領域を表現する式が異なります．最適解は $\boldsymbol{x}^* = (0, 0, 0)$，それぞれの関数の勾配は

$$\nabla f(\boldsymbol{x}^*) = \begin{pmatrix} 1 \\ 0 \\ 0 \end{pmatrix}, \quad \nabla g_1(\boldsymbol{x}^*) = \begin{pmatrix} 0 \\ 0 \\ 1 \end{pmatrix}, \quad \nabla g_2(\boldsymbol{x}^*) = \begin{pmatrix} 1 \\ 0 \\ 0 \end{pmatrix}$$

となります．したがって $\nabla g_1(\boldsymbol{x}^*)$ と $\nabla g_2(\boldsymbol{x}^*)$ は 1 次独立です．1 次の必要条件を満たすラグランジュ乗数として $\lambda_1 = 0, \lambda_2 = -1$ が存在し，ラグランジュの未定乗数法によって解を求めることができます． □

例 9.1 では，$\{\nabla g_1(\boldsymbol{x}^*), \nabla g_2(\boldsymbol{x}^*)\}$ は $\{(0, 0, y_3) \mid y_3 \in \mathbb{R}\}$ を張ります（図 9.1）．これに直交するベクトルの集合は $\{(z_1, z_2, 0) \mid z_1, z_2 \in \mathbb{R}\}$ となり，ラグランジュ未定乗数法では，$\boldsymbol{x}^* + (z_1, z_2, 0)$ の範囲で $f(\boldsymbol{x}) = x_1 + x_2^2$ の極小値を探すことになります．目的関数には x_1 の項があるので，$\boldsymbol{x}^* = (0, 0, 0)$ から $(-1, 0, 0)$ 方向に移動することで関数値が減少します．したがって $\{(z_1, z_2, 0) \mid z_1, z_2 \in \mathbb{R}\}$ の範囲では，$\boldsymbol{x}^*$ は局所解ではありません．

一方，例 9.2 では，$\{\nabla g_1(\boldsymbol{x}^*), \nabla g_2(\boldsymbol{x}^*)\}$ は $\{(y_1, 0, y_3) \mid y_1, y_3 \in \mathbb{R}\}$ を張り，これに直交するベクトルの集合として $\{(0, z_2, 0) \mid z_2 \in \mathbb{R}\}$ が得られます．したがって $\boldsymbol{x}^* + (0, z_2, 0)$ の範囲で $f(\boldsymbol{x})$ の極小値を探します．実行可能領域が $\{(0, x_2, 0) \mid x_2 \in \mathbb{R}\}$ なので，この範囲を探索するのは妥当です．

制約式の勾配ベクトル $\{\nabla g_1(\boldsymbol{x}^*), \ldots, \nabla g_p(\boldsymbol{x}^*)\}$ に十分な表現力がないと，目的関数の極値を探索するときに余計な方向まで考慮してしまいます．

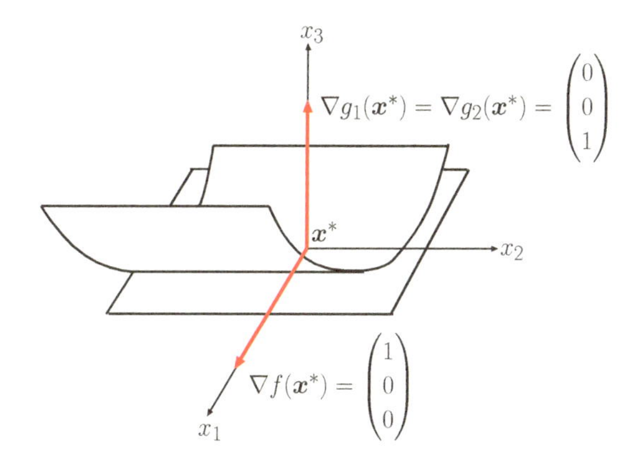

図 9.1 例 9.1 における関数の勾配 $\nabla f, \nabla g_1, \nabla g_2$ の関係.

その結果，正しい結果が得られないことになります．定理 9.1 の 1 次独立性の仮定は，$\{\nabla g_1(\boldsymbol{x}^*), \ldots, \nabla g_p(\boldsymbol{x}^*)\}$ が張る部分空間が十分広く，その直交補空間によって実行可能領域を（局所的に）よく近似できることを意味しています．

9.2 2次の最適性条件

1 次の必要条件は問題 (9.1) の停留点を与えます．局所最適解であることを保証するために，2 次の最適性条件を考えます．

定理 9.3（2 次の必要条件）

関数 $f, g_1, \ldots, g_p$ は 2 回連続微分可能とします．問題 (9.1) の局所最適解を $\boldsymbol{x}^*$ とします．制約式の勾配 $\nabla g_1(\boldsymbol{x}^*), \ldots, \nabla g_p(\boldsymbol{x}^*)$ は 1 次独立とし，また $\lambda_1^*, \ldots, \lambda_p^* \in \mathbb{R}$ を定理 9.1 のラグランジュ乗数とします．さらに部分空間 S を

$$S = \{\boldsymbol{y} \in \mathbb{R}^n \mid \nabla g_i(\boldsymbol{x}^*)^\top \boldsymbol{y} = 0,\ i = 1, \ldots, p\} \tag{9.3}$$

と定義し，行列 $\boldsymbol{L} \in \mathbb{R}^{n \times n}$ を

$$\boldsymbol{L} = \nabla^2 f(\boldsymbol{x}^*) + \sum_{i=1}^{m} \lambda_i^* \nabla^2 g_i(\boldsymbol{x}^*) \tag{9.4}$$

とします．このとき，任意の $\boldsymbol{y} \in S$ に対して

$$\boldsymbol{y}^\top \boldsymbol{L} \boldsymbol{y} \geq 0$$

が成り立ちます．

証明. 実行可能領域に値をとる 1 変数関数 $t \mapsto \boldsymbol{x}(t)$ に対して，$f(\boldsymbol{x}(t))$ に関する制約なし最適化の 2 次の必要条件を計算します．関数 $\boldsymbol{x}(t)$ は 2 回微分可能で $\boldsymbol{x}(0) = \boldsymbol{x}^*$ とします．このとき $f(\boldsymbol{x}(t))$ の t に関する 2 階微分は $t = 0$ において非負であることから

$$\begin{aligned} &\left.\frac{d^2}{dt^2} f(\boldsymbol{x}(t))\right|_{t=0} \geq 0 \\ \Leftrightarrow\ &\frac{d\boldsymbol{x}}{dt}^\top(0) \nabla^2 f(\boldsymbol{x}^*) \frac{d\boldsymbol{x}}{dt}(0) + \nabla f(\boldsymbol{x}^*)^\top \frac{d^2\boldsymbol{x}}{dt}(0) \geq 0 \end{aligned}$$

となります．さらに $g_i(\boldsymbol{x}(t)) = 0$ が恒等的に成り立つので，この 2 階微分から

$$\frac{d\boldsymbol{x}}{dt}^\top(0) \nabla^2 g_i(\boldsymbol{x}^*) \frac{d\boldsymbol{x}}{dt}(0) + \nabla g_i(\boldsymbol{x}^*)^\top \frac{d^2\boldsymbol{x}}{dt}(0) = 0, \quad i = 1, \ldots, p$$

が得られます．関数 g_i から得られる上の等式に λ_i^* を乗じ，f から得られる不等式に加えると，1 次の必要条件（定理 9.1）から，

$$\frac{d\boldsymbol{x}^\top}{dt}(0)\,\boldsymbol{L}\,\frac{d\boldsymbol{x}}{dt}(0) \geq 0$$

が成り立ちます．詳細は省略しますが，関数 $g_1, \ldots, g_p$ が 2 回連続微分可能なら，補題 9.2 における接平面 T の条件を 2 回微分可能な $\boldsymbol{x}(t)$ に置き換えても，同じの結果 $(T = S)$ が得られます*1．よって $\boldsymbol{y} \in S$ に対して $\boldsymbol{y}^\top \boldsymbol{L} \boldsymbol{y} \geq 0$ が得られます． □

さらに次の定理から，局所最適解であることが確認できます．

定理 9.4（2 次の十分条件）

関数 $f, g_1, \ldots, g_p$ は 2 回連続微分可能とします．点 $\boldsymbol{x}^*$ が $g_i(\boldsymbol{x}^*) = 0\,(i = 1, \ldots, p)$ を満たし，さらに $\boldsymbol{\lambda} = (\lambda_1^*, \ldots, \lambda_p^*) \in \mathbb{R}^p$ が存在して

$$\nabla f(\boldsymbol{x}^*) + \sum_{i=1}^{p} \lambda_i^* \nabla g_i(\boldsymbol{x}^*) = \boldsymbol{0}$$

とします．定理 9.3 で定義される $S, \boldsymbol{L}$ に対して，$\boldsymbol{y} \in S, \boldsymbol{y} \neq \boldsymbol{0}$ なら

$$\boldsymbol{y}^\top \boldsymbol{L} \boldsymbol{y} > 0$$

とします．このとき $\boldsymbol{x}^*$ は問題 (9.1) の局所最適解です．

証明． 背理法で証明します．実行可能領域内に $\boldsymbol{x}_k \to \boldsymbol{x}\,(k \to \infty)$ かつ $f(\boldsymbol{x}_k) \leq f(\boldsymbol{x}^*)$ となる点列 $\{\boldsymbol{x}_k\}$ が存在すると仮定します．ここで $\boldsymbol{x}_k = \boldsymbol{x}^* + \varepsilon_k \boldsymbol{\delta}_k$, $\varepsilon_k \to +0$, $\|\boldsymbol{\delta}_k\| = 1$ とおきます．一般性を失うことなく，$\boldsymbol{\delta}_k \to \boldsymbol{\delta}$, $\|\boldsymbol{\delta}\| = 1$ とすることができます（超球面のコンパクト性）．このとき，$c_i \in (0,1)$, $c \in (0,1)$ が存在して

$$0 = g_i(\boldsymbol{x}^* + \varepsilon_k \boldsymbol{\delta}_k) = \varepsilon_k \nabla g_i(\boldsymbol{x}^*)^\top \boldsymbol{\delta}_k + \frac{\varepsilon_k^2}{2} \boldsymbol{\delta}_k^\top \nabla^2 g_i(\boldsymbol{x}^* + c_i \varepsilon_k \boldsymbol{\delta}_k) \boldsymbol{\delta}_k,$$

$$\begin{aligned} f(\boldsymbol{x}^*) &\geq f(\boldsymbol{x}^* + \varepsilon_k \boldsymbol{\delta}_k) \\ &= f(\boldsymbol{x}^*) + \varepsilon_k \nabla f(\boldsymbol{x}^*)^\top \boldsymbol{\delta}_k + \frac{\varepsilon_k^2}{2} \boldsymbol{\delta}_k^\top \nabla^2 f(\boldsymbol{x}^* + c \varepsilon_k \boldsymbol{\delta}_k) \boldsymbol{\delta}_k \end{aligned}$$

---

*1 陰関数定理（定理 2.2）から導かれます．

となります．制約式 g_i のテイラー展開を λ_i 倍し，f のテイラー展開に足すと，1 階微分に関する仮定を用いて

$$0 \geq \boldsymbol{\delta}_k^\top \left(\nabla^2 f(\boldsymbol{x}^* + c\varepsilon_k \boldsymbol{\delta}_k) + \sum_{i=1}^{p} \lambda_i^* \nabla^2 g_i(\boldsymbol{x}^* + c_i \varepsilon_k \boldsymbol{\delta}_k) \right) \boldsymbol{\delta}_k$$

となります．ここで $k \to \infty$ とすると，式 (9.4) の行列 $\boldsymbol{L}$ に対して $0 \geq \boldsymbol{\delta}^\top \boldsymbol{L} \boldsymbol{\delta}$ が成り立ちます．一方，g_i のテイラー展開から $k \to \infty$ のとき

$$\nabla g_i(\boldsymbol{x}^*)^\top \boldsymbol{\delta} = 0, \quad i = 1, \ldots, p$$

となり，$\boldsymbol{\delta} \in S$ が確認できます．これは仮定 $\boldsymbol{\delta}^\top \boldsymbol{L} \boldsymbol{\delta} > 0$ に矛盾します．したがって $\boldsymbol{x}^*$ は局所最適解です． □

上の証明では定理 3.3 と同様に，$\boldsymbol{x}^*$ の近傍における最適解は $\boldsymbol{x}^*$ のみ（すなわち孤立局所解）であることまで示しています．2 次の十分条件を用いると，ラグランジュ関数 $L(\cdot, \boldsymbol{\lambda}^*)$ のヘッセ行列の情報から，停留点が局所最適解かどうかを判定することができます．

例 9.3

関数 $f(x_1, x_2)$, $g(x_1, x_2)$ を

$$f(x_1, x_2) = x_1^4 + x_2^4 + 3x_1^2 x_2^2 - 2x_2^2, \quad g(x_1, x_2) = 1 - x_1^2 - 2x_2^2$$

として，最適化問題

$$\min_{(x_1, x_2) \in \mathbb{R}^2} f(x_1, x_2) \quad \text{s.t.} \quad g(x_1, x_2) = 0$$

を考えます．最適性条件から最適解を導出します．ラグランジュ関数 $L = f(x_1, x_2) + \lambda g(x_1, x_2)$ の停留条件

$$\begin{aligned} \frac{\partial L}{\partial x_1} &= -2x_1(\lambda - 2x_1^2 - 3x_2^2) = 0, \\ \frac{\partial L}{\partial x_2} &= -2x_2(2\lambda - 3x_1^2 - 2x_2^2 + 2) = 0, \\ \frac{\partial L}{\partial \lambda} &= 1 - x_1^2 - 2x_2^2 = 0 \end{aligned}$$

を解くと，$(x_1, x_2, \lambda) = (\pm 1, 0, 2), (0, \pm 1/\sqrt{2}, -1/2)$ が得られます（図 9.2）．式 (9.4) の行列 $\boldsymbol{L}$ と式 (9.3) の部分空間 S はそれぞれ

$$(x_1, x_2, \lambda) = (\pm 1, 0, 2) \Longrightarrow \boldsymbol{L} = \begin{pmatrix} 8 & 0 \\ 0 & -6 \end{pmatrix}, \ S = \mathrm{span}\left\{\begin{pmatrix} 0 \\ 1 \end{pmatrix}\right\},$$

$$(x_1, x_2, \lambda) = (0, \pm 1/\sqrt{2}, -1/2) \Longrightarrow \boldsymbol{L} = \begin{pmatrix} 4 & 0 \\ 0 & 4 \end{pmatrix}, \ S = \mathrm{span}\left\{\begin{pmatrix} 1 \\ 0 \end{pmatrix}\right\}$$

となるので，2 次の十分条件より $(x_1, x_2) = (0, \pm 1/\sqrt{2})$ において極小値 $-3/4$ をとります．一方，$(x_1, x_2) = (\pm 1, 0)$ は 2 次の必要条件を満たさないので局所最適解ではありません．停留点のうち極小値を達成するのは $(0, \pm 1/\sqrt{2})$ であり，これらの関数値は同じなので，$(0, \pm 1/\sqrt{2})$ はともに大域的最適解であることがわかります．

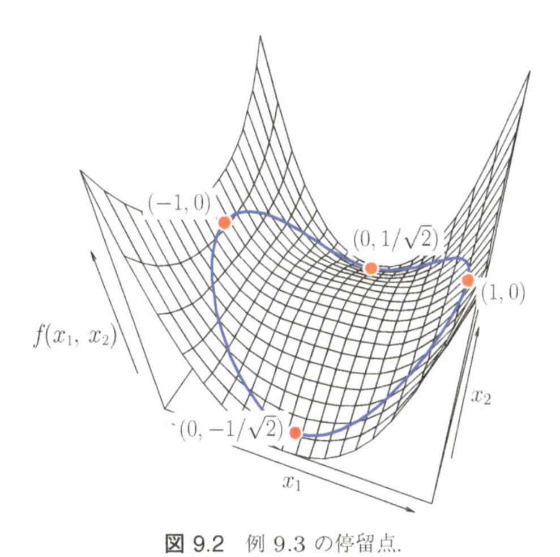

図 9.2 例 9.3 の停留点． □

9.3 凸最適化問題の最適性条件と双対性

制約なし凸最適化問題では，1 次の必要条件が大域的最適解の十分条件になっていました．同様のことは等式制約付き最適化でも成立します．本節で

は，最適化問題

$$\min_{\boldsymbol{x}\in\mathbb{R}^n} f(\boldsymbol{x}) \quad \text{s.t.} \quad g_i(\boldsymbol{x}) := \boldsymbol{a}_i^\top \boldsymbol{x} - b_i = 0, \quad i = 1, \ldots, p \tag{9.5}$$

の最適性条件と双対性について説明します．

定理 9.5（凸最適化の 1 次の十分条件）

関数 $f : \mathbb{R}^n \to \mathbb{R}$ は 1 回連続微分可能な凸関数とします．問題 (9.5) の実行可能解を $\boldsymbol{x}^*$ とします．もし $\boldsymbol{\lambda}^* = (\lambda_1^*, \ldots, \lambda_p^*) \in \mathbb{R}^p$ が存在して

$$\nabla f(\boldsymbol{x}^*) + \sum_{i=1}^{m} \lambda_i^* \nabla g_i(\boldsymbol{x}^*) = \boldsymbol{0}$$

となるなら，$\boldsymbol{x}^*$ は問題 (9.5) の大域的最適解です．

証明． ラグランジュ関数

$$L(\boldsymbol{x}, \boldsymbol{\lambda}) = f(\boldsymbol{x}) + \sum_{j=1}^{p} \lambda_j g_j(\boldsymbol{x})$$

は，$\boldsymbol{\lambda}$ を固定したとき $\boldsymbol{x}$ の凸関数です．仮定より $\nabla L(\boldsymbol{x}^*, \boldsymbol{\lambda}^*) = \boldsymbol{0}$ なので，制約なし凸最適化問題における 1 次の十分条件より，$\boldsymbol{x}^*$ は $\mathbb{R}^n$ 上で $L(\cdot, \boldsymbol{\lambda}^*)$ の大域的最適解です．したがって，問題 (9.5) の任意の実行可能解 $\boldsymbol{z}$ に対して

$$L(\boldsymbol{x}^*, \boldsymbol{\lambda}^*) \leq L(\boldsymbol{z}, \boldsymbol{\lambda}^*)$$

となります．ここで $g_j(\boldsymbol{x}^*) = 0$ と $g_j(\boldsymbol{z}) = 0$ が成り立つので，

$$f(\boldsymbol{x}^*) \leq f(\boldsymbol{z})$$

が得られます． □

次に，最適化問題 (9.5) の双対性について説明します．ラグランジュ関数 $L(\boldsymbol{x}, \boldsymbol{\lambda})$ について

$$\max_{\boldsymbol{\lambda}\in\mathbb{R}^p} L(\boldsymbol{x}, \boldsymbol{\lambda}) = \begin{cases} f(\boldsymbol{x}) & (\boldsymbol{a}_i^\top \boldsymbol{x} - b_i = 0,\ i = 1, \ldots, p), \\ +\infty & (\text{その他}) \end{cases}$$

が成り立ちます．したがって，問題 (9.5) は

$$\min_{\boldsymbol{x}\in\mathbb{R}^n}\max_{\boldsymbol{\lambda}\in\mathbb{R}^p} L(\boldsymbol{x},\boldsymbol{\lambda})$$

と表すことができます．ここで

$$L(\boldsymbol{x},\boldsymbol{\lambda}) \geq \min_{\boldsymbol{x}\in\mathbb{R}^n} L(\boldsymbol{x},\boldsymbol{\lambda}),$$

$$\max_{\boldsymbol{\lambda}\in\mathbb{R}^p} L(\boldsymbol{x},\boldsymbol{\lambda}) \geq \max_{\boldsymbol{\lambda}\in\mathbb{R}^p}\min_{\boldsymbol{x}\in\mathbb{R}^n} L(\boldsymbol{x},\boldsymbol{\lambda})$$

となるので，

$$\min_{\boldsymbol{x}\in\mathbb{R}^n}\max_{\boldsymbol{\lambda}\in\mathbb{R}^p} L(\boldsymbol{x},\boldsymbol{\lambda}) \geq \max_{\boldsymbol{\lambda}\in\mathbb{R}^p}\min_{\boldsymbol{x}\in\mathbb{R}^n} L(\boldsymbol{x},\boldsymbol{\lambda})$$

が成り立ちます．これは**弱双対性**と呼ばれる関係式です．さらに，適当な条件のもとで次の**強双対性**（ミニマックス定理）が成り立ちます．

定理 9.6（強双対性（ミニマックス定理））

問題 (9.5) において，$f(\boldsymbol{x})$ は真凸関数，また $\mathrm{ri}(\mathrm{dom}(f))$ 内に実行可能解をもち，最適値が有限であるとします．このとき，ベクトル $\boldsymbol{\lambda}^*$ が存在して，

$$\min_{\boldsymbol{x}\in\mathbb{R}^n} L(\boldsymbol{x},\boldsymbol{\lambda}^*) = \min_{\boldsymbol{x}\in\mathbb{R}^n}\max_{\boldsymbol{\lambda}\in\mathbb{R}^p} L(\boldsymbol{x},\boldsymbol{\lambda})$$

となります．さらに，

$$\max_{\boldsymbol{\lambda}\in\mathbb{R}^p}\min_{\boldsymbol{x}\in\mathbb{R}^n} L(\boldsymbol{x},\boldsymbol{\lambda}) = \min_{\boldsymbol{x}\in\mathbb{R}^n}\max_{\boldsymbol{\lambda}\in\mathbb{R}^p} L(\boldsymbol{x},\boldsymbol{\lambda})$$

が成り立ちます．

証明． 第 1 式の証明は文献 [46] の Corollary 28.2.2 と Corollary 28.4.1 から導出されます．第 2 式は第 1 式と弱双対性からわかります． □

同様の関係式は，不等式制約の場合にも成立します（定理 10.7）．問題 (9.5) を解くために，ラグランジュ関数に対する強双対性を用いる方法などが考えられます．詳細は 12 章を参照してください．

9.4 感度解析

等式制約が少し変化したとき，最適値がどのくらい変化するかを最適性条件から評価することができます．このような解析を**感度解析** (sensitivity analysis) といいます．実数 $c_i\,(i=1,\ldots,p)$ に対して次の最適化問題を考えます．

$$\min_{\boldsymbol{x}\in\mathbb{R}^n} f(\boldsymbol{x}) \quad \text{s.t.} \quad g_i(\boldsymbol{x})=c_i, \quad i=1,\ldots,p. \tag{9.6}$$

この局所最適解を $\boldsymbol{x}(\boldsymbol{c})\in\mathbb{R}^n$, $\boldsymbol{c}=(c_1,\ldots,c_p)\in\mathbb{R}^p$ とします．ここで $\boldsymbol{c}$ が $\boldsymbol{0}$ から少しずれたとき，極小値 $f(\boldsymbol{x}(\boldsymbol{c}))$ がどのくらい変化するか計算します．評価尺度として次式を用います．

$$\left.\frac{\partial f}{\partial \boldsymbol{c}}(\boldsymbol{x}(\boldsymbol{c}))\right|_{\boldsymbol{c}=\boldsymbol{0}} = \left.\left(\frac{\partial f}{\partial c_1}(\boldsymbol{x}(\boldsymbol{c})),\ldots,\frac{\partial f}{\partial c_p}(\boldsymbol{x}(\boldsymbol{c}))\right)^\top\right|_{\boldsymbol{c}=\boldsymbol{0}}.$$

ここで $\cdot|_{\boldsymbol{c}=\boldsymbol{0}}$ は $\boldsymbol{c}=\boldsymbol{0}$ を代入した値を意味します．微分の絶対値が大きいほど，制約の変化に対して関数値が敏感に変化することを意味します．

定理 9.7（極小値の変化とラグランジュ乗数）

関数 $f, g_1,\ldots,g_p$ はすべて 2 回連続微分可能とします．問題 (9.6) の $\boldsymbol{c}=\boldsymbol{0}$ における局所解を $\boldsymbol{x}^*$，対応するラグランジュ乗数を $\boldsymbol{\lambda}\in\mathbb{R}^p$ とします．また，$\nabla g_1(\boldsymbol{x}^*),\ldots,\nabla g_p(\boldsymbol{x}^*)$ は 1 次独立で，$(\boldsymbol{x}^*,\boldsymbol{\lambda})$ において 2 次の十分条件が満たされているとします．このとき，

$$\left.\frac{\partial f}{\partial \boldsymbol{c}}(\boldsymbol{x}(\boldsymbol{c}))\right|_{\boldsymbol{c}=\boldsymbol{0}} = -\boldsymbol{\lambda} \tag{9.7}$$

が成り立ちます．

証明． 局所解 $\boldsymbol{x}^*$ における最適性条件は

$$\left.\begin{aligned}&\nabla f(\boldsymbol{x}^*)+\sum_{i=1}^{p}\lambda_i\nabla g_i(\boldsymbol{x}^*)=\boldsymbol{0},\\&g_i(\boldsymbol{x}^*)=0,\quad i=1,\ldots,p\end{aligned}\right\}\tag{9.8}$$

で与えられます．ここで行列 $\nabla \boldsymbol{g}(\boldsymbol{x})\in\mathbb{R}^{n\times p}$ を

$$\nabla \boldsymbol{g}(\boldsymbol{x})=(\nabla g_1(\boldsymbol{x}),\ldots,\nabla g_p(\boldsymbol{x}))$$

とします．最適性条件 (9.8) の左辺を $(\boldsymbol{x},\boldsymbol{\lambda})$ の関数とみなすと，そのヤコビ行列は式 (9.4) の行列 $\boldsymbol{L}$ を用いて

$$\begin{pmatrix}\boldsymbol{L} & \nabla \boldsymbol{g}(\boldsymbol{x}^*)\\ \nabla \boldsymbol{g}(\boldsymbol{x}^*)^\top & \boldsymbol{O}\end{pmatrix}$$

となります．また 2 次の十分条件における部分空間 S は

$$S=\{\boldsymbol{y}\in\mathbb{R}^n\mid\nabla \boldsymbol{g}(\boldsymbol{x}^*)^\top\boldsymbol{y}=\boldsymbol{0}\}$$

と表せます．まずヤコビ行列は正則であることを示します．変数 $\boldsymbol{a}\in\mathbb{R}^n$, $\boldsymbol{b}\in\mathbb{R}^p$ に対して方程式

$$\boldsymbol{L}\boldsymbol{a}+\nabla \boldsymbol{g}(\boldsymbol{x}^*)\boldsymbol{b}=\boldsymbol{0},\quad \nabla \boldsymbol{g}(\boldsymbol{x}^*)^\top\boldsymbol{a}=\boldsymbol{0}$$

を考えます．第 1 式に $\boldsymbol{a}^\top$ を左から掛けると，第 2 式より $\boldsymbol{a}^\top\boldsymbol{L}\boldsymbol{a}=0$ となります．また第 2 式から $\boldsymbol{a}\in S$ なので，$\boldsymbol{a}=\boldsymbol{0}$ となります．これを第 1 式に代入すると，$\nabla g_1(\boldsymbol{x}^*),\ldots,\nabla g_p(\boldsymbol{x}^*)$ が 1 次独立であることから $\boldsymbol{b}=\boldsymbol{0}$ となります．よってヤコビ行列は正則です．

問題 (9.6) に対する 1 次の最適性条件を，パラメータ $(\boldsymbol{x},\boldsymbol{\lambda},\boldsymbol{c})$ の関数に対する条件と考えます．ヤコビ行列の正則性から陰関数定理（定理 2.2）の仮定が成り立ちます．よって $\boldsymbol{c}=\boldsymbol{0}$ の近傍で連続微分可能な関数 $\boldsymbol{x}(\boldsymbol{c})$, $\boldsymbol{\lambda}(\boldsymbol{c})$ が存在し，最適性条件を満たします．特に $\boldsymbol{x}(\boldsymbol{c})$ に対して微分の連鎖律より

$$\begin{aligned}\frac{\partial f}{\partial \boldsymbol{c}}(\boldsymbol{x}(\boldsymbol{c}))\bigg|_{\boldsymbol{c}=\boldsymbol{0}}&=\frac{\partial \boldsymbol{x}}{\partial \boldsymbol{c}}(\boldsymbol{0})\nabla f(\boldsymbol{x}^*),\\ \frac{\partial \boldsymbol{g}}{\partial \boldsymbol{c}}(\boldsymbol{x}(\boldsymbol{c}))\bigg|_{\boldsymbol{c}=\boldsymbol{0}}&=\frac{\partial \boldsymbol{x}}{\partial \boldsymbol{c}}(\boldsymbol{0})\nabla \boldsymbol{g}(\boldsymbol{x}^*)\end{aligned}$$

となります．ここで

$$\frac{\partial \boldsymbol{x}}{\partial \boldsymbol{c}} = \left(\frac{\partial x_j}{\partial c_i}\right)_{ij} \in \mathbb{R}^{p\times n}, \quad \frac{\partial \boldsymbol{g}}{\partial \boldsymbol{c}}(\boldsymbol{x}(\boldsymbol{c})) = \left(\frac{\partial g_j(\boldsymbol{x}(\boldsymbol{c}))}{\partial c_i}\right)_{ij} \in \mathbb{R}^{p\times p}$$

とします．また $\boldsymbol{g}(\boldsymbol{x}(\boldsymbol{c})) = \boldsymbol{c}$ より

$$\left.\frac{\partial \boldsymbol{g}}{\partial \boldsymbol{c}}(\boldsymbol{x}(\boldsymbol{c}))\right|_{\boldsymbol{c}=\boldsymbol{0}} = \boldsymbol{I}$$

となります．1 次の最適性条件に左から $\dfrac{\partial \boldsymbol{x}}{\partial \boldsymbol{c}}(\boldsymbol{0})$ を掛けると

$$\frac{\partial \boldsymbol{x}}{\partial \boldsymbol{c}}(\boldsymbol{0})\nabla f(\boldsymbol{x}^*) + \frac{\partial \boldsymbol{x}}{\partial \boldsymbol{c}}(\boldsymbol{0})\nabla \boldsymbol{g}(\boldsymbol{x}^*)\boldsymbol{\lambda} = \boldsymbol{0}$$

となり，上記の結果を代入すると

$$\left.\frac{\partial f}{\partial \boldsymbol{c}}(\boldsymbol{x}(\boldsymbol{c}))\right|_{\boldsymbol{c}=\boldsymbol{0}} = -\boldsymbol{\lambda}$$

となります． □

制約式 $g_1(\boldsymbol{x}) = 0$ を $g_1(\boldsymbol{x}) = c_1$ に摂動したとき，極小値はおよそ $-c_1\lambda_1$ だけ変化します．不等式制約付き最適化問題を解くアルゴリズムである有効制約法において，この性質が用いられます．詳細は 11.1 節を参照してください．

Chapter 10

不等式制約付き最適化の最適性条件

不等式制約付き最適化問題の最適性条件について解説します.

以下の最適化問題を扱います.

$$\min_{\boldsymbol{x}\in\mathbb{R}^n} f(\boldsymbol{x}) \quad \text{s.t.} \quad g_i(\boldsymbol{x}) \leq 0, \quad i=1,\ldots,p. \tag{10.1}$$

関数 $f, g_1, \ldots, g_p$ は微分可能とします. より詳しい条件は各定理で述べます.

本章では, まず局所最適解に対する 1 次の必要条件を解説します. この条件から停留点を求めることができます. さらに局所最適解であることを確認するために, 2 次の必要条件と十分条件を示します. 関数 $f, g_1, \ldots, g_p$ がすべて凸関数なら (10.1) は凸最適化問題になります. このとき 1 次の必要条件が, 大域的最適解であるための十分条件になることを示します.

10.1 1 次の最適性条件

問題 (10.1) の局所最適解 $\boldsymbol{x}^*$ が, 不等式制約 $g_1(\boldsymbol{x}) \leq 0$ を等号で満たしているとします. このとき, その不等式制約を等式制約 $g_1(\boldsymbol{x}) = 0$ で置き換えた問題でも, $\boldsymbol{x}^*$ が局所最適解になっています. 一方, 等号は成り立たず $g_1(\boldsymbol{x}^*) < 0$ となるときは, 元の問題 (10.1) から制約 $g_1(\boldsymbol{x}) \leq 0$ を除いた問題に対しても, $\boldsymbol{x}^*$ は局所解になっています. すなわち局所最適解に対して,

等式制約で置き換えてもよい不等式制約と，除いてもよい不等式制約に分けることができます．その結果，不等式制約付き最適化問題を等式制約付き最適化問題に置き換えて，局所解の性質などを調べることができます．

定義 10.1（有効制約式 (active constraint)）

問題 (10.1) の実行可能解 $\boldsymbol{x} \in \mathbb{R}^n$ に対して，$g_i(\boldsymbol{x}) = 0$ となる制約式を**有効制約式**といいます．有効制約式の添字の集合を

$$I(\boldsymbol{x}) = \{\, i \in \{1, \ldots, p\} \,|\, g_i(\boldsymbol{x}) = 0 \,\}$$

と書きます．

不等式制約付き最適化の最適性条件は，等式制約の場合と比べて多少複雑になります．これは，局所解において有効制約式とそれ以外を区別する条件が必要になるためです．

簡単のため，まず制約式が 1 つの場合について考えます．

$$\min_{\boldsymbol{x} \in \mathbb{R}^n} f(\boldsymbol{x}) \quad \text{s.t.} \quad g_1(\boldsymbol{x}) \le 0. \tag{10.2}$$

問題 (10.2) の局所解を $\boldsymbol{x}^*$ とします．実行可能領域は

$$S = \{\boldsymbol{x} \in \mathbb{R}^n \mid g_1(\boldsymbol{x}) \le 0\}$$

と表せます．このとき近傍 $B(\boldsymbol{x}^*, \varepsilon)$ が存在して，任意の $\boldsymbol{x} \in S \cap B(\boldsymbol{x}^*, \varepsilon)$ に対して $f(\boldsymbol{x}^*) \le f(\boldsymbol{x})$ が成り立ちます．等式 $g_1(\boldsymbol{x}^*) = 0$ を満たすかどうかで場合分けをします．

$g_1(\boldsymbol{x}^*) < 0$ のとき（図 10.1(左)）：関数 g_1 の連続性と $g_1(\boldsymbol{x}^*) < 0$ から，$\boldsymbol{x}^*$ の近傍の点はすべて $g_1(\boldsymbol{x}) < 0$ を満たします．したがって十分小さい ε をとると，$B(\boldsymbol{x}^*, \varepsilon) \cap S = B(\boldsymbol{x}^*, \varepsilon)$ となり，任意の $\boldsymbol{x} \in B(\boldsymbol{x}^*, \varepsilon)$ に対して $f(\boldsymbol{x}^*) \le f(\boldsymbol{x})$ が成り立ちます．つまり，$\boldsymbol{x}^*$ は制約なし最適化問題

$$\min_{\boldsymbol{x} \in \mathbb{R}^n} f(\boldsymbol{x})$$

の局所解になっています．したがって

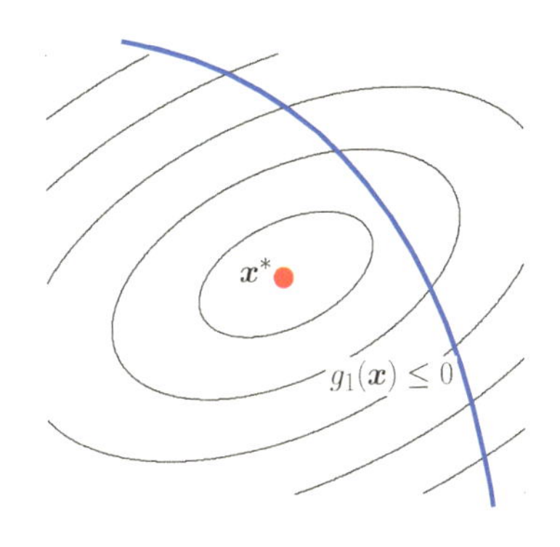

g_1 は有効制約でない

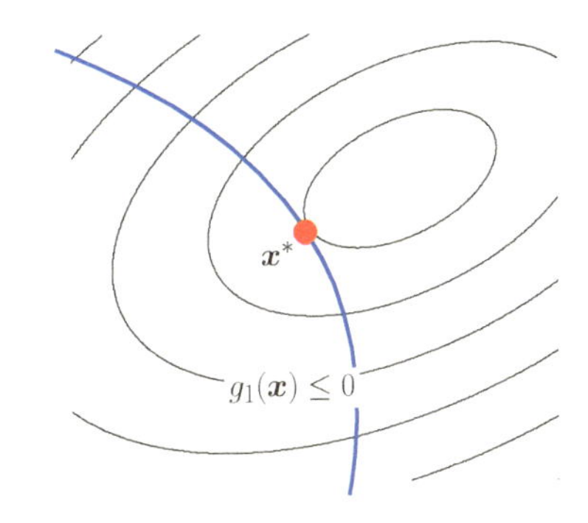

g_1 は有効制約

図 10.1　最適解 $\boldsymbol{x}^*$ と制約式 $g_1(\boldsymbol{x}) \leq 0$ の関係.

$$\nabla f(\boldsymbol{x}^*) = \boldsymbol{0}$$

となります.

$g_1(\boldsymbol{x}^*) = 0$ のとき（図 10.1(右)）： $\boldsymbol{x}^*$ は等式制約付き最適解問題

$$\min_{\boldsymbol{x} \in \mathbb{R}^n} f(\boldsymbol{x}) \quad \text{s.t.} \quad g_1(\boldsymbol{x}) = 0$$

の局所解になっています．したがって定理 9.1 より，$\lambda_1^* \in \mathbb{R}$ が存在して

$$\nabla f(\boldsymbol{x}^*) + \lambda_1^* \nabla g_1(\boldsymbol{x}^*) = \boldsymbol{0} \tag{10.3}$$

が成り立ちます．次に λ_1^* の符号を調べます．ベクトル $\boldsymbol{\delta} \in \mathbb{R}^n$ を $\nabla g_1(\boldsymbol{x}^*)^\top \boldsymbol{\delta} < 0$ となるように選ぶと，十分小さい $\varepsilon > 0$ に対して $\boldsymbol{x}^* + \varepsilon\boldsymbol{\delta}$ は問題 (10.2) の実行可能解になります．このとき，$c \in (0, 1)$ が存在して

$$f(\boldsymbol{x}^*) \leq f(\boldsymbol{x}^* + \varepsilon\boldsymbol{\delta}) = f(\boldsymbol{x}^*) + \varepsilon \nabla f(\boldsymbol{x}^* + c\varepsilon\boldsymbol{\delta})^\top \boldsymbol{\delta}$$

となり，$\varepsilon \to +0$ とすると $0 \leq \nabla f(\boldsymbol{x}^*)^\top \boldsymbol{\delta}$ が得られます．したがって，ベクトル $\boldsymbol{\delta}$ と式 (10.3) の内積をとると，$\lambda_1^* \geq 0$ となることがわかります．

以上をまとめると

$$
\begin{aligned}
g_1(\boldsymbol{x}^*) < 0 &\implies \nabla f(\boldsymbol{x}^*) + \lambda_1^* \nabla g_1(\boldsymbol{x}^*) = \mathbf{0},\ \lambda_1^* = 0,\\
g_1(\boldsymbol{x}^*) = 0 &\implies \nabla f(\boldsymbol{x}^*) + \lambda_1^* \nabla g_1(\boldsymbol{x}^*) = \mathbf{0},\ \lambda_1^* \geq 0
\end{aligned}
$$

となり，結局

$$
\begin{aligned}
&\nabla f(\boldsymbol{x}^*) + \lambda_1^* \nabla g_1(\boldsymbol{x}^*) = \mathbf{0},\\
&g_1(\boldsymbol{x}^*) \leq 0,\\
&\lambda_1^* \geq 0,\\
&\lambda_1^* g_1(\boldsymbol{x}^*) = 0
\end{aligned}
$$

と表せます．

複数の不等式制約をもつ問題 (10.1) に対して，次の定理が成り立ちます．

定理 10.2（1 次の必要条件；KKT 条件 (KKT conditions)）

問題 (10.1) の局所最適解を $\boldsymbol{x}^*$ とします．また $\nabla g_i(\boldsymbol{x}^*),\ i \in I(\boldsymbol{x}^*)$ は 1 次独立とします．このとき，$\boldsymbol{\lambda}^* = (\lambda_1^*, \ldots, \lambda_p^*) \in \mathbb{R}^p$ が存在して，以下が成り立ちます．

$$
\text{KKT 条件} \quad \left\{
\begin{array}{ll}
\nabla f(\boldsymbol{x}^*) + \displaystyle\sum_{i=1}^{p} \lambda_i^* \nabla g_i(\boldsymbol{x}^*) = \mathbf{0}, & \\
g_i(\boldsymbol{x}^*) \leq 0, & i = 1, \ldots, p,\\
\lambda_i^* \geq 0, & i = 1, \ldots, p,\\
\lambda_i^* g_i(\boldsymbol{x}^*) = 0, & i = 1, \ldots, p.
\end{array}
\right.
$$

上の 4 行の式を **KKT**(Karush-Kuhn-Tucker) **条件**といい，$\boldsymbol{\lambda}^*$ を**ラグランジュ乗数**といいます．等式制約では現れなかった条件

$$
\lambda_i^* g_i(\boldsymbol{x}^*) = 0, \quad i = 1, \ldots, p
$$

は**相補性条件** (complementarity conditions) と呼ばれます．1 次独立の仮定は，等式制約付き最適化問題のときと同じ理由で必要になります．不等式制約付き最適化問題においても，ラグランジュ関数

$$L(\boldsymbol{x},\boldsymbol{\lambda})=f(\boldsymbol{x})+\sum_{i=1}^{p}\lambda_i g_i(\boldsymbol{x}),\quad \boldsymbol{x}\in\mathbb{R}^n,\ \boldsymbol{\lambda}\in\mathbb{R}^p,\ \boldsymbol{\lambda}\ge\boldsymbol{0}$$

が定義され，特に最適化アルゴリズムの構成において重要な役割を担います．等式制約付き最適化の場合とは異なり，ラグランジュ関数の停留条件だけで 1 次の最適性条件である KKT 条件を表現することはできません．

定理 10.2 の証明． 局所解 $\boldsymbol{x}^*$ は実行可能なので $g_i(\boldsymbol{x}^*)\le 0\,(i=1,\ldots,p)$ が成り立ちます．局所解 $\boldsymbol{x}^*$ における有効制約式を等式制約に置き換え，有効制約式でない不等式制約を除いて，等式制約付き最適化問題

$$\min_{\boldsymbol{x}\in\mathbb{R}^n} f(\boldsymbol{x})\quad \text{s.t.}\ \ g_i(\boldsymbol{x})=0,\ i\in I(\boldsymbol{x}^*) \tag{10.4}$$

を考えます．このとき $\boldsymbol{x}^*$ は問題 (10.4) の局所解になるので，1 次の必要条件（定理 9.1）から $\lambda_i^*\,(i=1,\ldots,p)$ が存在して

$$\nabla f(\boldsymbol{x}^*)+\sum_{i=1}^{p}\lambda_i^*\nabla g_i(\boldsymbol{x}^*)=\boldsymbol{0}, \tag{10.5}$$

$$i\notin I(\boldsymbol{x}^*)\Rightarrow \lambda_i^*=0$$

となります．以上の関係式から $\lambda_i^* g_i(\boldsymbol{x}^*)=0\,(i=1,\ldots,p)$ が成り立ちます．

以下，$i\in I(\boldsymbol{x}^*)$ に対して $\lambda_i\ge 0$ を示します．簡単のため，一般性を失うことなく $I(\boldsymbol{x}^*)=\{1,\ldots,r\}$ とし，$\boldsymbol{G}=(\nabla g_1(\boldsymbol{x}^*),\ldots,\nabla g_r(\boldsymbol{x}^*))\in\mathbb{R}^{n\times r}$ とします．1 次独立性の仮定から，$\boldsymbol{G}^\top\boldsymbol{G}$ の逆行列が存在します．任意のベクトル $\boldsymbol{n}\in\mathbb{R}^r$ に対して $\boldsymbol{y}=\boldsymbol{G}(\boldsymbol{G}^\top\boldsymbol{G})^{-1}\boldsymbol{n}\in\mathbb{R}^n$ とおくと，$\boldsymbol{G}^\top\boldsymbol{y}=\boldsymbol{n}$ を満たします．ここで $\lambda_1^*<0$ を仮定します．このとき $a>0$ として $\boldsymbol{n}=(n_1,\ldots,n_r)^\top=(-1,-a,\ldots,-a)^\top\in\mathbb{R}^r$ と定めます．この $\boldsymbol{n}$ から定まるベクトル $\boldsymbol{y}$ に対して $\nabla g_i(\boldsymbol{x}^*)^\top\boldsymbol{y}=n_i<0,\,i\in I(\boldsymbol{x}^*)$ となり，十分小さい $\varepsilon>0$ に対して $\boldsymbol{x}^*+\varepsilon\boldsymbol{y}$ は実行可能解になります ($i\notin I(\boldsymbol{x}^*)$ に対して $g_i(\boldsymbol{x}^*+\varepsilon\boldsymbol{y})<0$ となることも確認できます)．一方，$f(\boldsymbol{x})$ に関しては，テイラーの定理より $c\in(0,1)$ が存在して

$$f(\boldsymbol{x}^*)\le f(\boldsymbol{x}^*+\varepsilon\boldsymbol{y})=f(\boldsymbol{x}^*)+\varepsilon\nabla f(\boldsymbol{x}^*+c\varepsilon\boldsymbol{y})^\top\boldsymbol{y}$$

となり，$\varepsilon\to+0$ として

$$0 \leq \nabla f(\boldsymbol{x}^*)^\top \boldsymbol{y}$$

を得ます．式 (10.5) と $\boldsymbol{y}$ の内積をとり，左辺第 2 項を移行すると，$\boldsymbol{n}$ の定義から

$$0 \leq \nabla f(\boldsymbol{x}^*)^\top \boldsymbol{y} = \lambda_1^* + a \sum_{i=2}^{r} \lambda_i^*$$

となります．$a > 0$ を十分小さくとると右辺は負になり，矛盾を生じます．したがって $i \in I(\boldsymbol{x}^*)$ に対して $\lambda_i^* \geq 0$ が成り立ちます． □

ここで示した KKT 条件からは，等式制約付き最適化の 1 次の必要条件は導かれないことに注意してください．なぜなら，等式制約 $g(\boldsymbol{x}) = 0$ は 2 つの不等式制約 $g(\boldsymbol{x}) \leq 0, -g(\boldsymbol{x}) \leq 0$ と等価ですが，勾配ベクトルに対する 1 次独立性の仮定を満たしません．

KKT 条件を満たす点 $(\boldsymbol{x}^*, \boldsymbol{\lambda}^*) \in \mathbb{R}^{n+p}$ を問題 (10.1) の**停留点**といいます．KKT 条件を方程式とみなして $(\boldsymbol{x}^*, \boldsymbol{\lambda}^*) \in \mathbb{R}^{n+p}$ を求める方法を，**ラグランジュの未定乗数法**といいます．どの不等式制約が有効かについては 2^p 通りの可能性があるので，制約式の数が多いとラグランジュの未定乗数法で解くことは困難です．効率的な数値解法については 11，12 章で解説します．

10.2 2 次の最適性条件

KKT 条件を満たす停留点は局所解の候補です．局所解かどうかを判断するためには，一般に 2 階微分の情報が必要になります．本節では，2 次の最適性条件について解説します．

定理 10.3（2 次の必要条件）

関数 $f, g_1, \ldots, g_p$ は 2 回連続微分可能とします．問題 (10.1) の局所最適解を $\boldsymbol{x}^* \in \mathbb{R}^n$ とし，$\nabla g_i(\boldsymbol{x}^*), i \in I(\boldsymbol{x}^*)$ は 1 次独立とします．また $(\boldsymbol{x}^*, \boldsymbol{\lambda}^*) \in \mathbb{R}^{n+p}$ は KKT 条件を満たすとします．$n \times n$ 行列 $\boldsymbol{L}$ を

$$\boldsymbol{L} = \nabla^2 f(\boldsymbol{x}^*) + \sum_{i=1}^{p} \lambda_i^* \nabla^2 g_i(\boldsymbol{x}^*)$$

とし，部分空間 S を

$$S = \{\boldsymbol{y} \in \mathbb{R}^n \mid \nabla g_i(\boldsymbol{x}^*)^\top \boldsymbol{y} = 0,\ i \in I(\boldsymbol{x}^*)\}$$

とします．なお $I(\boldsymbol{x}^*) = \emptyset$ なら $S = \mathbb{R}^n$ とします．このとき任意の $\boldsymbol{y} \in S$ に対して

$$\boldsymbol{y}^\top \boldsymbol{L} \boldsymbol{y} \geq 0$$

が成立します．

証明. 局所解 $\boldsymbol{x}^*$ は，以下の等式制約付き最適化問題の局所解になっています．

$$\min_{\boldsymbol{x} \in \mathbb{R}^n} f(\boldsymbol{x}) \quad \text{s.t.} \quad g_i(\boldsymbol{x}) = 0, \quad i \in I(\boldsymbol{x}^*).$$

KKT 条件から $i \notin I(\boldsymbol{x}^*)$ に対して $\lambda_i^* = 0$ です．これと定理 9.3 から，定理の結論が得られます．□

停留点 $\boldsymbol{x}^*$ に対して 2 次の必要条件が満たされなければ，局所解ではありません．最適解であることを確認するために 2 次の十分条件を考えます．

定理 10.4（2 次の十分条件）

関数 $f, g_1, \ldots, g_p$ は 2 回連続微分可能とします．点 $(\boldsymbol{x}^*, \boldsymbol{\lambda}^*) \in \mathbb{R}^{n+p}$ は，問題 (10.1) の KKT 条件を満たすとします．また

$$J = \{ i \in \{1, \ldots, p\} \mid g_i(\boldsymbol{x}^*) = 0,\ \lambda_i > 0 \},$$
$$S' = \{ \boldsymbol{y} \in \mathbb{R}^n \mid \nabla g_i(\boldsymbol{x}^*)^\top \boldsymbol{y} = 0,\ i \in J \}$$

とします．ただし $J = \emptyset$ なら $S' = \mathbb{R}^n$ とします．定理 10.3 の行列 $\boldsymbol{L}$ に対して，任意の $\boldsymbol{y} \in S'$, $\boldsymbol{y} \neq \boldsymbol{0}$ で

$$\boldsymbol{y}^\top \boldsymbol{L} \boldsymbol{y} > 0$$

が成り立つとします．このとき $\boldsymbol{x}^*$ は問題 (10.1) の局所最適解です．

証明. 点 $\boldsymbol{x}^*$ が局所解でないと仮定すると，以下の条件を満たす実行可能領域内の点列 $\{\boldsymbol{x}^* + \varepsilon_k \boldsymbol{\delta}_k\}$ が存在します．

$$\begin{aligned}
&\varepsilon_k > 0,\ \varepsilon_k \to 0,\ (k \to \infty),\\
&\|\boldsymbol{\delta}_k\| = 1, \quad \boldsymbol{\delta}_k \to \boldsymbol{\delta}, \quad (k \to \infty),\\
&\left.\begin{aligned} &g_i(\boldsymbol{x}^* + \varepsilon_k \boldsymbol{\delta}_k) \le 0, \quad i = 1, \ldots, p,\\ &f(\boldsymbol{x}^* + \varepsilon_k \boldsymbol{\delta}_k) \le f(\boldsymbol{x}^*). \end{aligned}\right\}
\end{aligned} \tag{10.6}$$

したがって 1 次のテイラー展開式を用いると，$k \to \infty$ として

$$\nabla g_i(\boldsymbol{x}^*)^\top \boldsymbol{\delta} \le 0, \quad i = 1, \ldots, p,$$
$$\nabla f(\boldsymbol{x}^*)^\top \boldsymbol{\delta} \le 0$$

が成り立ちます．もし $i_0 \in J$ に対して $\nabla g_{i_0}(\boldsymbol{x}^*)^\top \boldsymbol{\delta} < 0$ とすると，$\lambda_{i_0}^* > 0$ なので

$$0 \ge \nabla f(\boldsymbol{x}^*)^\top \boldsymbol{\delta} = - \sum_{i:\lambda_i^* > 0} \lambda_i^* \nabla g_i(\boldsymbol{x}^*)^\top \boldsymbol{\delta} \ge -\lambda_{i_0}^* \nabla g_{i_0}(\boldsymbol{x}^*)^\top \boldsymbol{\delta} > 0$$

となり矛盾します．したがって，すべての $i \in J$ に対して $\nabla g_i(\boldsymbol{x}^*)^\top \boldsymbol{\delta} = 0$ となります．この等式を用いると，定理 9.4 の証明と同様にして式 (10.6) に対する 2 次のテイラー展開式から $0 \geq \boldsymbol{\delta}^\top \boldsymbol{L} \boldsymbol{\delta}$ が得られます．これは定理の仮定に矛盾します．したがって $\boldsymbol{x}^*$ が局所解であることが結論されます． □

例 10.1

例 9.3 と同じ関数

$$f(x_1, x_2) = x_1^4 + x_2^4 + 3x_1^2 x_2^2 - 2x_2^2,$$
$$g(x_1, x_2) = 1 - x_1^2 - 2x_2^2$$

から定義される不等式制約付き最適化問題

$$\min_{(x_1, x_2) \in \mathbb{R}^2} f(x_1, x_2) \quad \text{s.t.} \quad g(x_1, x_2) \leq 0$$

を考えます．実行可能領域は，$g(x_1, x_2) = 0$ で定義される楕円の外側です．最適性条件から最適解を導出します．ラグランジュ関数を $L = f(x_1, x_2) + \lambda g(x_1, x_2)$ とすると，KKT 条件は

$$L \text{の停留条件：} \begin{cases} \dfrac{\partial L}{\partial x_1} = -2x_1(\lambda - 2x_1^2 - 3x_2^2) = 0, \\ \dfrac{\partial L}{\partial x_2} = -2x_2(2\lambda - 3x_1^2 - 2x_2^2 + 2) = 0, \end{cases}$$

$$\text{制約式：} \begin{cases} 1 - x_1^2 - 2x_2^2 \leq 0, \\ \lambda \geq 0, \end{cases}$$

$$\text{相補性：} \lambda(1 - x_1^2 - 2x_2^2) = 0$$

となります．これを解くと $(x_1, x_2, \lambda) = (\pm 1, 0, 2), (0, \pm 1, 0)$ が得られます（図 10.2）．例 9.3 と同様に $(x_1, x_2) = (\pm 1, 0)$ は 2 次の必要条件を満たさないので局所最適解ではありません．停留点 $(0, \pm 1, 0)$ に対して

$$\boldsymbol{L} = \begin{pmatrix} 6 & 0 \\ 0 & 8 \end{pmatrix}, \quad S = S' = \mathbb{R}^2$$

となるので，2 次の十分条件より $(x_1, x_2) = (0, \pm 1)$ において極小値 -1 をとります．停留点のうち極小値を達成するのは $(0, \pm 1)$ であり，これら

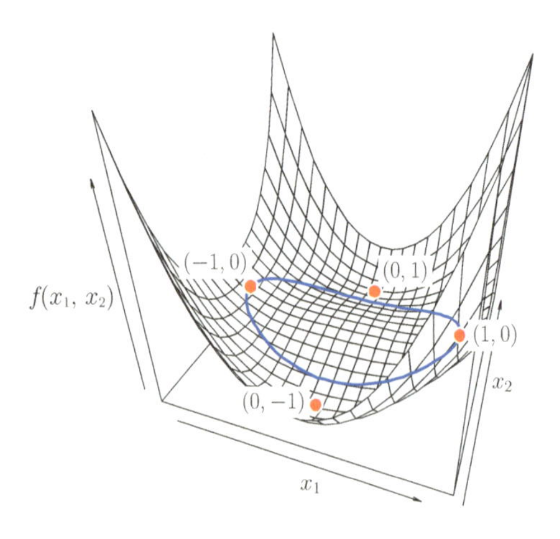

図 10.2 例 10.1 の停留点.

の関数値は同じなので，$(0, \pm 1)$ はともに大域的最適解であることがわかります.

例 9.3 の最適解 $(0, \pm 1/\sqrt{2})$ のラグランジュ乗数 $\lambda = -1/2$ は負値です. 9.4 節の感度解析の結果を参照すると，これは，$g(x_1, x_2) < 0$ の方向に向かうことで目的関数の値がより小さくなることに対応しています □

10.3 凸最適化問題の最適性条件

関数 $f, g_i\,(i = 1, \ldots, p)$ がすべて凸関数のとき，KKT 条件は大域的最適解の十分条件になっています.

定理 10.5（凸最適化の 1 次の十分条件）

関数 $f, g_i\,(i = 1, \ldots, p)$ は 1 回連続微分可能な凸関数とします. 点 $(\boldsymbol{x}^*, \boldsymbol{\lambda}^*) \in \mathbb{R}^{n+p}$ が KKT 条件を満たすとします. このとき $\boldsymbol{x}^*$ は問題 (10.1) の大域的最適解です.

証明. ラグランジュ関数 $L(\boldsymbol{x}, \boldsymbol{\lambda})$ を

$$L(\boldsymbol{x}, \boldsymbol{\lambda}) = f(\boldsymbol{x}) + \sum_{i=1}^{p} \lambda_i g_i(\boldsymbol{x})$$

とします．ラグランジュ乗数 $\boldsymbol{\lambda}^*$ の非負性から，$L(\boldsymbol{x}, \boldsymbol{\lambda}^*)$ は $\boldsymbol{x} \in \mathbb{R}^n$ の関数として凸関数です．KKT 条件より，$\boldsymbol{x}$ に関する勾配について

$$\nabla L(\boldsymbol{x}^*, \boldsymbol{\lambda}^*) = \mathbf{0}$$

なので，制約なし最適化に関する定理 3.4 から $\boldsymbol{x}^*$ は $L(\boldsymbol{x}, \boldsymbol{\lambda}^*)$ の大域的最適解になっています．問題 (10.1) の実行可能解を $\boldsymbol{x}$ とすると KKT 条件の相補性条件と $g_i(\boldsymbol{x}) \le 0\,(i = 1, \ldots, p)$ より

$$f(\boldsymbol{x}^*) = L(\boldsymbol{x}^*, \boldsymbol{\lambda}^*) \le L(\boldsymbol{x}, \boldsymbol{\lambda}^*) \le f(\boldsymbol{x})$$

となり，$\boldsymbol{x}^*$ が大域的最適解であることがわかります． □

10.4 主問題と双対問題

本節では，関数 $f, g_1, \ldots, g_p$ はすべて凸関数とします．最適化問題 (10.1) に対応するラグランジュ関数 $L(\boldsymbol{x}, \boldsymbol{\lambda})$ は

$$L(\boldsymbol{x}, \boldsymbol{\lambda}) = f(\boldsymbol{x}) + \sum_{i=1}^{p} \lambda_i g_i(\boldsymbol{x})$$

で与えられます．ラグランジュ関数を用いると最適化問題 (10.1) は

$$\min_{\boldsymbol{x} \in \mathbb{R}^n} \max_{\boldsymbol{\lambda} \in \mathbb{R}^p} L(\boldsymbol{x}, \boldsymbol{\lambda}) \quad \text{s.t.} \quad \boldsymbol{\lambda} \ge \mathbf{0} \tag{10.7}$$

と表すことができます．ここで制約 $\boldsymbol{\lambda} \ge \mathbf{0}$ は $\boldsymbol{\lambda}$ の各要素が非負であることを意味します．式 (10.7) と最適化問題 (10.1) の等価性は

$$\max_{\boldsymbol{\lambda} \in \mathbb{R}^p} L(\boldsymbol{x}, \boldsymbol{\lambda}) = \begin{cases} f(\boldsymbol{x}) & (g_i(\boldsymbol{x}) \le 0,\, i = 1, \ldots, p), \\ +\infty & (\text{その他}) \end{cases}$$

からわかります．

最適化問題 (10.7) を**主問題** (primal problem) といい，min と max を入

れ替えた

$$\max_{\boldsymbol{\lambda}\in\mathbb{R}^p}\min_{\boldsymbol{x}\in\mathbb{R}^n} L(\boldsymbol{x},\boldsymbol{\lambda}) \quad \text{s.t.} \quad \boldsymbol{\lambda}\geq\boldsymbol{0} \tag{10.8}$$

を**双対問題** (dual problem) といいます．主問題と双対問題の間には次の**弱双対性** (weak duality) が成り立ちます．

定理 10.6（弱双対性）

ラグランジュ関数 $L(\boldsymbol{x},\boldsymbol{\lambda})$ に対して

$$\max_{\boldsymbol{\lambda}\geq\boldsymbol{0}}\min_{\boldsymbol{x}\in\mathbb{R}^n} L(\boldsymbol{x},\boldsymbol{\lambda}) \leq \min_{\boldsymbol{x}\in\mathbb{R}^n}\max_{\boldsymbol{\lambda}\geq\boldsymbol{0}} L(\boldsymbol{x},\boldsymbol{\lambda}) \tag{10.9}$$

が成り立ちます．

証明． 任意の $\boldsymbol{x}, \boldsymbol{\lambda}$ に対して，不等式

$$\min_{\boldsymbol{x}'\in\mathbb{R}^n} L(\boldsymbol{x}',\boldsymbol{\lambda}) \leq L(\boldsymbol{x},\boldsymbol{\lambda})$$

が成り立ちます．両辺を $\boldsymbol{\lambda}\geq\boldsymbol{0}$ の制約のもとで最大化すると，

$$\max_{\boldsymbol{\lambda}\geq\boldsymbol{0}}\min_{\boldsymbol{x}'\in\mathbb{R}^n} L(\boldsymbol{x}',\boldsymbol{\lambda}) \leq \max_{\boldsymbol{\lambda}\geq\boldsymbol{0}} L(\boldsymbol{x},\boldsymbol{\lambda})$$

が任意の $\boldsymbol{x}$ で成立します．左辺は $\boldsymbol{x}$ に依存しない定数なので，$\boldsymbol{x}$ で最小化しても左辺の値以上になります． □

以下に示す適当な条件のもとで，式 (10.9) は等号で成立します．

定理 10.7（強双対性 (strong duality)）

最適化問題 (10.1) において $g_i(\widetilde{\boldsymbol{x}}) < 0\,(i = 1,\ldots,p)$ を満たす $\widetilde{\boldsymbol{x}}\in\mathbb{R}^n$ が存在するとします．このとき

$$\max_{\boldsymbol{\lambda}\geq\boldsymbol{0}}\min_{\boldsymbol{x}\in\mathbb{R}^n} L(\boldsymbol{x},\boldsymbol{\lambda}) = \min_{\boldsymbol{x}\in\mathbb{R}^n}\max_{\boldsymbol{\lambda}\geq\boldsymbol{0}} L(\boldsymbol{x},\boldsymbol{\lambda}) \tag{10.10}$$

が成り立ちます．

証明の詳細は文献 [65] の付録 B を参照してください．等号なしの不等式

$g_i(\widetilde{\boldsymbol{x}}) < 0\,(i = 1, \ldots, p)$ を満たす $\widetilde{\boldsymbol{x}}$ が存在するという条件を，**スレイター条件** (Slater's condition) といいます．

主問題だけでなく双対問題を利用して，最適化アルゴリズムを構築することができます．例えば線形計画問題などでは，主問題と双対問題の両方を扱う方法である**主双対内点法**により，効率的に解を求めることができます．ラグランジュ関数を用いる最適化法は 12 章で解説します．

例 10.2 (線形計画問題の双対問題)

線形計画問題

$$\min_{\boldsymbol{x} \in \mathbb{R}^n} \boldsymbol{c}^\top \boldsymbol{x} \quad \text{s.t.} \quad \boldsymbol{A}\boldsymbol{x} + \boldsymbol{b} \leq \boldsymbol{0}$$

を考えます．ただし，$\boldsymbol{c} \in \mathbb{R}^n$, $\boldsymbol{b} \in \mathbb{R}^p$, $\boldsymbol{A} \in \mathbb{R}^{p \times n}$ とします．内点解，すなわち $\boldsymbol{A}\boldsymbol{x} + \boldsymbol{b} < \boldsymbol{0}$ を満たす $\boldsymbol{x}$ が存在することを仮定します．このとき強双対性が成り立ちます．ラグランジュ関数は

$$L(\boldsymbol{x}, \boldsymbol{\lambda}) = \boldsymbol{c}^\top \boldsymbol{x} + \boldsymbol{\lambda}^\top (\boldsymbol{A}\boldsymbol{x} + \boldsymbol{b})$$

となり，

$$\min_{\boldsymbol{x} \in \mathbb{R}^n} L(\boldsymbol{x}, \boldsymbol{\lambda}) = \begin{cases} \boldsymbol{b}^\top \boldsymbol{\lambda} & (\boldsymbol{A}^\top \boldsymbol{\lambda} + \boldsymbol{c} = \boldsymbol{0}), \\ -\infty & (\boldsymbol{A}^\top \boldsymbol{\lambda} + \boldsymbol{c} \neq \boldsymbol{0}) \end{cases}$$

となります．したがって双対問題は

$$\max_{\lambda \in \mathbb{R}^p} \boldsymbol{b}^\top \boldsymbol{\lambda} \quad \text{s.t.} \quad \boldsymbol{A}^\top \boldsymbol{\lambda} + \boldsymbol{c} = \boldsymbol{0}, \quad \boldsymbol{\lambda} \geq \boldsymbol{0}$$

と表せます． □

Chapter 11

主問題に対する最適化法

制約付き最適化問題のための最適化アルゴリズムである有効制約法，バリア関数法，ペナルティ関数法を紹介します．これらの方法は主問題に適用されます．

11.1 有効制約法

本節では線形不等式制約をもつ次の最適化問題

$$\min_{\boldsymbol{x}\in\mathbb{R}^n} f(\boldsymbol{x}) \quad \text{s.t.} \quad g_j(\boldsymbol{x}) \le 0, \quad j=1,\dots,p, \tag{11.1}$$

$$g_j(\boldsymbol{x}) = \boldsymbol{a}_j^\top \boldsymbol{x} - b_j$$

を考えます．問題 (11.1) の実行可能領域を

$$S = \{\boldsymbol{x}\in\mathbb{R}^n \mid \boldsymbol{a}_j^\top \boldsymbol{x} - b_j \le 0,\ j=1,\dots,p\}$$

とします．KKT 条件（定理 10.2）は

$$\nabla f(\boldsymbol{x}) + \sum_{i=1}^{p} \lambda_i \boldsymbol{a}_i = \boldsymbol{0} \tag{11.2}$$

$$\boldsymbol{a}_j^\top \boldsymbol{x} - b_j \le 0, \quad j=1,\dots,p, \tag{11.3}$$

$$\lambda_j(\boldsymbol{a}_j^\top \boldsymbol{x} - b_j) = 0, \quad j=1,\dots,p, \tag{11.4}$$

$$\lambda_j \ge 0, \quad j=1,\dots,p \tag{11.5}$$

となります．

有効制約法 (active set method) は，式 (11.2), (11.3), (11.4) を満たすように実行可能領域内の点列を生成し，式 (11.5) が成立した時点でアルゴリズムを停止します．これにより，問題 (11.1) の停留点が得られます．目的関数 $f(\boldsymbol{x})$ が凸関数なら，この方法で大域的最適解が求まります（定理 10.5）．

11.1.1 探索方向の選択

反復法を用いて点列 $\{\boldsymbol{x}_k\}$ を生成し，最適化を行います．このために，初期点 $\boldsymbol{x}_0$ を実行可能領域から選ぶ必要があります．これは，線形計画法の第 1 段階のアルゴリズムを用いることで求めることができます．詳細は文献 [66] を参照してください．

実行可能解 $\boldsymbol{x} \in S$ における有効制約式の集合を

$$I(\boldsymbol{x}) = \{j \mid g_j(\boldsymbol{x}) = 0\}$$

とし，各 $\boldsymbol{x} \in S$ で $\nabla g_j(\boldsymbol{x}) = \boldsymbol{a}_j,\ j \in I(\boldsymbol{x})$ は 1 次独立と仮定します．各反復では，点列が実行可能領域から出ないような降下方向 $\boldsymbol{d}_k$ を選びます．そのために，点 $\boldsymbol{x}_k$ での有効制約式の集合を $I_k = I(\boldsymbol{x}_k)$ として

$$-\boldsymbol{d}_k^\top \nabla f(\boldsymbol{x}_k) > 0, \quad \boldsymbol{d}_k^\top \boldsymbol{a}_j = 0, \quad j \in I_k \tag{11.6}$$

を満たす $\boldsymbol{d}_k$ を選びます．そのとき $j \in I_k$ に対して $g_j(\boldsymbol{x}_k + \alpha \boldsymbol{d}_k) = 0$ が成立します．また $j \notin I_k$ では $g_j(\boldsymbol{x}_k) < 0$ なので，十分小さな $\alpha > 0$ に対して $g_j(\boldsymbol{x}_k + \alpha \boldsymbol{d}_k) \leq 0$ が成立します．よって，適当な範囲の α で $\boldsymbol{x}_k + \alpha \boldsymbol{d}_k$ は実行可能です．

式 (11.6) を満たす $\boldsymbol{d}_k$ の具体例として，$-\nabla f(\boldsymbol{x}_k)$ を $\mathrm{span}\{\boldsymbol{a}_j \mid j \in I_k\}$ の直交補空間に射影したベクトルを用いることができます．以下，これを確認します．列ベクトル $\boldsymbol{a}_j,\ j \in I_k$ を並べた行列を $\boldsymbol{A}_k \in \mathbb{R}^{n \times |I_k|}$ とすると，2.1.4 節の結果より，部分空間 $\mathrm{span}\{\boldsymbol{a}_j \mid j \in I_k\}$ への直交射影行列は

$$\boldsymbol{P}_k = \boldsymbol{A}_k (\boldsymbol{A}_k^\top \boldsymbol{A}_k)^{-1} \boldsymbol{A}_k^\top$$

となります．ただし $I_k = \emptyset$ のときは $\boldsymbol{P}_k = \boldsymbol{O}$（ゼロ行列）とします．直交補空間への射影行列は $\boldsymbol{I} - \boldsymbol{P}_k$ となります．探索方向を

$$\boldsymbol{d}_k = -(\boldsymbol{I} - \boldsymbol{P}_k) \nabla f(\boldsymbol{x}_k) \tag{11.7}$$

とすると $\boldsymbol{A}_k^\top \boldsymbol{d}_k = \boldsymbol{0}$ となり，また $(\boldsymbol{I} - \boldsymbol{P}_k)^2 = \boldsymbol{I} - \boldsymbol{P}_k$ が成り立つことから

$$-\boldsymbol{d}_k^\top \nabla f(\boldsymbol{x}_k) = \|(\boldsymbol{I} - \boldsymbol{P}_k)\nabla f(\boldsymbol{x}_k)\|^2 = \|\boldsymbol{d}_k\|^2 \geq 0$$

が得られます．したがって $\boldsymbol{d}_k \neq \boldsymbol{0}$ なら $\boldsymbol{d}_k$ は降下方向であり，適当な範囲のステップ幅 α に対して，$\boldsymbol{x}_k + \alpha \boldsymbol{d}_k \in S$ となることが保証されます．ステップ幅の範囲は，具体的には

$$0 \leq \alpha, \quad \boldsymbol{a}_j^\top (\boldsymbol{x}_k + \alpha \boldsymbol{d}_k) - b_j \leq 0, \quad j \notin I_k$$

から定まります．

11.1.2 ラグランジュ乗数の符号

式 (11.7) の探索方向 $\boldsymbol{d}_k$ がゼロベクトルとなる場合を考えます．ベクトル $\bar{\boldsymbol{\lambda}}_k = (\bar{\lambda}_i)_{i \in I_k}$ を

$$\bar{\boldsymbol{\lambda}}_k = -(\boldsymbol{A}_k^\top \boldsymbol{A}_k)^{-1} \boldsymbol{A}_k^\top \nabla f(\boldsymbol{x}_k)$$

とおくと，

$$\boldsymbol{d}_k = \boldsymbol{0} \iff \nabla f(\boldsymbol{x}_k) + \boldsymbol{A}_k \bar{\boldsymbol{\lambda}}_k = \boldsymbol{0}$$

となります．ここで $\lambda_1, \ldots, \lambda_p$ を次のように定めます．

$$\lambda_j = \begin{cases} 0 & (j \notin I_k), \\ \bar{\lambda}_j & (j \in I_k). \end{cases}$$

その結果，点 $\boldsymbol{x}_k$ で式 (11.2), (11.3), (11.4) に対応する式が成り立ちます．このとき次の 2 通りの可能性があります．

1. すべての $j \in I_k$ に対して $\lambda_j \geq 0$ が成立：このとき，$\boldsymbol{x}_k$ は問題 (11.1) の停留点となり，局所解の候補になります．
2. $\lambda_j < 0$ となる $j \in I_k$ が存在：以下に示すように，$\boldsymbol{x}_k$ における有効制約式 $g_j(\boldsymbol{x}) = 0$ を除くことで，目的関数の値をさらに小さくすることができます．

2 番目の場合について，感度解析の結果を用いて調べます．等式制約をもつ最適化問題を

$$\min_{\boldsymbol{x}\in\mathbb{R}^n} f(\boldsymbol{x}) \quad \text{s.t.} \quad g_j(\boldsymbol{x}) = 0, \quad j \in I_k \tag{11.8}$$

とします．関数 g_j は問題 (11.1) の 1 次式です．前述のように，$\boldsymbol{d}_k = \boldsymbol{0}$ のときは式 (11.2), 式 (11.3) に相当する式が点 $\boldsymbol{x}_k$ で成立します．よって問題 (11.8) に対する 1 次の最適性条件が成り立ちます．ここで，有効制約 $j \in I_k$ に対応するラグランジュ乗数 λ_j は負とします．定理 9.7 の感度解析の結果より，問題 (11.8) において等式制約 $g_j(\boldsymbol{x}) = 0$ を $g_j(\boldsymbol{x}) = c < 0$ に摂動すると，目的関数はおよそ $-c\lambda_j < 0$ だけ変化します．すなわち，有効制約 I_k から j を除いて，$g_j(\boldsymbol{x}) < 0$ が成立する方向に $\boldsymbol{x}_k$ を更新すれば，f の値が減少します．

まとめると，以下のようになります．

ラグランジュ乗数の符号と目的関数値の変化

等式制約付き最適化問題 (11.8) の局所解を $\boldsymbol{x}_k$，対応するラグランジュ乗数を $\bar{\boldsymbol{\lambda}} = (\bar{\lambda}_i)_{i\in I_k}$ とします．ここで $\bar{\lambda}_j < 0$ となる $j \in I_k$ が存在するとします．このとき $\boldsymbol{x}_k$ の近傍に以下の条件を満たす点 $\boldsymbol{x}'_k$ が存在します．

$$\begin{cases} g_i(\boldsymbol{x}'_k) = 0, \ i \in I_k \setminus \{j\}, \\ g_j(\boldsymbol{x}'_k) < 0, \\ f(\boldsymbol{x}'_k) < f(\boldsymbol{x}_k). \end{cases}$$

11.1.3 有効制約式の更新と最適化アルゴリズム

前節の考察から，$\boldsymbol{d}_k = \boldsymbol{0}$ と $\lambda_j < 0, j \in I_k$ が成り立つとき，有効制約の集合 I_k から j を除いて点 $\boldsymbol{x}_k$ を更新すればよいことがわかります．この結果を用いて，有効制約法のアルゴリズムを構成します．

制約式 g_j を除いたときの探索方向が，所望の性質をもつことを確認します．有効制約式の集合から j を除いて $I'_k = I_k \setminus \{j\}$ とし，$\boldsymbol{a}_i, i \in I'_k$ を並べた行列を $\boldsymbol{A}'_k$ とします．これは $\boldsymbol{A}_k$ から $\boldsymbol{a}_j$ を除いた行列に一致します．射影行列 $\boldsymbol{P}'_k = \boldsymbol{A}'_k({\boldsymbol{A}'_k}^\top \boldsymbol{A}'_k)^{-1}{\boldsymbol{A}'_k}^\top$ に対して探索方向を

$$\boldsymbol{d}'_k = -(\boldsymbol{I} - \boldsymbol{P}'_k)\nabla f(\boldsymbol{x}_k)$$

とします．有効制約 I_k から定まる探索方向がゼロベクトルになることから，適切に $\boldsymbol{\lambda} = (\lambda_i)_{i \in I_k}$ を選ぶと

$$-\nabla f(\boldsymbol{x}_k) = \boldsymbol{A}_k \boldsymbol{\lambda}$$

となります．また $\boldsymbol{d}'_k$ の定義から，$\boldsymbol{\lambda}' = (\lambda'_i)_{i \in I'_k}$ が存在して

$$-\nabla f(\boldsymbol{x}_k) = \boldsymbol{d}'_k + \boldsymbol{A}'_k \boldsymbol{\lambda}'$$

となります．

このとき $\boldsymbol{d}'_k \neq \boldsymbol{0}$ が保証されることを示します．もし $\boldsymbol{d}'_k = \boldsymbol{0}$ とすると，$\boldsymbol{A}_k \boldsymbol{\lambda} = \boldsymbol{A}'_k \boldsymbol{\lambda}'$ となります．ベクトル $\boldsymbol{a}_i,\ i \in I_k$ は 1 次独立なので，$\lambda_j = 0$ となり，これは $\lambda_j < 0$ の前提に矛盾します．

以上の考察から $-\boldsymbol{d}'^{\top}_k \nabla f(\boldsymbol{x}_k) = \|\boldsymbol{d}'_k\|^2 > 0$ となり，$\boldsymbol{d}'_k$ が降下方向であることがわかります．さらに，$\boldsymbol{A}'_k$ と $\boldsymbol{A}_k$ の関係と等式 $\boldsymbol{A}'^{\top}_k \boldsymbol{d}'_k = \boldsymbol{0}$ から

$$0 < -\boldsymbol{d}'^{\top}_k \nabla f(\boldsymbol{x}_k) = \sum_{i \in I_k} \lambda_i \boldsymbol{d}'^{\top}_k \boldsymbol{a}_i = \lambda_j \boldsymbol{d}'^{\top}_k \boldsymbol{a}_j$$

となり，$\lambda_j < 0$ から $\boldsymbol{a}_j^{\top} \boldsymbol{d}'_k < 0$ となります．したがって $\boldsymbol{x}_k$ を $\boldsymbol{d}'_k$ 方向に更新すると，ステップ幅 α が小さければ $\boldsymbol{x}_k + \alpha \boldsymbol{d}'_k$ は実行可能領域に留まり，さらに目的関数は減少することがわかります．

以上をまとめて，有効制約法の計算手順を**アルゴリズム 11.1** に示します．実装ではいくつか工夫の余地があります．例えば射影行列 $\boldsymbol{P}_k$ を直前の $\boldsymbol{P}_{k-1}$ から逐次的に計算することが可能です．これにより，効率的に探索方向を求めることができます．またアルゴリズムの停止条件について，数値誤差を考慮した条件を課す必要があります．

最適解への収束性について考察します．アルゴリズム 11.1 の直線探索のステップ 4, 5 を以下のように置き換えたアルゴリズムを考えます．

4. 次の最適化問題を解き，解を $\boldsymbol{x}_{k+1}$ とします．

$$\min_{\boldsymbol{x} \in \mathbb{R}^n} f(\boldsymbol{x}) \quad \text{s.t. } \boldsymbol{x} \in S,\ g_i(\boldsymbol{x}) = 0,\ i \in I_k$$

5. $I_{k+1} \leftarrow I(\boldsymbol{x}_{k+1})$ と更新．

アルゴリズム 11.1 問題 (11.1) に対する有効制約法

初期化：初期解 $\boldsymbol{x}_0 \in S$ を定め，$I_0 \leftarrow I(\boldsymbol{x}_k)$ とする．$k \leftarrow 0$ とする．

1. $\{\boldsymbol{a}_i \,|\, i \in I_k\}$ で張られる部分空間への射影を $\boldsymbol{P}_k$ とする．
   ただし $I_k = \emptyset$ なら $\boldsymbol{P}_k = \boldsymbol{O}$ とする．
2. 探索方向を $\boldsymbol{d}_k \leftarrow -(\boldsymbol{I} - \boldsymbol{P}_k)\nabla f(\boldsymbol{x}_k)$ と設定．
3. もし $\boldsymbol{d}_k = \boldsymbol{0}$ なら以下を実行：
   (a) もし $I_k = \emptyset$ なら $\boldsymbol{x}_k$ を出力して終了．
   (b) ベクトル $\boldsymbol{a}_i, i \in I_k$ からなる行列 $\boldsymbol{A}_k \in \mathbb{R}^{n \times |I_k|}$ を定義．
   (c) $\boldsymbol{\lambda} = -(\boldsymbol{A}_k^\top \boldsymbol{A}_k)^{-1}\boldsymbol{A}_k^\top \nabla f(\boldsymbol{x}_k)$ を計算．
   ただし，$\boldsymbol{\lambda} = (\lambda_j)_{j \in I_k}$ とする．
   (d) $\boldsymbol{\lambda} \geq \boldsymbol{0}$ なら $\boldsymbol{x}_k$ を出力して終了．$\lambda_j < 0$ となる $j \in I_k$ が存在するなら，$I_k \leftarrow I_k \setminus \{j\}$ として ステップ 1 に戻る．
4. $\phi(\alpha) = f(\boldsymbol{x}_k + \alpha \boldsymbol{d}_k)$ に直線探索を適用し，次の制約を満たす範囲でステップ幅 α_k を決める．
$$0 \leq \alpha_k, \quad \boldsymbol{a}_i^\top(\boldsymbol{x}_k + \alpha_k \boldsymbol{d}_k) - b_i \leq 0, \quad i \notin I_k.$$
5. $\boldsymbol{x}_{k+1} \leftarrow \boldsymbol{x}_k + \alpha_k \boldsymbol{d}_k$, $I_{k+1} \leftarrow I(\boldsymbol{x}_{k+1})$ と更新．
6. $k \leftarrow k + 1$ とする．ステップ 1 に戻る．

このように変更した有効制約法（修正版）に対して，以下が成り立ちます．

定理 11.1（有効制約法（修正版）の収束性）

問題 (11.1) を考えます．任意の部分集合 $W \subset \{1, \ldots, p\}$ に対して，最適化問題

$$\min_{\boldsymbol{x} \in \mathbb{R}^n} \ f(\boldsymbol{x}) \quad \text{s.t.} \ \ g_i(\boldsymbol{x}) = 0, \ i \in W$$

がただ 1 つ最適解をもち，対応するラグランジュ乗数 $\lambda_i, i \in W$ はすべて非ゼロとします．このとき，有効制約法（修正版）は有限回の反復で停止し，最適解を出力します．

証明. 有効制約法（修正版）のアルゴリズムにおいて，各制約集合 I_k に対して最適解が求まるか，または I_k が更新されるかのどちらかです．部分集合 I_k は高々 2^p 通りで，計算過程で常に目的関数値は減少するので，有限のステップ数でアルゴリズムは終了し，最適解が得られます． □

アルゴリズム 11.1 の有効制約法では，修正版の各 I_k に対する最適解を求めるために，I_k から定まる実行可能領域内で最急降下法を用いていると解釈できます．

有効制約法の挙動を例で示します．

例 11.1

問題 (11.1) で $n=2, p=2$ とします．初期解を**図 11.1** の $\boldsymbol{x}_0$ にとります．以下，図 11.1 の矢印に沿って数値解を更新していきます．詳細は以下のようになります．

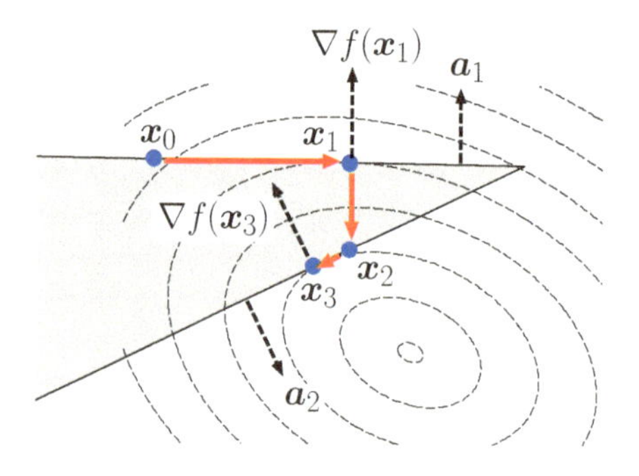

図 11.1 有効制約法の挙動.

1. $I_0 = I(\boldsymbol{x}_0) = \{1\}$ とし，探索方向を $\boldsymbol{d}_0 = -(\boldsymbol{I} - \boldsymbol{P}_0)\nabla f(\boldsymbol{x}_0)$ とします．直線探索を行い，$\boldsymbol{x}_1$ に到達します．
2. $I_1 = I(\boldsymbol{x}_1) = \{1\}$ とします．ここで $\boldsymbol{d}_1 = -(\boldsymbol{I} - \boldsymbol{P}_1)\nabla f(\boldsymbol{x}_1) = \boldsymbol{0}$ となります．

   (i) 勾配 $\nabla f(\boldsymbol{x}_1)$ と $\nabla g_1(\boldsymbol{x}_1) = \boldsymbol{a}_1$ は同じ方向を向いています．よって制約 $g_1 \leq 0$ に対応するラグランジュ乗数 λ_1 は負になり

ます．

(ii) $I_1 \leftarrow I_1 \setminus \{1\} = \emptyset$ とします．

3. $I_1 = \emptyset$ なので $\boldsymbol{P}_1 = \boldsymbol{O}$ となり，探索方向は $\boldsymbol{d}_1 \leftarrow -\nabla f(\boldsymbol{x}_1) \neq \boldsymbol{0}$ となります．直線探索を行い，$\boldsymbol{x}_2$ に到達します．
4. $I_2 = I(\boldsymbol{x}_2) = \{2\}$ とします．
5. 探索方向を $\boldsymbol{d}_2 = -(\boldsymbol{I} - \boldsymbol{P}_2)\nabla f(\boldsymbol{x}_2) \neq \boldsymbol{0}$ として直線探索を行い，$\boldsymbol{x}_3$ に到達します．
6. $I_3 = I(\boldsymbol{x}_3) = \{2\}$ とします．ここで $\boldsymbol{d}_3 = -(\boldsymbol{I} - \boldsymbol{P}_3)\nabla f(\boldsymbol{x}_3) = \boldsymbol{0}$ となります．
7. 勾配 $\nabla f(\boldsymbol{x}_3)$ と $\nabla g_2(\boldsymbol{x}_3) = \boldsymbol{a}_2$ は逆方向を向いています．よって制約 $g_2 \leq 0$ に対応するラグランジュ乗数 λ_2 は正になります．
8. $\boldsymbol{x}_3$ を最適解として出力し，停止します．

アルゴリズム 11.1 では，ラグランジュ乗数を行列 $\boldsymbol{A}_k$ などから計算します．

□

11.2 ペナルティ関数法

次の最適化問題

$$\min_{\boldsymbol{x} \in \mathbb{R}^n} f(\boldsymbol{x}) \quad \text{s.t.} \quad \boldsymbol{x} \in S \tag{11.9}$$

を考えます．関数 f は連続とします．また実行可能領域 S は等式制約や不等式制約で表されるとします．

11.2.1 ペナルティ関数を用いた定式化

ペナルティ関数法 (penalty function method) では，制約式を目的関数に組み込んで，制約なし最適化問題として扱います．制約をどのくらい破っているかを測る尺度として，ペナルティ関数 $P(\boldsymbol{x})$ を用います．

定義 11.2（ペナルティ関数）

最適化問題の実行可能領域を S とします．次の条件を満たす関数 $P(\boldsymbol{x})$ を S の**ペナルティ関数** (penalty function) といいます．

1. $P : \mathbb{R}^n \to \mathbb{R}$ は非負値連続関数．
2. $\boldsymbol{x} \in S$ に対して $P(\boldsymbol{x}) = 0$.
3. $\boldsymbol{x} \notin S$ に対して $P(\boldsymbol{x}) > 0$.

例 11.2

等式制約 $S = \{\boldsymbol{x} \in \mathbb{R}^n \mid g_i(\boldsymbol{x}) = 0,\ i = 1, \ldots, p\}$ のペナルティ関数として

$$P(\boldsymbol{x}) = \frac{1}{2} \sum_{i=1}^{p} g_j(\boldsymbol{x})^2$$

がよく用いられます． □

例 11.3

不等式制約 $S = \{\boldsymbol{x} \in \mathbb{R}^n \mid g_i(\boldsymbol{x}) \leq 0,\ i = 1, \ldots, p\}$ のペナルティ関数として

$$P(\boldsymbol{x}) = \frac{1}{2} \sum_{i=1}^{p} (\max\{g_i(\boldsymbol{x}), 0\})^2$$

がよく用いられます． □

最適化問題 (11.9) の S に対するペナルティ関数を $P(\boldsymbol{x})$，また c を正実数とし，

$$q(c, \boldsymbol{x}) = f(\boldsymbol{x}) + cP(\boldsymbol{x})$$

と定義します．無限大に単調に発散する正の数列 $c_k \nearrow \infty$ に対して，制約なし最適化問題

$$\min_{\boldsymbol{x}\in\mathbb{R}^n} q(c_k, \boldsymbol{x}) \tag{11.10}$$

の最適解を $\boldsymbol{x}_k$ とします．このとき，次の定理が成り立ちます．

定理 11.3（ペナルティ関数法の収束性）

数列 $\{\boldsymbol{x}_k\}$ の任意の集積点は問題 (11.9) の大域的最適解です．

証明. 集積点に収束する部分点列を，一般性を失わず $\boldsymbol{x}_k \to \bar{\boldsymbol{x}}\,(k \to \infty)$ とします．関数 f の連続性より

$$\lim_{k\to\infty} f(\boldsymbol{x}_k) = f(\bar{\boldsymbol{x}}) \tag{11.11}$$

となります．数列 c_k の単調性から

$$q(c_{k+1}, \boldsymbol{x}_{k+1}) \geq f(\boldsymbol{x}_{k+1}) + c_k P(\boldsymbol{x}_{k+1}) \geq q(c_k, \boldsymbol{x}_k)$$

が成り立ちます．また問題 (11.9) の最適解を $\boldsymbol{x}^*$ とすると，$P(\boldsymbol{x}^*) = 0$ と $q(c_k, \boldsymbol{x}_k)$ の定義より

$$f(\boldsymbol{x}_k) \leq q(c_k, \boldsymbol{x}_k) \leq f(\boldsymbol{x}^*) \tag{11.12}$$

が成立します．よって $q(c_k, \boldsymbol{x}_k)$ は上に有界な単調増加列なので，極限値 q^* をもち

$$\lim_{k\to\infty} q(c_k, \boldsymbol{x}_k) = q^* \leq f(\boldsymbol{x}^*)$$

が成り立ちます．ペナルティ関数について

$$\lim_{k\to\infty} c_k P(\boldsymbol{x}_k) = \lim_{k\to\infty} q(c_k, \boldsymbol{x}_k) - \lim_{k\to\infty} f(\boldsymbol{x}_k) = q^* - f(\bar{\boldsymbol{x}})$$

が成り立ち，$c_k \to \infty$ なので，$P(\boldsymbol{x}_k) \to P(\bar{\boldsymbol{x}}) = 0$ となります．よってペナルティ関数の定義から $\bar{\boldsymbol{x}} \in S$ となります．さらに，式 (11.12) より

$$f(\boldsymbol{x}_k) \to f(\bar{\boldsymbol{x}}) \leq f(\boldsymbol{x}^*)$$

となるので，$\bar{\boldsymbol{x}}$ は問題 (11.9) の最適解であることがわかります． □

定理 11.4（ペナルティ関数法の単調性）

関数 $q(c_k, \boldsymbol{x})$ の最適解を $\boldsymbol{x}_k$ とします．このとき，$c_k < c_{k+1}$ なら $f(\boldsymbol{x}_k) \leq f(\boldsymbol{x}_{k+1})$ が成り立ちます．

証明. 点 $\boldsymbol{x}_k, \boldsymbol{x}_{k+1}$ に対して，次式が成り立ちます．

$$f(\boldsymbol{x}_k) + c_k P(\boldsymbol{x}_k) \leq f(\boldsymbol{x}_{k+1}) + c_k P(\boldsymbol{x}_{k+1}),$$
$$f(\boldsymbol{x}_{k+1}) + c_{k+1} P(\boldsymbol{x}_{k+1}) \leq f(\boldsymbol{x}_k) + c_{k+1} P(\boldsymbol{x}_k).$$

第 1 式に c_{k+1} を掛け，第 2 式に c_k を掛けて辺々足すと

$$(c_{k+1} - c_k) f(\boldsymbol{x}_k) \leq (c_{k+1} - c_k) f(\boldsymbol{x}_{k+1})$$

となり，$f(\boldsymbol{x}_k) \leq f(\boldsymbol{x}_{k+1})$ が得られます． □

ペナルティ関数法では，途中の解 $\boldsymbol{x}_k$ が元の問題 (11.9) の実行可能解になっている保証はありません．実際の問題を解く場面では，制約式をどの程度の精度で満たす必要があるかを考慮して，アルゴリズムの停止条件を定めます．

等式制約からなる実行可能領域 S に対するペナルティ関数が，例 11.2 のように与えられている場合について考えます．関数 $f, g_1, \ldots, g_p$ は 1 回連続微分可能とします．関数 $q(c_k, \boldsymbol{x})$ の最適解を $\boldsymbol{x}_k$ とすると，最適性条件は

$$\nabla f(\boldsymbol{x}_k) + \sum_{i=1}^{p} c_k g_i(\boldsymbol{x}_k) \nabla g_i(\boldsymbol{x}_k) = \boldsymbol{0}$$

となります．点列 $\{\boldsymbol{x}_k\}$ の集積点を $\bar{\boldsymbol{x}}$ とします．定理 11.3 より $\bar{\boldsymbol{x}}$ は問題 (11.9) の最適解です．集積点に収束する点列を，一般性を失わず $\boldsymbol{x}_k \to \bar{\boldsymbol{x}}, k \to \infty$ と仮定します．また $\bar{\lambda}_i$ を

$$\bar{\lambda}_i = \lim_{k \to \infty} c_k g_i(\boldsymbol{x}_k) \tag{11.13}$$

と定義します．勾配 $\nabla g_i(\bar{\boldsymbol{x}})\,(i = 1, \ldots, p)$ が 1 次独立なら，最適性条件より，この極限が存在することがわかります．このとき $\bar{\lambda}_i\,(i = 1, \ldots, p)$ は，問題 (11.9) の最適性条件のラグランジュ乗数に一致します．

11.2.2 ペナルティ関数法における制約なし最適化問題の性質

関数 $q(c,\boldsymbol{x})$ は c の値が大きいと最適化が難しくなる場合があります．実行可能領域が等式制約で与えられるとき，$q(c_k,\boldsymbol{x})$ の $\boldsymbol{x}$ に関するヘッセ行列は，$\boldsymbol{x}=\boldsymbol{x}_k$ において

$$\begin{aligned}&\nabla^2 q(c_k,\boldsymbol{x}_k)\\&=\nabla^2 f(\boldsymbol{x}_k)+\sum_{i=1}^{p}c_k g_i(\boldsymbol{x}_k)\nabla^2 g_i(\boldsymbol{x}_k)+\sum_{i=1}^{p}c_k\nabla g_i(\boldsymbol{x}_k)\nabla g_i(\boldsymbol{x}_k)^\top\end{aligned}$$

となります．ここで $\boldsymbol{x}_k\to\bar{\boldsymbol{x}}\,(k\to\infty)$ とします．式 (11.13) を用いると，十分大きな k に対して $\nabla^2 q(c_k,\boldsymbol{x}_k)/c_k$ は

$$\frac{1}{c_k}\left\{\nabla^2 f(\bar{\boldsymbol{x}})+\sum_{i=1}^{p}\bar{\lambda}_i\nabla^2 g_i(\bar{\boldsymbol{x}})\right\}+\sum_{i=1}^{p}\nabla g_i(\bar{\boldsymbol{x}})\nabla g_i(\bar{\boldsymbol{x}})^\top$$

で近似できます．上式第 1 項の $\frac{1}{c_k}\{\cdots\}$ は $k\to\infty$ のときゼロ行列に収束します．通常の設定では $p<n$ であることを考慮すると，上式第 2 項の行列は縮退しているので，ヘッセ行列の最小固有値は 0 に収束します．また最大固有値は上式第 2 項の最大固有値にほぼ等しく，これは $O(1)$ のオーダーです．したがって，ペナルティ関数法による目的関数 $q(c_k,\boldsymbol{x})$ は，c_k が大きいと条件数が大きくなるため，最適化が困難になると予想されます．

11.2.3 正確なペナルティ関数法

有限の大きさのパラメータ c で，元の最適化問題の最適解を得る方法を紹介します．この方法は**正確なペナルティ関数法** (exact penalty function method) と呼ばれます．実行可能領域 S が例 11.2 の等式制約で与えられるとき，ペナルティ関数 $P(\boldsymbol{x})$ と関数 $q(c,\boldsymbol{x})$ をそれぞれ

$$P(\boldsymbol{x})=\sum_{i=1}^{p}|g_i(\boldsymbol{x})|,\quad q(c,\boldsymbol{x})=f(\boldsymbol{x})+c\sum_{i=1}^{p}|g_i(\boldsymbol{x})|$$

と定義します．このように微分不可能なペナルティ関数を用いると，有限の c の値で元の問題の最適解を求めることができます．

定理 11.5（正確なペナルティ関数法の局所最適解）

問題 (11.9) の実行可能領域は，例 11.2 の等式制約 S で与えられるとします．関数 $f, g_1, \ldots, g_p$ は 2 回連続微分可能とし，点 $\boldsymbol{x}^*$ で 2 次の十分条件が成り立つと仮定します．対応するラグランジュ乗数を $\lambda_i \ (i = 1, \ldots, p)$ とし，$c > \max_{i=1,\ldots,p} |\lambda_i|$ とします．このとき $\boldsymbol{x} = \boldsymbol{x}^*$ は $q(c, \boldsymbol{x})$ の局所解です．

証明. 等式制約を摂動した問題

$$\min_{\boldsymbol{x}} \{f(\boldsymbol{x}) \mid g_i(\boldsymbol{x}) = z_i,\ i = 1, \ldots, p\}$$

の局所解を $\boldsymbol{x}(\boldsymbol{z})$, $\boldsymbol{z} = (z_1, \ldots, z_p)^\top \in \mathbb{R}^p$ とします．ここで $\boldsymbol{x}(\boldsymbol{0}) = \boldsymbol{x}^*$ とします．このとき

$$\min_{\boldsymbol{x} \in \mathbb{R}^n} q(c, \boldsymbol{x}) = \min_{\boldsymbol{z} \in \mathbb{R}^p} f(\boldsymbol{x}(\boldsymbol{z})) + c \sum_{i=1}^{p} |z_i|$$

となります．定理 9.7 の感度解析の結果を用いると

$$\left. \frac{\partial f}{\partial \boldsymbol{z}}(\boldsymbol{x}(\boldsymbol{z})) \right|_{\boldsymbol{z}=\boldsymbol{0}} = -\boldsymbol{\lambda} \tag{11.14}$$

となります．テイラーの定理から，$\kappa \in (0, 1)$ が存在して

$$f(\boldsymbol{x}(\boldsymbol{z})) + c \sum_{i=1}^{p} |z_i| = f(\boldsymbol{x}^*) + \frac{\partial f}{\partial \boldsymbol{z}}(\boldsymbol{x}(\kappa \cdot \boldsymbol{z}))^\top \boldsymbol{z} + c \sum_{i=1}^{p} |z_i|$$

となります．十分小さな $\varepsilon > 0$ に対して $\boldsymbol{0} \in \mathbb{R}^p$ の近傍をうまくとると，その近傍の点 $\boldsymbol{z}$ に対して，式 (11.14) から

$$\left\| \frac{\partial f}{\partial \boldsymbol{z}}(\boldsymbol{x}(\kappa \cdot \boldsymbol{z})) \right\|_\infty \le \|\boldsymbol{\lambda}\|_\infty + \varepsilon$$

が成り立ちます．よって

$$f(\boldsymbol{x}(\boldsymbol{z})) + c \sum_{i=1}^{p} |z_i| \ge f(\boldsymbol{x}^*) - (\|\boldsymbol{\lambda}\|_\infty + \varepsilon)\|\boldsymbol{z}\|_1 + c\|\boldsymbol{z}\|_1$$

$$
\begin{aligned}
&= f(\boldsymbol{x}^*) + (c - \|\boldsymbol{\lambda}\|_\infty - \varepsilon))\|\boldsymbol{z}\|_1 \\
&\geq f(\boldsymbol{x}^*)
\end{aligned}
$$

となります．以上より，定理の条件を満たす c に対して $\boldsymbol{x}^*$ は $q(c, \boldsymbol{x})$ の局所解です． □

ある程度大きなパラメータ c に対して $q(c, \boldsymbol{x})$ の最小化を 1 回行うことで，元の問題 (11.9) の局所解を得ることができます．

11.3 バリア関数法

問題 (11.9) を考えます．**バリア関数法** (barrier function method) はペナルティ関数法と同様に，制約式を目的関数に組み込んで，制約なし最適化問題として解く方法です．目的関数 f は連続とします．また実行可能領域 S は内部 $\mathrm{int}(S)$ をもち，

$$
S = \mathrm{cl}(\mathrm{int}(S)) \tag{11.15}
$$

を満たすとします．すなわち S の任意の点は，内点に含まれる点列 $\{\boldsymbol{x}_k\} \subset \mathrm{int}(S)$ の極限として表せるとします*1．典型的な例として，関数 $g_1, \ldots, g_p$ に対する不等式制約から定まる実行可能領域

$$
S = \{\boldsymbol{x} \in \mathbb{R}^n \mid g_i(\boldsymbol{x}) \leq 0,\ i = 1, \ldots, p\} \tag{11.16}
$$

を扱います．

11.3.1 バリア関数法を用いた定式化

実行可能領域 S に対するバリア関数を，次のように定義します．

*1 このような集合を「ロバストな集合」ということもあります [36]．

定義 11.6（バリア関数）

最適化問題の実行可能領域を S とします．次の条件を満たす関数 $B(\boldsymbol{x})$ を S のバリア関数 (barrier function) といいます．

1. $B(\boldsymbol{x})$ は $\mathrm{int}(S)$ 上で定義された非負値連続関数．
2. 点列 $\{\boldsymbol{x}_k\} \subset \mathrm{int}(S)$ が S の境界の点に収束するとき，

$$\lim_{k\to\infty} B(\boldsymbol{x}_k) = \infty$$

が成立．

例 11.4

実行可能領域 (11.16) に対して

$$B(\boldsymbol{x}) = -\sum_{i=1}^{p} \frac{1}{g_i(\boldsymbol{x})}$$

はバリア関数です． □

例 11.5

実行可能領域 (11.16) に対して

$$B(\boldsymbol{x}) = -\sum_{i=1}^{p} \log(-g_i(\boldsymbol{x}))$$

は対数バリア関数と呼ばれ，内点法で用いられます． □

問題 (11.9) に対して，S のバリア関数 $B(\boldsymbol{x})$ として，関数 $r(c, \boldsymbol{x})$ を

$$r(c, \boldsymbol{x}) = f(\boldsymbol{x}) + \frac{1}{c} B(\boldsymbol{x})$$

と定義します．無限大に単調に発散する正実数の数列 $\{c_k\}$ に対して

$$\min_{\boldsymbol{x}\in\mathbb{R}^n} r(c_k, \boldsymbol{x}) \quad \text{s.t.} \quad \boldsymbol{x} \in \mathrm{int}(S) \tag{11.17}$$

の大域的最適解を $\boldsymbol{x}_k$ とします．

バリア関数法で解く問題 (11.17) は実行可能領域が S の内部に制約されているため，制約なし最適化問題ではありません．しかし，バリア関数が S の境界で無限大に発散するため，直線探索などを注意深く実行することで，制約なし最適化のためのアルゴリズムを適用することができます．ただし初期解を S の内点から選ぶので，そのための計算が実行可能である必要があります．

点列 $\{\boldsymbol{x}_k\}$ について，次の定理が成り立ちます．

定理 11.7（バリア関数法の収束性）

問題 (11.9) の実行可能領域 S は式 (11.15) を満たすとし，最適解が存在すると仮定します．問題 (11.17) に対する最適解の点列 $\{\boldsymbol{x}_k\}$ の集積点は問題 (11.9) の大域的最適解です．

証明. 集積点に収束する部分点列を，一般性を失わずに $\boldsymbol{x}_k \to \bar{\boldsymbol{x}}$, $k \to \infty$ とします．このとき $\boldsymbol{x}_k \in \mathrm{int}(S)$ なので，S に対する仮定より $\bar{\boldsymbol{x}} \in S$ となります．問題 (11.9) の最適解を $\boldsymbol{x}^*$ とします．このとき $\{\boldsymbol{z}_t\} \subset \mathrm{int}(S)$ で $\lim_{t\to\infty} \boldsymbol{z}_t = \boldsymbol{x}^*$ となる点列が存在します．点列 $\{\boldsymbol{x}_k\}$ の定義から，任意の $\boldsymbol{z}_t$ に対して，

$$f(\boldsymbol{x}_k) \le r(c_k, \boldsymbol{x}_k) \le r(c_k, \boldsymbol{z}_t) = f(\boldsymbol{z}_t) + \frac{1}{c_k} B(\boldsymbol{z}_t)$$

となります．このとき $k \to \infty$ とすると

$$f(\bar{\boldsymbol{x}}) \le f(\boldsymbol{z}_t)$$

となり，さらに $t \to \infty$ として

$$f(\bar{\boldsymbol{x}}) \le f(\boldsymbol{x}^*)$$

となります．よって $\bar{\boldsymbol{x}}$ は 問題 (11.9) の最適解です． □

ペナルティ関数法と同様にバリア関数法でも，c_k の値が大きいと $r(c_k, \boldsymbol{x})$ の最適化は数値的に不安定になる傾向があります．これは，$r(c_k, \boldsymbol{x})$ のヘッセ行列の固有値の挙動を調べることからわかります．

11.3.2 バリア関数法の性質

バリア関数法で生成される点列 $\{\boldsymbol{x}_k\}$ について，次の定理が成り立ちます．

定理 11.8（バリア関数法の単調性）

無限大に発散する単調増加列 $c_k \nearrow \infty$ に対して，$r(c_k, \boldsymbol{x})$ の大域的最適解を $\boldsymbol{x}_k$ とします．このとき，$f(\boldsymbol{x}_k) \geq f(\boldsymbol{x}_{k+1})$ が成り立ちます．

証明． 点 $\boldsymbol{x}_k, \boldsymbol{x}_{k+1}$ に対して，次式が成り立ちます．

$$
\begin{aligned}
c_k f(\boldsymbol{x}_k) + B(\boldsymbol{x}_k) &\leq c_k f(\boldsymbol{x}_{k+1}) + B(\boldsymbol{x}_{k+1}) \\
c_{k+1} f(\boldsymbol{x}_{k+1}) + B(\boldsymbol{x}_{k+1}) &\leq c_{k+1} f(\boldsymbol{x}_k) + B(\boldsymbol{x}_k).
\end{aligned}
$$

これらを辺々足して整理すると

$$
(c_{k+1} - c_k) f(\boldsymbol{x}_{k+1}) \leq (c_{k+1} - c_k) f(\boldsymbol{x}_k)
$$

となり，$f(\boldsymbol{x}_{k+1}) \leq f(\boldsymbol{x}_k)$ となります． □

定理 11.8 より，バリア関数法を途中で止めても，それまででもっともよい実行可能解が得られることになります．これはペナルティ関数法とは異なる性質です．11.2.1 節で示したように，ペナルティ関数法の途中の解は一般に実行可能解ではなく，定理 11.4 より目的関数の値は増加していきます．

Chapter 12

ラグランジュ関数を用いる最適化法

制約付き最適化問題を解くには，ラグランジュ関数を用いる方法が有用です．また，スパース正則化学習のように，たとえ制約なし最適化問題であっても線形制約付き最適化問題とみなし，ラグランジュ関数法を適用することで簡単に解けることもあります．本章では，強力なラグランジュ関数を用いた方法を紹介します．

次のような不等式制約付き最適化問題

$$\min_{\boldsymbol{x}\in\mathbb{R}^n} f(\boldsymbol{x}) \tag{12.1a}$$

$$\text{s.t.}\quad g_i(\boldsymbol{x}) \le 0,\quad i=1,\ldots,p \tag{12.1b}$$

を考えます．このような制約付き最適化問題を解くにはラグランジュ関数を用いた方法が有用です．

12.1 双対上昇法

まずは簡単な線形等式制約付き最適化問題

$$\min_{\boldsymbol{x}\in\mathbb{R}^n} f(\boldsymbol{x}) \tag{12.2a}$$

$$\text{s.t.}\ \boldsymbol{A}\boldsymbol{x} = \boldsymbol{b} \tag{12.2b}$$

を考えます．特に関数 f は閉真凸関数とします．

12.1.1 ラグランジュ関数の導入と双対問題の導出

問題 (12.2) のラグランジュ関数 $L(\boldsymbol{x}, \boldsymbol{y})$ は

$$L(\boldsymbol{x}, \boldsymbol{y}) = f(\boldsymbol{x}) + \boldsymbol{y}^\top(\boldsymbol{A}\boldsymbol{x} - \boldsymbol{b})$$

と与えられることを思い出してください．すると，9.3 節で示したように問題 (12.2) は

$$\min_{\boldsymbol{x}\in\mathbb{R}^n} \max_{\boldsymbol{y}\in\mathbb{R}^p} L(\boldsymbol{x}, \boldsymbol{y})$$

と同値です．さらに強双対性 (定理 9.6) より，

$$\min_{\boldsymbol{x}\in\mathbb{R}^n} \max_{\boldsymbol{y}\in\mathbb{R}^p} L(\boldsymbol{x}, \boldsymbol{y}) = \max_{\boldsymbol{y}\in\mathbb{R}^p} \min_{\boldsymbol{x}\in\mathbb{R}^n} L(\boldsymbol{x}, \boldsymbol{y})$$

が成り立ちます．上式の右辺を変形すると，

$$\begin{aligned}
&\max_{\boldsymbol{y}\in\mathbb{R}^p} \min_{\boldsymbol{x}\in\mathbb{R}^n} L(\boldsymbol{x}, \boldsymbol{y}) \\
&= \max_{\boldsymbol{y}\in\mathbb{R}^p} \min_{\boldsymbol{x}\in\mathbb{R}^n} f(\boldsymbol{x}) + \boldsymbol{y}^\top(\boldsymbol{A}\boldsymbol{x} - \boldsymbol{b}) \\
&= \max_{\boldsymbol{y}\in\mathbb{R}^p} \left[- \max_{\boldsymbol{x}\in\mathbb{R}^n} \left\{ (-\boldsymbol{A}^\top\boldsymbol{y})^\top\boldsymbol{x} - f(\boldsymbol{x}) \right\} - \boldsymbol{y}^\top\boldsymbol{b} \right] \\
&= \max_{\boldsymbol{y}\in\mathbb{R}^p} \left\{ -f^*(-\boldsymbol{A}^\top\boldsymbol{y}) - \boldsymbol{y}^\top\boldsymbol{b} \right\}
\end{aligned}$$

となります．ここで，f^* は凸関数 f の共役関数です．最後に現れた問題

$$\max_{\boldsymbol{y}\in\mathbb{R}^p} \left\{ -f^*(-\boldsymbol{A}^\top\boldsymbol{y}) - \boldsymbol{y}^\top\boldsymbol{b} \right\}$$

を**双対問題**と呼び，これを解く方法を双対問題を最大化するという意味で**双対上昇法** (dual ascent method) と呼びます．双対問題は符号を変えることで

$$\min_{\boldsymbol{y}\in\mathbb{R}^p} \left\{ f^*(-\boldsymbol{A}^\top\boldsymbol{y}) + \boldsymbol{y}^\top\boldsymbol{b} \right\} =: \min_{\boldsymbol{y}\in\mathbb{R}^p} \phi(\boldsymbol{y}) \tag{12.3}$$

と等価です．こちらの凸関数最小化問題を主軸にして考えていきます．

12.1.2 双対問題の勾配法による最適化

いま，凸関数 f と共役関数 f^* が微分可能であるとして双対問題を勾配法で解くことを考えましょう．すなわち，k ステップ目の点 $\boldsymbol{y}_k$ における勾配

$$\boldsymbol{d}_k = \nabla \phi(\boldsymbol{y}_k)$$

を進行方向として，

$$\boldsymbol{y}_{k+1} = \boldsymbol{y}_k - \alpha_k \boldsymbol{d}_k$$

と更新します．さて，$\boldsymbol{d}_k$ はどのように計算すればよいでしょうか．これは，主問題を緩和した問題を解くことで得ることができます．微分係数の連鎖律から，

$$\nabla \phi(\boldsymbol{y}_k) = -\boldsymbol{A} \nabla f^*(-\boldsymbol{A}^\top \boldsymbol{y}_k) + \boldsymbol{b}$$

となります．ここで右辺第 1 項について共役関数とその（劣）微分の性質（定理 2.19）より

$$\boldsymbol{x} = \nabla f^*(-\boldsymbol{A}^\top \boldsymbol{y}) \quad \Leftrightarrow \quad -\boldsymbol{A}^\top \boldsymbol{y} = \nabla f(\boldsymbol{x})$$

なる関係が成り立ちます．つまり，

$$\nabla f^*(-\boldsymbol{A}^\top \boldsymbol{y}) = \underset{\boldsymbol{x} \in \mathbb{R}^n}{\operatorname{argmin}} \{ f(\boldsymbol{x}) + (\boldsymbol{A}^\top \boldsymbol{y})^\top \boldsymbol{x} \}$$

を得ます．これは右辺の中身を微分して $\mathbf{0}$ とおくことで示せます．この右辺に注目すると，微分係数 $\nabla f^*(-\boldsymbol{A}^\top \boldsymbol{y})$ は「制約なしの」凸最適化問題 $\min_{\boldsymbol{x}} \{ f(\boldsymbol{x}) + (\boldsymbol{A}^\top \boldsymbol{y})^\top \boldsymbol{x} \}$ の最適解を計算することで得られることがわかります．

以上をまとめますと，最急降下法 に基づく双対上昇法は**アルゴリズム 12.1** で与えられます．これは**宇沢の方法** (Uzawa method) とも呼ばれています．このように双対性を利用して主変数と双対変数を交互に動かして問題を解く方法を**主双対法** (primal-dual method) と呼びます．

当然のことながら，最急降下法でなくても，例えば座標降下法といった別の最適化手法によって双対問題を解くこともできます．座標降下法を用いた場合は，特に双対座標上昇法とも呼ばれます．ただし，双対問題は一般にはなめらかではなく微分可能とは限りません．そのような場合は勾配法を用いた双対上昇法はよい方法ではありません．この問題を解決する方法として，拡張ラグランジュ関数を用いた最適化法を 12.2 節で紹介します．

アルゴリズム 12.1　最急降下法に基づく双対上昇法

初期化：　双対変数の初期解 $\boldsymbol{y}_1 \in \mathbb{R}^p$ を定める．$k \leftarrow 1$ とする．

1. 停止条件が満たされるなら，結果を出力して停止．
2. 次の制約なし凸最適化問題の最適解を $\boldsymbol{x}_k$ とする．

$$\min_{\boldsymbol{x}\in\mathbb{R}^n} \{f(\boldsymbol{x}) + (\boldsymbol{A}^\top \boldsymbol{y}_k)^\top \boldsymbol{x}\}.$$

3. $\boldsymbol{d}_k \leftarrow -\boldsymbol{A}\boldsymbol{x}_k + \boldsymbol{b}$ と設定．
4. $\alpha_k > 0$ をステップ幅として，$\boldsymbol{y}_{k+1} \leftarrow \boldsymbol{y}_k - \alpha_k \boldsymbol{d}_k$ と更新．
5. $k \leftarrow k+1$ とする．ステップ 1 に戻る．

12.1.3　双対分解

双対問題を用いることで凸関数の和を最適化することが容易になります．すなわち，凸関数 f が $f(\boldsymbol{x}) = \sum_{j=1}^m f_j(\boldsymbol{x}_j)$ のように和の形で表されているとき（ただし，$\boldsymbol{x} = (\boldsymbol{x}_1, \ldots, \boldsymbol{x}_m)$ $(\boldsymbol{x}_j \in \mathbb{R}^{n_j})$ とする），最適化問題

$$\min_{\boldsymbol{x}\in\mathbb{R}^n} \sum_{j=1}^m f_j(\boldsymbol{x}_j) \quad \text{s.t.} \quad \sum_{j=1}^m \boldsymbol{A}_j \boldsymbol{x}_j = \boldsymbol{b}$$

に対応するラグランジュ関数は

$$\begin{aligned} L(\boldsymbol{x}, \boldsymbol{y}) &= \sum_{j=1}^m f_j(\boldsymbol{x}_j) + \boldsymbol{y}^\top \Big(\sum_{j=1}^m \boldsymbol{A}_j \boldsymbol{x}_j - \boldsymbol{b}\Big) \\ &= \sum_{j=1}^m [f_j(\boldsymbol{x}_j) + \boldsymbol{y}^\top \boldsymbol{A}_j \boldsymbol{x}_j] - \boldsymbol{y}^\top \boldsymbol{b} \\ &= \sum_{j=1}^m L_j(\boldsymbol{x}_j, \boldsymbol{y}) - \boldsymbol{y}^\top \boldsymbol{b} \end{aligned}$$

のように $\boldsymbol{x}$ に対応する部分が各 $\boldsymbol{x}_j$ に対応した関数 $L_j(\boldsymbol{x}_j, \boldsymbol{y}) = f_j(\boldsymbol{x}_j) + \boldsymbol{y}^\top \boldsymbol{A}_j \boldsymbol{x}_j$ の和に分解できます．よって，$\boldsymbol{x}$ の計算を各ブロック $\boldsymbol{x}_j$ ごとに分

けて計算することができます．このことを**双対分解** (dual decomposition) と呼びます．双対分解を利用することにより，双対上昇法の更新式は次のように与えられます．

$$\boldsymbol{x}_{k,j} = \mathop{\mathrm{argmin}}_{\boldsymbol{x}_j \in \mathbb{R}^{n_j}} L_j(\boldsymbol{x}_j, \boldsymbol{y}_k) = \mathop{\mathrm{argmin}}_{\boldsymbol{x}_j \in \mathbb{R}^{n_j}} \{f_j(\boldsymbol{x}_j) + \boldsymbol{y}_k^\top \boldsymbol{A}_j \boldsymbol{x}_j\}, \tag{12.4}$$

$$\boldsymbol{y}_{k+1} = \boldsymbol{y}_k + \alpha_k \left(\sum_{j=1}^{m} \boldsymbol{A}_j \boldsymbol{x}_{k,j} - \boldsymbol{b} \right). \tag{12.5}$$

双対分解を用いることにより，線形制約で互いが自由に動けなかった $\boldsymbol{x}_j$ らをそれぞれ独立に動かして最適化することが可能になります．これにより，「和の最適化が難しくても，それぞれの関数は最適化しやすい」という問題が簡単に解けるようになります．例えば正則化学習問題は損失関数 f_1 と正則化関数 f_2 を用いて

$$\min_{\boldsymbol{x} \in \mathbb{R}^n} f_1(\boldsymbol{x}) + f_2(\boldsymbol{x})$$

といった形で与えられますが，特にスパース正則化ではこの関数を直接最適化することが通常では困難です．しかし，この問題を

$$\min_{\boldsymbol{x}_1, \boldsymbol{x}_2 \in \mathbb{R}^n} f_1(\boldsymbol{x}_1) + f_2(\boldsymbol{x}_2) \quad \text{s.t.} \quad \boldsymbol{x}_1 - \boldsymbol{x}_2 = \boldsymbol{0}$$

と書き直すと，双対分解が使えて，

$$\begin{aligned}
\boldsymbol{x}_{1,k} &= \mathop{\mathrm{argmin}}_{\boldsymbol{x}_1 \in \mathbb{R}^n} \{f_1(\boldsymbol{x}_1) + \boldsymbol{y}_k^\top \boldsymbol{x}_1\}, \\
\boldsymbol{x}_{2,k} &= \mathop{\mathrm{argmin}}_{\boldsymbol{x}_2 \in \mathbb{R}^n} \{f_2(\boldsymbol{x}_2) - \boldsymbol{y}_k^\top \boldsymbol{x}_2\}, \\
\boldsymbol{y}_{k+1} &= \boldsymbol{y}_k + \alpha_k (\boldsymbol{x}_{1,k} - \boldsymbol{x}_{2,k})
\end{aligned}$$

という更新式で最適化ができます．f_1 と f_2 の最適化の難しさがうまく分離できていることがわかります．このような分解は交互方向乗数法を用いた最適化にも現れます（12.3 節）．

双対分解は難しさを分離できるだけではありません．和の形で分解できる問題は双対分解によって計算を並列化できるので，大規模な最適化問題における計算効率化にも有用です．

12.1.4 不等式制約に対する双対上昇法

ここまでは，等式制約を考えましたが，線形不等式制約付き最適化問題

$$\min_{\boldsymbol{x}\in\mathbb{R}^n} f(\boldsymbol{x}) \quad \text{s.t.} \quad \boldsymbol{A}\boldsymbol{x} \le \boldsymbol{b}$$

の場合は，ラグランジュ双対を

$$\min_{\boldsymbol{x}\in\mathbb{R}^n} \max_{\boldsymbol{y}\ge\boldsymbol{0}} L(\boldsymbol{x},\boldsymbol{y}) = \max_{\boldsymbol{y}\ge\boldsymbol{0}} \min_{\boldsymbol{x}\in\mathbb{R}^n} L(\boldsymbol{x},\boldsymbol{y})$$

なる等式から作ります．そのため，双対問題は

$$\max_{\boldsymbol{y}\ge\boldsymbol{0}} \left\{-f^*(-\boldsymbol{A}^\top\boldsymbol{y}) - \boldsymbol{y}^\top\boldsymbol{b}\right\}$$

となり，$\boldsymbol{y}\ge\boldsymbol{0}$ という条件に気をつけながら最適化する必要があります．これは，勾配法を少し改変して

$$\begin{aligned}\tilde{\boldsymbol{y}}_{k+1} &= \boldsymbol{y}_k - \alpha_k\boldsymbol{d}_k,\\ (\boldsymbol{y}_{k+1})_i &= \max\{(\tilde{\boldsymbol{y}}_{k+1})_i, 0\}, \quad i=1,\ldots,p\end{aligned}$$

とすれば解決します．第 2 列目は $\tilde{\boldsymbol{y}}_{k+1}$ の $\{\boldsymbol{y} \mid \boldsymbol{y}\ge\boldsymbol{0}\}$ なる集合への射影にほかなりません．このように，実行可能領域へ射影しながら進む勾配法を**勾配射影法** (gradient projection method) と呼びます．

12.1.5 双対上昇法の収束

双対上昇法の収束について議論しましょう．簡単のため，線形等式制約付き最適化問題

$$\min_{\boldsymbol{x}\in\mathbb{R}^n} f(\boldsymbol{x}) \text{ s.t. } \boldsymbol{A}\boldsymbol{x} - \boldsymbol{b} = \boldsymbol{0}$$

を考察します．関数 f が μ-強凸の場合を考えます．すると，その共役関数 f^* は $1/\mu$-平滑です (定理 2.16)．最急降下法に基づく双対上昇法は共役関数 f^* の微分を用いるため，f^* のなめらかさが収束に効いてきます．f^* の平滑性より，関数 $h : \boldsymbol{y} \mapsto f^*(-\boldsymbol{A}^\top\boldsymbol{y})$ は $\|\boldsymbol{A}\|^2/\mu$-平滑になります．なぜなら，

$$\begin{aligned}\|\nabla h(\boldsymbol{y}) - \nabla h(\boldsymbol{y}')\| &= \|\boldsymbol{A}\nabla f^*(-\boldsymbol{A}^\top\boldsymbol{y}) - \boldsymbol{A}\nabla f^*(-\boldsymbol{A}^\top\boldsymbol{y}')\|\\ &\le \|\boldsymbol{A}\|\|\nabla f^*(-\boldsymbol{A}^\top\boldsymbol{y}) - \nabla f^*(-\boldsymbol{A}^\top\boldsymbol{y}')\|\\ &\le \|\boldsymbol{A}\|^2\|\boldsymbol{y}-\boldsymbol{y}'\|/\mu\end{aligned}$$

となるからです．よって，ステップ幅を $\alpha_k = \mu/\|\boldsymbol{A}\|^2$ とすれば，最急降下法の収束より（定理 15.1 参照）

$$\phi(\boldsymbol{y}_k) - \phi(\boldsymbol{y}^*) \le \frac{\|\boldsymbol{A}\|^2/\mu}{2(k-1)}\|\boldsymbol{y}_1 - \boldsymbol{y}^*\|^2 \tag{12.6}$$

となります．ここで，$\boldsymbol{y}^*$ は双対変数の最適解です．このように f が強凸ならば，双対問題の収束がすぐにわかりますが，さらに主変数の収束に関しても次のような定理が得られます．

定理 12.1（双対上昇法の収束レート（強凸））

閉真凸関数 f が μ-強凸関数であるとします．また主問題，双対問題ともに最適解 $\boldsymbol{x}^*$ と $\boldsymbol{y}^*$ が存在するとします．すると，$\alpha_k = \mu/\|\boldsymbol{A}\|^2$ とステップ幅を選べば

$$\|\boldsymbol{x}_k - \boldsymbol{x}^*\|^2 \le \frac{\|\boldsymbol{A}\|^2/\mu^2}{k-1}\|\boldsymbol{y}_1 - \boldsymbol{y}^*\|^2$$

となります．

証明. まず，強双対性より

$$\begin{aligned}
f(\boldsymbol{x}^*) &= \min_{\boldsymbol{x}\in\mathbb{R}^n}\max_{\boldsymbol{y}\in\mathbb{R}^p} L(\boldsymbol{x},\boldsymbol{y}) \\
&= \max_{\boldsymbol{y}\in\mathbb{R}^p}\min_{\boldsymbol{x}\in\mathbb{R}^n} L(\boldsymbol{x},\boldsymbol{y}) \\
&= \max_{\boldsymbol{y}\in\mathbb{R}^p}\{-f^*(-\boldsymbol{A}^\top\boldsymbol{y}) - \boldsymbol{y}^\top\boldsymbol{b}\} \\
&= -f^*(-\boldsymbol{A}^\top\boldsymbol{y}^*) - \boldsymbol{y}^{*\top}\boldsymbol{b}
\end{aligned}$$

が成り立っています．すると $\boldsymbol{A}\boldsymbol{x}^* = \boldsymbol{b}$ なので $\boldsymbol{y}^{*\top}\boldsymbol{b} = \boldsymbol{y}^{*\top}\boldsymbol{A}\boldsymbol{x}^*$ です．これより，$f(\boldsymbol{x}^*) + f^*(-\boldsymbol{A}^\top\boldsymbol{y}^*) = -\boldsymbol{y}^{*\top}\boldsymbol{A}\boldsymbol{x}^*$ となります．このことから，劣微分の性質より $\boldsymbol{x}^* = \nabla f^*(-\boldsymbol{A}^\top\boldsymbol{y}^*)$ が成り立つことに注意してください（定理 2.19）．

f^* は $1/\mu$-平滑関数であるので，平滑関数の性質（式 (2.9)）より

$$\phi(\boldsymbol{y}_k) - \phi(\boldsymbol{y}^*) = f^*(-\boldsymbol{A}^\top\boldsymbol{y}_k) - f^*(-\boldsymbol{A}^\top\boldsymbol{y}^*) + \boldsymbol{b}^\top(\boldsymbol{y}_k - \boldsymbol{y}^*)$$

$$
\begin{aligned}
&\geq \frac{\mu}{2}\|\nabla f^*(-\boldsymbol{A}^\top \boldsymbol{y}_k) - \nabla f^*(-\boldsymbol{A}^\top \boldsymbol{y}^*)\|^2 \\
&\quad + (-\boldsymbol{A}^\top \boldsymbol{y}_k + \boldsymbol{A}^\top \boldsymbol{y}^*)^\top \nabla f^*(-\boldsymbol{A}^\top \boldsymbol{y}^*) \\
&\quad + \boldsymbol{b}^\top (\boldsymbol{y}_k - \boldsymbol{y}^*) \\
&= \frac{\mu}{2}\|\boldsymbol{x}_k - \boldsymbol{x}^*\|^2 - (\boldsymbol{y}_k - \boldsymbol{y}^*)^\top (\boldsymbol{A}\nabla f^*(-\boldsymbol{A}^\top \boldsymbol{y}^*) - \boldsymbol{b}) \\
&= \frac{\mu}{2}\|\boldsymbol{x}_k - \boldsymbol{x}^*\|^2
\end{aligned}
$$

であることがわかります．なお，最後の等式は $\nabla f^*(-\boldsymbol{A}^\top \boldsymbol{y}^*) = \boldsymbol{x}^*$ かつ $\boldsymbol{A}\boldsymbol{x}^* = \boldsymbol{b}$ であることを用いました．よって，式 (12.6) から題意を得ます． □

12.1.6 非線形制約の双対上昇法

これまでは線形等式や線形不等式を扱いましたが，ここでは非線形な等式制約付き最適化問題

$$
\min_{\boldsymbol{x} \in \mathbb{R}^n} f(\boldsymbol{x}) \quad \text{s.t.} \quad g_j(\boldsymbol{x}) = 0,\ j = 1, \ldots, p \tag{12.7}
$$

に対する双対上昇法を説明します．制約式をまとめて

$$
\boldsymbol{g}(\boldsymbol{x}) = (g_1(\boldsymbol{x}), \ldots, g_p(\boldsymbol{x}))^\top \in \mathbb{R}^p
$$

と書きます．最適化問題 (12.7) に対応するラグランジュ関数は

$$
L(\boldsymbol{x}, \boldsymbol{y}) = f(\boldsymbol{x}) + \sum_{j=1}^{p} y_j g_j(\boldsymbol{x})
$$

です．$\boldsymbol{y}$ を固定したもとでの問題 $\min_{\boldsymbol{x}} L(\boldsymbol{x}, \boldsymbol{y})$ の最適解を $\boldsymbol{x}(\boldsymbol{y})$，その最適値を $\phi(\boldsymbol{y})$ とします．

$$
\boldsymbol{x}(\boldsymbol{y}) = \underset{\boldsymbol{x}}{\operatorname{argmin}}\, L(\boldsymbol{x}, \boldsymbol{y}), \phi(\boldsymbol{y}) = \min_{\boldsymbol{x}} L(\boldsymbol{x}, \boldsymbol{y}).
$$

双対上昇法では $\max_{\boldsymbol{y}} \phi(\boldsymbol{y})$ なる問題を勾配法で解きます．

$$
\begin{aligned}
&\boldsymbol{x}_{k+1} = \boldsymbol{x}(\boldsymbol{y}_k) = \underset{\boldsymbol{x}}{\operatorname{argmin}}\, L(\boldsymbol{x}, \boldsymbol{y}_k), \\
&\boldsymbol{y}_{k+1} = \begin{cases} \boldsymbol{y}_k + \eta_k \nabla \phi(\boldsymbol{y}_k) & (\text{最急上昇法}), \\ \boldsymbol{y}_k - \eta_k (\nabla^2 \phi(\boldsymbol{y}_k))^{-1} \nabla \phi(\boldsymbol{y}_k) & (\text{ニュートン法}). \end{cases}
\end{aligned}
$$

ここで，ϕ の微分 $\nabla\phi(\boldsymbol{y}_k), \nabla^2\phi(\boldsymbol{y}_k)$ は $\boldsymbol{x}_{k+1}$ を用いて，次の定理のようにして計算できます．

定理 12.2（$\phi(\boldsymbol{y})$ の微分）

f と g_j が微分可能なら

$$\nabla\phi(\boldsymbol{y}) = \boldsymbol{g}(\boldsymbol{x}(\boldsymbol{y}))$$

となります．さらに，2 回連続微分可能なら

$$\nabla^2\phi(\boldsymbol{y}) = -(\nabla\boldsymbol{g}(\boldsymbol{x}(\boldsymbol{y})))^\top(\nabla^2 L(\boldsymbol{x}(\boldsymbol{y}), \boldsymbol{y}))^{-1}\nabla\boldsymbol{g}(\boldsymbol{x}(\boldsymbol{y}))$$

が成り立ちます．

証明． $\boldsymbol{x}(\boldsymbol{y})$ の定義より，$\phi(\boldsymbol{y}) = f(\boldsymbol{x}(\boldsymbol{y})) + \sum_{j=1}^p y_j g_j(\boldsymbol{x}(\boldsymbol{y}))$ であることに気をつけると，

$$\frac{\partial\phi(\boldsymbol{y})}{\partial y_j} = \sum_{i=1}^n \frac{\partial x_i(\boldsymbol{y})}{\partial y_j}\left[\frac{\partial f(\boldsymbol{x}(\boldsymbol{y}))}{\partial x_i} + \sum_{j'=1}^p y_{j'}\frac{\partial g_{j'}(\boldsymbol{x}(\boldsymbol{y}))}{\partial x_i}\right] + g_j(\boldsymbol{x}(\boldsymbol{y}))$$

です．しかし，第 1 項は $\boldsymbol{x}(\boldsymbol{y})$ の定義より 0 となります．よって，

$$\nabla\phi(\boldsymbol{y}) = \boldsymbol{g}(\boldsymbol{x}(\boldsymbol{y}))$$

となります．2 階微分に関しては，

$$\frac{\partial^2\phi(\boldsymbol{y})}{\partial y_i \partial y_j} = \sum_{k=1}^n \frac{\partial g_j(\boldsymbol{x}(\boldsymbol{y}))}{\partial x_k}\frac{\partial x_k(\boldsymbol{y})}{\partial y_i} \tag{12.8}$$

がまず成り立ちます．また，

$$\nabla_{\boldsymbol{x}} L(\boldsymbol{x}(\boldsymbol{y}), \boldsymbol{y}) = \nabla_{\boldsymbol{x}} f(\boldsymbol{x}(\boldsymbol{y})) + \sum_{j=1}^p y_j \nabla_{\boldsymbol{x}} g_j(\boldsymbol{x}(\boldsymbol{y})) = \boldsymbol{0}$$

を用いると

$$\begin{aligned}
0 = \frac{\partial \nabla_{\boldsymbol{x}} L(\boldsymbol{x}(\boldsymbol{y}), \boldsymbol{y})}{\partial y_i} &= \nabla_{\boldsymbol{x}}^2 L(\boldsymbol{x}(\boldsymbol{y}), \boldsymbol{y})\frac{\partial \boldsymbol{x}(\boldsymbol{y})}{\partial y_i} + \nabla_{\boldsymbol{x}}\frac{\partial L(\boldsymbol{x}(\boldsymbol{y}), \boldsymbol{y})}{\partial y_i} \\
&= \nabla_{\boldsymbol{x}}^2 L(\boldsymbol{x}(\boldsymbol{y}), \boldsymbol{y})\frac{\partial \boldsymbol{x}(\boldsymbol{y})}{\partial y_i} + \nabla g_i(\boldsymbol{x}(\boldsymbol{y}))
\end{aligned}$$

となるので，$\frac{\partial \boldsymbol{x}(\boldsymbol{y})}{\partial y_i}$ について解いて式 (12.8) に代入すると題意を得ます． □

12.2 拡張ラグランジュ関数法

ラグランジュ関数を用いた方法を改良した拡張ラグランジュ関数法を紹介します．

12.2.1 拡張ラグランジュ関数

11 章でペナルティ関数法やバリア関数法を紹介しましたが，これらをうまく動かすためにはペナルティやバリアの強さ c_k を無限大まで発散させる必要がありました ($c_k \to \infty$)．これは最適化問題の条件をだんだん悪くさせていきます．つまり少し変数を動かしただけで大きく目的関数が変化するようなことが起きてしまいます．よって最適化を安定させるにはペナルティの強さに応じた適切な計画が必要になります．ここで紹介する**拡張ラグランジュ関数法** (augmented Lagrangian method) はこのようにペナルティを増大させる必要がありません．そのため，各更新において解く内部問題の条件数が悪くなっていくことがなく，安定して最適化を実行することができます．

双対上昇法では，その主問題であるラグランジュ関数に制約を満たすことを促す作用が備わっているわけではありません．そのため，その収束を保証するには関数 f が強凸性などの性質を有している必要があります．一方，拡張ラグランジュ関数は，制約式の値が 0 に近くなるように，通常のラグランジュ関数にペナルティ関数のようなものを足したものとして定義されます．

次の等式制約付き最適化問題を考えます．

$$\min_{\boldsymbol{x} \in \mathbb{R}^n} f(\boldsymbol{x}) \quad \text{s.t.} \quad g_j(\boldsymbol{x}) = 0, \quad j = 1, \ldots, p. \tag{12.9}$$

ここで，$f(\boldsymbol{x})$ と $g_j(\boldsymbol{x})$ は凸関数とは限りません．制約式をまとめて $\boldsymbol{g}(\boldsymbol{x}) = (g_1(\boldsymbol{x}), \ldots, g_p(\boldsymbol{x}))^\top \in \mathbb{R}^p$ と書きます．この最適化問題に対応する**拡張ラグランジュ関数** (augmented Lagrangian function) は

$$L_\rho(\boldsymbol{x}, \boldsymbol{y}) = f(\boldsymbol{x}) + \boldsymbol{y}^\top \boldsymbol{g}(\boldsymbol{x}) + \frac{\rho}{2}\|\boldsymbol{g}(\boldsymbol{x})\|^2$$

と定義されます．ラグランジュ関数との違いは，$\frac{\rho}{2}\|\boldsymbol{g}(\boldsymbol{x})\|^2$ という等式制約

を破ることへの罰則項がついている点です．実はこの項のおかげで，最適化が簡単になり，さまざまなアルゴリズムが拡張ラグランジュ関数から派生して導き出されます．

もっとも簡単な例は $\boldsymbol{g}(\boldsymbol{x}) = \boldsymbol{A}\boldsymbol{x} - \boldsymbol{b}$ からなる線形等式制約の場合です．この場合，拡張ラグランジュ関数は

$$L_\rho(\boldsymbol{x}, \boldsymbol{y}) = f(\boldsymbol{x}) + \boldsymbol{y}^\top(\boldsymbol{A}\boldsymbol{x} - \boldsymbol{b}) + \frac{\rho}{2}\|\boldsymbol{A}\boldsymbol{x} - \boldsymbol{b}\|^2 \tag{12.10}$$

となります．この形は機械学習の応用で頻繁に現れます．

12.2.2 拡張ラグランジュ関数法

拡張ラグランジュ関数もまた，通常のラグランジュ関数と同様にそのミニマックス問題

$$\min_{\boldsymbol{x}\in\mathbb{R}^n} \max_{\boldsymbol{y}\in\mathbb{R}^p} L_\rho(\boldsymbol{x}, \boldsymbol{y})$$

を解くことで，元の問題が解けます．これは

$$\min_{\boldsymbol{x}} \ f(\boldsymbol{x}) + \frac{\rho}{2}\|\boldsymbol{g}(\boldsymbol{x})\|^2 \text{ s.t. } \boldsymbol{g}(\boldsymbol{x}) = \boldsymbol{0}$$

なる最適化問題が元の最適化問題と等価であることと，こちらの等式制約付き最適化問題に対応するラグランジュ関数を考えればわかります．拡張ラグランジュ関数法は，このミニマックス問題を解く方法です*1.

さて，最適性に関する 1 次の必要条件を思い出しましょう（定理 9.1）．局所最適解 $\boldsymbol{x}^*$ に対して，$\nabla g_1(\boldsymbol{x}^*), \ldots, \nabla g_p(\boldsymbol{x}^*)$ が 1 次独立ならば，ある $\boldsymbol{y}^*$ が存在して

$$\nabla f(\boldsymbol{x}^*) + \sum_{j=1}^{p} y_j^* \nabla g_j(\boldsymbol{x}^*) = \boldsymbol{0}, \tag{12.11}$$

$$g_j(\boldsymbol{x}^*) = 0, \ j = 1, \ldots, p \tag{12.12}$$

が成り立ちます．拡張ラグランジュ関数法の方針はこの最適性条件のうち，条件 (12.11) を保ちつつ，最終的に条件 (12.12) を満たすような $\boldsymbol{x}^*$ をみつけることにあります．ここで，拡張ラグランジュ関数を微分してみると，

---

*1 拡張ラグランジュ関数法は文献 [21, 24, 44] らによって独立に提案されました．乗数法 (method of mulpliers) ということもあります．

$$\nabla_{\boldsymbol{x}} L_\rho(\boldsymbol{x}, \boldsymbol{y}) = \nabla f(\boldsymbol{x}) + \sum_{j=1}^{p} y_j \nabla g_j(\boldsymbol{x}) + \rho \sum_{j=1}^{p} g_j(\boldsymbol{x}) \nabla g_j(\boldsymbol{x})$$

となります．よって，局所最適解 $\boldsymbol{x}^*$ を $\boldsymbol{x}$ に代入すると $g_j(\boldsymbol{x}^*) = 0$ $(\forall j)$ なので，1 次の最適性条件に現れた $\boldsymbol{y}^*$ を $\boldsymbol{y}$ に代入することで

$$\nabla_{\boldsymbol{x}} L_\rho(\boldsymbol{x}, \boldsymbol{y}^*)|_{\boldsymbol{x}=\boldsymbol{x}^*} = \nabla f(\boldsymbol{x}^*) + \sum_{j=1}^{p} y_j^* \nabla g_j(\boldsymbol{x}^*) = \boldsymbol{0}$$

が得られます．つまり，適切な $\boldsymbol{y}^*$ が得られていれば拡張ラグランジュ関数を最適化することで 1 次の最適性条件を満たす $\boldsymbol{x}^*$ がみつかります．拡張ラグランジュ関数法の肝はこのような $\boldsymbol{x}^*$ と $\boldsymbol{y}^*$ の組をうまくみつけることにあります．その手順を**アルゴリズム 12.2** に示します．なおアルゴリズムは，ペナルティ項の強さを ρ として各ステップ k ごとに異なる値 ρ_k を用いることを許した一般的な形で記述しています．

アルゴリズム 12.2 拡張ラグランジュ関数法 [21, 24, 44]

初期化： 双対変数の初期解 $\boldsymbol{y}_0 \in \mathbb{R}^p$ を定める．$k \leftarrow 0$ とする．

1. 停止条件が満たされるなら，結果を出力して停止．
2. $\boldsymbol{x}_{k+1}$ を
$$\|\nabla_{\boldsymbol{x}} L_{\rho_k}(\boldsymbol{x}_{k+1}, \boldsymbol{y}_k)\| \leq \epsilon_k$$
を満たすようにとる．ここで $\rho_k > 0$ で，また $\epsilon_k \geq 0$ は十分小さな非負実数で $\epsilon_k \to 0$ とする．
3. $\boldsymbol{y}_{k+1} \leftarrow \boldsymbol{y}_k + \rho_k \boldsymbol{g}(\boldsymbol{x}_{k+1})$ と更新．
4. $k \leftarrow k + 1$ とする．ステップ 1 に戻る．

アルゴリズムの説明をしましょう．簡単のため $\epsilon_k = 0$ $(k = 1, 2, \dots)$ とします．すると，$\boldsymbol{x}_{k+1}$ は

$$\begin{aligned}&\nabla_{\boldsymbol{x}} L_{\rho_k}(\boldsymbol{x}_{k+1}, \boldsymbol{y}_k) \\ &= \nabla f(\boldsymbol{x}_{k+1}) + \nabla \boldsymbol{g}(\boldsymbol{x}_{k+1}) \boldsymbol{y}_k + \rho_k \nabla \boldsymbol{g}(\boldsymbol{x}_{k+1}) \boldsymbol{g}(\boldsymbol{x}_{k+1}) = \boldsymbol{0}\end{aligned}$$

を満たします．ここで，$\boldsymbol{y}_{k+1}$ の更新式を用いると，上式の右辺は

$$\nabla f(\boldsymbol{x}_{k+1}) + \nabla \boldsymbol{g}(\boldsymbol{x}_{k+1})\boldsymbol{y}_{k+1} = \boldsymbol{0}$$

を満たします．これより，$(\boldsymbol{x}_k, \boldsymbol{y}_k)$ は常に 1 次の最適性条件を満たしていることになります．また，アルゴリズムの反復を繰り返すことで $\rho_k \to \bar{\rho}$ かつ，$(\boldsymbol{x}_k, \boldsymbol{y}_k)$ がある値 $(\bar{\boldsymbol{x}}, \bar{\boldsymbol{y}})$ に収束したとしましょう．すると $\boldsymbol{y}_k$ の更新式より

$$\bar{\boldsymbol{y}} = \bar{\boldsymbol{y}} + \bar{\rho}\boldsymbol{g}(\bar{\boldsymbol{x}})$$

が成り立ち，$\boldsymbol{g}(\bar{\boldsymbol{x}}) = 0$ が満たされます．よって，集積点では等式制約が漸近的に満たされるようになります．

拡張ラグランジュ関数法に対する理解を深めるため，凸最適化を考えます．凸関数 f と $\boldsymbol{g}(\boldsymbol{x}) = \boldsymbol{A}\boldsymbol{x} - \boldsymbol{b}$ からなる最適化問題において，$\rho_k = \rho$, $\epsilon_k = 0$ $(k = 0, 1, 2, \ldots)$ に対応する拡張ラグランジュ関数法の更新式は

$$\boldsymbol{x}_{k+1} = \underset{\boldsymbol{x} \in \mathbb{R}^n}{\operatorname{argmin}} \left\{ f(\boldsymbol{x}) + \boldsymbol{y}_k^\top (\boldsymbol{A}\boldsymbol{x} - \boldsymbol{b}) + \frac{\rho}{2}\|\boldsymbol{A}\boldsymbol{x} - \boldsymbol{b}\|^2 \right\}, \tag{12.13a}$$

$$\boldsymbol{y}_{k+1} = \boldsymbol{y}_k + \rho(\boldsymbol{A}\boldsymbol{x}_{k+1} - \boldsymbol{b}) \tag{12.13b}$$

で与えられます．$\boldsymbol{x}^*, \boldsymbol{y}^*$ が 1 次の最適性条件

$$\nabla f(\boldsymbol{x}^*) + \boldsymbol{A}^\top \boldsymbol{y}^* = \boldsymbol{0}, \quad \boldsymbol{A}\boldsymbol{x}^* - \boldsymbol{b} = \boldsymbol{0}$$

を満たしているとします．すると，

$$\begin{aligned} L_\rho(\boldsymbol{x}, \boldsymbol{y}^*) &= f(\boldsymbol{x}) + \boldsymbol{y}^{*\top}(\boldsymbol{A}\boldsymbol{x} - \boldsymbol{b}) + \frac{\rho}{2}\|\boldsymbol{A}\boldsymbol{x} - \boldsymbol{b}\|^2 \\ &\geq f(\boldsymbol{x}^*) + (\boldsymbol{x} - \boldsymbol{x}^*)^\top \nabla f(\boldsymbol{x}^*) + \boldsymbol{y}^{*\top}(\boldsymbol{A}\boldsymbol{x} - \boldsymbol{b}) + \frac{\rho}{2}\|\boldsymbol{A}\boldsymbol{x} - \boldsymbol{b}\|^2 \\ &= f(\boldsymbol{x}^*) + \frac{\rho}{2}\|\boldsymbol{A}\boldsymbol{x} - \boldsymbol{b}\|^2 \geq f(\boldsymbol{x}^*) \end{aligned}$$

となるので，上式の左辺は $\boldsymbol{x} = \boldsymbol{x}^*$ において $L_\rho(\boldsymbol{x}^*, \boldsymbol{y}^*) = f(\boldsymbol{x}^*)$ を満たし，右辺の下限に一致します ($\boldsymbol{A}\boldsymbol{x}^* - \boldsymbol{b} = \boldsymbol{0}$ に注意してください)．つまり，$\boldsymbol{x}^*$ は左辺を最小化します．さらに，左辺を最小化する $\boldsymbol{x}$ は最後の行を等式で満たす必要があるので，$\boldsymbol{A}\boldsymbol{x} - \boldsymbol{b} = \boldsymbol{0}$ を満たす，つまり等式制約を満たさなくてはいけません．これらのことより，$L_\rho(\boldsymbol{x}, \boldsymbol{y}^*)$ を最小化する $\boldsymbol{x}$ は等式制約を満たし，かつ $f(\boldsymbol{x}^*) = f(\boldsymbol{x})$ を満たさなくてはいけません．よって，適切に設定した $\boldsymbol{y}$ に対して拡張ラグランジュ関数を最小化する $\boldsymbol{x}$ は，元の等式制

約付き最適化問題の最適解であることがわかります．

なお，$\boldsymbol{A}^\top \boldsymbol{A}$ が可逆であれば拡張ラグランジュ関数 $L_\rho(\boldsymbol{x}, \boldsymbol{y}_k)$ は f によらず強凸関数になります．よって，例えば最急降下法で拡張ラグランジュ関数の最小化を行えば1次収束し，内部問題の更新が効率的に解けます．これは，通常のラグランジュ関数を用いた場合は成り立たない好ましい性質です．

12.2.3 双対上昇法としての拡張ラグランジュ関数法

拡張ラグランジュ関数法は双対上昇法ともみなせます．簡単のため $f(\boldsymbol{x})$ が凸関数で線形制約 $\boldsymbol{g}(\boldsymbol{x}) = \boldsymbol{A}\boldsymbol{x} - \boldsymbol{b}$ の場合を考えます．このとき，元の問題は

$$\min_{\boldsymbol{x} \in \mathbb{R}^n} \quad f(\boldsymbol{x}) + \frac{\rho}{2}\|\boldsymbol{A}\boldsymbol{x} - \boldsymbol{b}\|^2 \tag{12.14a}$$

$$\text{s.t.} \quad \boldsymbol{A}\boldsymbol{x} - \boldsymbol{b} = \boldsymbol{0} \tag{12.14b}$$

と書き換えてもまったく変わりません．この問題に対するラグランジュ関数は

$$f(\boldsymbol{x}) + \frac{\rho}{2}\|\boldsymbol{A}\boldsymbol{x} - \boldsymbol{b}\|^2 + \boldsymbol{y}^\top(\boldsymbol{A}\boldsymbol{x} - \boldsymbol{b})$$

となり，元の問題の拡張ラグランジュ関数 $L_\rho(\boldsymbol{x}, \boldsymbol{y})$（式 (12.10)）と等しくなります．これに，双対問題を構成し双対上昇法を当てはめると

$$\boldsymbol{x}_{k+1} = \operatorname*{argmin}_{\boldsymbol{x}} L_\rho(\boldsymbol{x}, \boldsymbol{y}_k),$$

$$\boldsymbol{y}_{k+1} = \boldsymbol{y}_k + \alpha_k(\boldsymbol{A}\boldsymbol{x}_{k+1} - \boldsymbol{b}) = \boldsymbol{y}_k + \alpha_k \boldsymbol{g}(\boldsymbol{x}_k)$$

となります．この更新式は $\alpha_k = \rho$ とすれば拡張ラグランジュ関数法と同じになります．よって，拡張ラグランジュ関数法は問題を式 (12.14) を通して陰に双対問題を解いている方法であることがわかります．

では，$\frac{\rho}{2}\|\boldsymbol{A}\boldsymbol{x} - \boldsymbol{b}\|^2$ を加えたことにより何がよくなったのでしょうか．いま，一般性を失うことなく $\boldsymbol{A}$ が全射であるとします．また，$\boldsymbol{u} \in \mathbb{R}^p$ に対して，

$$\tilde{f}(\boldsymbol{u}) := \min_{\boldsymbol{x} \in \mathbb{R}^n} \{f(\boldsymbol{x}) \mid \boldsymbol{A}\boldsymbol{x} - \boldsymbol{b} = -\boldsymbol{u}\}$$

とします．簡単な考察により $\tilde{f}$ が凸関数であることはすぐに確認できます．すると，問題 (12.14) は

$$\min_{\boldsymbol{u}\in\mathbb{R}^p} \quad \tilde{f}(\boldsymbol{u}) + \frac{\rho}{2}\|\boldsymbol{u}\|^2 \text{ s.t. } \boldsymbol{u} = \boldsymbol{0} \tag{12.15}$$

なる線形等式付きの（自明な）最適化問題になります．この問題の双対問題の目的関数は

$$\begin{aligned}\phi(\boldsymbol{y}) &= -\min_{\boldsymbol{u}\in\mathbb{R}^p}\{\tilde{f}(\boldsymbol{u}) + \frac{\rho}{2}\|\boldsymbol{u}\|^2 - \boldsymbol{y}^\top\boldsymbol{u}\} \\ &= -\min_{\boldsymbol{x}\in\mathbb{R}^n}\{f(\boldsymbol{x}) + \frac{\rho}{2}\|\boldsymbol{A}\boldsymbol{x} - \boldsymbol{b}\|^2 + \boldsymbol{y}^\top(\boldsymbol{A}\boldsymbol{x} - \boldsymbol{b})\}\end{aligned}$$

で与えられます．ここで，双対問題の目的関数 $\phi(\boldsymbol{y})$ は主問題の目的関数 $\tilde{f}_\rho(\boldsymbol{u}) := \tilde{f}(\boldsymbol{u}) + \frac{\rho}{2}\|\boldsymbol{u}\|^2$ の共役関数になっていることに注意してください．$\tilde{f}_\rho$ は 2 次関数項を含んでいるため ρ-強凸関数であることがわかります．よって，強凸性と平滑性の双対性から，$\tilde{f}_\rho$ の共役関数である ϕ は $1/\rho$-平滑な関数になります．一般には f^* は平滑関数とは限らず，双対上昇法で行ったように，その共役関数に対して最急降下法を当てはめることは適切ではありません．しかし，拡張ラグランジュ関数を用いることで，双対問題がなめらかになり，最急降下法を適用することができるようになるのです．

一般の f, g_j でも定理 12.2 より，拡張ラグランジュ関数法の更新式 $\boldsymbol{y}_{k+1} = \boldsymbol{y}_k + \rho\boldsymbol{g}(\boldsymbol{x}_{k+1})$ は $\boldsymbol{y}_{k+1} = \boldsymbol{y}_k + \nabla_{\boldsymbol{y}}(\min_{\boldsymbol{x}'} L_\rho(\boldsymbol{x}', \boldsymbol{y}))$ と書けるので，双対問題を最急降下法で解いている方法であるといえます．

12.2.4 不等式制約の扱い

拡張ラグランジュ関数法は不等式制約も扱えます．次の不等式制約付き最適化問題を考えます．

$$\begin{aligned}&\min_{\boldsymbol{x}\in\mathbb{R}^n} \quad f(\boldsymbol{x}) \\ &\quad \text{s.t.} \quad g_1(\boldsymbol{x}) = 0, \ldots, g_p(\boldsymbol{x}) = 0,\ h_1(\boldsymbol{x}) \le 0, \ldots, h_q(\boldsymbol{x}) \le 0.\end{aligned}$$

不等式制約を扱うためには，不等式制約を等式制約に帰着します．すなわち，上の問題と等価な問題

$$\begin{aligned}\min_{\boldsymbol{x}\in\mathbb{R}^n, \boldsymbol{z}\in\mathbb{R}^q} \quad & f(\boldsymbol{x}) \\ \text{s.t.} \quad & g_1(\boldsymbol{x}) = 0, \ldots, g_p(\boldsymbol{x}) = 0, \\ & h_1(\boldsymbol{x}) + z_1^2 = 0, \ldots, h_q(\boldsymbol{x}) + z_q^2 = 0\end{aligned}$$

を考えます．この問題に対応する拡張ラグランジュ関数は

$$\begin{aligned} L_\rho(\boldsymbol{x}, \boldsymbol{z}, \boldsymbol{y}, \boldsymbol{\lambda}) =& f(\boldsymbol{x}) + \boldsymbol{y}^\top \boldsymbol{g}(\boldsymbol{x}) + \frac{\rho}{2}\|\boldsymbol{g}(\boldsymbol{x})\|^2 \\ &+ \sum_{j=1}^{q} \left[\lambda_j(h_j(\boldsymbol{x}) + z_j^2) + \frac{\rho}{2}(h_j(\boldsymbol{x}) + z_j^2)^2\right] \end{aligned}$$

です．$L_\rho(\boldsymbol{x}, \boldsymbol{z}, \boldsymbol{y}, \boldsymbol{\lambda})$ は $\boldsymbol{z}$ に関して陽に最適化することができます．実際，$\boldsymbol{z}$ に関する最小化は z_j^2 について実行すればよく

$$z_j^{*2} = \max\{0, -(\lambda_j/\rho + h_j(\boldsymbol{x}))\}$$

で拡張ラグランジュ関数は最小化されます．これを $\boldsymbol{z}$ に代入することで，$\boldsymbol{z}$ に関して最小化した拡張ラグランジュ関数として，

$$\begin{aligned} L_\rho(\boldsymbol{x}, \boldsymbol{y}, \boldsymbol{\lambda}) =& f(\boldsymbol{x}) + \boldsymbol{y}^\top \boldsymbol{g}(\boldsymbol{x}) + \frac{\rho}{2}\|\boldsymbol{g}(\boldsymbol{x})\|^2 \\ &+ \sum_{j=1}^{q} \left[\lambda_j h_j^+(\boldsymbol{x}) + \frac{\rho}{2}(h_j^+(\boldsymbol{x}))^2\right] \end{aligned}$$

が得られます．ただし，$h_j^+(\boldsymbol{x}) = \max\{h_j(\boldsymbol{x}), -\lambda_j/\rho\}$ です．さらに，$\lambda_j h_j^+(\boldsymbol{x}) + \frac{\rho}{2}(h_j^+(\boldsymbol{x}))^2 = \frac{\rho}{2}(h_j^+(\boldsymbol{x}) + \lambda_j/\rho)^2 - \frac{\lambda_j}{2\rho} = \frac{\rho}{2}\max\{0, h_j(\boldsymbol{x}) + \lambda_j/\rho\}^2 - \frac{\lambda_j^2}{2\rho}$ なので，

$$\begin{aligned} L_\rho(\boldsymbol{x}, \boldsymbol{y}, \boldsymbol{\lambda}) =& f(\boldsymbol{x}) + \boldsymbol{y}^\top \boldsymbol{g}(\boldsymbol{x}) + \frac{\rho}{2}\|\boldsymbol{g}(\boldsymbol{x})\|^2 \\ &+ \frac{\rho}{2}\sum_{j=1}^{q} \left[\max\{h_j(\boldsymbol{x}) + \lambda_j/\rho, 0\}^2 - \frac{\lambda_j^2}{2\rho}\right] \end{aligned}$$

となります．ここで，$h_j(\boldsymbol{x})$ が連続微分可能なら $\max\{h_j(\boldsymbol{x}) + \lambda_j/\rho, 0\}^2$ も連続微分可能であることに注意してください．よって，最急降下法などを用いた最適化が可能です．ただし，$h_j(\boldsymbol{x})$ が 2 回微分可能でも $h_j(\boldsymbol{x}) + \lambda_j/\rho = 0$ となる点において拡張ラグランジュ関数の 2 階微分が存在するとは限りません．この点を改善するために指数関数を用いた拡張ラグランジュ関数が提案されています [6,7,29]．

12.2.5 拡張ラグランジュ関数法の収束理論

本節では拡張ラグランジュ関数法の収束理論を紹介します．ペナルティ関数法ではペナルティの強さを無限大に発散させる必要がありましたが，拡張ラグランジュ関数法の場合はその必要がないことが示されます．

定理 12.3（拡張ラグランジュ関数法の収束定理）

最適化問題 (12.9) が局所最適解 $\boldsymbol{x}^*$ において制約式の勾配 $\nabla g_1(\boldsymbol{x}^*), \ldots, \nabla g_p(\boldsymbol{x}^*)$ が 1 次独立でかつ，あるラグランジュ乗数 $\boldsymbol{y}^*$ と合わせて 2 次の十分条件を満たしているとします．すると，ある十分大きな $\bar{\rho}$ が存在して，

$$\nabla^2_{\boldsymbol{x}} L_{\bar{\rho}}(\boldsymbol{x}^*, \boldsymbol{y}^*) \succ \boldsymbol{O}$$

とすることができます．さらに，ある $\delta > 0, \epsilon > 0$ が存在して，次が成り立ちます．$(\boldsymbol{y}, \rho) \in D := \{(\boldsymbol{y}, \rho) \mid \|\boldsymbol{y} - \boldsymbol{y}^*\| \leq \delta, \bar{\rho} \leq \rho\}$ に対し，最適化問題

$$\min_{\boldsymbol{x} \in \mathbb{R}^n} L_\rho(\boldsymbol{x}, \boldsymbol{y}) \text{ s.t. } \|\boldsymbol{x} - \boldsymbol{x}^*\| \leq \epsilon$$

は唯一の孤立した最適解 $\boldsymbol{x}(\boldsymbol{y}, \rho)$ をもちます．$\boldsymbol{x}(\cdot, \cdot)$ は D の内点で連続微分可能かつ，ある ρ に依存しない $M > 0$ が存在して，$\forall (\boldsymbol{y}, \rho) \in D$ で

$$\|\boldsymbol{x}(\boldsymbol{y}, \rho) - \boldsymbol{x}^*\| \leq \frac{M}{\rho} \|\boldsymbol{y} - \boldsymbol{y}^*\|,$$
$$\|\boldsymbol{y}'(\boldsymbol{y}, \rho) - \boldsymbol{y}^*\| \leq \frac{M}{\rho} \|\boldsymbol{y} - \boldsymbol{y}^*\|$$

が成り立ちます．ただし，

$$\boldsymbol{y}'(\boldsymbol{y}, \rho) = \boldsymbol{y} + \rho \boldsymbol{g}(\boldsymbol{x}(\boldsymbol{y}, \rho))$$

です．

証明． 証明は文献 [7] の 106 ページや文献 [66] の定理 10.17 を参照してください． □

この定理より，$\boldsymbol{y}$ が $\boldsymbol{y}^*$ に近ければ，十分大きな ρ に対して拡張ラグランジュ関数 $L_\rho(\cdot, \boldsymbol{y})$ は局所最適解 $\boldsymbol{x}(\boldsymbol{y}, \rho)$ をもつため，拡張ラグランジュ関数法のアルゴリズムはきちんと動作することがわかります．さらに $(\boldsymbol{x}_k, \boldsymbol{y}_k)$ は最適解へ1次収束することがわかります．特に，ρ を各ステップで増大させ $\rho_k \to \infty$ とすると超1次収束します（超1次収束の定義は式(1.4)参照）．また，この定理よりペナルティ関数法のように ρ を無限大に発散させなくても収束が保証されることがわかります．これは拡張ラグランジュ関数法の大きな利点です．

この定理が成り立つためには，ρ は十分大きくなくてはいけません．しかし，実際に問題を解く際に $\bar{\rho}$ の値はわかりません．そこで，問題に合わせて適応的に ρ の設定ができるように，次のような方法が提案されています．拡張ラグランジュ関数の定義を広げ，各制約について別々のペナルティパラメータを対応させるようにすることで，制約ごとに適切なスケーリングができるようにします．また，不等式制約も扱えるように，拡張ラグランジュ関数を

$$
\begin{aligned}
L_{\rho,\mu}(\boldsymbol{x}, \boldsymbol{y}, \boldsymbol{\lambda}) =& f(\boldsymbol{x}) + \boldsymbol{y}^\top \boldsymbol{g}(\boldsymbol{x}) + \sum_{j=1}^{p} \frac{\rho_j}{2} g_j(\boldsymbol{x})^2 \\
&+ \sum_{j=1}^{q} \left[\lambda_j h_j^+(\boldsymbol{x}) + \frac{\mu_j}{2} (h_j^+(\boldsymbol{x}))^2 \right]
\end{aligned}
$$

とします．ここで $h_j^+(\boldsymbol{x}) = \max\{h_j(\boldsymbol{x}), -\lambda_j/\mu_j\}$ です．いま $\alpha > 1$ と $\beta \in (0,1)$ なるスケーリングパラメータを設定しておきます（通常は $\alpha \in [5, 10]$，$\beta \simeq 1/4$ のようにします）．この α, β を用いて，各 j において

$$
|g_j(\boldsymbol{x}_k)| > \beta \max_{1 \le i \le p} |g_i(\boldsymbol{x}_{k-1})|
$$

ならば $\rho_{k,j} = \alpha \rho_{k-1,j}$ とし，そうでないならば $\rho_{k,j} = \rho_{k-1,j}$ とします．不等式制約についても同様に

$$
|\max\{h_j(\boldsymbol{x}_k), -\lambda_{k,j}/\mu_{k,j}\}| > \beta \max_{1 \le i \le q} |\max\{h_i(\boldsymbol{x}_{k-1}), -\lambda_{k-1,i}/\mu_{k-1,i}\}|
$$

ならば $\mu_{k,j} = \alpha \mu_{k-1,j}$ とし，そうでないなら $\mu_{k,j} = \mu_{k-1,j}$ とします．このように制約が大きく外れている部分の罰則を強くすることで，収束するようになります．

12.2.6 凸目的関数における収束レートの理論

前節では一般の目的関数において収束を議論しましたが，凸関数に限定してより詳細な収束レートの議論をします．凸関数 f を用いて

$$\min_{\boldsymbol{x}\in\mathbb{R}^n} f(\boldsymbol{x}) \text{ s.t. } \boldsymbol{A}\boldsymbol{x}-\boldsymbol{b}=\boldsymbol{0}$$

なる問題を考えます．このとき，より弱い条件で次のような拡張ラグランジュ関数法の収束が保証されます．ここで，拡張ラグランジュ関数法の更新式は

$$\boldsymbol{x}_{k+1} = \operatorname*{argmin}_{\boldsymbol{x}\in\mathbb{R}^n} \left\{ f(\boldsymbol{x}) + \boldsymbol{y}_k^\top(\boldsymbol{A}\boldsymbol{x}-\boldsymbol{b}) + \frac{\rho}{2}\|\boldsymbol{A}\boldsymbol{x}-\boldsymbol{b}\|^2 \right\},$$

$$\boldsymbol{y}_{k+1} = \boldsymbol{y}_k + \rho(\boldsymbol{A}\boldsymbol{x}_{k+1}-\boldsymbol{b})$$

とします．

定理 12.4（拡張ラグランジュ関数法の収束（凸目的関数，線形制約））

ある最適解 $\boldsymbol{x}^*$ が存在して（1 つとは限らない），f は $\boldsymbol{x}^*$ で微分可能でかつ，ある $\boldsymbol{y}^*$ に対して 1 次の最適性条件

$$\nabla f(\boldsymbol{x}^*) + \boldsymbol{A}^\top \boldsymbol{y}^* = \boldsymbol{0}$$

が満たされているとします．すると，

$$f(\boldsymbol{x}_k) - f(\boldsymbol{x}^*) - \nabla f(\boldsymbol{x}^*)^\top(\boldsymbol{x}_k - \boldsymbol{x}^*) \to 0, \tag{12.16a}$$

$$\frac{\rho}{2}\|\boldsymbol{A}(\boldsymbol{x}_k - \boldsymbol{x}^*)\|^2 \to 0, \tag{12.16b}$$

かつ $\bar{\boldsymbol{x}}_k = \frac{1}{k}\sum_{j=1}^{k}\boldsymbol{x}_j$ に対して，

$$f(\bar{\boldsymbol{x}}_k) - f(\boldsymbol{x}^*) - \nabla f(\boldsymbol{x}^*)^\top(\bar{\boldsymbol{x}}_k - \boldsymbol{x}^*) \le \frac{1}{2k\rho}\|\boldsymbol{y}_1 - \boldsymbol{y}^*\|^2 \tag{12.17}$$

が成り立ちます．

線形制約付き凸最適化の場合，ρ に関する条件は必要ありません．$\rho > 0$ であれば収束します．ρ が大きければそれだけ式 (12.17) の右辺は小さくなり

ますが，あまり ρ が大きい場合，$\boldsymbol{x}_{k+1}$ を得るための部分問題最適化が難しくなりますので，適度な大きさの ρ を用いる必要があります．

証明. まず拡張ラグランジュ関数 $L_\rho(\boldsymbol{x},\boldsymbol{y}) = f(\boldsymbol{x}) + \boldsymbol{y}^\top(\boldsymbol{A}\boldsymbol{x}-\boldsymbol{b}) + \frac{\rho}{2}\|\boldsymbol{A}\boldsymbol{x}-\boldsymbol{b}\|^2$ は $\boldsymbol{y}$ 固定のもと，$\boldsymbol{x}$ について凸関数であり，かつ $L_\rho(\boldsymbol{x},\boldsymbol{y}) - \frac{\rho}{2}\|\boldsymbol{A}\boldsymbol{x}\|^2$ も凸関数です．よって，式 (2.6) が使えて，$\boldsymbol{x}_{k+1}$ が $L_\rho(\boldsymbol{x},\boldsymbol{y}_k)$ を $\boldsymbol{x}$ について最小化することから

$$
\begin{aligned}
&f(\boldsymbol{x}_{k+1}) + \frac{\rho}{2}\|\boldsymbol{A}\boldsymbol{x}_{k+1}-\boldsymbol{b}\|^2 + \boldsymbol{y}_k^\top(\boldsymbol{A}\boldsymbol{x}_{k+1}-\boldsymbol{b}) + \frac{\rho}{2}\|\boldsymbol{A}(\boldsymbol{x}_{k+1}-\boldsymbol{x}^*)\|^2 \\
\le& f(\boldsymbol{x}^*) + \frac{\rho}{2}\|\boldsymbol{A}\boldsymbol{x}^*-\boldsymbol{b}\|^2 + \boldsymbol{y}_k^\top(\boldsymbol{A}\boldsymbol{x}^*-\boldsymbol{b}) = f(\boldsymbol{x}^*)
\end{aligned} \tag{12.18}
$$

が得られます．ここで，$\boldsymbol{y}_{k+1} = \boldsymbol{y}_k + \rho(\boldsymbol{A}\boldsymbol{x}_{k+1}-\boldsymbol{b})$ より，

$$
\begin{aligned}
&\boldsymbol{y}_k^\top(\boldsymbol{A}\boldsymbol{x}_{k+1}-\boldsymbol{b}) \\
&= (\boldsymbol{y}_k-\boldsymbol{y}^*)^\top(\boldsymbol{A}\boldsymbol{x}_{k+1}-\boldsymbol{b}) + \boldsymbol{y}^{*\top}(\boldsymbol{A}\boldsymbol{x}_{k+1}-\boldsymbol{b}) \\
&= (\boldsymbol{y}_k-\boldsymbol{y}^*)^\top(\boldsymbol{y}_{k+1}-\boldsymbol{y}_k)/\rho + \boldsymbol{y}^{*\top}\boldsymbol{A}(\boldsymbol{x}_{k+1}-\boldsymbol{x}^*) \\
&= \frac{1}{2\rho}\left(-\|\boldsymbol{y}_k-\boldsymbol{y}^*\|^2 - \|\boldsymbol{y}_{k+1}-\boldsymbol{y}_k\|^2 + \|\boldsymbol{y}_{k+1}-\boldsymbol{y}^*\|^2\right) \\
&\quad - \nabla f(\boldsymbol{x}^*)^\top(\boldsymbol{x}_{k+1}-\boldsymbol{x}^*) \\
&= -\frac{1}{2\rho}\left(\|\boldsymbol{y}_k-\boldsymbol{y}^*\|^2 - \|\boldsymbol{y}_{k+1}-\boldsymbol{y}^*\|^2\right) - \frac{\rho}{2}\|\boldsymbol{A}\boldsymbol{x}_{k+1}-\boldsymbol{b}\|^2 \\
&\quad - \nabla f(\boldsymbol{x}^*)^\top(\boldsymbol{x}_{k+1}-\boldsymbol{x}^*)
\end{aligned}
$$

であることを式 (12.18) の左辺に適用することで，

$$
\begin{aligned}
&f(\boldsymbol{x}_{k+1}) + \frac{\rho}{2}\|\boldsymbol{A}\boldsymbol{x}_{k+1}-\boldsymbol{b}\|^2 \\
&- \frac{1}{2\rho}\left(\|\boldsymbol{y}_k-\boldsymbol{y}^*\|^2 - \|\boldsymbol{y}_{k+1}-\boldsymbol{y}^*\|^2\right) - \frac{\rho}{2}\|\boldsymbol{A}\boldsymbol{x}_{k+1}-\boldsymbol{b}\|^2 \\
&- \nabla f(\boldsymbol{x}^*)^\top(\boldsymbol{x}_{k+1}-\boldsymbol{x}^*) + \frac{\rho}{2}\|\boldsymbol{A}(\boldsymbol{x}_{k+1}-\boldsymbol{x}^*)\|^2 \\
\le& f(\boldsymbol{x}^*)
\end{aligned}
$$

となり，さらに上式の右辺にある $f(\boldsymbol{x}^*)$ を左辺に移項することで

$$
f(\boldsymbol{x}_{k+1}) - [f(\boldsymbol{x}^*) + \nabla f(\boldsymbol{x}^*)^\top(\boldsymbol{x}_{k+1}-\boldsymbol{x}^*)]
$$

$$+\frac{\rho}{2}\|\boldsymbol{A}(\boldsymbol{x}_{k+1}-\boldsymbol{x}^*)\|^2-\frac{1}{2\rho}\left(\|\boldsymbol{y}_k-\boldsymbol{y}^*\|^2-\|\boldsymbol{y}_{k+1}-\boldsymbol{y}^*\|^2\right)\leq 0$$

を得ます．凸関数の性質より，上式の左辺第 3 項までは

$$f(\boldsymbol{x}_{k+1})-[f(\boldsymbol{x}^*)+\nabla f(\boldsymbol{x}^*)^\top(\boldsymbol{x}_{k+1}-\boldsymbol{x}^*)]\geq 0$$

と評価できることに注意してください．両辺を $k=0,1,2,\ldots$ と足し合わせることで，

$$\begin{aligned}&\sum_{j=1}^{k}[f(\boldsymbol{x}_j)-f(\boldsymbol{x}^*)-\nabla f(\boldsymbol{x}^*)^\top(\boldsymbol{x}_j-\boldsymbol{x}^*)]\\&+\sum_{j=1}^{k}\frac{\rho}{2}\|\boldsymbol{A}(\boldsymbol{x}_j-\boldsymbol{x}^*)\|^2+\frac{1}{2\rho}\|\boldsymbol{y}_k-\boldsymbol{y}^*\|^2\leq\frac{1}{2\rho}\|\boldsymbol{y}_0-\boldsymbol{y}^*\|^2\end{aligned}\tag{12.19}$$

が成り立ちます．右辺は k によらず，左辺で和をとっている各項が非負であることから，式 (12.16) が得られます．さらに，式 (12.19) と凸関数の性質 $f(\frac{1}{k}\sum_{j=1}^{k}\boldsymbol{x}_j)\leq\frac{1}{k}\sum_{j=1}^{k}f(\boldsymbol{x}_j)$ を用いることで，式 (12.17) を得ます． □

12.2.7 近接点アルゴリズムとの関係

拡張ラグランジュ関数法は**近接点アルゴリズム** (proximal point algorithm) と呼ばれる手法と双対の関係にあります．近接点アルゴリズムとは，関数 $f(\boldsymbol{x})$ をアルゴリズム 12.3 の手順で最適化する方法です．

アルゴリズム 12.3 近接点アルゴリズム

初期化：初期解 $\boldsymbol{x}_0\in\mathbb{R}^n$ を定める．$k\leftarrow 0$ とする．

1. 停止条件が満たされるなら，$\boldsymbol{x}_k$ を数値解として出力して停止．
2. $\boldsymbol{x}_{k+1}\leftarrow\underset{\boldsymbol{x}\in\mathbb{R}^n}{\operatorname{argmin}}\left\{f(\boldsymbol{x})+\frac{\eta_k}{2}\|\boldsymbol{x}-\boldsymbol{x}_k\|^2\right\}$ と更新．
   ただし $\eta_k\geq 0$ はステップ幅を調整するパラメータとする．
3. $k\leftarrow k+1$ とする．ステップ 1 に戻る．

近接点アルゴリズムは実際に直接用いて最適化する手法というよりも，概念的なアルゴリズムです．このアルゴリズムを中心にいろいろな最適化手法が得られます．実際，更新式に現れる最適化問題の双対問題を考えることにより，以下のように拡張ラグランジュ関数法が得られます．

関数 $f(\boldsymbol{x})$ が凸関数の場合を考えましょう．いま，$f_\eta(\boldsymbol{x}) := \min_{\boldsymbol{x}' \in \mathbb{R}^n} \{f(\boldsymbol{x}') + \frac{\eta}{2}\|\boldsymbol{x} - \boldsymbol{x}'\|^2\}$ と書き，ある凸関数 $f' : \mathbb{R}^n \to \mathbb{R} \cup \{\infty\}$ に対して

$$\mathrm{prox}(\boldsymbol{x}|f') := \underset{\boldsymbol{x}' \in \mathbb{R}^n}{\mathrm{argmin}} \left\{ f'(\boldsymbol{x}') + \frac{1}{2}\|\boldsymbol{x}' - \boldsymbol{x}\|^2 \right\}$$

と書きます．prox のことを**近接写像** (proximal mapping) と呼びます．定義より $\boldsymbol{x}_{k+1} = \mathrm{prox}(\boldsymbol{x}_k | f/\eta_k)$ です．また，

$$\begin{aligned} f_\eta(\boldsymbol{x}) &= \frac{\eta}{2}\|\boldsymbol{x}\|^2 - \max_{\boldsymbol{y} \in \mathbb{R}^n} \{\eta \boldsymbol{x}^\top \boldsymbol{y} - \frac{\eta}{2}\|\boldsymbol{y}\|^2 - f(\boldsymbol{y})\} \\ &= \frac{\eta}{2}\|\boldsymbol{x}\|^2 - \eta \left(f(\cdot)/\eta + \frac{1}{2}\|\cdot\|^2 \right)^* (\boldsymbol{x}) \end{aligned}$$

であることがわかります．ここで，$f(\cdot)/\eta + \frac{1}{2}\|\cdot\|^2$ は 1-強凸関数ですので，その共役関数は 1-平滑，特に微分可能です．このように f から f_η を作ることで微分可能な関数が得られます．f_η は f を平滑化した関数と考えることができます．この平滑化した関数 f_η のことを**モロー包** (Moreau envelope) と呼びます．

実は，近接点アルゴリズムはモロー包 f_η に関する最急降下法にあたることが示せます．共役関数とその微分係数の関係（定理 2.19）より，

$$\begin{aligned} \nabla f_\eta(\boldsymbol{x}) &= \eta \boldsymbol{x} - \eta \underset{\boldsymbol{y} \in \mathbb{R}^n}{\mathrm{argmax}} \left\{ \boldsymbol{x}^\top \boldsymbol{y} - \frac{1}{2}\|\boldsymbol{y}\|^2 - f(\boldsymbol{y})/\eta \right\} \\ &= \eta(\boldsymbol{x} - \mathrm{prox}(\boldsymbol{x}|f/\eta)) \end{aligned}$$

です．つまり，$\mathrm{prox}(\boldsymbol{x}|f/\eta) = \boldsymbol{x} - \frac{1}{\eta}\nabla f_\eta(\boldsymbol{x})$ となります．この式の $\boldsymbol{x}$ に $\boldsymbol{x}_k$ を，η に η_k を代入すれば $\boldsymbol{x}_{k+1} = \boldsymbol{x}_k - \frac{1}{\eta_k}\nabla f_{\eta_k}(\boldsymbol{x}_k)$ が得られ，近接点アルゴリズムが最急降下法にあたることがわかります．一般の凸関数には最急降下法は適用できませんが，近接点アルゴリズムはいったん目的関数をなめらかにしてから最急降下法を適用しているものとみなせます．

さらにこの更新式に対応する双対問題を導くことで拡張ラグランジュ関数法が得られることを以下に示します．まず，$\boldsymbol{x}_{k+1} = \mathrm{prox}(\boldsymbol{x}_k|f/\eta_k)$ の計算

式を眺めてみると,

$$x_{k+1} = \operatorname*{argmin}_{x \in \mathbb{R}^n} \{f(x) + \frac{\eta_k}{2}\|x - x_k\|^2\}$$

ですが，右辺の最適化問題は

$$\begin{aligned} &\min_{x, z \in \mathbb{R}^n} \{f(x) + \frac{\eta_k}{2}\|z\|^2 \mid z = x - x_k\} \\ &= \min_{x, z \in \mathbb{R}^n} \max_{w \in \mathbb{R}^n} \{f(x) + \frac{\eta_k}{2}\|z\|^2 + w^\top (x_k + z - x)\} \end{aligned}$$

となります．ここで強双対性（定理 9.6）より，この最適化問題は

$$\begin{aligned} &\max_{w \in \mathbb{R}^n} \min_{x, z \in \mathbb{R}^n} \{f(x) + \frac{\eta_k}{2}\|z\|^2 + w^\top (x_k + z - x)\} \\ &= \max_{w \in \mathbb{R}^n} \min_{x \in \mathbb{R}^n} \{f(x) - \frac{1}{2\eta_k}\|w\|^2 + w^\top (x_k - x)\} \\ &= \max_{w \in \mathbb{R}^n} \{-f^*(w) - \frac{1}{2\eta_k}\|w\|^2 + w^\top x_k\} \end{aligned} \tag{12.20}$$

となります．このとき，右辺の最適解を w_{k+1} とすると，途中の $\min_{z \in \mathbb{R}^n}$ を達成する最適解は $z_{k+1} = -w_{k+1}/\eta_k$ で与えられます．以上より，双対問題として

$$\min_{w \in \mathbb{R}^n} \{f^*(w) + \frac{1}{2\eta_k}\|w\|^2 - w^\top x_k\} \tag{12.21}$$

を得ます．$z_{k+1} = -w_{k+1}/\eta_k$ より，順に最適解を辿ると近接点アルゴリズムの更新式は

$$x_{k+1} = z_{k+1} + x_k = x_k - w_{k+1}/\eta_k \tag{12.22}$$

と書き表せます．さて，式 (12.21) の右辺は

$$\min_{w \in \mathbb{R}^n} \ f^*(w) \ \text{ s.t. } \ -w = \mathbf{0} \tag{12.23}$$

なる最適化問題の $\rho = 1/\eta_k$ とした拡張ラグランジュ関数 $L_\rho(w, x) = f^*(w) + x^\top(-w) + \frac{\rho}{2}\|w\|^2$ です．よって，近接点アルゴリズムの更新式 (12.22) は

$$w_{k+1} = \operatorname*{argmin}_{w \in \mathbb{R}^n} L_{\eta_k}(w, x_k),$$

$$\boldsymbol{x}_{k+1} = \boldsymbol{x}_k + \frac{1}{\eta_k}(-\boldsymbol{w}_{k+1})$$

と書き表せます．これは双対問題 (12.23) を拡張ラグランジュ関数法で解いていることにほかなりません．このように近接点アルゴリズムの双対として拡張ラグランジュ関数法が現れます．

特に，ある凸関数 $\bar{f}$ と行列 $\boldsymbol{A}$ を用いて，$f^*(\boldsymbol{w}) = \min_{\boldsymbol{u}\in\mathbb{R}^m}\{\bar{f}(\boldsymbol{u}) \mid \boldsymbol{A}\boldsymbol{u} - \boldsymbol{b} = -\boldsymbol{w}\}$ となる場合を考えると，式 (12.23) は 12.2.3 節で議論した線形制約付き凸最適化問題

$$\min_{\boldsymbol{u}\in\mathbb{R}^m} \bar{f}(\boldsymbol{u}) \quad \text{s.t.} \quad \boldsymbol{A}\boldsymbol{u} - \boldsymbol{b} = \boldsymbol{0}$$

になります．これに上の更新式を当てはめると，

$$\boldsymbol{w}_{k+1} = \mathop{\mathrm{argmin}}_{\boldsymbol{w}\in\mathbb{R}^n} f^*(\boldsymbol{w}) + \boldsymbol{x}^\top(-\boldsymbol{w}) + \frac{1}{2\eta_k}\|\boldsymbol{w}\|^2$$

を解くことになりますが，この最適化問題を解くことは

$$\boldsymbol{u}_{k+1} = \mathop{\mathrm{argmin}}_{\boldsymbol{u}\in\mathbb{R}^m} \bar{f}(\boldsymbol{u}) + \boldsymbol{x}^\top(\boldsymbol{A}\boldsymbol{u} - \boldsymbol{b}) + \frac{1}{2\eta_k}\|\boldsymbol{A}\boldsymbol{u} - \boldsymbol{b}\|^2$$

なる最適化問題を解いて，$\boldsymbol{w}_{k+1} = \boldsymbol{b} - \boldsymbol{A}\boldsymbol{u}_{k+1}$ とすることと同値です．すると，$\boldsymbol{x}$ の更新式 $\boldsymbol{x}_{k+1} = \boldsymbol{x}_k - \boldsymbol{w}_{k+1}/\eta_k$ は

$$\boldsymbol{x}_{k+1} = \boldsymbol{x}_k + \frac{1}{\eta_k}(\boldsymbol{A}\boldsymbol{u}_{k+1} - \boldsymbol{b})$$

となり，線形制約付き凸最適化問題に対する拡張ラグランジュ関数法の更新式 (12.13) と同値な更新式が得られます．

定理 12.5（近接点アルゴリズムの収束定理）

最適化問題 $\min_{\boldsymbol{x}\in\mathbb{R}^n} f(\boldsymbol{x})$ が最適解 $\boldsymbol{x}^*$ をもつとします．このとき，$\eta_k \geq 0$ が単調非増加なら，近接点アルゴリズムの生成する解の列 $\boldsymbol{x}_k$ $(k=1,2,3,\ldots)$ に対し，

$$f(\boldsymbol{x}_k) - f(\boldsymbol{x}^*) \leq \frac{\eta_0}{2k}\|\boldsymbol{x}_0 - \boldsymbol{x}^*\|^2$$

が成り立ちます．また，f が μ-強凸ならば

$$\|\boldsymbol{x}_{k+1} - \boldsymbol{x}^*\|^2 \leq \frac{\eta_k}{\eta_k + \mu}\|\boldsymbol{x}_k - \boldsymbol{x}^*\|^2$$

が成り立ちます．

第 2 式より f が強凸ならば最適解へ 1 次収束することがわかります．特に $\eta_k \to 0$ と減少させれば超 1 次収束します（超 1 次収束の定義は式 (1.4) 参照）．$\eta_k \to 0$ は双対の拡張ラグランジュ関数法において $\rho_k \to \infty$ とすることに対応します．こうすることによって収束はよくなりますが，各更新で解くべき部分問題の条件数が悪くなります．

証明. $f(\boldsymbol{x}) + \frac{\eta}{2}\|\boldsymbol{x} - \boldsymbol{x}_k\|^2$ は η-強凸なので，その最小化元 $\boldsymbol{x}_{k+1}$ に対して式 (2.6) を用いると

$$f(\boldsymbol{x}_{k+1}) + \frac{\eta_k}{2}\|\boldsymbol{x}_{k+1} - \boldsymbol{x}_k\|^2 + \frac{\eta_k}{2}\|\boldsymbol{x}_{k+1} - \boldsymbol{x}^*\|^2 \leq f(\boldsymbol{x}^*) + \frac{\eta_k}{2}\|\boldsymbol{x}^* - \boldsymbol{x}_k\|^2$$

となり，特に

$$f(\boldsymbol{x}_{k+1}) + \frac{\eta_k}{2}\|\boldsymbol{x}_{k+1} - \boldsymbol{x}^*\|^2 - \frac{\eta_k}{2}\|\boldsymbol{x}_k - \boldsymbol{x}^*\|^2 \leq f(\boldsymbol{x}^*) \tag{12.24}$$

です．よって，$k = 0,1,2,\ldots$ と両辺足し合わせることで，

$$\sum_{j=0}^{k-1} f(\boldsymbol{x}_{j+1}) + \sum_{j=0}^{k-2} \frac{\eta_j - \eta_{j+1}}{2}\|\boldsymbol{x}_{j+1} - \boldsymbol{x}^*\|^2 \leq kf(\boldsymbol{x}^*) + \frac{\eta_0}{2}\|\boldsymbol{x}_0 - \boldsymbol{x}^*\|^2$$

を得ます．さらに，$\boldsymbol{x}_{k+1}$ の定義より，

$$f(\boldsymbol{x}_{k+1}) + \frac{\eta_k}{2}\|\boldsymbol{x}_{k+1} - \boldsymbol{x}_k\|^2 \leq f(\boldsymbol{x}_k) + \frac{\eta_k}{2}\|\boldsymbol{x}_k - \boldsymbol{x}_k\|^2 = f(\boldsymbol{x}_k)$$

なので，$f(\boldsymbol{x}_{k+1}) \leq f(\boldsymbol{x}_k)$ となります．よって，$\sum_{j=1}^{k} f(\boldsymbol{x}_j) \geq kf(\boldsymbol{x}_k)$ となるので，第一の題意を得ます．第二の不等式は，式 (2.6) から導かれる $f(\boldsymbol{x}_k) - f(\boldsymbol{x}^*) \geq \frac{\mu}{2}\|\boldsymbol{x}_k - \boldsymbol{x}^*\|^2$ と式 (12.24) により得られます． □

12.3 交互方向乗数法

12.3.1 交互方向乗数法のアルゴリズム

以下のような線形等式制約付き最適化問題を考えます．

$$\min_{\boldsymbol{x}\in\mathbb{R}^p, \boldsymbol{y}\in\mathbb{R}^q} f(\boldsymbol{x}) + g(\boldsymbol{y}) \quad \text{s.t.} \quad \boldsymbol{A}\boldsymbol{x} + \boldsymbol{B}\boldsymbol{y} = \boldsymbol{0}. \tag{12.25}$$

拡張ラグランジュ関数法では，

$$L_\rho(\boldsymbol{x}, \boldsymbol{y}, \boldsymbol{\lambda}) = f(\boldsymbol{x}) + g(\boldsymbol{y}) + \boldsymbol{\lambda}^\top(\boldsymbol{A}\boldsymbol{x} + \boldsymbol{B}\boldsymbol{y}) + \frac{\rho}{2}\|\boldsymbol{A}\boldsymbol{x} + \boldsymbol{B}\boldsymbol{y}\|^2$$

を用いて最適化を行いました．拡張ラグランジュ関数法の更新式では，反復ごと $\min_{\boldsymbol{x},\boldsymbol{y}} L_\rho(\boldsymbol{x}, \boldsymbol{y}, \boldsymbol{\lambda}_k)$ を解かなくてはいけません．しかし，$(\boldsymbol{x}, \boldsymbol{y})$ に関して同時に最適化するのはやや面倒なことが多いです．そこで，これらを交互に最適化する**交互方向乗数法** (alternating direction method of multipliers, ADMM) が提案されています．基本的なアルゴリズムをアルゴリズム 12.4 に示します．

アルゴリズム 12.4 問題 (12.25) に対する交互方向乗数法（基本形）

初期化： 初期解 $\boldsymbol{x}_0 \in \mathbb{R}^p, \boldsymbol{y}_0 \in \mathbb{R}^q$ と $\boldsymbol{\lambda}_0$ を定める．$k \leftarrow 1$ とする．

1. 停止条件が満たされるなら，結果を出力して停止．
2. $\boldsymbol{x}_k$ を以下のように更新：

$$\boldsymbol{x}_k \longleftarrow \operatorname*{argmin}_{\boldsymbol{x} \in \mathbb{R}^p} L_\rho(\boldsymbol{x}, \boldsymbol{y}_{k-1}, \boldsymbol{\lambda}_{k-1}) = \operatorname*{argmin}_{\boldsymbol{x} \in \mathbb{R}^p} \left\{ f(\boldsymbol{x}) + \frac{\rho}{2} \|\boldsymbol{A}\boldsymbol{x} + \boldsymbol{B}\boldsymbol{y}_{k-1} + \boldsymbol{\lambda}_{k-1}/\rho\|^2 \right\}.$$

3. $\boldsymbol{y}_k$ を以下のように更新：

$$\boldsymbol{y}_k \longleftarrow \operatorname*{argmin}_{\boldsymbol{y} \in \mathbb{R}^q} L_\rho(\boldsymbol{x}_k, \boldsymbol{y}, \boldsymbol{\lambda}_{k-1}) = \operatorname*{argmin}_{\boldsymbol{y} \in \mathbb{R}^q} \left\{ g(\boldsymbol{y}) + \frac{\rho}{2} \|\boldsymbol{A}\boldsymbol{x}_k + \boldsymbol{B}\boldsymbol{y} + \boldsymbol{\lambda}_{k-1}/\rho\|^2 \right\}.$$

4. $\boldsymbol{\lambda}_k \leftarrow \boldsymbol{\lambda}_{k-1} + \rho(\boldsymbol{A}\boldsymbol{x}_k + \boldsymbol{B}\boldsymbol{y}_k)$ と更新．
5. $k \leftarrow k+1$ とする．ステップ 1 に戻る．

交互方向乗数法は各更新において関数 $f(\boldsymbol{x})$ または $g(\boldsymbol{y})$ に 2 次関数を足したものを制約なしで最適化すればよいので，元の問題よりも解きやすくなっています．交互方向乗数法を拡張した方法として，ある半正定値対称行列 $\boldsymbol{Q} \succeq \boldsymbol{O}, \boldsymbol{P} \succeq \boldsymbol{O}$ を用いて補正した方法があります．そのアルゴリズムをアルゴリズム 12.5 に示します．

アルゴリズム 12.5 問題 (12.25) に対する交互方向乗数法（拡張型）

初期化：初期解 $\boldsymbol{x}_0 \in \mathbb{R}^p, \boldsymbol{y}_0 \in \mathbb{R}^q$ と $\boldsymbol{\lambda}_0$ を定める．
行列 $\boldsymbol{Q} \succeq \boldsymbol{O}$, $\boldsymbol{P} \succeq \boldsymbol{O}$, パラメータ $\rho, \gamma > 0$ を定める．
$k \leftarrow 1$ とする．

1. 停止条件が満たされるなら，結果を出力して停止．
2. $\boldsymbol{x}_k$ を以下のように更新：
$$\boldsymbol{x}_k \longleftarrow \operatorname*{argmin}_{\boldsymbol{x} \in \mathbb{R}^p} \left\{ L_\rho(\boldsymbol{x}, \boldsymbol{y}_{k-1}, \boldsymbol{\lambda}_{k-1}) + \frac{1}{2}\|\boldsymbol{x} - \boldsymbol{x}_{k-1}\|_{\boldsymbol{Q}}^2 \right\}.$$
3. $\boldsymbol{y}_k$ を以下のように更新：
$$\boldsymbol{y}_k \longleftarrow \operatorname*{argmin}_{\boldsymbol{y} \in \mathbb{R}^q} \left\{ L_\rho(\boldsymbol{x}_k, \boldsymbol{y}, \boldsymbol{\lambda}_{k-1}) + \frac{1}{2}\|\boldsymbol{y} - \boldsymbol{y}_{k-1}\|_{\boldsymbol{P}}^2 \right\}.$$
4. $\boldsymbol{\lambda}_k \leftarrow \boldsymbol{\lambda}_{k-1} + \gamma\rho(\boldsymbol{A}\boldsymbol{x}_k + \boldsymbol{B}\boldsymbol{y}_k)$ と更新．
5. $k \leftarrow k+1$ とする．ステップ 1 に戻る．

この拡張型の交互方向乗数法の利点は，ある十分大きな $\eta_1, \eta_2 > 0$ を用いて $\boldsymbol{Q} = \eta_1 \boldsymbol{I} - \rho \boldsymbol{A}^\top \boldsymbol{A} \succeq \boldsymbol{O}$ および $\boldsymbol{P} = \eta_2 \boldsymbol{I} - \rho \boldsymbol{B}^\top \boldsymbol{B} \succeq \boldsymbol{O}$ とすれば，$\boldsymbol{x}$ と $\boldsymbol{y}$ の更新式に現れる 2 次関数が対角化され，

$$\boldsymbol{x}_k = \operatorname*{argmin}_{\boldsymbol{x} \in \mathbb{R}^p} f(\boldsymbol{x}) + \frac{\eta_1}{2}\left\| \boldsymbol{x} + \frac{1}{\eta_1}[\boldsymbol{A}^\top(\rho \boldsymbol{B}\boldsymbol{y}_{k-1} + \boldsymbol{\lambda}_{k-1}) - \boldsymbol{Q}\boldsymbol{x}_{k-1}] \right\|^2,$$
$$\boldsymbol{y}_k = \operatorname*{argmin}_{\boldsymbol{y} \in \mathbb{R}^q} g(\boldsymbol{y}) + \frac{\eta_2}{2}\left\| \boldsymbol{y} + \frac{1}{\eta_2}[\boldsymbol{B}^\top(\rho \boldsymbol{A}\boldsymbol{x}_k + \boldsymbol{\lambda}_{k-1}) - \boldsymbol{P}\boldsymbol{y}_{k-1}] \right\|^2$$

となります．これによって，2 次形式の非対角成分を考える必要がなくなり，多くの問題がより解きやすくなります．このような技法を**交互方向乗数法の線形化** (linearlization of ADMM) と呼びます．また，$\gamma > 0$ はステップ幅を調整するパラメータで，通常 $\gamma \in (0, \frac{1+\sqrt{5}}{2})$ の範囲でとります．

（拡張型）交互方向乗数法の収束は文献 [9, 12, 23, 34, 37] で議論されてい

ます．交互方向乗数法は収束し，さらに文献 [23] では $\boldsymbol{P} = \boldsymbol{O}$ なる拡張型交互方向乗数法が弱い条件のもと $O(1/k)$ の収束を達成することが示されています．また，文献 [12] では目的関数が強凸性をもてば1次収束することが示されています．

12.3.2 交互方向乗数法による並列計算

交互方向乗数法を使うことにより，大規模データの並列計算も簡単に実行できます．例えば，正則化学習や事後確率最大化は

$$\min_{\boldsymbol{w}\in\mathbb{R}^d} \sum_{i=1}^{n} \ell(z_i, \boldsymbol{w}) + \psi(\boldsymbol{w}) \tag{12.26}$$

のように書けます．ここで，$\{z_i\}_{i=1}^{n}$ はデータで，正則化学習なら ℓ は**損失関数** (loss function) で ψ は**正則化項** (regularization term)，事後確率最大化なら ℓ は負の対数をとった密度関数で ψ は負の対数をとった事前確率です．データが大量にある場合は，損失関数の項 $\sum_{i=1}^{n} \ell(z_i, \boldsymbol{w})$ の計算量が大きくなります．そこで，データを $I_1 \cup I_2 \cup \cdots \cup I_J$ と分割して，以下のような最適化問題として再定式化します．

$$\begin{aligned} \min_{\boldsymbol{x}^{(j)}\in\mathbb{R}^d, \boldsymbol{y}\in\mathbb{R}^d} & \sum_{j=1}^{J} f_{I_j}(\boldsymbol{x}^{(j)}) + \psi(\boldsymbol{y}) \\ \text{s.t.} \ \ & \boldsymbol{x}^{(j)} = \boldsymbol{y}, \quad \forall j = 1, \ldots, J. \end{aligned}$$

ただし $f_{I_j}(\boldsymbol{x}^{(j)}) = \sum_{i\in I_j} \ell(z_i, \boldsymbol{x}^{(j)})$ です．この最適化問題は元の最適化問題（式 (12.26)）と同値であることは自明です．ここで $f(\boldsymbol{x}) = \sum_{j=1}^{J} f_{I_j}(\boldsymbol{x}^{(j)})$ とすれば，線形制約付き最適化問題 (12.25) の特殊なケースになることがわかります．

すると，交互方向乗数法の更新式は

$$(\boldsymbol{x}_k^{(1)}, \ldots, \boldsymbol{x}_k^{(J)}) = \mathop{\mathrm{argmin}}_{\substack{\boldsymbol{x}^{(j)}\in\mathbb{R}^d \\ (j=1,\ldots,J)}} \ \sum_{j=1}^{J} f_{I_j}(\boldsymbol{x}^{(j)}) + \frac{\rho}{2}\sum_{j=1}^{J} \|\boldsymbol{x}^{(j)} - \boldsymbol{y}_{k-1} + \boldsymbol{\lambda}_{k-1}^{(j)}/\rho\|^2,$$

$$\boldsymbol{y}_k = \mathop{\mathrm{argmin}}_{\boldsymbol{y}\in\mathbb{R}^d} \ \psi(\boldsymbol{y}) + \frac{\rho}{2}\sum_{j=1}^{J} \|\boldsymbol{x}_k^{(j)} - \boldsymbol{y} + \boldsymbol{\lambda}_{k-1}^{(j)}/\rho\|^2$$

$$
\begin{aligned}
&= \mathop{\mathrm{argmin}}_{\boldsymbol{y}\in\mathbb{R}^d} \quad \psi(\boldsymbol{y}) + \frac{\rho J}{2}\|\boldsymbol{y} - \frac{1}{J}\sum_{j=1}^{J}(\boldsymbol{x}_k^{(j)} - \boldsymbol{\lambda}_{k-1}^{(j)}/\rho)\|^2 \\
&= \mathrm{prox}\left(\frac{1}{J}\sum_{j=1}^{J}(\boldsymbol{x}_k^{(j)} - \boldsymbol{\lambda}_{k-1}^{(j)}/\rho) \;\middle|\; \frac{\psi}{\rho J}\right), \\
\boldsymbol{\lambda}_k^{(j)} &= \boldsymbol{\lambda}_{k-1}^{(j)} + \rho(\boldsymbol{x}^{(j)} - \boldsymbol{y}), \quad j = 1, \ldots, J
\end{aligned}
$$

となります．$\boldsymbol{x}$ の更新式で注目すべき点は，各ブロック $\boldsymbol{x}^{(j)}$ の更新を並列化できるという点です．すなわち，すべての $j = 1, \ldots, J$ において

$$
\boldsymbol{x}_k^{(j)} = \mathop{\mathrm{argmin}}_{\boldsymbol{x}^{(j)}\in\mathbb{R}^d} \; f_{I_j}(\boldsymbol{x}^{(j)}) + \frac{\rho}{2}\|\boldsymbol{x}^{(j)} - \boldsymbol{y}_{k-1} + \boldsymbol{\lambda}_{k-1}^{(j)}/\rho\|^2
$$

を並列に計算すれば，交互方向乗数法の更新式が計算できます．ノードごとにこの並列計算をする場合，データ $\{z_i\}_{i\in I_j}$ をノード間で共有する必要はありません．各計算ノードに分散してデータを保持しておくことができます．また，パラメータを管理するサーバーにおいては，$\{(\boldsymbol{x}_k^{(j)}, \boldsymbol{\lambda}_k^{(j)})_{j=1}^{J}, \boldsymbol{y}_k\}$ を同期して保持していれば正確な更新が可能です．

第IV部

学習アルゴリズムとしての最適化

Chapter 13

上界最小化アルゴリズム

上界最小化アルゴリズムは，目的関数を単調減少させる点列を生成する逐次解法として幅広く使われているアルゴリズムです．特に，目的関数を明示的に最適化することが困難な場合の解法の1つとして使われます．また，上界最小化アルゴリズムを理解することで，この枠組みに含まれる他のアルゴリズムを統一的に理解することができます．

13.1 上界最小化アルゴリズム

上界最小化 (MM) アルゴリズム (majorization minimization algorithm, MM-algorithm)[31] は，具体的なアルゴリズムを指すというよりは，目的関数を単調減少させる点列を生成する逐次解法の一般的な枠組みです．例えば，確率モデルのパラメータを最尤推定する有名な手法の 1 つに**期待値最大化 (EM) アルゴリズム** (expectation-maximization algorithm, EM algorithm)[11] がありますが，この EM アルゴリズムも MM アルゴリズムの枠組みに含まれます． 本節では，いくつかの用語を定義し，MM アルゴリズムの一般的な枠組みについて説明します．

定義 13.1（方向微分と停留点）

$\mathcal{X}$ を閉凸集合，$f : \mathcal{X} \to \mathbb{R}$ を微分可能な関数とします．ベクトル $\boldsymbol{d}$ に沿った $f(\boldsymbol{x})$ の**方向微分** (directional derivative) を

$$\nabla_{\boldsymbol{d}} f(\boldsymbol{x}) = \lim_{h \to +0} \frac{f(\boldsymbol{x} + h\boldsymbol{d}) - f(\boldsymbol{x})}{h} \tag{13.1}$$

と定義します．さらに，

$$\nabla_{\boldsymbol{d}} f(\boldsymbol{x}) \geq 0, \quad \forall \boldsymbol{d} \text{ s.t. } \boldsymbol{x} + \boldsymbol{d} \in \mathcal{X} \tag{13.2}$$

を満たす点 $\boldsymbol{x}$ を停留点と呼びます（3.2 節参照）．$\mathcal{X} = \mathbb{R}^n$ で f が微分可能なら，条件 (13.2) は $\nabla f(\boldsymbol{x}) = \boldsymbol{0}$ と等価です．

停留点は，極値点や最大値・最小値をとる点になるとは限らないので注意が必要です．

最小化問題

$$\min_{\boldsymbol{x} \in \mathcal{X}} f(\boldsymbol{x}) \tag{13.3}$$

を考えます．ここでは，$f(\boldsymbol{x})$ を直接解くのが難しい設定を考えます．具体的な設定は後に説明します．

MM アルゴリズムは，この最小化問題を直接解く代わりに $f(\boldsymbol{x})$ の近似関数の最小化問題を逐次的に解くことで，解候補点列を生成するアルゴリズムです．具体的には，t 番目の解候補点 $\boldsymbol{x}_t$ のまわりでの目的関数 $f(\boldsymbol{x})$ の近似関数を $u(\boldsymbol{x}; \boldsymbol{x}_t)$ としたとき，$t+1$ 番目の解候補点 $\boldsymbol{x}_{t+1}$ を

$$\boldsymbol{x}_{t+1} = \operatorname*{argmin}_{\boldsymbol{x} \in \mathcal{X}} u(\boldsymbol{x}; \boldsymbol{x}_t) \tag{13.4}$$

として求めます．

このようなアルゴリズムを構成したとき，最適化問題 $\min_{\boldsymbol{x} \in \mathcal{X}} f(\boldsymbol{x})$ を解くために近似関数 u がもつべき条件として以下が知られています．

$$u(\boldsymbol{x}; \boldsymbol{y}) \text{ が，} \boldsymbol{x} \text{ および } \boldsymbol{y} \text{ において連続である} \tag{13.5}$$

$$u(\boldsymbol{x}; \boldsymbol{x}) = f(\boldsymbol{x}), \quad \forall \boldsymbol{x} \in \mathcal{X} \tag{13.6}$$

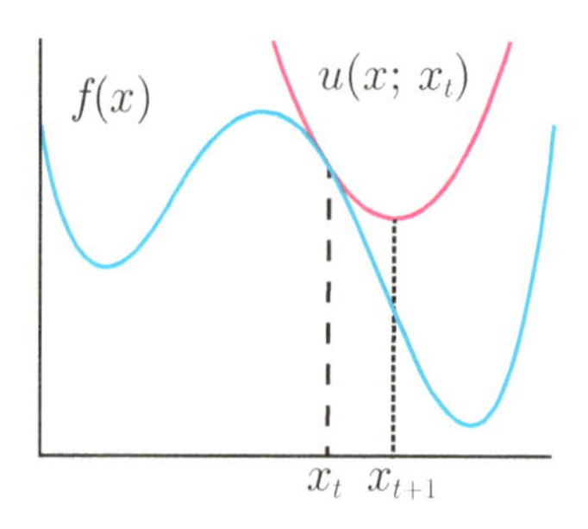

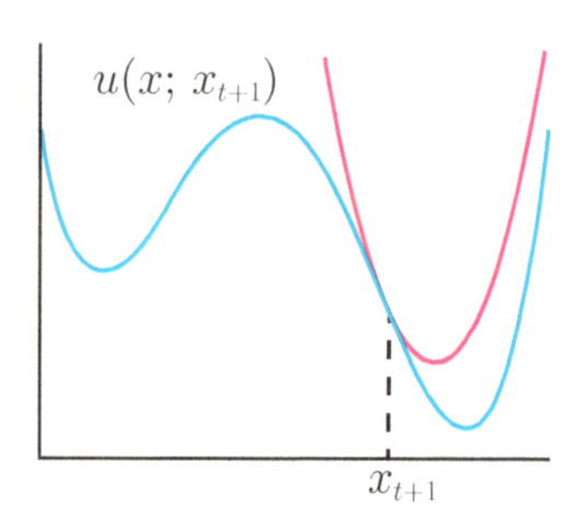

図 13.1 MM アルゴリズムの動作例.

$$u(\boldsymbol{x};\boldsymbol{y}) \geq f(\boldsymbol{x}), \quad \forall \boldsymbol{x}, \boldsymbol{y} \in \mathcal{X} \tag{13.7}$$

$$\nabla_{\boldsymbol{d}} u(\boldsymbol{x};\boldsymbol{y})|_{\boldsymbol{x}=\boldsymbol{y}} = \nabla_{\boldsymbol{d}} f(\boldsymbol{x})|_{\boldsymbol{x}=\boldsymbol{y}}, \quad \forall \boldsymbol{d} \text{ s.t. } \boldsymbol{y}+\boldsymbol{d} \in \mathcal{X} \tag{13.8}$$

このような条件を満たす u を**代理関数** (surrogate function) といいます.

MM アルゴリズムは, 代理関数を用いて, **優越化** (majorization) と**最小化** (minimization) という 2 つのステップを交互に繰り返すことで, 解候補点列を生成するアルゴリズム (**アルゴリズム 13.1**) です. **図 13.1** に MM アルゴリズムの動作例を示します.

アルゴリズム 13.1 MM アルゴリズム

初期化： 初期解 $\boldsymbol{x}_0 \in \mathcal{X}$ を定める. $t \leftarrow 0$ とする.

1. 停止条件が満たされるなら, 結果を出力して停止.
2. 優越化ステップ： $\boldsymbol{x}_t$ での $f(\boldsymbol{x})$ の代理関数 $u(\boldsymbol{x};\boldsymbol{x}_t)$ を構成.
3. 最小化ステップ： $\boldsymbol{x}_{t+1} \leftarrow \operatorname{argmin}_{\boldsymbol{x}\in\mathcal{X}} u(\boldsymbol{x};\boldsymbol{x}_t)$ と更新.
4. $t \leftarrow t+1$ とする. ステップ 1 に戻る

MM アルゴリズムに関して以下の性質が知られています.

定理 13.2（MM アルゴリズムの単調減少性）

代理関数が条件 (13.5)〜(13.7) を満たすとき，MM アルゴリズムで生成される解候補点列 $\{\boldsymbol{x}_t\}$ は，任意の $t \geq 0$ に対して $f(\boldsymbol{x}_t) \geq f(\boldsymbol{x}_{t+1})$ を満たします．

証明. 条件 (13.7) より $f(\boldsymbol{x}) \leq u(\boldsymbol{x}; \boldsymbol{x}_t)$，条件 (13.6) より $f(\boldsymbol{x}_t) = u(\boldsymbol{x}_t; \boldsymbol{x}_t)$ なので，

$$f(\boldsymbol{x}) - f(\boldsymbol{x}_t) \leq u(\boldsymbol{x}; \boldsymbol{x}_t) - u(\boldsymbol{x}_t; \boldsymbol{x}_t) \tag{13.9}$$

となります．さらに，式変形して

$$f(\boldsymbol{x}) - u(\boldsymbol{x}; \boldsymbol{x}_t) \leq f(\boldsymbol{x}_t) - u(\boldsymbol{x}_t; \boldsymbol{x}_t) \tag{13.10}$$

とすると，$\boldsymbol{x}_{t+1} = \operatorname{argmin}_{\boldsymbol{x} \in \mathcal{X}} u(\boldsymbol{x}; \boldsymbol{x}_t)$ のとき，

$$\begin{aligned} f(\boldsymbol{x}_{t+1}) &= u(\boldsymbol{x}_{t+1}; \boldsymbol{x}_t) + f(\boldsymbol{x}_{t+1}) - u(\boldsymbol{x}_{t+1}; \boldsymbol{x}_t) \\ &\leq u(\boldsymbol{x}_{t+1}; \boldsymbol{x}_t) + f(\boldsymbol{x}_t) - u(\boldsymbol{x}_t; \boldsymbol{x}_t) \quad [\text{不等式 (13.10) を用いた}] \\ &\leq u(\boldsymbol{x}_t; \boldsymbol{x}_t) + f(\boldsymbol{x}_t) - u(\boldsymbol{x}_t; \boldsymbol{x}_t) \quad [u(\boldsymbol{x}_{t+1}; \boldsymbol{x}_t) \leq u(\boldsymbol{x}_t; \boldsymbol{x}_t) \text{ を用いた}] \\ &= f(\boldsymbol{x}_t) \end{aligned} \tag{13.11}$$

となり，目的関数を単調に減少させることがわかります． □

また，MM アルゴリズムの収束に関しては以下の定理が知られています．

定理 13.3（MM アルゴリズムの収束性）

代理関数が条件 (13.5)〜(13.8) を満たすとき，MM アルゴリズムによって生成されるあらゆる**集積点** (limit point) は，目的関数 $f(\boldsymbol{x})$ の停留点です．

証明. 条件 (13.7) と MM アルゴリズムの性質から

$$f(\boldsymbol{x}_{t+1}) \leq u(\boldsymbol{x}_{t+1}; \boldsymbol{x}_t) \leq u(\boldsymbol{x}; \boldsymbol{x}_t), \quad \forall \boldsymbol{x} \in \mathcal{X} \tag{13.12}$$

となります．ここで，$\boldsymbol{z} \in \mathcal{X}$ に収束する部分点列 $\{\boldsymbol{x}_{t_k}\}$ が存在すると仮定します．すなわち，

$$\lim_{k \to \infty} \boldsymbol{x}_{t_k} = \boldsymbol{x}^* \tag{13.13}$$

と仮定します．MM アルゴリズムの単調減少性により

$$f(\boldsymbol{x}_0) \geq f(\boldsymbol{x}_1) \geq f(\boldsymbol{x}_2) \geq \ldots \tag{13.14}$$

となるので，$t_k + 1 \leq t_{k+1}$ のとき，$f(\boldsymbol{x}_{t_{k+1}}) \leq f(\boldsymbol{x}_{t_k+1})$ であることを用いれば，任意の $\boldsymbol{x} \in \mathcal{X}$ に対して

$$u(\boldsymbol{x}_{t_{k+1}}; \boldsymbol{x}_{t_{k+1}}) = f(\boldsymbol{x}_{t_{k+1}}) \leq f(\boldsymbol{x}_{t_k+1}) \leq u(\boldsymbol{x}_{t_k+1}; \boldsymbol{x}_{t_k}) \leq u(\boldsymbol{x}; \boldsymbol{x}_{t_k}) \tag{13.15}$$

が成り立ちます．したがって，$k \to \infty$ のとき

$$u(\boldsymbol{x}^*; \boldsymbol{x}^*) \leq u(\boldsymbol{x} : \boldsymbol{x}^*), \quad \forall \boldsymbol{x} \in \mathcal{X} \tag{13.16}$$

となります．不等式 (13.16) は，$\boldsymbol{x}^*$ が $u(\boldsymbol{x}; \boldsymbol{x}^*)$ の最適解であることを意味するので，定理 3.6 と $\mathcal{X}$ の凸性より

$$\nabla_{\boldsymbol{d}} u(\boldsymbol{x}; \boldsymbol{x}^*)|_{\boldsymbol{x}=\boldsymbol{x}^*} \geq 0, \quad \forall \boldsymbol{d} \text{ s.t. } \boldsymbol{x}^* + \boldsymbol{d} \in \mathcal{X} \tag{13.17}$$

が成り立ちます．条件 (13.8) を用いれば，

$$\nabla_{\boldsymbol{d}} f(\boldsymbol{x})|_{\boldsymbol{x}=\boldsymbol{x}^*} \geq 0, \quad \forall \boldsymbol{d} \text{ s.t. } \boldsymbol{x}^* + \boldsymbol{d} \in \mathcal{X} \tag{13.18}$$

となり，$\boldsymbol{x}^*$ は $f(\boldsymbol{x})$ の停留点となります． □

13.2 代理関数の例

代理関数を求めるための代表的な方法について説明します．具体的には，代理関数を求めるために用いられるいくつかの不等式について説明します．次節から，ここで紹介した代理関数によるアルゴリズム例を紹介します．

線形化の利用

$h(\boldsymbol{x})$ を 1 回微分可能な凸関数とします．このとき，定理 2.12 より

$$h(\boldsymbol{x}) \geq h(\boldsymbol{x}_t) + \nabla h(\boldsymbol{x}_t)^\top (\boldsymbol{x} - \boldsymbol{x}_t) \tag{13.19}$$

が成り立ちます．実際には，$-h(\boldsymbol{x})$ とすることで代理関数を構成することができます．

二次近似の利用

$h(\boldsymbol{x})$ を 2 回微分可能でヘッセ行列が有界である凸関数とします．M を正定値行列として，$M - \nabla^2 h(\boldsymbol{x})$ が任意の $\boldsymbol{x}$ に対して非負定値行列ならば

$$h(\boldsymbol{x}) \leq h(\boldsymbol{x}_t) + \nabla h(\boldsymbol{x}_t)^\top (\boldsymbol{x} - \boldsymbol{x}_t) + \frac{1}{2}(\boldsymbol{x} - \boldsymbol{x}_t)^\top M (\boldsymbol{x} - \boldsymbol{x}_t) \tag{13.20}$$

が成り立ちます．

イェンセンの不等式の利用

$h(\boldsymbol{x})$ を凸関数とします．確率変数 X に対して，次の**イェンセンの不等式** (Jensen's Inequality)

$$h(\mathbb{E}[X]) \leq \mathbb{E}[h(X)] \tag{13.21}$$

が成り立ちます．これは，EM アルゴリズムを導出する際の代理関数を求めるときに用います．

13.3 EM アルゴリズム

EM アルゴリズム [11] は，**潜在変数** (latent variable) と呼ばれる観測できない変数を含む統計モデルの**最尤推定** (maximum likelihood extimation) を行う代表的なアルゴリズムです．EM アルゴリズムは，パラメータの最尤推定を負の対数尤度の最小化問題とみなすことで，MM アルゴリズムの枠組みで導出することができます．本節では，まず EM アルゴリズムについて説明し，次に MM アルゴリズムとの対応について説明します．

観測データを $\boldsymbol{y}_{1:n} = (y_1, y_2, \ldots, y_n)$ として，$\boldsymbol{\theta}$ をパラメータとする確率モデル $p(x|\boldsymbol{\theta})$ を考えます．最尤推定は

$$\boldsymbol{\theta}_{\mathrm{ML}} = \underset{\boldsymbol{\theta}}{\operatorname{argmin}} \{-\log p(\boldsymbol{y}_{1:n}|\boldsymbol{\theta})\} \tag{13.22}$$

と定式化されます．

観測データ点 y_i ごとに潜在変数 z_i を仮定します．EM アルゴリズムは，まず負の対数尤度に関する上界を

$$\begin{aligned}
-\log p(\boldsymbol{y}_{1:n}|\boldsymbol{\theta}) &= -\log \sum_{\boldsymbol{z}_{1:n}} p(\boldsymbol{y}_{1:n}, \boldsymbol{z}_{1:n}|\boldsymbol{\theta}) \\
&= -\log \sum_{\boldsymbol{z}_{1:n}} \frac{p(\boldsymbol{y}_{1:n}, \boldsymbol{z}_{1:n}|\boldsymbol{\theta})}{p(\boldsymbol{z}_{1:n}|\boldsymbol{y}_{1:n}, \boldsymbol{\theta}_t)} p(\boldsymbol{z}_{1:n}|\boldsymbol{y}_{1:n}, \boldsymbol{\theta}_t) \\
&= -\log \mathbb{E}_{\boldsymbol{z}_{1:n}|\boldsymbol{y}_{1:n}, \boldsymbol{\theta}_t} \left[\frac{p(\boldsymbol{y}_{1:n}, \boldsymbol{z}_{1:n}|\boldsymbol{\theta})}{p(\boldsymbol{z}_{1:n}|\boldsymbol{y}_{1:n}, \boldsymbol{\theta}_t)} \right] \\
&\leq -\mathbb{E}_{\boldsymbol{z}_{1:n}|\boldsymbol{y}_{1:n}, \boldsymbol{\theta}_t} \left[\log \frac{p(\boldsymbol{y}_{1:n}, \boldsymbol{z}_{1:n}|\boldsymbol{\theta})}{p(\boldsymbol{z}_{1:n}|\boldsymbol{y}_{1:n}, \boldsymbol{\theta}_t)} \right] \quad \text{（イェンセンの不等式）}
\end{aligned} \tag{13.23}$$

と求めます．ここで，

$$u(\boldsymbol{\theta}; \boldsymbol{\theta}_t) = -\mathbb{E}_{\boldsymbol{z}_{1:n}|\boldsymbol{y}_{1:n}, \boldsymbol{\theta}_t} \left[\log \frac{p(\boldsymbol{y}_{1:n}, \boldsymbol{z}_{1:n}|\boldsymbol{\theta})}{p(\boldsymbol{z}_{1:n}|\boldsymbol{y}_{1:n}, \boldsymbol{\theta}_t)} \right] \tag{13.24}$$

とします．

EM アルゴリズムでは，以下に示すように $\boldsymbol{\theta}_t$ が与えられたもとでの $\boldsymbol{z}_{1:n}$ の事後分布 $p(\boldsymbol{z}_{1:n}|\boldsymbol{y}_{1:n}, \boldsymbol{\theta}_t)$ を計算し，$u(\boldsymbol{\theta}; \boldsymbol{\theta}_t)$ を導出する**期待値ステップ** (expectation step, E-step)，$u(\boldsymbol{\theta}; \boldsymbol{\theta}_t)$ の最適解 $\boldsymbol{\theta}$ を求める**最大化ステップ** (maximization step, M-step) を交互に繰り返すことでパラメータを推定します．最大化ステップは，尤度の最大化を意味します．

アルゴリズム 13.2 EM アルゴリズム

初期化：初期解 $\boldsymbol{\theta}_0$ を定める．$t \leftarrow 0$ とする．

1. 停止条件が満たされるなら，結果を出力して停止．
2. E ステップ：$p(\boldsymbol{z}_{1:n}|\boldsymbol{y}_{1:n}, \boldsymbol{\theta}_t)$ を計算し，$u(\boldsymbol{\theta}; \boldsymbol{\theta}_t)$ を構成．
3. M ステップ：$\boldsymbol{\theta}_{t+1} \leftarrow \mathrm{argmin}_{\boldsymbol{\theta}}\, u(\boldsymbol{\theta}; \boldsymbol{\theta}_t)$ と更新．
4. $t \leftarrow t+1$ とする．ステップ 1 に戻る．

EMアルゴリズム（**アルゴリズム13.2**）は，イェンセンの不等式を利用して代理関数を $u(\boldsymbol{\theta};\boldsymbol{\theta}_t)$ としたMMアルゴリズムとみることができます．すなわち，代理関数(13.24)を求めるステップがEステップに対応，代理関数の最小化問題を解くステップがMステップに対応したMMアルゴリズムです．このような観点でみると，潜在変数は目的関数 $-\log p(\boldsymbol{y}_{1:n}|\boldsymbol{\theta})$ の最適化のために代理関数を構成するために導入された補助変数として考えることができます．このような方法は補助変数法とも呼ばれています．

代理関数の条件として，$-\log p(\boldsymbol{y}_{1:n}|\boldsymbol{\theta}_t) = u(\boldsymbol{\theta}_t;\boldsymbol{\theta}_t)$ である必要がありますが，これは一見わかりにくいかもしれません．しかし，

$$p(\boldsymbol{y}_{1:n},\boldsymbol{z}_{1:n}|\boldsymbol{\theta}_t) = p(\boldsymbol{z}_{1:n}|\boldsymbol{y}_{1:n},\boldsymbol{\theta}_t)p(\boldsymbol{y}_{1:n}|\boldsymbol{\theta}_t) \tag{13.25}$$

を用いれば，

$$\begin{aligned}
u(\boldsymbol{\theta}_t;\boldsymbol{\theta}_t) &= -\mathbb{E}_{\boldsymbol{z}_{1:n}|\boldsymbol{y}_{1:n},\boldsymbol{\theta}_t}\left[\log\frac{p(\boldsymbol{y}_{1:n},\boldsymbol{z}_{1:n}|\boldsymbol{\theta}_t)}{p(\boldsymbol{z}_{1:n}|\boldsymbol{y}_{1:n},\boldsymbol{\theta}_t)}\right] \\
&= -\mathbb{E}_{\boldsymbol{z}_{1:n}|\boldsymbol{y}_{1:n},\boldsymbol{\theta}_t}\left[\log p(\boldsymbol{y}_{1:n}|\boldsymbol{\theta}_t)\right] \\
&= -\log p(\boldsymbol{y}_{1:n}|\boldsymbol{\theta}_t)
\end{aligned} \tag{13.26}$$

となります．同様に，尤度に対して成り立つ恒等式

$$\mathbb{E}_{\boldsymbol{z}_{1:n}|\boldsymbol{y}_{1:n},\boldsymbol{\theta}_t}\left[\nabla\log p(\boldsymbol{z}_{1:n}|\boldsymbol{y}_{1:n},\boldsymbol{\theta}_t)\right] = \boldsymbol{0}$$

を用いれば，式(13.8)を確認することができます．

MMアルゴリズムの性質からEMアルゴリズムは目的関数 $-\log p(\boldsymbol{y}_{1:n}|\boldsymbol{\theta})$ を単調に減少させ停留点を求めることが保証されます．

13.4　2つの凸関数の差の最適化

関数 $f(\boldsymbol{x})$ が，1回微分可能な凸関数 $g(\boldsymbol{x})$，$h(\boldsymbol{x})$ を用いて

$$f(\boldsymbol{x}) = g(\boldsymbol{x}) - h(\boldsymbol{x}) \tag{13.27}$$

と書けるとします．もちろん，関数 $f(\boldsymbol{x})$ は，$h(\boldsymbol{x})$ が1次関数でなければ非凸な関数となります．このような $f(\boldsymbol{x})$ の最小化問題は，**DC計画問題** (difference of convex functions programming problem) と呼ばれています．

DC 計画問題は次の定理からもわかる通り非凸な関数の最適化では非常に重要です．

定理 13.4（DC 計画問題への変換）

関数 $f(\boldsymbol{x})$ を有界なヘッセ行列をもつ関数とするとき，$f(\boldsymbol{x})$ は，凸関数と凹関数に分解可能です．すなわち，$g(\boldsymbol{x})$，$h(\boldsymbol{x})$ を凸関数として

$$f(\boldsymbol{x}) = g(\boldsymbol{x}) - h(\boldsymbol{x}) \tag{13.28}$$

と分解できます．

証明． $F(\boldsymbol{x})$ を正定値なヘッセ行列をもつ凸関数とします．また，$F(\boldsymbol{x})$ のヘッセ行列の固有値が $\epsilon > 0$ よりも大きいとします．このとき，$f(\boldsymbol{x}) + \lambda F(\boldsymbol{x})$ のヘッセ行列が正定値となるような λ が存在します．つまり，$f(\boldsymbol{x}) + \lambda F(\boldsymbol{x})$ が凸関数となる λ が存在します．このような λ を用いて $g(\boldsymbol{x}) = f(\boldsymbol{x}) + \lambda F(\boldsymbol{x})$ および $h(\boldsymbol{x}) = \lambda F(\boldsymbol{x})$ とすれば，式 (13.28) となることがわかります． □

DC 計画問題の解法として，**CCCP**(convex-concave procedure) [61] と呼ばれるアルゴリズムが知られています．このアルゴリズムは，

$$\nabla g(\boldsymbol{x}_{t+1}) = \nabla h(\boldsymbol{x}_t) \tag{13.29}$$

を満たすような解候補点 $\{\boldsymbol{x}_t\}$ を生成することで，目的関数 $f(\boldsymbol{x})$ を単調に減少させ，停留点をみつけることができます．式 (13.29) を満たすように $\boldsymbol{x}_{t+1}$ を更新する方法は問題依存ですが，解析的に求まらない場合は数値計算を用います．

さて，この CCCP を MM アルゴリズムの観点から分析してみましょう．$h(\boldsymbol{x})$ の線形化を用いれば，$f(\boldsymbol{x})$ の代理関数として

$$u(\boldsymbol{x}; \boldsymbol{x}_t) = g(\boldsymbol{x}) - (h(\boldsymbol{x}_t) + \nabla h(\boldsymbol{x}_t)^\top (\boldsymbol{x} - \boldsymbol{x}_t)) \tag{13.30}$$

を導出することができます．$u(\boldsymbol{x}; \boldsymbol{x}_t)$ が代理関数の条件を満たすことは容易に確かめられます．$u(\boldsymbol{x}; \boldsymbol{x}_t)$ は，凸関数なので大域的最適解を求めることが

可能です．また，$\min_{\boldsymbol{x}\in\mathcal{X}} u(\boldsymbol{x};\boldsymbol{x}_t)$ となる $\boldsymbol{x}$ は，$\boldsymbol{x}$ で微分して $\nabla u(\boldsymbol{x};\boldsymbol{x}_t)=0$ という条件を考えると，式 (13.29) を満たす $\boldsymbol{x}$ であることもわかります．DC 計画問題に対して式 (13.30) を繰り返し最小化する方法は，**DCA**(difference of convex functions algorithm) として一般化されています [51]．

13.5 近接点アルゴリズム

$f(\boldsymbol{x})$ を凸関数とします．最小化問題 $\min_{\boldsymbol{x}\in\mathcal{X}} f(\boldsymbol{x})$ は，

$$\min_{\boldsymbol{x},\boldsymbol{y}\in\mathcal{X}} f(\boldsymbol{x})+\frac{1}{2c}\|\boldsymbol{x}-\boldsymbol{y}\|^2 \tag{13.31}$$

と等価になります．このような問題を考えると，$f(\boldsymbol{x})+\frac{1}{2c}\|\boldsymbol{x}-\boldsymbol{y}\|^2$ が $\boldsymbol{x}$ に関して強凸関数になるため，凸関数の最小化問題を強凸関数の最小化問題として解くことができます．

近接点アルゴリズムは

$$\boldsymbol{x}_{t+1}=\operatorname*{argmin}_{\boldsymbol{x}\in\mathcal{X}}\left\{f(\boldsymbol{x})+\frac{1}{2c}\|\boldsymbol{x}-\boldsymbol{x}_t\|^2\right\} \tag{13.32}$$

という更新を繰り返すことで，目的関数 $f(\boldsymbol{x})$ の最小化問題を解くアルゴリズムです（12.2.7 節参照）．これは，代理関数を

$$u(\boldsymbol{x};\boldsymbol{x}_t)=f(\boldsymbol{x})+\frac{1}{2c}\|\boldsymbol{x}-\boldsymbol{x}_t\|^2 \tag{13.33}$$

とした MM アルゴリズムであることがわかります．代理関数の条件は明らかに成立します．MM アルゴリズムの単調減少性と目的関数の凸性から，このアルゴリズムにより大域的最適解が得られることがわかります．

Chapter 14

サポートベクトルマシンと最適化

サポートベクトルマシン (SVM) の学習は連続最適化問題として定式化されます．本章では，機械学習における連続最適化の例として，SVM の学習のための最適化アルゴリズムを紹介します．

サポートベクトルマシン (support vector machine, SVM) は 1990 年代後半に提案された 2 クラス分類法で，2000 年代前半に急速に研究が進み，いまや汎用的なデータ解析ツールとなっています．SVM の学習は連続最適化問題として定式化されます．小規模な問題であれば，第 II 部と第 III 部で学んだ汎用的な最適化アルゴリズムを利用して学習を行うことができます．一方，大規模な問題においては，SVM の学習に特化したさまざまな工夫が必要です．本章では，機械学習における連続最適化の一例として，SVM の学習のための最適化アルゴリズムを紹介します．

14.1 SVM の定式化と最適化問題

2 クラス分類問題の訓練データを $\{(\boldsymbol{x}_i, y_i)\}_{i=1}^n$ と表します．ここで，$\boldsymbol{x}_i \in \mathbb{R}^d$ と $y_i \in \{\pm 1\}$ は $i = 1, \ldots, n$ 番目の訓練事例の入力とラベルをそれぞれ表しています．入力は d 次元実数ベクトルとし，訓練事例の数を n とします．図 14.1 は，$d = 2$ 次元の人工データに対して SVM を用いて 2 クラス分類を行った結果を示しています．SVM の特徴は，図 14.1 に示されているよ

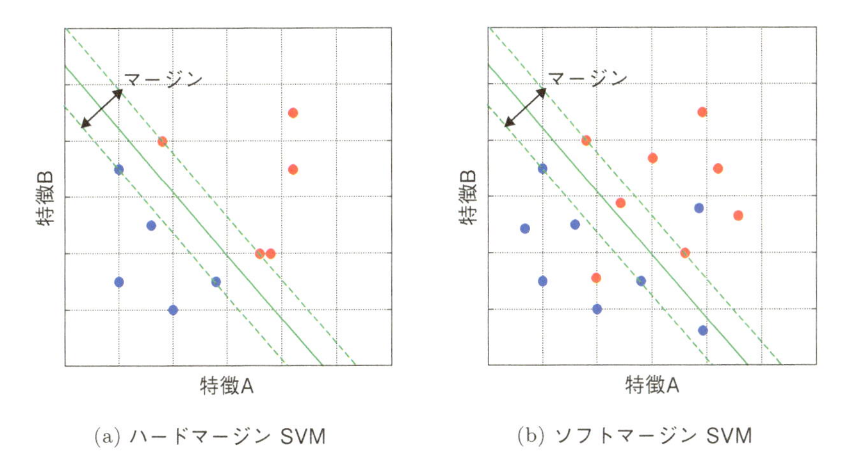

図 14.1　2 次元の人工データに対するサポートベクトルマシン (SVM) の例．(a) は線形分離可能な場合のハードマージン SVM を，(b) は線形分離不可能な場合のソフトマージン SVM を表している．

うな**マージン**と呼ばれる量をできるだけ大きくするような分類境界が得られることです．図 14.1(a) は，線形分離可能な場合を表しており，その場合には**ハードマージン**最大化と呼ばれる考え方により分類境界が得られます．また，図 14.1(b) のように線形分離不可能な場合にも，同様の概念に基づいた**ソフトマージン**最大化と呼ばれる考え方により分類境界が得られます．実用的には線形分離不可能な状況を考えることが多いので，本書ではソフトマージン最大化に基づく SVM を考えることとします．また，SVM ではカーネル関数を用いることで非線形な分類境界を得ることもできますが，本書では主に線形分類境界を得るための SVM について考察していきます．SVM の詳細に関して興味のある読者は文献 [62] を参照してください．

SVM の線形分類境界を

$$f(\boldsymbol{x}) = \boldsymbol{w}^\top \boldsymbol{x} + b \tag{14.1}$$

と表すことにします．ここで，$\boldsymbol{w} \in \mathbb{R}^d$ は線形分類境界の係数ベクトル，$b \in \mathbb{R}$ は定数項（バイアス項と呼ばれることもあります）です．入力 $\boldsymbol{x}$ を式 (14.1) に代入して得られた $f(\boldsymbol{x})$ が正ならばそのラベルを $+1$ と分類し，負

ならば -1 と分類します．SVM の学習とは，訓練データ $\{(\boldsymbol{x}_i, y_i)\}_{i=1}^n$ を用いて，最適な $\boldsymbol{w}$ と b を求めるための最適化問題を解くことを意味します．さまざまなSVM の学習アルゴリズムが提案されていますが，文献によっては，定数項 b が係数ベクトル $\boldsymbol{w}$ とまとめて表記されている場合があります．これは，入力 $\boldsymbol{x}$ と係数ベクトル $\boldsymbol{w}$ を拡張して，

$$\tilde{\boldsymbol{x}} = \begin{bmatrix} 1 \\ \boldsymbol{x} \end{bmatrix}, \quad \tilde{\boldsymbol{w}} = \begin{bmatrix} b \\ \boldsymbol{w} \end{bmatrix}$$

を考え，線形分類境界を

$$f(\boldsymbol{x}) = \tilde{\boldsymbol{w}}^\top \tilde{\boldsymbol{x}} \tag{14.2}$$

と表すことを意味しています．式 (14.1) と (14.2) は等価ですが，係数ベクトル $\boldsymbol{w}$ のみの正則化を考えるか，定数項も含めた $\tilde{\boldsymbol{w}}$ の正則化を考えるかによって，学習アルゴリズムに違いが生じます（この点に関しては，14.2.2 節にて改めて考察します）．本章では，式 (14.1) と (14.2) のどちらの場合も考えますが，表記を簡潔にするため，式 (14.2) の場合もチルダを使わず，単に，$\boldsymbol{x}$ や $\boldsymbol{w}$ と表記し，後者の場合には，線形分類境界を $f(\boldsymbol{x}) = \boldsymbol{w}^\top \boldsymbol{x}$ と書くことにします．

14.1.1 SVM の主問題

ソフトマージン最大化に基づく線形 SVM（以後，単に，SVM と表記）は以下のような最適化問題として定式化されます．

$$\min_{b,\boldsymbol{w}} \ \frac{1}{2}\|\boldsymbol{w}\|^2 + C\sum_{i=1}^{n} \ell(y_i f(\boldsymbol{x}_i)), \quad \ell(z) = \max\{0, 1-z\}. \tag{14.3}$$

最適化問題 (14.3) の目的関数の 2 つの項は，それぞれ正則化項，損失項です．正則化項は過剰適合を防ぐ役割を担い，損失項は誤分類に対する罰則を表しています．パラメータ $C > 0$ は両者のバランスを制御するためのハイパーパラメータで**正則化パラメータ** (regularization parameter) と呼ばれています．

SVM の損失関数についてさらに詳しく考察してみます．式 (14.3) の損失関数は**ヒンジ損失** (hinge loss) と呼ばれています．図 14.2(a) はヒンジ損失関数と 0-1 損失関数を分類境界からのマージン $y_i f(\boldsymbol{x}_i) = y_i(\boldsymbol{w}^\top \boldsymbol{x}_i + b)$ の

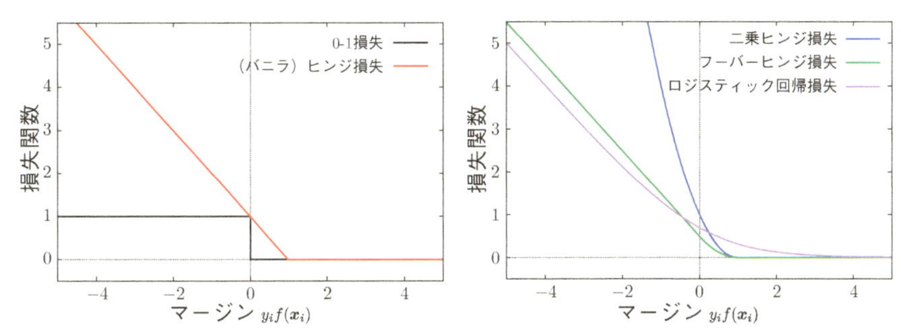

(a) 0-1 損失と (バニラ) ヒンジ損失　(b) 2 クラス分類のための微分可能な損失関数

図 14.2 2 クラス分類問題のための損失関数. (a) に示されているように, 誤分類の有無を表す 0-1 損失関数 (黒) は不連続で非凸となっており, SVM では, ヒンジ損失 (赤) を代理の損失関数として用います. また, ヒンジ損失は微分不可能であるので, その拡張として, (b) に示されているような二乗ヒンジ損失 (青) やフーバーヒンジ損失 (緑) などが用いられることもあります. ロジスティック回帰分析においても同じような性質をもつ損失関数 (紫) を用います. (a) のヒンジ損失を (b) の二乗ヒンジ損失やフーバーヒンジ損失と区別するため, バニラヒンジ損失と呼ぶこともあります.

関数として表しています. 図 14.2(a) における 0-1 損失は, $y_i f(\boldsymbol{x}_i)$ が正ならば 0, 負ならば 1 をとるので, 訓練事例の誤分類の有無を表しています. 残念ながら, 0-1 損失は非凸で不連続な関数であるため, これをそのまま用いて最適化問題を解くのは困難です. SVM のヒンジ損失は, 0-1 損失の代理の損失関数とみなすことができます. ヒンジ損失は凸関数なので, 最適化問題 (14.3) は凸最適化問題となります.

ヒンジ損失関数は $y_i f(\boldsymbol{x}_i) = 0$ において微分できないので, 第 II 部で学んだ勾配情報を用いた最適化のアルゴリズムをそのまま利用することができません. この問題への対処法として, 2 通りのアプローチがあります.

1 つ目のアプローチは制約なし最適化問題 (14.3) を制約付き最適化問題に変換することです. 目的関数が凸な区分線形関数として表されているとき, 人工的な変数 (スラック変数と呼ばれます) を導入することで, 制約付き最適化問題に変換できます. ヒンジ損失は

$$\ell(z) = \max\{0, 1 - z\} = \begin{cases} 1 - z & (z < 1) \\ 0 & (\text{その他}) \end{cases}$$

と2つの区分をもつ区分線形関数として表されます．人工変数$\xi \in \mathbb{R}$を導入すると，任意の単調増加関数$g : \mathbb{R} \to \mathbb{R}$において，以下の2つの最適化問題は等価であることがわかります．

$$\min_{z} \ g(\max\{0, 1-z\}) \quad \Leftrightarrow \quad \min_{z,\xi} \ g(\xi) \quad \text{s.t. } \xi \geq 0, \ \xi \geq 1-z.$$

最適化問題(14.3)では，それぞれの訓練事例に対するヒンジ損失を考えるので，n個の人工変数を要素にもつベクトル$\boldsymbol{\xi} = (\xi_1, \ldots, \xi_n)^\top \in \mathbb{R}^n$を導入すると，式(14.3)の最適化問題を以下のような制約付き最適化問題に書き換えることができます．

$$\begin{aligned} &\min_{b,\boldsymbol{w},\boldsymbol{\xi}} \ \frac{1}{2}\|\boldsymbol{w}\|^2 + C\sum_{i=1}^{n} \xi_i \\ &\text{s.t. } \xi_i \geq 0, \ \xi_i \geq 1 - y_i(\boldsymbol{w}^\top \boldsymbol{x}_i + b), \quad i = 1, \ldots, n. \end{aligned} \tag{14.4}$$

最適化問題(14.4)では，目的関数が微分可能な制約付き最適化問題であるので，第Ⅲ部で学んだ汎用的な制約付き最適化アルゴリズムを用いることができます．

2つ目のアプローチはヒンジ損失を微修正してなめらかな損失関数に置き換えてしまうことです．図14.2(b)には，ヒンジ損失と同じような性質をもつなめらかな損失関数が3つ示されています．青色の損失関数は**二乗ヒンジ損失** (squared hinge loss)と呼ばれ，

$$\ell(z) = (\max\{0, 1-z\})^2 \tag{14.5}$$

と定式化されます．緑色の損失関数は**フーバーヒンジ損失** (Huber hinge loss)と呼ばれ，

$$\ell(z) = \begin{cases} 0 & (z > 1) \\ 1 - z - \frac{\gamma}{2} & (z < 1 - \gamma) \\ \frac{1}{2\gamma}(1-z)^2 & (\text{その他}) \end{cases} \tag{14.6}$$

と定式化されます．ここで，$\gamma > 0$はパラメータです（図14.2(b)には，$\gamma = 1$の場合がプロットされています）．これら2つの損失関数に対し，元の式(14.3)の損失関数は，これらと区別するため，はバニラヒンジ損失と呼ばれることもあります．バニラヒンジ損失を二乗ヒンジ損失やフーバーヒン

ジ損失に置き換えても，得られる分類境界が大きく変わらないことが実験的に確認されています．二乗ヒンジ損失やフーバーヒンジ損失は微分可能であるため，勾配情報を用いた最適化アルゴリズムが利用できます．小・中規模の問題に対しては，第II部で学んだ最急降下法，共役勾配法，準ニュートン法などをそのまま適用することができます．また，図 14.2(b) の紫色の損失関数は**ロジスティック回帰分析** (logistic regression) の損失関数

$$\ell(z) = \log(1 + \exp(-z)) \tag{14.7}$$

を表しています[*1]．ロジスティック回帰分析の損失関数は，上述の 3 つのヒンジ損失関数と同じような形をしていることがわかります．

14.1.2 SVM の双対問題

本節では SVM の双対問題の導出を簡単に説明します．SVM の利点の 1 つは，カーネル関数を利用することによって非線形な分類境界を得ることが可能な点です．カーネル関数を用いた SVM を**カーネル SVM**（詳しくは 14.1.4 節で紹介します）と呼びますが，カーネル SVM を理解するには双対問題の導出が不可欠です．制約付き最適化問題 (14.4) は，目的関数が 2 次関数，制約条件が線形関数となっている凸計画問題であり，10.4 節の汎用的な手順に従って双対問題を導出することができます．

制約付き最適化問題 (14.4) のラグランジュ関数を導入します．

$$\begin{aligned} L(\boldsymbol{w}, b, \boldsymbol{\xi}, \boldsymbol{\alpha}, \boldsymbol{\mu}) = \frac{1}{2}\|\boldsymbol{w}\|^2 + C\sum_{i=1}^{n}\xi_i \\ - \sum_{i=1}^{n}\alpha_i(y_i(\boldsymbol{w}^\top \boldsymbol{x}_i + b) - 1 + \xi_i) - \sum_{i=1}^{n}\mu_i\xi_i. \end{aligned} \tag{14.8}$$

双対問題の目的関数は以下のように定義されます．

$$\mathcal{D}(\boldsymbol{\alpha}, \boldsymbol{\mu}) = \min_{\boldsymbol{w}, b, \boldsymbol{\xi}} L(\boldsymbol{w}, b, \boldsymbol{\xi}, \boldsymbol{\alpha}, \boldsymbol{\mu}) \tag{14.9}$$

また，双対問題はラグランジュ変数 $\boldsymbol{\alpha}, \boldsymbol{\mu}$ の非負制約のもとで式 (14.9) の双対目的関数を最大化する問題として以下のように定式化されます．

---

*1 ラベルが $y = \pm 1$ と符号化されていることに注意して，ロジスティック回帰分析の負の対数尤度関数を整理すると，式 (14.7) が得られます．

$$\max_{\boldsymbol{\alpha}\geq\mathbf{0},\boldsymbol{\mu}\geq\mathbf{0}} \mathcal{D}(\boldsymbol{\alpha},\boldsymbol{\mu}) = \max_{\boldsymbol{\alpha}\geq\mathbf{0},\boldsymbol{\mu}\geq\mathbf{0}} \min_{\boldsymbol{w},b,\boldsymbol{\xi}} L(\boldsymbol{w},b,\boldsymbol{\xi},\boldsymbol{\alpha},\boldsymbol{\mu}). \tag{14.10}$$

ラグランジュ関数 (14.8) は主変数 $\boldsymbol{w}, b, \boldsymbol{\xi}$ に関して凸であるので，以下のように，それぞれの主変数に関して偏微分をして 0 となる点で明らかに最小となります．

$$\begin{aligned}
\frac{\partial L}{\partial \boldsymbol{w}} &= \boldsymbol{w} - \sum_{i=1}^{n} \alpha_i y_i \boldsymbol{x}_i = \mathbf{0}, \\
\frac{\partial L}{\partial b} &= -\sum_{i=1}^{n} \alpha_i y_i = 0, \\
\frac{\partial L}{\partial \xi_i} &= C - \alpha_i - \mu_i = 0, \quad i = 1, \ldots, n.
\end{aligned} \tag{14.11}$$

条件 (14.11) を双対問題の定義 (14.10) に代入して整理すると，以下のように SVM の双対問題が得られます．

$$\begin{aligned}
\max_{\boldsymbol{\alpha}} \quad & -\frac{1}{2}\sum_{i,j=1}^{n} \alpha_i \alpha_j y_i y_j \boldsymbol{x}_i^\top \boldsymbol{x}_j + \sum_{i=1}^{n} \alpha_i \\
\text{s.t.} \quad & \sum_{i=1}^{n} \alpha_i y_i = 0, 0 \leq \alpha_i \leq C, \quad i = 1, \ldots, n.
\end{aligned} \tag{14.12}$$

14.1.3 SVM の最適性条件

本節ではSVMの最適性条件を簡単に説明します．SVM の特徴の 1 つは，分類境界がすべての訓練事例に依存して決まるのでなく，**サポートベクトル** (support vector, SV) と呼ばれる一部の事例のみによって特徴付けられる点です．SVM の最適性条件を整理すると，双対変数 $\alpha_1, \ldots, \alpha_n$ と SV の関係が明らかになります．制約付き最適化問題 (14.4) は凸計画問題なので，双対問題を導出したときと同様に，10.4 節の汎用的な手順に従って最適性条件を導出することができます．

最適化問題 (14.4) は不等式制約付き凸最適化問題であるので，10 章の定理 10.2 の 1 次の最適性条件（KKT 条件）が，解が最適であるための必要十分条件となります．すなわち，SVM の主変数 $\boldsymbol{w}, b, \boldsymbol{\xi}$, 双対変数 $\boldsymbol{\alpha}, \boldsymbol{\mu}$ が以下の条件を満たしているとき，解は最適であるといえます．

$$\frac{\partial L}{\partial \boldsymbol{w}} = 0 \Leftrightarrow \boldsymbol{w} = \sum_{i=1}^{n} \alpha_i y_i \boldsymbol{x}_i, \tag{14.13a}$$

$$\frac{\partial L}{\partial b} = 0 \Leftrightarrow \sum_{i=1}^{n} \alpha_i y_i = 0, \tag{14.13b}$$

$$\frac{\partial L}{\partial \xi_i} = 0 \Leftrightarrow \alpha_i = C - \mu_i, \quad i = 1, \ldots, n, \tag{14.13c}$$

$$-(y_i(\boldsymbol{w}^\top \boldsymbol{x}_i + b) - 1 + \xi_i) \leq 0, \quad i = 1, \ldots, n, \tag{14.13d}$$

$$-\xi_i \leq 0, \quad i = 1, \ldots, n, \tag{14.13e}$$

$$\alpha_i \geq 0, \quad i = 1, \ldots, n, \tag{14.13f}$$

$$\mu_i \geq 0, \quad i = 1, \ldots, n, \tag{14.13g}$$

$$\alpha_i(y_i(\boldsymbol{w}^\top \boldsymbol{x}_i + b) - 1 + \xi_i) = 0, \quad i = 1, \ldots, n, \tag{14.13h}$$

$$\mu_i \xi_i = 0, \quad i = 1, \ldots, n. \tag{14.13i}$$

ここで，(14.13a)〜(14.13c) はラグランジュ関数の主変数に関する微分の条件，(14.13d)〜(14.13e) は主変数の不等式制約，(14.13f)〜(14.13g) は双対変数（ラグランジュ未定乗数）の非負条件，(14.13h), (14.13i) は相補性条件です．

それぞれの訓練事例において，マージン $y_i f(\boldsymbol{x}_i)$ と双対変数 α_i の関係を整理するため，3つの事例集合を以下のように定義します．

$$\mathcal{O} = \{i \in \{1, \ldots, n\} \mid \alpha_i = 0\}, \tag{14.14a}$$

$$\mathcal{M} = \{i \in \{1, \ldots, n\} \mid 0 < \alpha_i < C\}, \tag{14.14b}$$

$$\mathcal{I} = \{i \in \{1, \ldots, n\} \mid \alpha_i = C\}. \tag{14.14c}$$

このとき，最適性条件より以下のような関係が成り立ちます．

$$i \in \mathcal{O} \Rightarrow y_i(\boldsymbol{w}^\top \boldsymbol{x}_i + b) \geq 1, \tag{14.15a}$$

$$i \in \mathcal{M} \Rightarrow y_i(\boldsymbol{w}^\top \boldsymbol{x}_i + b) = 1, \tag{14.15b}$$

$$i \in \mathcal{I} \Rightarrow y_i(\boldsymbol{w}^\top \boldsymbol{x}_i + b) \leq 1. \tag{14.15c}$$

図 14.3 は3つの事例集合とマージンの関係を表しています．SVMの学習アルゴリズムでは，これらの事例集合の取り扱いが重要になる場合があり，以

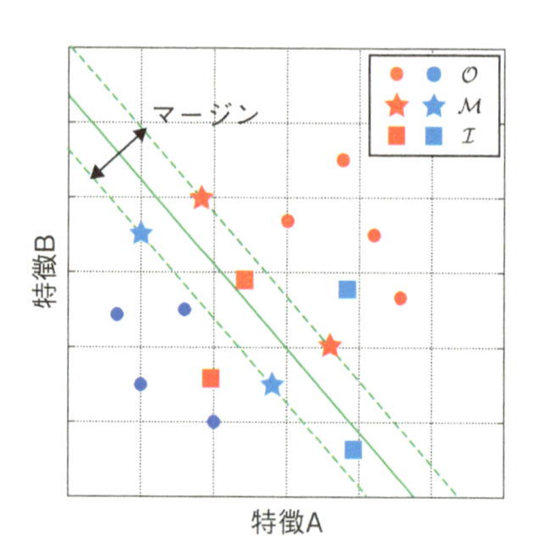

図 14.3 事例集合 $\mathcal{T} = \{\mathcal{O}, \mathcal{M}, \mathcal{I}\}$ とマージンの関係.

下では，まとめて，$\mathcal{T} = \{\mathcal{O}, \mathcal{M}, \mathcal{I}\}$ と表記します.

最適性条件を用いると，分類境界を双対変数を用いて表すことができます．ここで，双対問題 (14.12) を解いて双対変数 $\boldsymbol{\alpha}$ を求めた状況を考えてみます．このとき，最適性条件 (14.13a) を用いると，線形分類境界は

$$f(\boldsymbol{x}) = b + \boldsymbol{x}^\top \boldsymbol{w} = b + \sum_{i=1}^{n} \alpha_i y_i \boldsymbol{x}_i^\top \boldsymbol{x} \tag{14.16}$$

と表現できます．また，最適性条件 (14.15b) を用いると，$0 < \alpha_i < C$ である訓練事例 $(\boldsymbol{x}_i, y_i)$ を用いて，

$$b = y_i - \sum_{j=1}^{n} \alpha_j y_j \boldsymbol{x}_j^\top \boldsymbol{x}_i, i \in \{i \mid 0 < \alpha_i < C\}$$

と決めることができます.

また，最適性条件 (14.15a) より，マージン $y_i(\boldsymbol{w}^\top \boldsymbol{x}_i + b)$ が 1 より大きな訓練事例は，対応する双対変数 α_i が 0 となっているので，分類境界 (14.16) に影響を与えません．これらの訓練事例は**非サポートベクトル** (non support vector) と呼ばれます．非サポートベクトル（非 SV）を訓練事例集合から取り除いてしまっても最終的に得られる分類境界は変わりません．逆にいえば，SVM の分類境界は訓練事例の一部である SV にのみ依存しています.

14.1.4 カーネル関数を用いた非線形モデリング

SVMの特長の1つは，カーネル関数を用いた非線形モデリングが行えることです．カーネル関数を用いた非線形モデリングのためのSVMは**カーネルSVM**と呼ばれます．カーネルSVMの定式化は14.1.2節で説明した双対問題を用います．入力 $\boldsymbol{x}$ を何らかの特長空間 $\mathcal{F}$ へ写像する関数 $\boldsymbol{\phi}:\mathbb{R}^d \to \mathcal{F}$ を考えます．この $\boldsymbol{\phi}(\boldsymbol{x})$ を新たな特徴ベクトルと解釈すると線形分類境界は

$$f(\boldsymbol{x}) = \boldsymbol{w}^\top \boldsymbol{\phi}(\boldsymbol{x}) + b$$

と表されます．ただし，この場合，係数ベクトル $\boldsymbol{w}$ も特徴空間 $\mathcal{F}$ の要素として定義されていることに注意が必要です．写像 $\boldsymbol{\phi}$ による変換が非線形であれば，$f(\boldsymbol{x}) = 0$ によって定義される分類境界は元の $\boldsymbol{x}$ の空間では非線形になります．

双対問題 (14.12) において，$\boldsymbol{x}$ を $\boldsymbol{\phi}(\boldsymbol{x})$ に置き換えると以下のようになります．

$$\begin{aligned}&\max_{\boldsymbol{\alpha}} \ -\frac{1}{2}\sum_{i,j=1}^{n} \alpha_i\alpha_j y_i y_j \boldsymbol{\phi}(\boldsymbol{x}_i)^\top \boldsymbol{\phi}(\boldsymbol{x}_j) + \sum_{i=1}^{n} \alpha_i \\ &\text{s.t.} \ \sum_{i=1}^{n} \alpha_i y_i = 0,\ 0 \le \alpha_i \le C, \quad i = 1, \ldots, n\end{aligned} \tag{14.17}$$

また，分類境界の双対表現 (14.16) は

$$f(\boldsymbol{x}) = b + \boldsymbol{x}^\top \boldsymbol{w} = b + \sum_{i=1}^{n} \alpha_i y_i \boldsymbol{\phi}(\boldsymbol{x}_i)^\top \boldsymbol{\phi}(\boldsymbol{x}) \tag{14.18}$$

と表されます．双対問題 (14.17) と分類境界 (14.18) では，特徴 $\boldsymbol{\phi}(\boldsymbol{x})$ が単独ではなく，内積 $\boldsymbol{\phi}(\boldsymbol{x}_i)^\top \boldsymbol{\phi}(\boldsymbol{x}_j)$ の形式で現れます．

これは，SVMの学習や分類を行う際には，$\boldsymbol{\phi}(\boldsymbol{x})$ を直接計算する必要はなく，その内積 $\boldsymbol{\phi}(\boldsymbol{x}_i)^\top \boldsymbol{\phi}(\boldsymbol{x}_j)$ さえ計算できればよいということになります．そこで，内積をカーネル関数として以下のように定義します．

$$K(\boldsymbol{x}_i, \boldsymbol{x}_j) = \boldsymbol{\phi}(\boldsymbol{x}_i)^\top \boldsymbol{\phi}(\boldsymbol{x}_j).$$

ある特定の性質を満たす関数を用いると $\boldsymbol{\phi}(\boldsymbol{x}_i)$ や $\boldsymbol{\phi}(\boldsymbol{x}_j)$ を陽に計算することなく，直接 $\boldsymbol{\phi}(\boldsymbol{x}_i)^\top \boldsymbol{\phi}(\boldsymbol{x}_j)$ を計算できることが知られています．例えば，

よく用いられるカーネル関数として，以下の **RBF** (radial basis function) **カーネル**が知られています．

$$K(\boldsymbol{x}_i, \boldsymbol{x}_j) = \exp(-\gamma\|\boldsymbol{x}_i - \boldsymbol{x}_j\|^2).$$

ここで，$\gamma > 0$ はハイパーパラメータです．双対問題 (14.17) の内積を以下のようにカーネル関数に置き換えると

$$\begin{aligned} \max_{\boldsymbol{\alpha}} \quad & -\frac{1}{2}\sum_{i,j=1}^{n} \alpha_i\alpha_j y_i y_j K(\boldsymbol{x}_i, \boldsymbol{x}_j) + \sum_{i=1}^{n} \alpha_i \\ \text{s.t.} \quad & \sum_{i=1}^{n} \alpha_i y_i = 0, \quad 0 \le \alpha_i \le C, \quad i = 1, \ldots, n \end{aligned} \tag{14.19}$$

となります．同様に，識別関数 (14.18) は

$$f(\boldsymbol{x}) = b + \boldsymbol{x}^\top \boldsymbol{w} = b + \sum_{i=1}^{n} \alpha_i y_i K(\boldsymbol{x}_i, \boldsymbol{x}) \tag{14.20}$$

となります．

14.2 SVM 学習のための最適化アルゴリズム

本節では SVM の学習に特化した最適化アルゴリズムを紹介します．これらのアルゴリズムは SVM の学習アルゴリズム研究で著名な台湾国立大学の C. J. Lin 教授のグループが作成・管理している LIBSVM および LIBLINEAER というソフトウェアで利用されているものです．

まず，14.2.1 節にて，カーネル SVM の双対問題 (14.19) を解くためのアルゴリズムとして，**SMO アルゴリズム** (sequential minimization optimization algorithm, SMO algorithm) と呼ばれるものを紹介します．SMO アルゴリズムは，SVM の学習においてもっともよく用いられているアルゴリズムの 1 つです．一方，14.2.2 節では線形 SVM のための最適化アルゴリズムとして **DCDM アルゴリズム** (dual coordinate descent method (DCDM) algorithm) を紹介します．線形 SVM の学習においても，カーネル関数として $K(\boldsymbol{x}_i, \boldsymbol{x}_j) = \boldsymbol{x}_i^\top \boldsymbol{x}_j$ とすれば，SMO アルゴリズムを使って学習が可能です．しかし，DCDM アルゴリズムは線形 SVM に特化しており SMO アル

ゴリズムよりも効率的です．

第II部では制約なし最適化問題のための汎用的方法を学びましたが，二乗ヒンジ損失 (14.5) やフーバーヒンジ損失 (14.6) を使う場合には，これらの汎用的アルゴリズムを使うことができます．実際，上述の LIBLINEAR ソフトウェアには二乗ヒンジ損失 SVM の主問題を解くソルバーが提供されており，このソルバーでは，8 章で学んだ信頼領域法をベースにしたアルゴリズムが使われており，大規模データに対する有効性が検証されています．また，7 章で学んだ記憶制限付き準ニュートン法も有用であることが知られています．14.2.3 節では，フーバーヒンジ損失を使った SVM を例として，DCDM アルゴリズム（フーバーヒンジ損失用に修正したもの），信頼領域法に基づくアルゴリズム (TRON)，記憶制限付き準ニュートン法の振る舞いを数値実験を通して比較します．

14.2.1 カーネル SVM の双対問題の解法： SMO アルゴリズム

SVM の双対問題 (14.19) は n 個の未知変数 $\alpha_1, \ldots, \alpha_n$ に関する最適化問題となっています．訓練事例数 n が大きくないときには，第III部で学んだ制約付き最適化の汎用的なアルゴリズムを利用して双対問題を解くことができます．しかし，n が大きい場合には膨大な計算コストがかかってしまいます．そのような場合によく使われるアプローチの 1 つに**分割法**と呼ばれるものがあります．分割法では，最適化される n 個の変数のうちの一部（これを**作業集合** (working set) と呼びます）だけを考え，残りの変数を定数とみなして固定します．分割法では作業集合のみに関する小規模な最適化問題を繰り返し解きます．

本節で紹介する SMO アルゴリズムは，作業集合のサイズを 2 とした分割法とみなすことができます．双対問題 (14.19) には等式制約が 1 つあるため，制約条件を満たすには，少なくとも 2 つの変数を同時に変更する必要があります．このアルゴリズムが SMO(sequential minimal optimization) と呼ばれるのは，変数が 2 つしかない最小規模の最適化問題 (minimal optimization) を繰り返し解くためです．SMO アルゴリズムの最大の利点は，最小規模の問題に対する解を解析的に得られることです．以下では，n 個の変数 $\alpha_1, \ldots, \alpha_n$ のうち，ある 2 つ α_s と α_t（ただし，$s \neq t$）のみを変数とみなし，残りを定数として固定した双対問題 (14.19) を考え，その最適解が解析的に得られることを示します．

問題を扱いやすくするため，双対変数 α_i を変数変換して，

$$\beta_i = y_i \alpha_i$$

を考えます．ラベルは，$y_i \in \{\pm 1\}$ なので，α_i と β_i は

$$y_i \beta_i = y_i^2 \alpha_i = \alpha_i$$

の関係にあります．変数 $\beta_1, \ldots, \beta_n$ を用いると SV 分類の双対問題は，

$$\min_{\{\beta_i\}_{i=1,\ldots,n}} \quad \frac{1}{2} \sum_{i,j=1}^{n} \beta_i \beta_j K_{ij} - \sum_{i=1}^{n} y_i \beta_i \tag{14.21a}$$

$$\text{s.t.} \quad \sum_{i=1}^{n} \beta_i = 0, \tag{14.21b}$$

$$0 \le \beta_i \le C, \ \forall i \in \{ j \mid y_j = +1 \}, \tag{14.21c}$$

$$-C \le \beta_i \le 0, \ \forall i \in \{ j \mid y_j = -1 \} \tag{14.21d}$$

と表されます．ただし，$K_{ij} = K(\boldsymbol{x}_i, \boldsymbol{x}_j)$ を表しています．

変更する 2 つの双対変数の添字を $s, t \in \{1, \ldots, n\}$ とし，

$$\beta_s \ \leftarrow \ \beta_s + \Delta\beta_s, \ \beta_t \ \leftarrow \ \beta_t + \Delta\beta_t,$$

と更新する場合を考えてみましょう．このとき，等式制約 (14.21b) を満たすには，

$$\beta_s + \beta_t = (\beta_s + \Delta\beta_s) + (\beta_t + \Delta\beta_t),$$

すなわち

$$\Delta\beta_t = -\Delta\beta_s \tag{14.22}$$

を満たす必要があります．したがって，2 つの変数 β_s と β_t のみを作業集合とする場合，実質的に自由に動ける変数は，$\Delta\beta_s$ の 1 変数となります．

続いて，$\Delta\beta_s$ の満たすべき範囲を考えてみましょう．更新後の β_s と β_t が式 (14.21c) と (14.21d) を満たすためには，

$$
\begin{aligned}
0 \le \beta_s + \Delta\beta_s \le C \ (y_s = +1 \text{ の場合}), \\
-C \le \beta_s + \Delta\beta_s \le 0 \ (y_s = -1 \text{ の場合})
\end{aligned}
\tag{14.23}
$$

となるように $\Delta\beta_s$ に制約を加えなければなりません．これを y_s と y_t の符号のそれぞれの組み合わせに対して考慮すると，$\Delta\beta_s$ は,

$$
\begin{aligned}
&\max(-\beta_s, \beta_t - C) \le \Delta\beta_s \le \min(C - \beta_s, \beta_t) \\
&\qquad\qquad\qquad\qquad y_s = +1,\ y_t = +1 \text{ の場合}, \\
&\max(-\beta_s, \beta_t) \le \Delta\beta_s \le \min(C - \beta_s, C + \beta_t) \\
&\qquad\qquad\qquad\qquad y_s = +1,\ y_t = -1 \text{ の場合}, \\
&\max(-C - \beta_s, \beta_t - C) \le \Delta\beta_s \le \min(-\beta_s, \beta_t) \\
&\qquad\qquad\qquad\qquad y_s = -1,\ y_t = +1 \text{ の場合}, \\
&\max(-C - \beta_s, \beta_t) \le \Delta\beta_s \le \min(-\beta_s, C + \beta_t) \\
&\qquad\qquad\qquad\qquad y_s = -1,\ y_t = -1 \text{ の場合}
\end{aligned}
\tag{14.24}
$$

を満たす必要があります．

双対問題を $\Delta\beta_s$ に関する制約付き最適化問題として書き直すと,

$$
\begin{aligned}
\min_{\Delta\beta_s}\ & \frac{1}{2}(K_{s,s} - 2K_{s,t} + K_{t,t})\Delta\beta_s^2 \\
& - (y_s - \sum_{i=1}^{n} \beta_i K_{i,s} - y_t + \sum_{i=1}^{n} \beta_i K_{i,t})\Delta\beta_s \\
\text{s.t. } & L \le \Delta\beta_s \le U
\end{aligned}
\tag{14.25}
$$

と表せます．ただし，L と U は y_s と y_t の符号に応じた式 (14.24) の下限と上限をそれぞれ表すものとします．

式 (14.25) は 1 変数 $\Delta\beta_s$ の制約付き 2 次関数最小化問題であるので，2 次関数の極値を

$$
\zeta = \frac{y_s - y_t - \sum_{i=1}^{n} \beta_i (K_{i,s} - K_{i,t})}{K_{s,s} - 2K_{s,t} + K_{t,t}}
$$

とすると，最適解を

$$\Delta\beta_s = \begin{cases} L & (L > \zeta\text{の場合}), \\ U & (U < \zeta\text{の場合}), \\ \zeta & (\text{その他}) \end{cases} \tag{14.26}$$

と解析的に得ることができます．

以上のように，双対問題を2つの変数のみの最適化問題とみなすと，その最適解を解析的に得ることができます．SMO アルゴリズムでは，2つの変数 α_s と α_t を選び，最適化問題 (14.25) を解いて（すなわち，$\Delta\beta_s$ を (14.26) によって求めて），α_s と α_t を更新する過程を繰り返します．2つの変数をランダムに選んでも SMO アルゴリズムが最適解に収束することは知られていますが，さまざまなヒューリスティクスを用いた選択を行うことで，繰り返し回数を削減できることが知られています．本書では割愛しますが，これらのヒューリスティクスに関して興味のある読者は文献 [62] の7章を参照してください．

14.2.2 線形 SVM の双対問題の解法：DCDM アルゴリズム

続いて，線形 SVM に特化した最適化アルゴリズムを紹介します．本節と次節では，定数項 b のない分類境界 (14.2) を考えます．この場合，主問題は

$$\min_{\boldsymbol{w}} \ \frac{1}{2}\|\boldsymbol{w}\|^2 + C\sum_{i=1}^{n} \max\{0, 1 - y_i(\boldsymbol{w}^\top \boldsymbol{x}_i)\} \tag{14.27}$$

となります．また，双対問題は

$$\begin{aligned} \max_{\boldsymbol{\alpha}} \ & -\frac{1}{2}\sum_{i,j=1}^{n} \alpha_i\alpha_j y_i y_j \boldsymbol{x}_i^\top \boldsymbol{x}_j + \sum_{i=1}^{n}\alpha_i \\ \text{s.t.} \ & 0 \le \alpha_i \le C, \quad i = 1, \ldots, n \end{aligned} \tag{14.28}$$

となります．定数項がある場合の双対問題 (14.12) と (14.28) を比べると，後者では，等式制約がなくなっています．線形 SVM において定数項を考えないことが多いのは，効率的なアルゴリズムを考えることができるためです．データの前処理などによって定数項を0とすることが妥当な場合はこれらの効率的なアルゴリズムを使えますが，そうでない場合には SMO アルゴリズムなどを使う必要があります．本節では双対問題 (14.28) を解くためのアル

ゴリズムである DCDM アルゴリズムを紹介します．

表記を簡潔にするため，双対問題 (14.28) を以下のように表します．

$$\begin{aligned}&\min_{\boldsymbol{\alpha}\in\mathbb{R}^n}\ \frac{1}{2}\sum_{i,j=1}^{n}\alpha_i\alpha_j Q_{i,j}-\sum_{i=1}^{n}\alpha_i\\&\text{s.t.}\ \ 0\le\alpha_i\le C,\quad i=1,\ldots,n.\end{aligned}\tag{14.29}$$

ただし，$Q_{i,j}=y_iy_j\boldsymbol{x}_i^\top\boldsymbol{x}_j,\ i,j=1,\ldots,n$ です．

DCDM アルゴリズムは，14.2.1 節で紹介した SMO アルゴリズムと同じく，分割法の一種とみなすことができます．その基本方針は，SMO アルゴリズムと同様に，最小の作業集合に対する最適化を繰り返すことです．SMO アルゴリズムでは，等式制約を満たすために 2 つの変数からなる作業集合を考えましたが，式 (14.29) では等式制約がないため，1 つの変数 α_s を更新します．

DCDM のあるステップにおいて，α_s のみを変数とみなし，残りを定数とみなして固定した場合を考えてみましょう．変数 α_s を

$$\alpha_s\ \leftarrow\ \alpha_s+\Delta\alpha_s$$

と更新することにします．このとき，双対問題 (14.29) を更新幅 $\Delta\alpha_s$ に関して整理すると，

$$\begin{aligned}&\min_{\Delta\alpha_s\in\mathbb{R}}\ \frac{1}{2}Q_{s,s}\Delta\alpha_s^2-\left(1-\sum_{j=1}^{n}\alpha_jQ_{j,s}\right)\Delta\alpha_s\\&\text{s.t.}\ \ -\alpha_s\le\Delta\alpha_s\le C-\alpha_s\end{aligned}\tag{14.30}$$

となります．問題 (14.30) は 1 変数 $\Delta\alpha_s$ に関する制約付き 2 次関数最小化問題なので，SMO アルゴリズムの場合と同様に，2 次関数の極値を

$$\zeta=\frac{1-\sum_{j=1}^{n}\alpha_jQ_{j,s}}{Q_{s,s}}$$

とすると，最適解を

$$\Delta\alpha_s=\begin{cases}-\alpha_s & (\zeta<-\alpha_s\ \text{の場合}),\\ C-\alpha_s & (\zeta>C-\alpha_s\ \text{の場合}),\\ \zeta & (\text{その他})\end{cases}\tag{14.31}$$

と解析的に得ることができます．SMO アルゴリズムでは，各ステップにおいてどの変数のペアを作業集合とするかをヒューリスティクスによって選択することが有効であると述べましたが，DCDM アルゴリズムではそのような選択を行いません．これは，各ステップの計算コストが選択を行うために必要な計算コストに比べて小さく，選択をせずに繰り返し回数を多くする方が全体として効率的になるためです．DCDM アルゴリズムにおける作業集合の選択はとてもシンプルで，単に，n 個の変数 $\alpha_1, \ldots, \alpha_n$ を順番に作業集合とし，式 (14.31) を解く過程を繰り返します．

DCDM アルゴリズムの各ステップの計算コストについて考えてみましょう．式 (14.31) からわかるように，DCDM の各ステップでは

$$\frac{1 - \sum_{j=1}^{n} \alpha_j Q_{j,s}}{Q_{s,s}}$$

の分子 $1 - \sum_{j=1}^{n} \alpha_j Q_{j,s}$ と分母 $Q_{s,s}$ を計算する必要があります．訓練事例 n が大きい大規模データでは，$n \times n$ 行列 $\boldsymbol{Q}$ のすべての要素を計算してメモリに保持しておくことはできません．カーネル SVM では，行列 $\boldsymbol{Q}$ の一部をキャッシュしておくことでこの計算コストが軽減できましたが，大規模データに対してはこの部分の計算コストがボトルネックになってしまいます．DCDM アルゴリズムの利点は，行列 $\boldsymbol{Q}$ に関する計算コストを抑えることができる点です．まず，分母の $Q_{s,s}$ に関しては，行列 $\boldsymbol{Q}$ の対角部分をあらかじめ計算して $\mathcal{O}(n)$ メモリに保持しておくことができます．分子に関しては，主変数 $\boldsymbol{w}$ と双対変数 $\boldsymbol{\alpha}$ の関係

$$\boldsymbol{w} = \sum_{j=1}^{n} \alpha_j y_j \boldsymbol{x}_j$$

を利用します．この関係を用いると，分子の計算は

$$1 - \sum_{j=1}^{n} \alpha_j Q_{j,s} = 1 - \boldsymbol{w}^\top \boldsymbol{x}_s y_s$$

と表すことができます．DCDM では主変数 $\boldsymbol{w}$ を $\mathcal{O}(d)$ のメモリに保持しておくことで，分子の計算コストを $\mathcal{O}(d)$ に抑えることができます．主変数 $\boldsymbol{w}$ は双対変数が変化するたびに更新が必要ですが，各ステップで α_s のみが変化することを考慮すると，

$$\boldsymbol{w} \leftarrow \boldsymbol{w} + \Delta\alpha_s \boldsymbol{x}_s y_s \tag{14.32}$$

と $\mathcal{O}(d)$ のコストで更新できます．なお，入力ベクトルが疎な場合はより効率的になります．入力ベクトルの非ゼロ要素数を d' とすると，DCDM の各ステップを $\mathcal{O}(d')$ で更新できます．

14.2.3 学習アルゴリズムの比較

本節では，SVM に特化した DCDM 法と汎用的な信頼領域法，記憶制限付き準ニュートン法を比較します．信頼領域法，記憶制限付き準ニュートン法は損失関数の微分情報を利用するので，フーバーヒンジ損失を例に 3 つのアルゴリズムの性能を数値実験によって比較します．

フーバーヒンジ損失 SVM の主問題は以下のように定式化されます．

$$\begin{aligned} &\min_{\boldsymbol{w}\in\mathbb{R}^d} \ \frac{1}{2}\|\boldsymbol{w}\|^2 + C\sum_{i=1}^{n} \ell(y_i \boldsymbol{x}_i^\top \boldsymbol{w}), \\ &\ell(y_i \boldsymbol{x}_i^\top \boldsymbol{w}) = \begin{cases} 0 & (y_i \boldsymbol{x}_i^\top \boldsymbol{w} > 1) \\ 1 - y_i \boldsymbol{x}_i^\top \boldsymbol{w} - \frac{\gamma}{2} & (y_i \boldsymbol{x}_i^\top \boldsymbol{w} < 1 - \gamma) \\ \frac{1}{2\gamma}(1 - y_i \boldsymbol{x}_i^\top \boldsymbol{w})^2 & (\text{その他}) \end{cases} \end{aligned} \tag{14.33}$$

一方，双対問題は以下のようになります．

$$\begin{aligned} &\max_{\boldsymbol{\alpha}\in\mathbb{R}^n} \ -\frac{1}{2}\sum_{i=1}^{n}\sum_{j=1}^{n}(y_i y_j \alpha_i \alpha_j x_i^\top x_j) - \sum_{i=1}^{n}\left(\frac{\gamma}{2C}\alpha_i^2 - \alpha_i\right) \\ &\text{s.t.} \quad 0 \le \alpha_i \le C, \quad i = 1, \ldots, n. \end{aligned} \tag{14.34}$$

DCDM 法は双対問題 (14.34) を解くためのアルゴリズムです．14.2.2 節ではバニラヒンジ損失 SVM を解くアルゴリズムとして説明しましたが，簡単な修正を加えるだけでフーバーヒンジ損失 SVM の双対問題 (14.34) を解くためにも利用できます．一方，信頼領域法と記憶制限付きニュートン法は主問題 (14.33) を解くためのアルゴリズムです．信頼領域法と記憶制限付き準ニュートン法の基本的な考え方については 8 章と 7 章でそれぞれ説明しましたが，大規模データに対する SVM の最適化を行う場合にはさまざまな実装上の工夫が必要となります．本節の実験で用いる信頼領域法のソルバーには，LIBLINEAR で採用されている実装上の工夫を採用しています（詳細に

表 14.1 数値実験に用いたデータセット.

データセット名	訓練事例数 n	特徴次元数 d
real-sim（小規模）	72,309	20,958
rcv1-test（中規模）	677,399	47,236
url combined（大規模）	2,396,130	3,231,961

関しては文献 [32] を参照してください）．また，記憶制限付き準ニュートン法のソルバーには，文献 [41] で紹介されている実装上の工夫を採用しています．

以下の数値実験では表 14.1 の 3 種類のベンチマークデータを利用します．いずれのデータも LIBSVM Data のサイトから取得できるものです*2．以下では，3 つそれぞれのデータセットを，規模に応じて，小規模，中規模，大規模データセットと呼ぶことにします．

図 14.4, 14.5, 14.6 は，それぞれ，小規模，中規模，大規模データセットの実験結果を示しています．DCDM アルゴリズム (DCDM) の結果は赤色，信頼領域法 (TRON) の結果は青色，記憶制限付き準ニュートン法 (L-BFGS) の結果は緑色で表しています．正則化パラメータを $C = 0.01$（上段），$C = 1$（中段），$C = 100$（下段）としたとき，勾配のノルム（左），主問題の目的関数値（中央），評価データの分類誤差（右）が計算時間（秒）に対してプロットしています．

まず，データのサイズが大きく，正則化パラメータ C の値が大きいほど，最適化の計算コストは大きくなります．また，各問題設定において，勾配，目的関数値，評価分類誤差をプロットしていますが，これらは必ずしも大きく関連しているわけではないことがわかります．機械学習の目的は最適解を求めることではなく汎化誤差を小さくすることなので，必ずしも勾配や目的関数値を減らすアルゴリズムが適しているとは限らないことに注意する必要があります．DCDM 法，信頼領域法，記憶制限付き準ニュートン法のうち，すべての問題設定とすべての評価基準で他より優れているものはありませんが，この数値実験においては，記憶制限付き準ニュートン法が比較的安定してよい性能を示していることがわかります．

*2 データは https://www.csie.ntu.edu.tw/~cjlin/libsvmtools/datasets/ より取得可能です．以下の数値実験では，全事例の 4/5 を訓練集合，1/5 を評価集合としました．

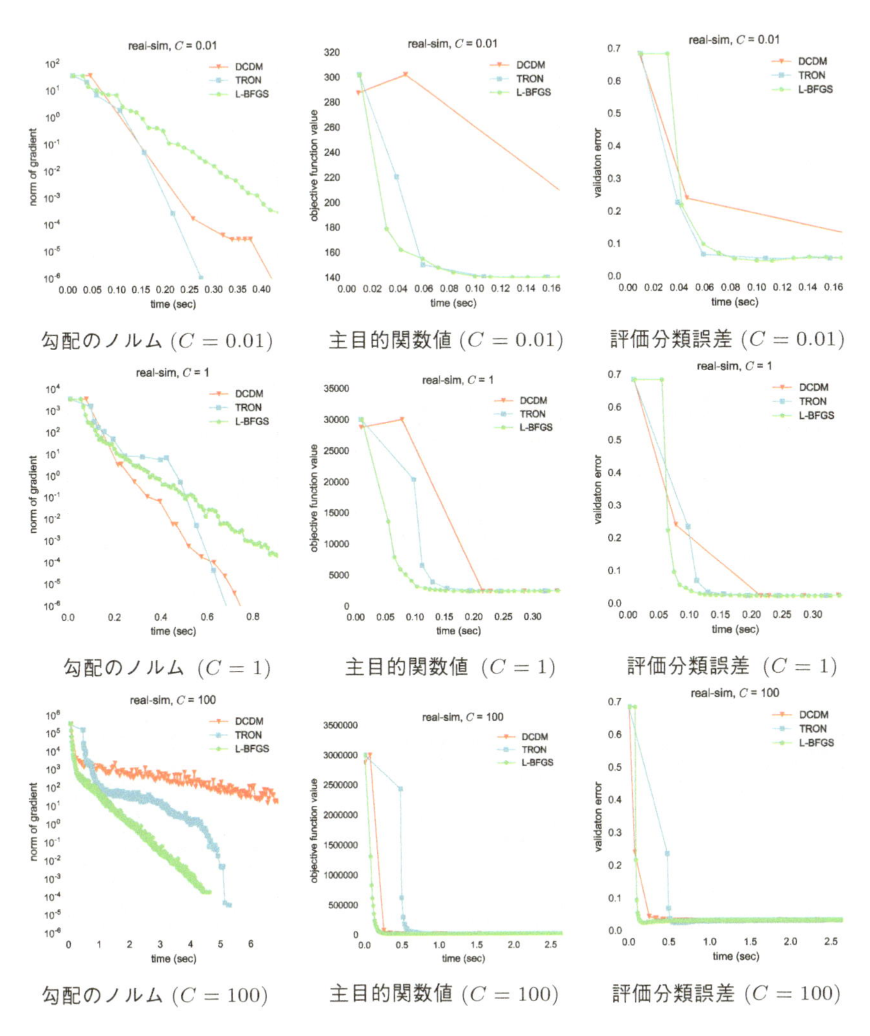

勾配のノルム $(C = 0.01)$　主目的関数値 $(C = 0.01)$　評価分類誤差 $(C = 0.01)$

勾配のノルム $(C = 1)$　主目的関数値 $(C = 1)$　評価分類誤差 $(C = 1)$

勾配のノルム $(C = 100)$　主目的関数値 $(C = 100)$　評価分類誤差 $(C = 100)$

図 14.4　小規模データセットの数値実験結果 $(n = 72{,}309,\ d = 20{,}958)$.

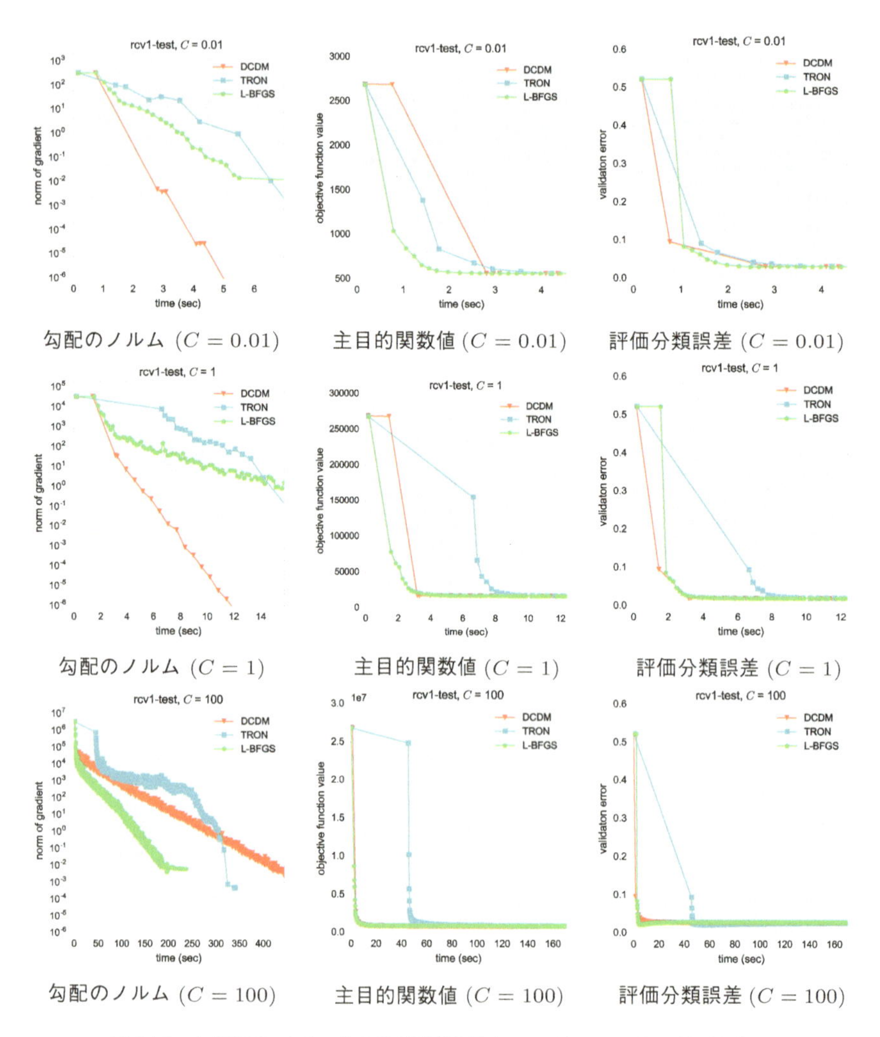

図 14.5 中規模データセットの数値実験結果 ($n = 677{,}399,\ d = 47{,}236$).

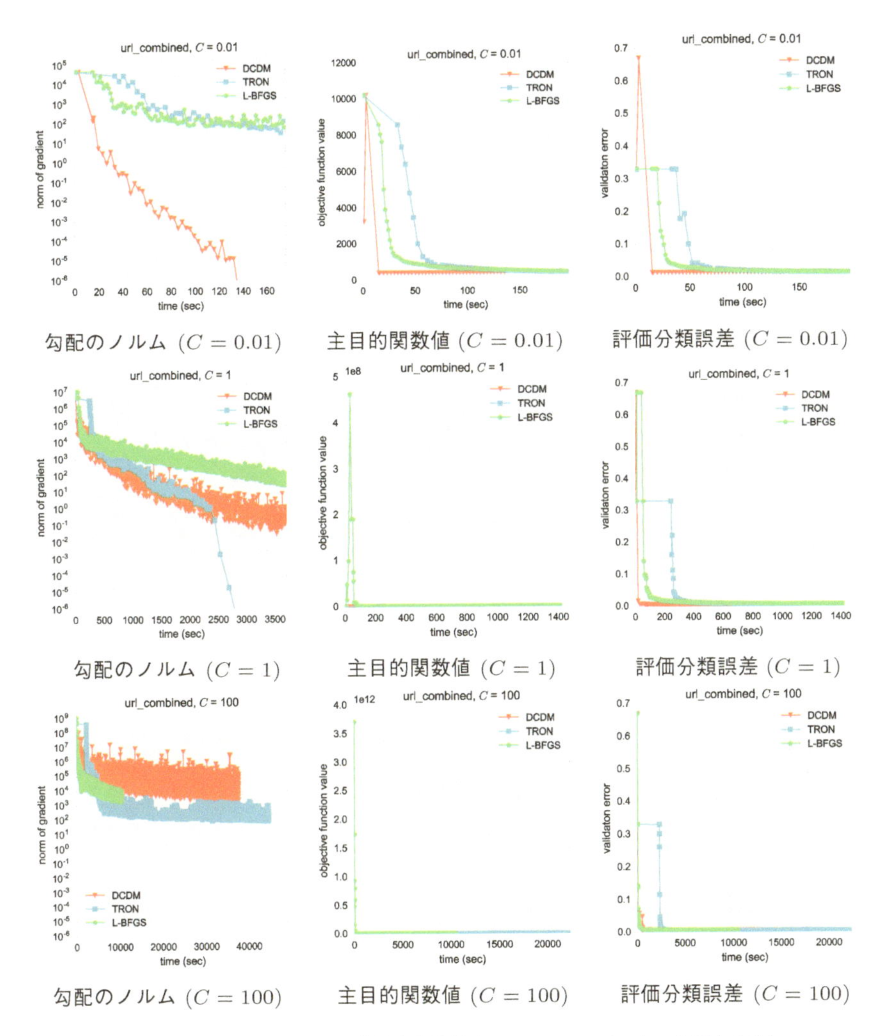

勾配のノルム $(C = 0.01)$　主目的関数値 $(C = 0.01)$　評価分類誤差 $(C = 0.01)$

勾配のノルム $(C = 1)$　主目的関数値 $(C = 1)$　評価分類誤差 $(C = 1)$

勾配のノルム $(C = 100)$　主目的関数値 $(C = 100)$　評価分類誤差 $(C = 100)$

図 14.6　大規模データセットの数値実験結果 $(n = 2{,}396{,}130,\ d = 3{,}231{,}961)$.

14.3 正則化パス追跡

大部分の機械学習アルゴリズムにはハイパーパラメータと呼ばれるパラメータが存在しています．SVM では，損失関数と正則化項のバランスを制御するための正則化パラメータ C がハイパーパラメータの 1 つです．これまでは C の値が決まっている状況を考えてきましたが，実用上はこういったハイパーパラメータも適切に選択する必要があります．この問題は**モデル選択**と呼ばれ，機械学習の重要なトピックの 1 つです（本書の主題から逸れるため詳細は説明しません）．モデル選択では，さまざまなハイパーパラメータの値において学習を行って複数のモデルを作成し，どのモデルがよいのかを選択します．そのため，異なるハイパーパラメータの値に対する複数の最適化問題を解く必要があります．複数の最適化問題を特に工夫をせずに解くと，候補の数に比例する計算コストがかかってしまいます．

ハイパーパラメータの値が異なる複数の最適化問題を解く場合，ある最適化問題の解を初期値として利用することで別の最適化問題の解を効率的に得る場合があります．最適化において他の問題を解いて得た解を初期値として利用することは**ウォームスタート**と呼ばれています．例えば，SVM において正則化パラメータ C の候補が $C_1 < C_2 < C_3 < \ldots$ と与えられている状況を考えると，まず，C_1 における解を求め，それを初期値として C_2 における解を求め，それを初期値として C_3 における解を求めます．ウォームスタートを使うことで，それぞれの最適化問題を独立に解くよりも効率的にモデル選択ができます．

本節では，**正則化パス追跡** (regularization path following) と呼ばれるアルゴリズムを紹介します．正則化パス追跡は，これまで紹介した最適化アルゴリズムとは異なり，複数の最適化問題をまとめて解くことができます．このアルゴリズムを用いると，正則化パラメータ C が連続的に変わるときに最適解がどのように変化していくかを厳密に計算することができます．正則化パス追跡は，最適化の分野で**パラメトリック最適化** (parametric programming) と呼ばれるアプローチの 1 つとみなせます．パラメトリック最適化の目的は，パラメータ表現された最適化問題のクラスを考え，それらの最適解をパラメータを含んだ形で得ようとするものです．さまざまな正則化パラメータ C における SVM の解を求める問題は，C をパラメータとするパラメトリック最適化問題とみなすことができます．

SVM の正則化パス追跡では，双対問題 (14.19) の最適解を正則化パラメータ C の関数として求めるため，$\boldsymbol{\alpha}^*(C) = (\alpha_1^*(C), \ldots, \alpha_n^*(C))^\top$ と表記します．また，定数項も正則化パラメータ C の関数として，$b^*(C)$ と表記します．

正則化パス追跡は，式 (14.15) の最適性条件が重要な役割を果たします．14.1.3 節で定義した 3 つの事例集合が C に依存して変わることを強調するため，

$$\mathcal{T}(C) = \{\mathcal{O}(C), \mathcal{M}(C), \mathcal{I}(C)\}$$

と表記します．すなわち，3 つの事例集合は以下のように定義されます．

$$\begin{aligned}
\mathcal{O}(C) &= \{i \in \{1, \ldots, n\} \mid \alpha_i^*(C) = 0\}, \\
\mathcal{M}(C) &= \{i \in \{1, \ldots, n\} \mid 0 < \alpha_i^*(C) < C\}, \\
\mathcal{I}(C) &= \{i \in \{1, \ldots, n\} \mid \alpha_i^*(C) = C\}.
\end{aligned}$$

正則化パス追跡では，事例集合 $\mathcal{T}(C)$ が C のある区間においては一定であることを利用します．事例集合が決まると，その区間では，最適解 $\boldsymbol{\alpha}^*(C)$ を正則化パラメータ C の線形関数として表すことができます．正則化パス追跡法では，この性質を用い，以下の**アルゴリズム 14.1** のステップ 1 とステップ 2 を繰り返すことで最適解の軌跡を計算します．以下は，正則化パラメータの範囲 $C \in [C_{\min}, C_{\max}]$ に対する正則化パス追跡アルゴリズムです．

アルゴリズム 14.1 正則化パス追跡法

初期化：$C \leftarrow C_{\min}$ とし，最適解 $\{\boldsymbol{\alpha}^*(C), b^*(C)\}$ を求め，$\mathcal{T}(C)$ を初期化する．
1：$\mathcal{T}(C)$ を固定させたもとで，最適解 $\{\boldsymbol{\alpha}^*(C), b^*(C)\}$ を C の線形関数として表す．
2：C を増やしたとき，事例集合 $\mathcal{T}(C)$ が変化するイベントが起こる C の値を C_{BP} とする．
3：$C_{\mathrm{BP}} < C_{\max}$ ならば，$\mathcal{T}(C)$ を更新してステップ 1 へ戻り，そうでなければ終了する．

以下では，アルゴリズム 14.1 のステップ 1 とステップ 2 をそれぞれ説明します．

14.3.1 最適解のパラメータ表現（ステップ 1）

ステップ 1 を説明するため，事例集合 $\mathcal{T}(C)$ が一定であるような C の区間を考えます．この区間において，

$$i \in \mathcal{O}(C) \;\Rightarrow\; \alpha_i^*(C) = 0, \quad i \in \mathcal{I}(C) \;\Rightarrow\; \alpha_i^*(C) = C \tag{14.35}$$

と値が定まっているので，残りは，$|\mathcal{M}(C)|$ 個の双対変数 $\alpha_i^*(C), i \in \mathcal{M}(C)$ と定数項 $b^*(C)$ の値がわかればよいことになります．最適性条件 (14.15b) より，式 (14.35) を用いて整理すると，$i \in \mathcal{M}(C)$ に対して以下の関係が成り立ちます．

$$\sum_{j \in \mathcal{M}(C)} Q_{i,j}\alpha_j^*(C) + y_i b^*(C) = 1 - C \sum_{j \in \mathcal{I}(C)} Q_{i,j}, \; i \in \mathcal{M}(C). \tag{14.36}$$

また，最適性条件 (14.13b) より，式 (14.35) を用いて整理すると，以下の関係が成り立ちます．

$$\sum_{j \in \mathcal{M}(C)} y_j \alpha_j^*(C) = -C \sum_{j \in \mathcal{I}(C)} y_j. \tag{14.37}$$

ここで，式 (14.36) の $|\mathcal{M}(C)|$ 個の 1 次方程式と式 (14.37) の 1 次方程式を合わせると，$|\mathcal{M}(C)|+1$ 個の未知変数 $\{\alpha_i^*(C)\}_{i \in \mathcal{M}(C)}$，$b^*(C))$ に関する連立 1 次方程式となっています．この連立 1 次方程式を解くことによって，事例集合 $\mathcal{T}(C)$ が固定されているとき，$\alpha_i^*(C), i \in \mathcal{M}(C)$ と $b^*(C)$ は C に関する 1 次式として表すことができます．

式 (14.35) より，$\alpha_i^*(C), i \in \mathcal{O}(C) \cup \mathcal{I}(C)$ も C に関する 1 次式であるので，すべての $i = 1, \ldots, n$ において，区間内では，適当な $u_i, v_i \in \mathbb{R}$ を用いて，

$$\alpha_i^*(C) = u_i + v_i C, \quad i = 1, \ldots, n, \quad b_i^*(C) = u_0 + v_0 C \tag{14.38}$$

と表すことができます．また，α_i が C の 1 次式となるので，$y_i f(\boldsymbol{x}_i)$ も C の 1 次式となります．以下では，これを

$$y_i f(\boldsymbol{x}_i) = q_i + r_i C, \quad i = 1, \ldots, n, \tag{14.39}$$

と表現します．

14.3.2 イベント検出（ステップ 2）

ステップ 2 では，正則化パラメータ C を徐々に増やしたとき，事例集合 $\mathcal{T}(C)$ が変化するイベントを検出します．イベント検出も最適性条件 (14.15) に基づいて行われます．以下の 4 種類のイベントを考える必要があります．それぞれ，$\alpha_i^*(C)$ と $y_i f(\boldsymbol{x}_i)$ が C の 1 次式で表される事実（式 (14.38) および (14.39)）を利用して以下のように求めることができます．

- 事例 i が $\mathcal{O}(C)$ から $\mathcal{M}(C)$ へ移動するイベント

$$y_i f(\boldsymbol{x}_i) = 1 \Leftrightarrow q_i + r_i C = 1 \Leftrightarrow C = (1 - q_i)/r_i,$$

- 事例 i が $\mathcal{M}(C)$ から $\mathcal{O}(C)$ へ移動するイベント

$$\alpha_i^*(C) = 0 \Leftrightarrow u_i + v_i C = 0 \Leftrightarrow C = -u_i/v_i,$$

- 事例 i が $\mathcal{I}(C)$ から $\mathcal{M}(C)$ へ移動するイベント

$$y_i f(\boldsymbol{x}_i) = 1 \ \Leftrightarrow \ q_i + r_i C = 1 \ \Leftrightarrow \ C = (1 - q_i)/r_i,$$

- 事例 i が $\mathcal{M}(C)$ から $\mathcal{I}(C)$ へ移動するイベント

$$\alpha_i^*(C) = C \ \Leftrightarrow \ u_i + v_i C = C \ \Leftrightarrow \ C = -u_i/(v_i - 1).$$

以上をまとめると，次に起こるイベントは以下のように求めることができます．

$$C_{\mathrm{BP}} = \min\left\{ \min_{i \in \mathcal{O}(C), r_i < 0} -\frac{q_i - 1}{r_i}, \quad \min_{i \in \mathcal{M}(C), v_i < 0} -\frac{u_i}{v_i}, \right.$$
$$\left. \min_{i \in \mathcal{I}(C), r_i > 0} -\frac{q_i - 1}{r_i}, \quad \min_{i \in \mathcal{M}(C), v_i > 0} -\frac{u_i}{v_i - 1} \right\}. \tag{14.40}$$

正則化パス追跡では，式 (14.40) によって検出したイベントに基づいて事例集合 $\mathcal{T}(C)$ を更新しながら，正則化パラメータ C に関する最適解の軌跡を計算していきます．

14.4 最適保証スクリーニング

SVM の双対変数 $\alpha_1, \ldots, \alpha_n$ は式 (14.14) で定義される 3 つの事例集合 $\mathcal{O}$, $\mathcal{M}$, $\mathcal{I}$ のいずれかに属します．最適解において，各事例がどの集合に属すかわかれば最適化問題は容易になりますが，一般的には，最適解を得るまでこれらの事例集合を知ることはできません．SVM では，$\mathcal{M}$ と $\mathcal{I}$ に属する事例をサポートベクトル (SV)，$\mathcal{O}$ に属する事例を非サポートベクトル（非 SV）と呼びます．集合 $\mathcal{O}$ に属する事例は，対応する双対変数が $\alpha_i = 0$ であるため，これらの事例を除去してしまっても，最適化問題を解いて得られる分類器は変わりません．

多くの SVM の学習アルゴリズムでは，ヒューリスティクスを用いて非 SV となる事例を予測し，残りの事例のみに関する最適化問題を解くことを繰り返します．このようにすると，全事例に関する大きな最適化問題を解かずに済むため，大規模な訓練データに対しては有効です．SVM の場合，SV と予測される事例の双対変数が作業集合になります．当然ながら，作業集合にすべての SV が含まれていなければ，作業集合だけを用いて得られた解は全体として最適ではありません．そのため，解の最適性をチェックし，最適性を満たしていなければ，作業集合を更新して最適化を繰り返さなければなりません．

本節では，**最適保証スクリーニング** (safe screening) という方法を紹介します．SVM において最適保証スクリーニングを用いると，最適解を得る前に非 SV となる事例をみつけることができます．上述の作業集合によるアプローチでは，ヒューリスティクスを用いて非 SV を予測していたため，最適性のチェックと最適化を繰り返す必要がありました．一方，最適保証スクリーニングでは，非 SV となることが保証される事例をみつけることができるので，それらを除去した後に得られた解は，最適性を確認しなくても最適解であることが保証されます*3．図 14.7 は 2 次元の人工データにおける最適保証スクリーニングの例を示しています．

以下では最適保証スクリーニングの基本的な考え方を説明します．表記を簡潔にするため，定数項のない分類器 $f(\boldsymbol{x}) = \boldsymbol{x}^\top \boldsymbol{w}$ を考えます．このとき，マージンは $y_i f(\boldsymbol{x}_i) = y_i \boldsymbol{x}_i^\top \boldsymbol{w}$ と表されます．また，損失関数を一般的に $\ell(y_i \boldsymbol{x}_i^\top \boldsymbol{w})$ と表記し，最適化問題を以下のように表します．

$$\min_{\boldsymbol{w}} \; J(\boldsymbol{w}) = \frac{1}{2}\|\boldsymbol{w}\|^2 + C \sum_{i=1}^{n} \ell(y_i \boldsymbol{x}_i^\top \boldsymbol{w}). \tag{14.41}$$

ここでは，議論を簡潔にするため，$\ell(y_i \boldsymbol{x}_i^\top \boldsymbol{w})$ は $\boldsymbol{w}$ に関して微分可能であるとし，その勾配ベクトルを

$$\nabla \ell(y_i \boldsymbol{x}_i^\top \boldsymbol{w}_0) = \frac{\partial}{\partial \boldsymbol{w}} \ell(y_i \boldsymbol{x}_i^\top \boldsymbol{w}) \Big|_{\boldsymbol{w}=\boldsymbol{w}_0}$$

と表記します*4．

SVM の最適性条件より，最適解においてマージンが 1 より大きければ，その事例は非 SV（$\mathcal{O}$ に含まれる事例）となります．すなわち，マージンと非 SV の関係は以下のように表されます．

*3 最適保証スクリーニングは，このアプローチが初めて提案された El Ghaoui らの論文 [17] に基づき，safe screening と呼ばれています．ここで，「safe（セーフ）」とは，その事例を取り除いてしまっても最適解が得られることが保証されるという意味で使われています．本書では，この意味を示唆できる訳語として「最適保証スクリーニング」を用いています．

*4 損失関数 ℓ がバニラヒンジ損失の場合は微分可能でありませんが，以下の議論に出てくる勾配を劣勾配に置き換えることで同様の議論が可能です．

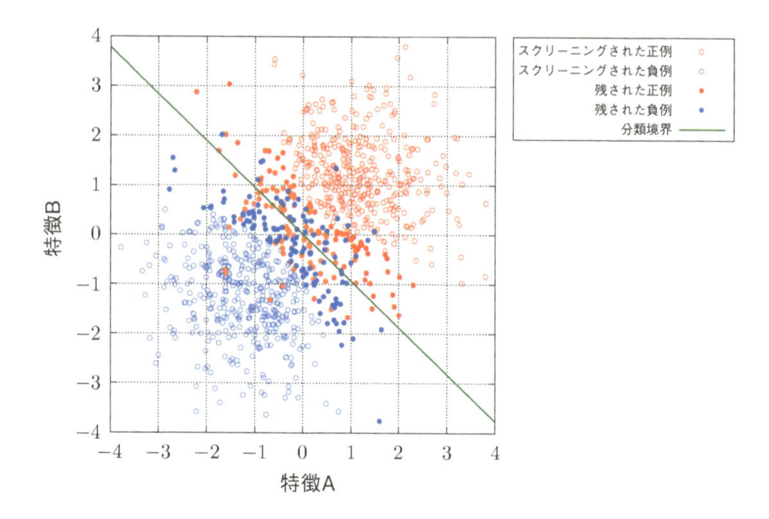

図 14.7 2 次元の人工データに対する最適保証スクリーニングの例．本節で紹介する最適保証スクリーニングを用いると，最適解（緑色の分類境界）を計算することなく，多くの訓練事例が非 SV になることを同定することができます．図の例では，正例，負例それぞれ 500 例のうち，正例 366 例（赤い白抜きの丸）と負例 375 例（青い白抜きの丸）が必ず非 SV となることを同定できました．すなわち，これらの訓練事例を除いた残りの事例（正例 134 例，負例 125 例）のみを用いて SVM の学習を行っても，最適な分類境界が得られることが保証されます．なお，本例では $C = 1.0$ における最適解を求めていますが，その最適保証スクリーニングを行うため，$C = 0.5$ における最適解を近似解 $\tilde{\boldsymbol{w}}$ として利用しています．

$$y_i \boldsymbol{x}_i^\top \boldsymbol{w}^* > 1 \;\Rightarrow\; i \in \mathcal{O} \tag{14.42}$$

式 (14.42) には，最適解 $\boldsymbol{w}^*$ が含まれているので，最適解を知らずに各事例が非 SV か否かを判定するのは，一見不可能に思えます．

最適保証スクリーニングでは，最適解 $\boldsymbol{w}^*$ がわかっていないものの，最適解が存在する範囲がわかっている状況を考えます．最適解が存在する範囲を $\Omega \ni \boldsymbol{w}^*$ と表記することにします．ここで，Ω は解空間 $\mathbb{R}^d$ 内の閉集合であるとします．最適保証スクリーニングでは，最適解 $\boldsymbol{w}^*$ が領域 Ω に含まれるとき，マージンのとりうる下界を考えます．もし，マージンの下界が 1 より大きければ，最適解が領域 Ω のどこにあろうとも，この事例は非 SV となることが確定できるというわけです．すなわち，最適保証スクリーニングでは，以下のような関係を利用します．

$$\min_{\boldsymbol{w} \in \Omega} y_i \boldsymbol{x}_i^\top \boldsymbol{w} > 1 \ \Rightarrow \ i \in \mathcal{O}. \tag{14.43}$$

式 (14.43) の最適保証スクリーニングを実現するには 2 つの課題があります．1 つ目の課題は，領域 Ω が得られたとき，式 (14.43) の最小化問題をいかに効率的に解けるかという点です．2 つ目の課題は，最適解 $\boldsymbol{w}^*$ を含む領域 Ω をいかに得るかという点です．これらの課題に関するさまざまなアプローチが提案されていますが，本書では，領域 Ω が解空間 $\mathbb{R}^d$ 内の超球となる場合の最適保証スクリーニングを紹介します．

まず，Ω が超球であった場合，最小化問題 (14.43) の解が解析的に得られることを示します．超球 Ω を以下のように表記します．

$$\Omega = \{\boldsymbol{w} \mid \|\boldsymbol{w} - \boldsymbol{m}\| \leq r\}. \tag{14.44}$$

ここで $\boldsymbol{m} \in \mathbb{R}^d$ は中心，$r > 0$ は半径を表しています．このとき，以下の定理により，式 (14.43) の最適解を解析的に得ることができます．

定理 14.1（線形スコアの下界と上界）

最適化問題 (14.41) の解 $\boldsymbol{w}^*$ が式 (14.44) の超球に含まれているとき，任意の d 次元ベクトル $\boldsymbol{\eta} \in \mathbb{R}^d$ に対して，$\boldsymbol{\eta}^\top \boldsymbol{w}^*$ の下界と上界は

$$\boldsymbol{\eta}^\top \boldsymbol{w}^* \geq \boldsymbol{\eta}^\top \boldsymbol{m} - \|\boldsymbol{\eta}\| r, \tag{14.45a}$$

$$\boldsymbol{\eta}^\top \boldsymbol{w}^* \leq \boldsymbol{\eta}^\top \boldsymbol{m} + \|\boldsymbol{\eta}\| r \tag{14.45b}$$

と与えられます．

定理 14.1 は，解空間 $\mathbb{R}^d$ における超球と超平面の関係を使うことで容易に導出できます．

定理 14.1 において，$\boldsymbol{\eta} = y_i \boldsymbol{x}_i$ とすると，マージンの下界を得ることができ，式 (14.42) より，以下のように非 SV の判定を行うことができます．

$$y_i \boldsymbol{x}_i^\top \boldsymbol{m} - \|\boldsymbol{x}_i\| r > 1 \ \Rightarrow \ i \in \mathcal{O}. \tag{14.46}$$

続いて，最適保証スクリーニングのために，どのように最適解を含む領域

Ωをみつければよいかを説明します．最適解を含むことが保証される超球Ωは，以下の定理のように，任意のベクトル$\tilde{\boldsymbol{w}} \in \mathbb{R}^d$を用いて構成されます．

定理 14.2（近似解を用いた最適解を含む超球）

最適化問題 (14.41) の最適解は超球

$$\Omega = \{\boldsymbol{w} \mid \|\boldsymbol{w} - \boldsymbol{m}(\tilde{\boldsymbol{w}})\| \leq r(\tilde{\boldsymbol{w}})\}$$

に含まれます．ただし，$\boldsymbol{m}(\tilde{\boldsymbol{w}})$と$r(\tilde{\boldsymbol{w}})$は任意のベクトル$\tilde{\boldsymbol{w}} \in \mathbb{R}^d$により決まる超球の中心と半径で，それぞれ，以下のように与えられます．

$$\boldsymbol{m}(\tilde{\boldsymbol{w}}) = \frac{1}{2}\left(\tilde{\boldsymbol{w}} - C\sum_{i=1}^{n} \nabla\ell(y_i \boldsymbol{x}_i^\top \tilde{\boldsymbol{w}})\right), \tag{14.47}$$

$$r(\tilde{\boldsymbol{w}}) = \frac{1}{2}\left\|\tilde{\boldsymbol{w}} + C\sum_{i=1}^{n} \nabla\ell(y_i \boldsymbol{x}_i^\top \tilde{\boldsymbol{w}})\right\|. \tag{14.48}$$

定理 14.2 では，超球Ωの中心と半径が，任意のベクトル$\tilde{\boldsymbol{w}}$に依存する形で表されています．以下では，$\tilde{\boldsymbol{w}}$を近似解と呼ぶことにします．定理 14.2 は任意の$\tilde{\boldsymbol{w}}$において成り立ちますが，式 (14.45) の下界と上界の良し悪しは，どのような$\tilde{\boldsymbol{w}}$を用いるかによって変わります．

定理 14.2 を証明する前に，超球Ωの性質をみてみましょう．式 (14.45) の下界と上界のタイトさは超球の半径に依存しているので，どのような近似解$\tilde{\boldsymbol{w}}$を用いれば式 (14.48) の半径が小さくなるかを考えてみましょう．式 (14.48) をみると，半径$r(\tilde{\boldsymbol{w}})$が目的関数$J(\boldsymbol{w})$の$\boldsymbol{w} = \tilde{\boldsymbol{w}}$における勾配のノルム，すなわち，

$$r(\tilde{\boldsymbol{w}}) = \left\| \frac{\partial}{\partial \boldsymbol{w}} J(\boldsymbol{w})\Big|_{\boldsymbol{w}=\tilde{\boldsymbol{w}}} \right\|$$

となっていることがわかります．最適解$\boldsymbol{w}^*$においては

$$\frac{\partial}{\partial \boldsymbol{w}} J(\boldsymbol{w})\Big|_{\boldsymbol{w}=\boldsymbol{w}^*} = \boldsymbol{0}$$

となり勾配が 0 であるので，近似解$\tilde{\boldsymbol{w}}$が十分に最適解に近いときには半径

$r(\tilde{\boldsymbol{w}})$ が小さくなります．言い換えれば，近似解 $\tilde{\boldsymbol{w}}$ として最適解 $\boldsymbol{w}^*$ に近いものを選ぶことができれば，式 (14.45) の上界と下界はタイトになり，多くの非 SV を安全に同定することができます．

最適保証スクリーニングの基盤となる定理 14.2 は，2 章で学んだ凸解析と，3 章で学んだ最適性条件を用いて証明することができます．

定理 14.2 の証明. 最適化問題 (14.41) の最適性条件（3.2 節，もしくは文献 [6] の proposition2.1.2 を参照）より，

$$\nabla J(\boldsymbol{w}^*)^\top(\boldsymbol{w}^* - \tilde{\boldsymbol{w}}) \leq 0$$

$$\Leftrightarrow \quad \left(\boldsymbol{w}^* + C\sum_{i=1}^n \nabla\ell(y_i\boldsymbol{x}_i^\top\boldsymbol{w}^*)\right)^\top (\boldsymbol{w}^* - \tilde{\boldsymbol{w}}) \leq 0 \tag{14.49}$$

の関係が成り立ちます．損失関数 ℓ は凸なので，定理 2.12 より，

$$\ell(y_i\boldsymbol{x}_i^\top\tilde{\boldsymbol{w}}) \geq \ell(y_i\boldsymbol{x}_i^\top\boldsymbol{w}^*) + \nabla\ell(y_i\boldsymbol{x}_i^\top\boldsymbol{w}^*)^\top(\tilde{\boldsymbol{w}} - \boldsymbol{w}^*), \tag{14.50}$$

$$\ell(y_i\boldsymbol{x}_i^\top\boldsymbol{w}^*) \geq \ell(y_i\boldsymbol{x}_i^\top\tilde{\boldsymbol{w}}) + \nabla\ell(y_i\boldsymbol{x}_i^\top\tilde{\boldsymbol{w}})^\top(\boldsymbol{w}^* - \tilde{\boldsymbol{w}}) \tag{14.51}$$

となります．式 (14.50) と式 (14.51) を合わせると，

$$\nabla\ell(y_i\boldsymbol{x}_i^\top\boldsymbol{w}^*)^\top(\boldsymbol{w}^* - \tilde{\boldsymbol{w}}) \geq \nabla\ell(y_i\boldsymbol{x}_i^\top\tilde{\boldsymbol{w}})^\top(\boldsymbol{w}^* - \tilde{\boldsymbol{w}}) \tag{14.52}$$

となります．式 (14.52) を式 (14.49) に代入すると，

$$\boldsymbol{w}^{*\top}(\boldsymbol{w}^* - \tilde{\boldsymbol{w}}) + C\sum_{i=1}^n \nabla\ell(y_i\boldsymbol{x}_i^\top\tilde{\boldsymbol{w}})^\top(\boldsymbol{w}^* - \tilde{\boldsymbol{w}}) \leq 0 \tag{14.53}$$

となります．式 (14.53) は最適解 $\boldsymbol{w}^*$ の 2 次関数であり，平方完成して整理すると，

$$\left\|\boldsymbol{w}^* - \frac{1}{2}\left(\tilde{\boldsymbol{w}} - C\sum_{i=1}^n \nabla\ell(y_i\boldsymbol{x}_i^\top\tilde{\boldsymbol{w}})\right)\right\| \leq \frac{1}{2}\left\|\tilde{\boldsymbol{w}} + C\sum_{i=1}^n \nabla\ell(y_i\boldsymbol{x}_i^\top\tilde{\boldsymbol{w}})\right\|$$

となり，最適解 $\boldsymbol{w}^*$ が中心 $\boldsymbol{m}(\tilde{\boldsymbol{w}})$，半径 $r(\tilde{\boldsymbol{w}})$ の超球内に存在することになります． □

最適保証スクリーニングを行うには近似解 $\tilde{\boldsymbol{w}}$ が必要でした．実用上はど

のように近似解 $\tilde{\boldsymbol{w}}$ を得ればよいのでしょうか．有用なアプローチの 1 つは最適化アルゴリズムの途中で得られる解を近似解とみなすことです．このアプローチは，**動的最適保証スクリーニング** (dynamic safe screening) と呼ばれていますが，最適化問題を解く途中で，非 SV となる事例を同定し，それを訓練データから取り除いてしまうことができます．同様の考え方は，訓練データが逐次的に与えられる逐次学習，オンライン学習，ストリーミング学習などでも利用することができます．訓練データに変更が加わる前の最適解を近似解とみなすと，変更後の最適解の非 SV をスクリーニングすることができます．

また，14.3 節でも議論したように，モデル選択においては，複数の正則化パラメータ C に対する最適化問題を解く必要があります．モデル選択のシナリオでは，ある正則化パラメータに対する最適解を別の正則化パラメータに対する最適化問題の近似解とみなして利用することができます．ある正則化パラメータ $\tilde{C}$ における最適解 $\boldsymbol{w}^*_{\tilde{C}}$ が得られているとき，これを他の正則化パラメータ $C > \tilde{C}$ における最適解の最適保証スクリーニングのための近似解とみなすと，以下のような定理が成り立ちます．

定理 14.3（正則化パスのための最適保証スクリーニング [47]）

最適化問題 (14.41) において，正則化パラメータ $\tilde{C}$ における最適解を $\boldsymbol{w}^*_{\tilde{C}}$ とし，正則化パラメータ $C(> \tilde{C})$ における最適解を $\boldsymbol{w}^*_C$ とします．任意のベクトル $\boldsymbol{\eta} \in \mathbb{R}^d$ に対して，線形スコア $\boldsymbol{\eta}^\top \boldsymbol{w}^*_C$ の下界と上界は以下のように与えられます．

$$\boldsymbol{\eta}^\top \boldsymbol{w}^*_C \le \frac{1}{2}(\boldsymbol{\eta}^\top \boldsymbol{w}^*_{\tilde{C}} + \|\boldsymbol{\eta}\|\|\boldsymbol{w}^*_{\tilde{C}}\|) + \frac{C}{2\tilde{C}}(\boldsymbol{\eta}^\top \boldsymbol{w}^*_{\tilde{C}} - \|\boldsymbol{\eta}\|\|\boldsymbol{w}^*_{\tilde{C}}\|) \tag{14.54}$$

$$\boldsymbol{\eta}^\top \boldsymbol{w}^*_C \ge \frac{1}{2}(\boldsymbol{\eta}^\top \boldsymbol{w}^*_{\tilde{C}} - \|\boldsymbol{\eta}\|\|\boldsymbol{w}^*_{\tilde{C}}\|) + \frac{C}{2\tilde{C}}(\boldsymbol{\eta}^\top \boldsymbol{w}^*_{\tilde{C}} + \|\boldsymbol{\eta}\|\|\boldsymbol{w}^*_{\tilde{C}}\|) \tag{14.55}$$

定理 14.3 の下界と上界は正則化パラメータ C の関数として表されています．本書では詳細を省略しますが，この性質を使うと，正則化パラメータ C がある一定の範囲内にあるときに，非 SV であり続ける訓練事例を知ることができ，14.3 節で学んだ正則化パス追跡の計算を効率的にすることができます [47]．

以上のように，機械学習では，モデル選択や動的最適保証スクリーニング以外のシナリオにおいても，類似した問題の解を利用できる状況が多くあります．そのような状況では，最適保証スクリーニングを利用し，あらかじめ非 SV となる事例を削除して訓練データを小さくすることが可能になります．

最適保証スクリーニングの研究は，El Ghaoui らの論文 [17] を契機として始まったばかりで盛んに研究が行われています（2016 年 4 月現在）．定理 14.2 で紹介したもの以外にもさまざまな問題設定におけるさまざまな最適保証スクリーニングの方法が提案されています．

Chapter 15

スパース学習

スパース学習は高次元データ解析において重要な役割を果たす学習方法です．本章ではスパース学習の基本的な定式化とその最適化手法について解説します．

15.1 スパースモデリング

ここではスパースモデリングの考え方を簡単に説明します．より詳しくは文献 [14,22,71] を参照してください．スパースモデリングは高次元データに内在する本質的な低次元性を利用してデータ解析を行う方法です．データが高次元であっても，目的を達成するために必要な情報はあくまでその低次元部分空間に埋もれており，残りの部分はその目的にとってはノイズでしかない事例が応用上よく現れます．スパースモデリングはそのような情報をもっている低次元部分空間をあぶり出し，不必要なノイズを除去し，より意味のある学習を行う方法です．

そのような低次元部分空間を取り出す方法は，統計学では古くからモデル選択として研究されてきました．モデル選択を行う規準として**赤池情報量規準** (Akaike's Information Criterion, **AIC**) や**ベイズ情報量規準** (Bayes Information Criterion, **BIC**) が提案されてきました．AIC について説明します．いま，統計モデル $\{p_\theta \mid \theta \in \Theta\}$ が与えられているとします．ここで，Θ はパラメータの集合で p_θ はパラメータ θ に対応する確率密度関数とします．また，Θ に含まれる k 次元部分モデルの列 $\Theta_k \subseteq \Theta$ $(k = 1, 2, \ldots, d)$

があるとします．我々のやるべきことは，このモデルの中から「適切な」モデルを選ぶことです．もし部分モデル Θ_k に包含関係 $\Theta_k \subset \Theta_{k+1}$ があるなら，もっとも次元の大きなモデルが一番高い表現力をもちます．表現力という意味ではその最大次元のモデルを用いることが望ましいですが，そうするとモデルが複雑すぎるため過学習を起こしてしまう可能性があります．AIC は予測誤差（汎化誤差）と訓練誤差のギャップを補正して過学習を避ける規準です．$\hat{\theta}_k$ をモデル Θ_k における最尤推定量とします．すなわち，n 個の観測データ $\{z_1, z_2, \ldots, z_n\}$ に対して，

$$\hat{\theta}_k = \operatorname*{argmax}_{\theta \in \Theta_k} \sum_{i=1}^{n} \log(p_\theta(z_i))$$

とします．すると，モデル Θ_k の AIC は

$$\mathrm{AIC}(k) = -2 \sum_{i=1}^{n} \log(p_{\hat{\theta}_k}(z_i)) + 2k$$

で与えられます．本当に最適化したい量は尤度の期待値 $\mathrm{E}_Z[\log(p_\theta(Z))]$ ですが，対数尤度は観測データの平均でその期待値を代用していることから，これらの間には差が生じます．AIC はこのギャップを補正している量です．より正確には AIC(k) は期待対数尤度の漸近不偏推定量になっています．

$$\frac{1}{n}\mathbb{E}_{\{z_i\}_{i=1}^n}[\mathrm{AIC}(k)] = -2\mathbb{E}_{\{z_i\}_{i=1}^n}[\mathbb{E}_Z[\log(p_{\hat{\theta}_k}(Z))]] + O(1/n^2).$$

AIC はモデルの「複雑さ」として次元に対応するペナルティ $2k$ を足すことで訓練誤差を補正したもので，AIC を最小化することで予測誤差を近似的に最小化することが可能になります．よって AIC 最小化はモデルの次元を正則化項に用いた正則化学習法とみなせます．いま，部分モデルとしてパラメータのゼロ要素を指定する場合 $\Theta_J = \{\theta \in \Theta \mid \theta_j = 0,\ j \notin J\}$ $(J \subseteq \{1, \ldots, d\})$ を考えると，Θ_J の次元は $|J|$ であるため，AIC による学習は

$$\min_{\theta \in \Theta} - \sum_{i=1}^{n} \log(p_\theta(z_i)) + \|\theta\|_0$$

で与えられます．ここで，$\|\theta\|_0$ は θ の非ゼロ要素の数を数える関数です[*1]$(\|\theta\|_0 = |\{j \mid \theta_j \neq 0\}|)$．なお，$\|\theta\|_0$ は θ を含む最小の部分モデル

*1　$\|\cdot\|_0$ はノルムではないですが，L_0 ノルムと呼ばれています．

Θ_J の次元（上における k）に対応することに注意してください．しかし，この問題はNP-困難であることが知られており，高次元パラメータの学習においては計算が困難になります．実は損失関数が**劣モジュラ性** (submodularity) と呼ばれる性質を満たしていれば，貪欲法により $(1-1/e)$-近似アルゴリズムが構築できることが知られています．詳しくは文献 [3,63] を参照ください．

15.2 L_1 正則化と種々のスパース正則化

15.2.1 L_1 正則化

AIC に代わる簡単な最適化問題で定式化されるスパースモデリング手法として **L_1 正則化** (L_1-regularization) と呼ばれる方法が提案されています．L_1 正則化は $\|\cdot\|_0$ の代わりに L_1 ノルム $\|\theta\|_1 = \sum_{j=1}^d |\theta_j|$ を用いる手法です．

$$\min_{\theta\in\Theta} -\sum_{i=1}^n \log(p_\theta(z_i)) + C\|\theta\|_1. \tag{15.1}$$

ここで $C>0$ は L_1 正則化の強さを調整する正則化パラメータです．正則化パラメータは交差確認法や情報量規準などによって決定します．L_1 ノルムは L_0 ノルムの $[-1,1]^d$ における凸包であることが知られています [3,74]．また，最適解は実際にスパースになる（多くの要素が0になる）ことが理論的にも実験的にも知られています．

例 15.1（スパースな回帰：Lasso）

二乗損失を用いた L_1 正則化学習を回帰に適用したものを **Lasso** (least absolute shrinkage and selection operator) [52] と呼びます．Lasso の推定量は最適化問題

$$\min_{\boldsymbol{w}\in\mathbb{R}^d} \sum_{i=1}^n (y_i - \boldsymbol{w}^\top \boldsymbol{x}_i)^2 + C\|\boldsymbol{w}\|_1$$

の解として与えられます．ただし，$y_i\in\mathbb{R}$，$\boldsymbol{x}_i\in\mathbb{R}^d$ です． □

例 15.2 （スパースな判別：L_1 正則化ロジスティック回帰）

回帰と同様にして，判別にも L_1 正則化は適用できます．損失関数をロジスティック損失とすると，

$$\min_{\boldsymbol{w}\in\mathbb{R}^d} \sum_{i=1}^{n} \log(1+\exp(-y_i \boldsymbol{w}^\top \boldsymbol{x}_i)) + C\|\boldsymbol{w}\|_1$$

と定式化されます． □

15.2.2 その他のスパース正則化

損失関数 $\ell(z, \boldsymbol{w})$ を用いて，式 (15.1) を簡略化・一般化した問題

$$\min_{\boldsymbol{w}\in\mathbb{R}^d} \sum_{i=1}^{n} \ell(z_i, \boldsymbol{w}) + C\|\boldsymbol{w}\|_1$$

を考察します．損失関数 ℓ が $\boldsymbol{w}$ に関して凸ならばこの最適化問題は凸最適化問題になります．しかし，$\|\boldsymbol{w}\|_1$ はなめらかではなく，微分を計算できません．劣勾配法を当てはめることはできますが，収束が遅くなってしまいます．L_1 正則化は微分不可能な点があることが本質的に重要です．なめらかでない点があるために解がスパースになるという事情から，L_1 正則化の代わりになめらかな正則化項を利用することは望ましくありません．この問題を解決するために以下のような指針を考えます．

- 正則化項の構造を利用する．
- 損失関数項と正則化項で最適化の難しさを分離する．

第一の方針に「正則化項の構造」とあります．例えば L_1 正則化の場合は，変数ごとに関数が分離していることを利用します．より正確には近接写像が簡単に計算できることを利用します．また，第二の方針を使うことで，あたかも正則化項がなかったかのような形で最適化を実行することが可能になります．

これからは L_1 正則化を一般化してスパース正則化関数を $\psi(\boldsymbol{w})$ と書き，$f(\boldsymbol{w}) = \sum_{i=1}^{n} \ell(z_i, \boldsymbol{w})$ として，

$$\min_{\boldsymbol{w}\in\mathbb{R}^d} \underbrace{f(\boldsymbol{w})+\psi(\boldsymbol{w})}_{=:F(\boldsymbol{w})} \tag{15.2}$$

なる最適化問題を考えます．今後，本章では特に断らない限り損失関数項 $f(\boldsymbol{w})$ は凸関数とします．

正則化項として，L_1 正則化以外にも，次のような正則化項がよく用いられています．

例 15.3 （トレースノルム正則化）

トレースノルム正則化は低ランク行列を学習するために用いられる正則化手法です．行列 $\boldsymbol{W}\in\mathbb{R}^{M\times N}$ に対して，**トレースノルム正則化** (trace-norm regularization) は

$$\psi(\boldsymbol{W}) = C\mathrm{Tr}[(\boldsymbol{W}^\top\boldsymbol{W})^{1/2}] =: C\|\boldsymbol{W}\|_{\mathrm{Tr}}$$

と定義されます．ここで，$\boldsymbol{B}=(\boldsymbol{W}^\top\boldsymbol{W})^{1/2}\in\mathbb{R}^{N\times N}$ は $\boldsymbol{B}\boldsymbol{B}=\boldsymbol{W}^\top\boldsymbol{W}$ を満たす半正定値対称行列です．いま，$\boldsymbol{W}$ の特異値分解を $\boldsymbol{W}=\boldsymbol{U}\mathrm{diag}(\sigma_1,\sigma_2,\ldots,\sigma_r)\boldsymbol{V}^\top$ とします．ただし，$r=\min\{M,N\}$ で，$\boldsymbol{U}\in\mathbb{R}^{M\times r},\boldsymbol{V}\in\mathbb{R}^{N\times r}$ は $\boldsymbol{U}^\top\boldsymbol{U}=\boldsymbol{V}^\top\boldsymbol{V}=\boldsymbol{I}$ を満たす行列で，$\mathrm{diag}(\sigma_1,\ldots,\sigma_r)$ は特異値 $\sigma_1,\ldots,\sigma_r\geq 0$ を対角成分に並べた対角行列です．すると，$\boldsymbol{B}=\boldsymbol{V}\mathrm{diag}(\sigma_1,\sigma_2,\ldots,\sigma_r)\boldsymbol{V}^\top$ で与えられることがわかります．これらより，

$$\psi(\boldsymbol{W}) = C\sum_{i=1}^r \sigma_i$$

となります．つまり，トレースノルム正則化は特異値の和です．これはちょうど特異値を並べたベクトル $(\sigma_1,\sigma_2,\ldots,\sigma_r)$ に L_1 正則化を掛けたものと捉えることができ，そのためトレースノルム正則化を用いて学習した行列は特異値がスパース，つまり多くの特異値が 0 になりやすいという性質があります．特異値の多くが 0 というのは，すなわち低ランクということにほかなりません． □

例 15.4 (グループ正則化)

d 個のインデックス $\{1,\ldots,d\}$ が K 個のグループ $G_1,\ldots,G_K$ に分けられているとします．グループ $G_k \subseteq \{1,\ldots,d\}$ は重複していても構いません．各グループ G_k に対応する部分ベクトルを $\boldsymbol{w}_{G_k} = (w_j)_{j\in G_k}$ と書きます．このグループ分けに沿った**グループ正則化** (group regularization) は

$$\psi(\boldsymbol{w}) = C\|\boldsymbol{w}\|_{1,q} = C\sum_{k=1}^{K}\|\boldsymbol{w}_{G_k}\|_q$$

で与えられます．ただし，$q > 1$ として，$\|\boldsymbol{w}_{G_k}\|_q = (\sum_{j\in G_k}|w_j|^q)^{1/q}$ とします．グループ正則化は各グループに対応する部分ベクトルの L_q ノルムを並べたベクトル $(\|\boldsymbol{w}_{G_k}\|_q)_{k=1}^K$ への L_1 正則化です．よって，このベクトルがスパースになりやすいという性質があります．すなわち，グループ内の成分全体が 0 になりやすいという性質があります． □

例 15.5 (エラスティックネット正則化)

エラスティックネット正則化 (elastic net regularization) は L_1 正則化と L_2 正則化の間をとったような方法です．すなわち，

$$\psi(\boldsymbol{w}) = C_1\|\boldsymbol{w}\|_1 + C_2\|\boldsymbol{w}\|_2^2 = \sum_{j=1}^{d}(C_1|w_j| + C_2 w_j^2)$$

で与えられます．エラスティックネット正則化は L_1 正則化と比べてノイズに左右されにくい安定した学習ができます． □

15.2.3 L_1 正則化の数値的評価

L_1 正則化が実際にどれだけ高次元データ解析において有効か，簡単な人工的数値実験にて示します．次元 $p = 2000$ として，次の線形モデルからデータを生成します．

$$\boldsymbol{Y} = \boldsymbol{X}\boldsymbol{w}^* + \boldsymbol{\epsilon}.$$

ただし，$\boldsymbol{X} \in \mathbb{R}^{n\times p}$ はランダムに生成したデザイン行列，$\boldsymbol{\epsilon} \in \mathbb{R}^n$ は独立同一な標準正規分布に従う雑音です．真のベクトル $\boldsymbol{w}^* \in \mathbb{R}^p$ は最初の 100 成分のみ値が 10 で，残りは 0 のスパースなベクトルとします．このとき，サ

ンプルサイズ n を $1000, 2000, 4000$ と変化させ，その解の挙動と推定誤差を観察してみます．

ここで，比較する対象として Lasso とリッジ回帰 (ridge regression) を考えます．リッジ回帰推定量は

$$\min_{\boldsymbol{w}\in\mathbb{R}^p} \quad \|\boldsymbol{Y} - \boldsymbol{X}\boldsymbol{w}\|^2 + C\|\boldsymbol{w}\|_2^2$$

なる最適化問題の解として定義されます．Lasso との違いは L_1 正則化ではなく L_2 正則化（の二乗）を用いている点です．リッジ正則化は解を安定させる（分散を軽減させる）効果がありますがスパース性をもちません．両手法とも正則化パラメータは推定誤差を最小にするものを選びました．ここで，推定誤差はユークリッドノルム

$$\mathrm{SE}(\widehat{\boldsymbol{w}}) = \|\widehat{\boldsymbol{w}} - \boldsymbol{w}^*\|$$

を用います．この設定で，各推定量の各成分の値をプロットしたのが図 15.1 です．真の値は青線で示しています．リッジ正則化は赤線で，Lasso は黄線で示しています．それぞれの推定誤差は

サンプルサイズ (n)	1000	2000	4000
リッジ正則化	75.7	23.4	4.4
Lasso	6.6	3.7	2.6

となり，特にサンプルサイズ n が小さくても，Lasso の推定誤差があまり大きくなっていないことがわかります．Lasso は $n = 1000 < p = 2000$ でもそれなりによい推定ができていることに注意してください．一方，リッジ正則化は n が小さい領域では，推定誤差が非常に大きくなり，推定がうまくできていないことがわかります．これは，真のスパース性を捉えておらず，すべての変数を推定しようとしているからです．一方，Lasso は変数選択を同時に行っているため，必要のない変数の推定をせず，その分，重要な変数の推定精度を上げることができています．実際，図 15.1 より，真がゼロの要素においては Lasso 推定量の値はほとんど 0 であり，この部分での誤差がリッジ正則化に比べて十分小さく抑えられています．一方，リッジ正則化は真がゼロの成分でもすべて非ゼロとなっており，その分大きな推定誤差が生まれてしまっています．

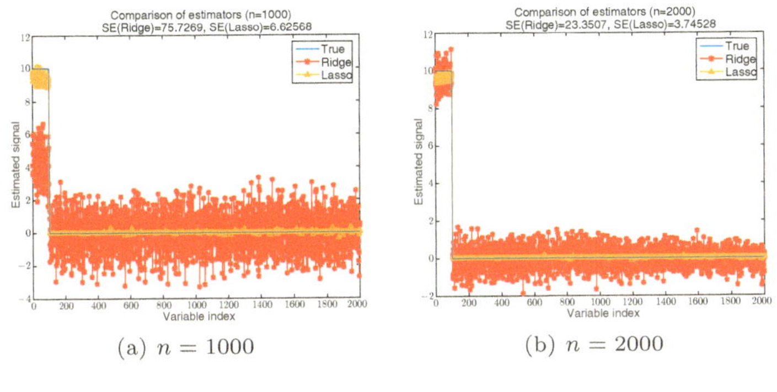

(a) $n = 1000$ (b) $n = 2000$

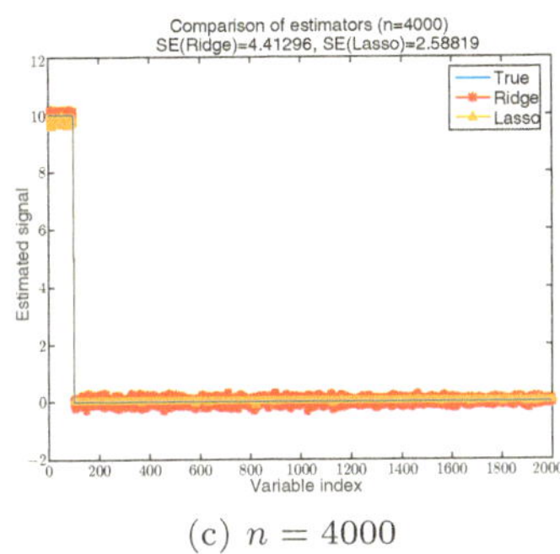

(c) $n = 4000$

図 15.1 リッジ正則化および Lasso の振る舞い ($n =$ (a)1000, (b)2000, (c)4000). 横軸は変数のインデックス，縦軸は各成分の値．青線は真の値，赤線はリッジ正則化，黄線は Lasso を表しています．

アルゴリズム 15.1 近接勾配法

初期化：初期解 $\boldsymbol{w}_0 \in \mathbb{R}^d$ を定める．$k \leftarrow 0$ とする．

1. 停止条件が満たされるなら，$\boldsymbol{w}_k$ を数値解として出力して停止．
2. $\boldsymbol{g}_k \leftarrow \nabla f(\boldsymbol{w}_k)$ と設定．
3. $\eta_k > 0$ に対して，$\boldsymbol{w}_{k+1}$ を以下のように更新：

$$\boldsymbol{w}_{k+1} \longleftarrow \operatorname*{argmin}_{\boldsymbol{w} \in \mathbb{R}^d} \left\{ \boldsymbol{g}_k^\top \boldsymbol{w} + \psi(\boldsymbol{w}) + \frac{\eta_k}{2} \|\boldsymbol{w} - \boldsymbol{w}_k\|^2 \right\}.$$

4. $k \leftarrow k + 1$ とする．ステップ 1 に戻る．

15.3 近接勾配法による解法

15.3.1 近接勾配法のアルゴリズム

まずもっとも代表的な方法として，**近接勾配法** (proximal gradient method) を紹介します．これは，「正則化項の構造を利用する」方法です．この方法は最急降下法を少し修正した方法です．f を微分可能な関数として，近接勾配法の手順をアルゴリズム 15.1 に示します．この方法は特に L_1 正則化に対しては **ISTA**(Iterative Shrinkage Thresholding Algorithm) とも呼ばれています．

近接勾配法は関数 f を $\boldsymbol{w}_k$ のまわりで線形近似 $f(\boldsymbol{w}) \simeq f(\boldsymbol{w}_k)+\boldsymbol{g}_k^\top(\boldsymbol{w}-\boldsymbol{w}_k)$ して最適化しています．ただし，線形近似は微分をとった $\boldsymbol{w}_k$ のまわりでしか近似精度がよくないので，そこまで遠くへいかないように，近接項 $\frac{\eta_k}{2}\|\boldsymbol{w}-\boldsymbol{w}_k\|^2$ が足されています．後で収束理論において示しますが，特に f が L-平滑ならば $\eta_k = L$ とすることで収束が保証されます．一方で，L-平滑な凸関数 f は

$$f(\boldsymbol{w}) \leq f(\boldsymbol{w}_k) + (\nabla f(\boldsymbol{w}_k))^\top(\boldsymbol{w}-\boldsymbol{w}_k) + \frac{L}{2}\|\boldsymbol{w}-\boldsymbol{w}_k\|^2$$

を満たすことが知られています．これより，$\eta_k = L$ とした近接勾配法は目的関数の上界を徐々に小さくしていく上界最小化法にもなっています．さらに，近接点アルゴリズム（12.2.7 節）との類似性にも注意してください．

近接勾配法の更新式を書き換えると

$$\boldsymbol{w}_{k+1} = \underset{\boldsymbol{w}\in\mathbb{R}^d}{\operatorname{argmin}}\{\psi(\boldsymbol{w})/\eta_k + \frac{1}{2}\|\boldsymbol{w}-(\boldsymbol{w}_k-\boldsymbol{g}_k/\eta_k)\|^2\}$$

となります．ここで 12.2.7 節で定義したように関数 ϕ に付随する近接写像を

$$\operatorname{prox}(\boldsymbol{w}|\phi) = \underset{\boldsymbol{w}'\in\mathbb{R}^d}{\operatorname{argmin}}\left\{\phi(\boldsymbol{w}') + \frac{1}{2}\|\boldsymbol{w}-\boldsymbol{w}'\|^2\right\}$$

とすると，近接勾配法は

$$\boldsymbol{w}_{k+1} = \operatorname{prox}(\boldsymbol{w}_k - \boldsymbol{g}_k/\eta_k|\psi/\eta_k)$$

として与えられます．ここで注意したいのは $\boldsymbol{w}_k - \boldsymbol{g}_k/\eta_k$ は関数 f を最小化するための最急降下法の更新式そのものです．近接勾配法は最急降下法で 1

回 f を小さくしてから，ψ で決まる近接写像で補正していることになります．近接勾配法の計算効率は正則化項 ψ で決まる近接写像の計算複雑さに大きく依存します．実は，L_1 正則化の場合，この近接写像が簡単に計算できます．

例 15.6 （L_1 正則化）

L_1 正則化関数に対する近接写像は，$\boldsymbol{y} = \mathrm{prox}(\boldsymbol{q}|C\|\cdot\|_1)$ とすると，

$$y_j = \begin{cases} q_j - C & (q_j \geq C), \\ 0 & (-C < q_j < C), \\ q_j + C & (q_j \leq -C) \end{cases}$$

で与えられます．これは $\frac{1}{2}\|\boldsymbol{w}-\boldsymbol{q}\|^2+C\|\boldsymbol{w}\|_1 = \sum_{j=1}^{d}\left[\frac{1}{2}(w_j - q_j)^2 + C|w_j|\right]$ のように座標ごとに目的関数が分離できることから，各座標ごとに $\min_{w_j\in\mathbb{R}}\{\frac{1}{2}(w_j - q_j)^2 + C|w_j|\}$ を解くことで導出できます．この関数は**ソフト閾値関数** (soft thresholding) と呼ばれています．

$$\mathrm{ST}_C(\boldsymbol{q}) := \mathrm{prox}(\boldsymbol{q}|C\|\cdot\|_1)$$

と書きます． □

例 15.7 （重複なしグループ正則化）

グループ正則化においてグループ間に重複がない場合を考えます．すなわち，$G_i \cap G_j = \emptyset$ $(\forall i \neq j)$ かつ $\cup_{j=1}^{K} G_j = \{1, \ldots, d\}$ とします．このとき，$q = 2$ としたグループ正則化 $\psi(\boldsymbol{w}) = C\|\boldsymbol{w}\|_{1,2} = C\sum_{k=1}^{K}\|\boldsymbol{w}_{G_k}\|_2$ に対する近接写像の像は，$\boldsymbol{y} = \mathrm{prox}(\boldsymbol{q}|C\|\cdot\|_{1,2})$ とすると

$$\boldsymbol{y}_{G_k} = \boldsymbol{q}_{G_k}\max\{1 - C/\|\boldsymbol{q}_{G_k}\|_2, 0\}$$

で与えられます ($\|\boldsymbol{q}_{G_k}\|_2 = 0$ のときは，$\boldsymbol{y}_{G_k} = 0$ とします)．特に G_k がただ 1 つの成分からなる場合 ($|G_k| = 1$ のとき)，グループ正則化は L_1 正則化と一致し，$\mathrm{prox}(\boldsymbol{q}|C\|\cdot\|_{1,2}) = \mathrm{ST}_C(\boldsymbol{q})$ となります． □

例 15.8 （トレースノルム正則化）

トレースノルム正則化 $\psi(\boldsymbol{W}) = C\|\boldsymbol{W}\|_{\mathrm{Tr}}$ に付随する近接写像を考えま

す．いま，行列 $\boldsymbol{Q} \in \mathbb{R}^{M \times N}$ が

$$\boldsymbol{Q} = \boldsymbol{U} \mathrm{diag}(\sigma_1, \dots, \sigma_r) \boldsymbol{V}^\top$$

と特異値分解できるとします．ここで，$\boldsymbol{U} \in \mathbb{R}^{M \times r}$, $\boldsymbol{V} \in \mathbb{R}^{N \times r}$ は $\boldsymbol{U}^\top \boldsymbol{U} = \boldsymbol{V}^\top \boldsymbol{V} = \boldsymbol{I}$ を満たす行列で，$\sigma_1 \geq \cdots \geq \sigma_r \geq 0$ は $\boldsymbol{Q}$ の特異値です．すると，$\boldsymbol{Q}$ を近接写像で写像した先は

$$\mathrm{prox}(\boldsymbol{Q} | C \| \cdot \|_{\mathrm{Tr}}) = \boldsymbol{U} \begin{pmatrix} \mathrm{ST}_C(\sigma_1) & & \\ & \ddots & \\ & & \mathrm{ST}_C(\sigma_r) \end{pmatrix} \boldsymbol{V}^\top$$

で与えられます．導出などの詳細は文献 [71] を参照してください． □

例 15.9（正則化項がない場合）

$\psi(\beta) = 0$ $(\forall \beta)$ のとき，近接勾配法の更新式は

$$\boldsymbol{w}_{k+1} = \boldsymbol{w}_k - \boldsymbol{g}_k / \eta_k$$

となり，最急降下法となります．よって，近接勾配法は最急降下法の一般化になっています． □

例 15.10（標示関数）

ψ がある凸集合 S の**標示関数** (indicator function)

$$\psi(\boldsymbol{w}) = \begin{cases} 0 & (\boldsymbol{w} \in S), \\ \infty & (\boldsymbol{w} \notin S) \end{cases}$$

の場合，$\mathrm{prox}(\boldsymbol{q} | \psi)$ は $\boldsymbol{q}$ の S への射影になります．

$$\mathrm{prox}(\boldsymbol{q} | \psi) = \underset{\boldsymbol{w} \in S}{\mathrm{argmin}} \, \| \boldsymbol{w} - \boldsymbol{q} \|^2.$$

このとき，近接勾配法は勾配射影法と呼ばれるものになります．例として，次の 2 次計画問題を考えます．

$$\min_{\boldsymbol{w} \in \mathbb{R}^d} \frac{1}{2} \boldsymbol{w}^\top \boldsymbol{Q} \boldsymbol{w} + \boldsymbol{q}^\top \boldsymbol{w} \ \text{s.t.}\ a_j \leq w_j \leq b_j,\ j = 1, \dots, d.$$

ただし，$\boldsymbol{Q} \succeq \boldsymbol{O}$, $\boldsymbol{q} \in \mathbb{R}^d$ です．このとき，

$$S = \{\boldsymbol{w} = (w_1, \ldots, w_d)^\top \in \mathbb{R}^d \mid a_j \leq w_j \leq b_j,\ j = 1, \ldots, d\}$$

とすると，S への射影 $\boldsymbol{w} \mapsto \Pi_S(\boldsymbol{w})$ は $j = 1, \ldots, d$ に対して

$$(\Pi_S(\boldsymbol{w}))_j = \begin{cases} a_j & (w_j \leq a_j), \\ w_j & (a_j \leq w_j \leq b_j), \\ b_j & (b_j \leq w_j) \end{cases}$$

となります．上の 2 次計画問題に対応する近接勾配法は $\boldsymbol{w}_{k+1} = \Pi_S(\boldsymbol{w}_k - (\boldsymbol{Q}\boldsymbol{w}_k + \boldsymbol{q})/\eta_k)$ で与えられます． □

例 15.10 にあるように prox は凸集合への射影を一般化した写像になっていることがわかります．また，$\boldsymbol{w}_{k+1}$ が $\boldsymbol{w}_k - \boldsymbol{g}_k/\eta_k$ に近接写像を施したものになっていますが，$\boldsymbol{w}_k - \boldsymbol{g}_k/\eta_k$ は最急降下法の更新則になっています．よって，近接勾配法は一度最急降下法で更新してから，射影の一般化である近接写像を施す方法ともみなせます．

15.3.2 近接勾配法の収束理論

近接勾配法の収束速度は次の定理のように評価できます．

定理 15.1（近接勾配法の収束レート）

関数 $f(\boldsymbol{w})$ を L-平滑な凸関数とし，ψ を凸関数とします．また，最適化問題 (15.2) は $\boldsymbol{w}^*$ において最小値を達成するとします（最小化元が一意でない場合は任意の最小化元をとってきます）．すると，$\eta_k = L\ (\forall k)$ とすることで，目的関数 $F(\boldsymbol{w}) = f(\boldsymbol{w}) + \psi(\boldsymbol{w})$ は次のように収束します．

$$F(\boldsymbol{w}_k) - F(\boldsymbol{w}^*) \leq \frac{L\|\boldsymbol{w}_0 - \boldsymbol{w}^*\|^2}{2k}.$$

さらに，$F(\boldsymbol{w})$ が μ-強凸ならば

$$\|\boldsymbol{w}_k - \boldsymbol{w}^*\|^2 \leq \left(\frac{L}{L+\mu}\right)^k \|\boldsymbol{w}_0 - \boldsymbol{w}^*\|^2$$

が成り立ちます．

証明は 15.3.3 節に与えます*2．この定理から ψ がなめらかでない場合でも，近接勾配法は f のなめらかさを利用して，あたかも正則化項がないかのように収束することがわかります．

定理のなかではステップ幅を調整するパラメータとして $\eta_k = L$ を選んでいますが，実際の応用では関数 f のなめらかさ L を直接計算することは難しい場合があります．そのときは，バックトラッキング法で L を探索します．ある η をステップ幅とし，$\boldsymbol{w}$ を近接勾配法で更新したものを

$$\mathcal{P}_\eta(\boldsymbol{w}) = \mathrm{prox}(\boldsymbol{w} - \nabla f(\boldsymbol{w})/\eta | \psi/\eta)$$

と書くと，バックトラッキングを用いた近接勾配法はアルゴリズム 15.2 で与えられます．

アルゴリズム 15.2 バックトラッキングを用いた近接勾配法

初期化 初期解 $\boldsymbol{w}_0 \in \mathbb{R}^d$，パラメータ $L_0 > 0, \eta > 1$ を定める．
$k \leftarrow 0$ とする．

1. 停止条件が満たされるなら，$\boldsymbol{w}_k$ を数値解として出力して停止．
2. 以下の不等式を満たす最小の非負整数を i_k とする：

$$\begin{aligned} f(\mathcal{P}_\eta(\boldsymbol{w}_k)) \leq & f(\boldsymbol{w}_k) + \nabla f(\boldsymbol{w}_k)^\top (\mathcal{P}_\eta(\boldsymbol{w}_k) - \boldsymbol{w}_k) \\ & + \frac{L_k \eta^{i_k}}{2} \|\mathcal{P}_\eta(\boldsymbol{w}_k) - \boldsymbol{w}_k\|^2. \end{aligned}$$

3. $L_{k+1} \leftarrow L_k \eta^{i_k}$ として，$\boldsymbol{w}_{k+1} \leftarrow \mathcal{P}_{L_{k+1}}(\boldsymbol{w}_k)$ と更新．
4. $k \leftarrow k+1$ とする．ステップ 1 に戻る．

さらに f が L-平滑な凸関数の場合，**Nesterov の加速法** (Nesterov's accelerated method) と呼ばれる技法を用いることで収束を速くすることができます [39]．アルゴリズムをアルゴリズム 15.3 に示します．

---

*2 $f(\boldsymbol{w})$ が μ-強凸なら右辺は $\left(\frac{L-\mu}{L+\mu}\right)^k \|\boldsymbol{w}_0 - \boldsymbol{w}^*\|^2$ にできます．詳細は文献 [74] を参照してください．

アルゴリズム 15.3 近接勾配法（Nesterov の加速）

初期化：初期解 $\boldsymbol{w}_0 = \widehat{\boldsymbol{w}}_0 \in \mathbb{R}^d$ を定める．$s_0 \leftarrow 1$ と設定．
$k \leftarrow 0$ とする．

1. $\eta_k \leftarrow L$ とし，$\boldsymbol{w}_{k+1} \leftarrow \mathcal{P}_{\eta_k}(\widehat{\boldsymbol{w}}_k)$ と更新．
2. $s_{k+1} \leftarrow \dfrac{1+\sqrt{1+4s_k^2}}{2}$ と更新．
3. $\widehat{\boldsymbol{w}}_{k+1} \leftarrow \boldsymbol{w}_{k+1} + \left(\dfrac{s_k - 1}{s_{k+1}}\right)(\boldsymbol{w}_{k+1} - \boldsymbol{w}_k)$ と更新．
4. 「停止条件」が満たされなければ，$k \leftarrow k+1$ としてステップ 1 に戻る．

L_1 正則化に対する加速法を用いた近接勾配法は **FISTA**(Fast ISTA) とも呼ばれています [4]．加速法でも $\boldsymbol{w}_{k+1}$ を計算する際に，バックトラッキング法を用いて η_k を決めることができます．ここで，「停止条件」とはアルゴリズムが十分収束したかどうかの判定条件（例えば $\|\boldsymbol{w}_{k+1} - \boldsymbol{w}_k\| \leq 10^{-7}$ など）を指します．また，次に述べるリスタート法では内部反復としてアルゴリズム 15.3 を用いますが，その内部反復の「停止条件」としていくつかの条件が提案されています．それについては後述します．

加速法によって実際に収束が速くなることが次の定理により示されます．

定理 15.2（近接勾配法における加速法の収束レート）

関数 $f(\boldsymbol{w})$ を L-平滑な凸関数とし，ψ を凸関数とします．また，最適化問題 (15.2) は $\boldsymbol{w}^*$ で最小値を達成するとします．すると，

$$F(\boldsymbol{w}_k) - F(\boldsymbol{w}^*) \leq \frac{2L\|\boldsymbol{w}_0 - \boldsymbol{w}^*\|^2}{k^2}$$

が成り立ちます．

証明は 15.3.3 節に与えます．定理 15.2 より加速法を用いることで収束レートが $O(1/k)$ から $O(1/k^2)$ に改善されることがわかります．

強凸関数に対する加速法も提案されています [39, 40]．非強凸関数に対する

加速法と同様に適切な加速ステップを挟むことで，強凸関数に対する加速が実現できますが，その適切な加速ステップのサイズの決定には強凸性パラメータを知っている必要があります．一方で，以下に紹介する二段階アルゴリズムによる方法はより簡単に実装することができます（**アルゴリズム 15.4**）．

アルゴリズム 15.4 強凸関数に対する近接勾配法（Nesterov の加速，リスタート法）

初期化：初期解 $\widetilde{\boldsymbol{w}}_0 \in \mathbb{R}^d$ を定める．$\ell \leftarrow 1$ とする．

1. $\widehat{\boldsymbol{w}}_0 = \boldsymbol{w}_0 \leftarrow \widetilde{\boldsymbol{w}}_{\ell-1}$ を初期値として，Nesterov の加速法による近接勾配法（アルゴリズム 15.3）をその「停止条件」が満たされるまで実行．得られる解を $\boldsymbol{w}_k$ とする．
2. $\widetilde{\boldsymbol{w}}_\ell \leftarrow \boldsymbol{w}_k$ と更新．
3. $\ell \leftarrow \ell + 1$ とする．ステップ 1 に戻る．

この二段階アルゴリズムは Nesterov の加速法を再度始める（リスタートさせる）ことから，**リスタート法**とも呼ばれています．いま，目的関数 $F(\boldsymbol{w})$ が μ-強凸関数のとき，ステップ 1 にあるアルゴリズム 15.3 の「停止条件」としては

(1) $k \geq \sqrt{\frac{8L}{\mu}}$ を満たしたら終了．

(2) $F(\boldsymbol{w}_k) > F(\boldsymbol{w}_{k-1})$ を満たしたら終了．

(3) $(\widehat{\boldsymbol{w}}_{k-1} - \boldsymbol{w}_k)^\top (\boldsymbol{w}_k - \boldsymbol{w}_{k-1}) > 0$ を満たしたら終了．

などが提案されています [18,42]．(1) の方法は理論的には収束が保証されますが，理論的な強凸性パラメータや平滑性パラメータが既知である必要があります．(2) と (3) の方法はヒューリスティックスですが実験的には効率よく動くことが知られています．(2) の条件は関数値の減少が観測されなくなったら終了という条件です．加速法の場合，関数値は単調減少するとは限らないので，少し上昇したら再度始めるという方法です．(3) の方法は $\nabla F(\widehat{\boldsymbol{w}}_{k-1})^\top (\boldsymbol{w}_k - \boldsymbol{w}_{k-1}) > 0$ を近似的に判定している方法です．(2) の方法より，(3) のほうが計算量が少なくて済みます．

(1) の方法を用いれば，定理 15.2 と $f(\boldsymbol{w}_k)+\psi(\boldsymbol{w}_k)-[f(\boldsymbol{w}^*)+\psi(\boldsymbol{w}^*)] \geq \frac{\mu}{2}\|\boldsymbol{w}_k-\boldsymbol{w}^*\|^2$ より，

$$\|\widetilde{\boldsymbol{w}}_\ell-\boldsymbol{w}^*\|^2 \leq \frac{1}{2}\|\widetilde{\boldsymbol{w}}_{\ell-1}-\boldsymbol{w}^*\|^2 \leq \frac{1}{2^\ell}\|\widetilde{\boldsymbol{w}}_0-\boldsymbol{w}^*\|^2$$

となります．これより，$\ell = O(\log(1/\epsilon))$ の外部更新で $\|\widetilde{\boldsymbol{w}}_\ell-\boldsymbol{w}^*\|^2 \leq \epsilon$ の精度を達成します．毎回の外部更新は $k = O(\sqrt{L/\mu})$ 回の Nesterov の加速法の反復を実行することで計算できます．よって，全体の計算量は $k\ell = O(\sqrt{\frac{L}{\mu}}\log(1/\epsilon))$ で済みます．

一方，加速法を用いない場合は誤差 ϵ を達成するための計算量は $O(\frac{L}{\mu}\log(1/\epsilon))$ で抑えられます．これと加速法の計算量を比較することで，強凸性が弱く L/μ が大きいときに加速法によって計算量を大きく改善できることがわかります．特に目的関数の強凸性 μ が正則化項 ψ から来ている場合は，統計的な考察によりサンプルサイズ n が大きくなるにつれて最適な推定誤差を与える正則化パラメータが小さくなることが知られており，正則化項によってもたらされる強凸性パラメータ μ が小さくなります．例えばエラスティックネット正則化 $\psi(\boldsymbol{w}) = C(\|\boldsymbol{w}\|_1 + \|\boldsymbol{w}\|_2^2)$ を考えると，強凸性パラメータは $\mu = C$ となりますが，統計的に最適な C はサンプルサイズが大きくなるにつれ小さくなります．このような場合，結果的に L/μ が大きくなり，加速法による恩恵が顕著になります．

15.3.3 近接勾配法の収束レートの証明

本節では近接勾配法の収束レートについて証明を与えます．証明に興味がない読者は飛ばして構いません．

補題 15.3

$f : \mathbb{R}^d \to \mathbb{R}$ が L-平滑な凸関数で $\psi : \mathbb{R}^d \to \mathbb{R} \cup \{\infty\}$ を閉真凸関数とします．このとき，任意の $\boldsymbol{w}, \boldsymbol{w}' \in \mathrm{dom}(F)$ に対し，

$$F(\boldsymbol{w}') - F(\mathcal{P}_L(\boldsymbol{w})) \geq \frac{L}{2}\|\boldsymbol{w}' - \mathcal{P}_L(\boldsymbol{w})\|^2 - \frac{L}{2}\|\boldsymbol{w} - \boldsymbol{w}'\|^2$$

が成り立ちます．

証明. $\mathcal{P}_L(\boldsymbol{w})$ の定義より，$\exists \boldsymbol{g} \in \partial\psi(\mathcal{P}_L(\boldsymbol{w}))$ で

$$\boldsymbol{g} + L[\mathcal{P}_L(\boldsymbol{w}) - \boldsymbol{w} + \nabla f(\boldsymbol{w})/L] = \boldsymbol{0} \tag{15.3}$$

を満たします．これより，

$$\begin{aligned}
&F(\boldsymbol{w}') - F(\mathcal{P}_L(\boldsymbol{w})) \\
=&f(\boldsymbol{w}') + \psi(\boldsymbol{w}') - f(\mathcal{P}_L(\boldsymbol{w})) - \psi(\mathcal{P}_L(\boldsymbol{w})) \\
=&f(\boldsymbol{w}') - f(\boldsymbol{w}) + f(\boldsymbol{w}) - f(\mathcal{P}_L(\boldsymbol{w})) + \psi(\boldsymbol{w}') - \psi(\mathcal{P}_L(\boldsymbol{w})) \\
\geq&\nabla f(\boldsymbol{w})^\top(\boldsymbol{w}' - \boldsymbol{w}) + \nabla f(\boldsymbol{w})^\top(\boldsymbol{w} - \mathcal{P}_L(\boldsymbol{w})) - \frac{L}{2}\|\boldsymbol{w} - \mathcal{P}_L(\boldsymbol{w})\|^2 \\
&+ \boldsymbol{g}^\top(\boldsymbol{w}' - \mathcal{P}_L(\boldsymbol{w})) \qquad (\because \text{式 (2.8) と劣微分の定義}) \\
=&\nabla f(\boldsymbol{w})^\top(\boldsymbol{w}' - \boldsymbol{w} + \boldsymbol{w} - \mathcal{P}_L(\boldsymbol{w}) - \boldsymbol{w}' + \mathcal{P}_L(\boldsymbol{w})) \\
&- L(\mathcal{P}_L(\boldsymbol{w}) - \boldsymbol{w})^\top(\boldsymbol{w}' - \mathcal{P}_L(\boldsymbol{w})) - \frac{L}{2}\|\boldsymbol{w} - \mathcal{P}_L(\boldsymbol{w})\|^2 \quad (\because \text{式 (15.3)}) \\
=&\frac{L}{2}\|\boldsymbol{w}' - \mathcal{P}_L(\boldsymbol{w})\|^2 - \frac{L}{2}\|\boldsymbol{w} - \boldsymbol{w}'\|^2
\end{aligned}$$

を得ます．よって示されました． □

証明. （定理 15.1）

補題 15.3 より，$\boldsymbol{w}' \leftarrow \boldsymbol{w}^*$ かつ $\boldsymbol{w} \leftarrow \boldsymbol{w}_{k-1}$ とすると，$\boldsymbol{w}_k = \mathcal{P}_L(\boldsymbol{w}_{k-1})$ より

$$F(\boldsymbol{w}^*) - F(\boldsymbol{w}_k) \geq \frac{L}{2}\|\boldsymbol{w}_k - \boldsymbol{w}^*\|^2 - \frac{L}{2}\|\boldsymbol{w}_{k-1} - \boldsymbol{w}^*\|^2 \tag{15.4}$$

です．これを $k = 1, \ldots, K$ と両辺足し合わせ

$$KF(\boldsymbol{w}^*) - \sum_{k=1}^{K} F(\boldsymbol{w}_k) \geq \frac{L}{2}\|\boldsymbol{w}_K - \boldsymbol{w}^*\|^2 - \frac{L}{2}\|\boldsymbol{w}_0 - \boldsymbol{w}^*\|^2$$

を得ます．さらに，$\boldsymbol{w}' \leftarrow \boldsymbol{w}_{k-1}$ かつ $\boldsymbol{w} \leftarrow \boldsymbol{w}_{k-1}$ として補題 15.3 を使うと

$$F(\boldsymbol{w}_{k-1}) - F(\boldsymbol{w}_k) \geq \frac{L}{2}\|\boldsymbol{w}_k - \boldsymbol{w}_{k-1}\|^2$$

となるので $F(\boldsymbol{w}_{k-1}) \geq F(\boldsymbol{w}_k)$ を得ます．これらより，

$$KF(\boldsymbol{w}^*) - KF(\boldsymbol{w}_K) \geq \frac{L}{2}\|\boldsymbol{w}_K - \boldsymbol{w}^*\|^2 - \frac{L}{2}\|\boldsymbol{w}_0 - \boldsymbol{w}^*\|^2$$

が示されます．よって，定理 15.1 の最初の不等式を得ます．

さらに，$F(\boldsymbol{w})$ が強凸であることから式 (2.6) が使えて，また式 (15.4) を用いることで，

$$-\frac{\mu}{2}\|\boldsymbol{w}_k-\boldsymbol{w}^*\|^2 \geq F(\boldsymbol{w}^*)-F(\boldsymbol{w}_k) \geq \frac{L}{2}\|\boldsymbol{w}_k-\boldsymbol{w}^*\|^2-\frac{L}{2}\|\boldsymbol{w}_{k-1}-\boldsymbol{w}^*\|^2$$

を得ます．よって，$\frac{L+\mu}{2}\|\boldsymbol{w}_k-\boldsymbol{w}^*\|^2 \leq \frac{L}{2}\|\boldsymbol{w}_{k-1}-\boldsymbol{w}^*\|^2$ となり，第二の不等式も示されました． □

証明．（定理 15.2）

補題 15.3 より，$\boldsymbol{w}' \leftarrow \boldsymbol{w}^*$ かつ $\boldsymbol{w} \leftarrow \widehat{\boldsymbol{w}}_{k-1}$ とすれば，

$$F(\boldsymbol{w}^*)-F(\boldsymbol{w}_k) \geq \frac{L}{2}\|\boldsymbol{w}_k-\boldsymbol{w}^*\|^2-\frac{L}{2}\|\widehat{\boldsymbol{w}}_{k-1}-\boldsymbol{w}^*\|^2 \tag{15.5}$$

です．さらに，$\boldsymbol{w}' \leftarrow \boldsymbol{w}_{k-1}$ かつ $\boldsymbol{w} \leftarrow \widehat{\boldsymbol{w}}_{k-1}$ とすれば，

$$F(\boldsymbol{w}_{k-1})-F(\boldsymbol{w}_k) \geq \frac{L}{2}\|\boldsymbol{w}_k-\boldsymbol{w}_{k-1}\|^2-\frac{L}{2}\|\widehat{\boldsymbol{w}}_{k-1}-\boldsymbol{w}_{k-1}\|^2 \tag{15.6}$$

を得ます．$s_{k-1}\times$ 式 (15.5)$+$ $s_{k-1}(s_{k-1}-1)\times$ 式 (15.6) とすれば，

$$\begin{aligned}
&s_{k-1}(s_{k-1}-1)(F(\boldsymbol{w}_{k-1})-F(\boldsymbol{w}^*))-s_{k-1}^2(F(\boldsymbol{w}_k)-F(\boldsymbol{w}^*))\\
&\geq \frac{L}{2}s_{k-1}\|\boldsymbol{w}_k-\boldsymbol{w}^*\|^2+\frac{L}{2}s_{k-1}(s_{k-1}-1)\|\boldsymbol{w}_k-\boldsymbol{w}_{k-1}\|^2\\
&\quad -\frac{L}{2}s_{k-1}\|\widehat{\boldsymbol{w}}_{k-1}-\boldsymbol{w}^*\|^2-\frac{L}{2}s_{k-1}(s_{k-1}-1)\|\widehat{\boldsymbol{w}}_{k-1}-\boldsymbol{w}_{k-1}\|^2\\
&=\frac{L}{2}s_{k-1}^2\|\boldsymbol{w}_k-\boldsymbol{w}^*\|^2-Ls_{k-1}(s_{k-1}-1)(\boldsymbol{w}_k-\boldsymbol{w}^*)^\top(\boldsymbol{w}_{k-1}-\boldsymbol{w}^*)\\
&\quad -\frac{L}{2}s_{k-1}^2\|\widehat{\boldsymbol{w}}_{k-1}-\boldsymbol{w}^*\|^2+Ls_{k-1}(s_{k-1}-1)(\widehat{\boldsymbol{w}}_{k-1}-\boldsymbol{w}^*)^\top(\boldsymbol{w}_{k-1}-\boldsymbol{w}^*)\\
&=\frac{L}{2}\|s_{k-1}(\boldsymbol{w}_k-\boldsymbol{w}^*)-(s_{k-1}-1)(\boldsymbol{w}_{k-1}-\boldsymbol{w}^*)\|^2\\
&\quad -\frac{L}{2}\|s_{k-1}(\widehat{\boldsymbol{w}}_{k-1}-\boldsymbol{w}^*)-(s_{k-1}-1)(\boldsymbol{w}_{k-1}-\boldsymbol{w}^*)\|^2
\end{aligned}$$

となります．ここで，右辺第 1 項の中身は

$$\begin{aligned}
&s_{k-1}(\boldsymbol{w}_k-\boldsymbol{w}^*)-(s_{k-1}-1)(\boldsymbol{w}_{k-1}-\boldsymbol{w}^*)\\
=&\boldsymbol{w}_k-\boldsymbol{w}^*+(s_{k-1}-1)(\boldsymbol{w}_k-\boldsymbol{w}_{k-1})
\end{aligned}$$

$$
\begin{aligned}
&= \boldsymbol{w}_k - \boldsymbol{w}^* + s_k(\widehat{\boldsymbol{w}}_k - \boldsymbol{w}_k) \quad (\because \text{加速法の更新則より}) \\
&= s_k(\widehat{\boldsymbol{w}}_k - \boldsymbol{w}^*) - (s_k - 1)(\boldsymbol{w}_k - \boldsymbol{w}^*) =: \boldsymbol{u}_k
\end{aligned}
$$

となるので，右辺第 2 項の中身は $\boldsymbol{u}_{k-1}$ と表せます．さらに s_k の更新式より $s_{k-1}^2 = s_k(s_k - 1)$ が成り立つので，左辺は

$$
\begin{aligned}
& s_{k-1}(s_{k-1} - 1)(F(\boldsymbol{w}_{k-1}) - F(\boldsymbol{w}^*)) - s_{k-1}^2(F(\boldsymbol{w}_k) - F(\boldsymbol{w}^*)) \\
&= s_{k-2}^2(F(\boldsymbol{w}_{k-1}) - F(\boldsymbol{w}^*)) - s_{k-1}^2(F(\boldsymbol{w}_k) - F(\boldsymbol{w}^*))
\end{aligned}
$$

と評価できます．

これらより，

$$
s_{k-2}^2(F(\boldsymbol{w}_{k-1}) - F(\boldsymbol{w}^*)) - s_{k-1}^2 F(\boldsymbol{w}_k) - F(\boldsymbol{w}^*)) \geq \frac{L}{2}\|\boldsymbol{u}_k\|^2 - \frac{L}{2}\|\boldsymbol{u}_{k-1}\|^2
$$

です．両辺を $k = 1, 2, \ldots$ に関して足し合わせ，$s_{-1} = s_0(s_0 - 1) = 0$ とすることで，

$$
s_{k-1}^2(F(\boldsymbol{w}_k) - F(\boldsymbol{w}^*)) \leq \frac{L}{2}\|\boldsymbol{u}_0\|^2 = \frac{L}{2}\|\boldsymbol{w}_0 - \boldsymbol{w}^*\|^2
$$

となります．あとは，帰納法により $s_{k-1} \geq \frac{k}{2}$ となることがわかるので，定理の主張を得ます． □

15.3.4 近接勾配法の数値実験

本節では近接勾配法の各種方法を人工データの上で動かし，その挙動を調べてみます．サンプルサイズを $n = 700$，次元を $p = 1000$ として，次のようにしてデータを生成しました．あるデザイン行列 $\boldsymbol{X}$ を用いて，

$$
\boldsymbol{Y} = \operatorname{sign}(\boldsymbol{X}\boldsymbol{w}^* + \boldsymbol{\epsilon})
$$

として二値判別データを生成します．ここで，$\boldsymbol{\epsilon} \in \mathbb{R}^n$ は独立同一な平均 0，標準偏差 0.5 の正規分布に従う雑音を並べたベクトルとします．$\boldsymbol{X}$ は以下のように生成しました．まず，$\boldsymbol{E} \in \mathbb{R}^{p \times p}$ を各成分が独立同一な標準正規分布から生成し，$\boldsymbol{E}$ を $\boldsymbol{U}'\Sigma'\boldsymbol{V}'^{\top}$ と特異値分解し，$\boldsymbol{X} = \boldsymbol{U}'\Sigma\boldsymbol{U}'^{\top}$ とします．ここで，Σ は (i, i) 成分が $1/(1 - 0.7 \times (i-1)/(p-1))$ である対角行列とします．最適解 $\boldsymbol{w}^*$ は最初の 100 成分だけ，$w_i^* = 1/(2i^{0.2})$ と値を定め，残りの 900 成分は 0 としました．

こうして生成したデータに対し，

$$\min_{\boldsymbol{w}\in\mathbb{R}^p} \quad \sum_{i=1}^{n} \ell\big(\boldsymbol{Y}_i, (\boldsymbol{X}\boldsymbol{w})_i\big) + C\|\boldsymbol{w}\|_1$$

なる問題を解きます．ここで，損失関数 ℓ はロジスティクス損失とします．最適解まわりでは，真の非ゼロ成分に関して強凸な損失関数になっています．比較するアルゴリズムとして，通常の近接勾配法（Prox-Grad，アルゴリズム 15.1），強凸性を仮定しない Nesterov の加速法（Nesterov(normal)，アルゴリズム 15.3），強凸性を想定した二段階アルゴリズムによる Nesterov の加速法（Nesterov(restart)，アルゴリズム 15.4）を考えます．Nesterov(restart) のリスタート規準として，$F(\boldsymbol{w}_k) > F(\boldsymbol{w}_{k-1})$ ならリスタートするというヒューリスティクスを用いました．

これらのアルゴリズムの更新回数に対する目的関数の収束度合いを図 15.2 に示します．図より，最初は Nesterov(normal) と Nesterov(restart) は同じ振る舞いをするのですが，リスタートをしたところから，大きく両者の精度に差が出ています．Nesterov(restart) は他の手法と比べて非常によいパ

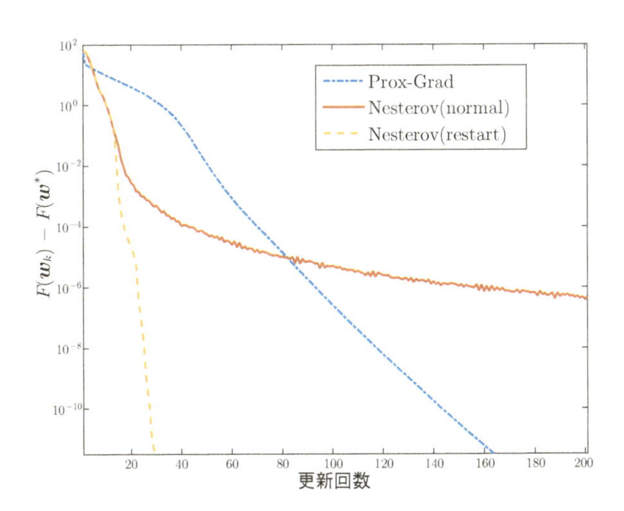

図 15.2 更新回数と目的関数 $(F(\boldsymbol{w}_k) - F(\boldsymbol{w}^*))$ の関係．横軸：更新回数 k，縦軸：$F(\boldsymbol{w}_k) - F(\boldsymbol{w}^*)$（対数表示）．青線：通常の近接勾配法，赤線：Nesterov の加速法，黄線：リスタートを用いた Nesterov の加速法．

フォーマンスをみせています．Nesterov(normal) は強凸性を仮定しておらず，$O(1/k^2)$ の収束レートです．そのため，アルゴリズムの序盤の目的関数の減少速度は速いのですが，より高い精度を出そうとすると 1 次収束する方法に抜かれます（1 次収束の定義は式 (1.3) 参照）．実際，Prox-Grad は 1 次収束し，Nesterov(normal) を追い越しています．

続いて，最適化途中の途中解の汎化誤差と非ゼロ成分の数を図 15.3 に示します．汎化誤差（図 15.3（上））はテストデータにおける判別誤差で測っています．機械学習の目的から，経験誤差の大小より汎化誤差の大小のほうが重要です．図 15.3 から，Nesterov(restart) がもっとも速く汎化誤差を最小化し，Nesterov(normal) はそれに追従する形で，同程度の性能を示しています．経験誤差は途中で Prox-Grad が Nesterov(normal) を追い抜きましたが，汎化誤差の観点からは両者の差は無視できる程度です．このように，機械学習応用では非常に高い精度での最適解を求めることよりも，ある程度よい解を速く求められることが重要です．

非ゼロ成分の個数についても同様の振る舞いがみてとれます（図 15.3（下））．非ゼロ成分の個数はほぼ汎化誤差と連動してることがわかります．ここでも，Nesterov(restart) がもっとも速く収束していることがみてとれます．

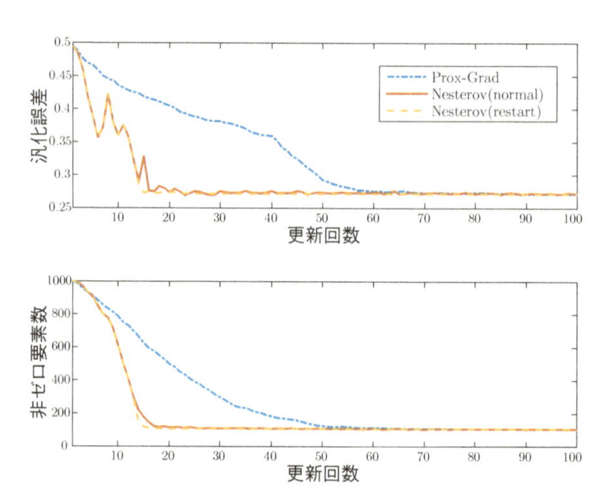

図 15.3 更新回数と汎化誤差（上段）および非ゼロ要素数（下段）の関係．青線：通常の近接勾配法，赤線：Nesterov の加速法，黄線：リスタートを用いた Nesterov の加速法．

15.4 座標降下法による解法

スパース正則化学習には座標降下法も有用です．座標降下法は座標ごとの微分の計算が軽く，また正則化項がブロックに分離されている場合に有用な手法です．多くの場合，変数全体を動かして最適化するよりも，各変数を1つずつ交互に動かしたほうが最適化が簡単です．座標降下法は1つ1つの座標（もしくは座標のブロック）を交互に目的関数が小さくなるように更新する方法です．

多くのスパース正則化関数は，座標（もしくは座標のブロック）ごとに分かれた関数の和として表せます．例えば，L_1 正則化は座標ごとに絶対値をとってから足す構造になっていて，重複なしのグループ正則化も各座標のグループ $\boldsymbol{w}_{G_k}$ ごとに関数が分離されている形になっています．このような構造を一般化して

$$
\psi(\boldsymbol{w}) = \sum_{m=1}^{M} \psi_k(\boldsymbol{w}^{(m)})
$$

と書き表します．なお，$\boldsymbol{w}^{(m)}$ は $\boldsymbol{w}$ の部分ベクトルで，これらを並べることで元のベクトル $\boldsymbol{w}$ が得られるものとします．$\boldsymbol{w} = [\boldsymbol{w}^{(1)\top}, \ldots, \boldsymbol{w}^{(M)\top}]^\top$．部分ベクトル $\boldsymbol{w}^{(m)}$ に対応する座標のインデックス集合を G_m とおきます．この構造をもとにして，座標降下法はアルゴリズム 15.5 のように与えられます．$\nabla_m f(\boldsymbol{w})$ を f の $\boldsymbol{w}^{(m)}$ に関する偏微分とします．つまり $\nabla_m f(\boldsymbol{w}) = \left(\frac{\partial f(\boldsymbol{w})}{\partial w_j^{(m)}}\right)_{j \in G_m}$ です．

アルゴリズム 15.5 座標降下法によるスパース学習最適化

初期化： 初期解 $\boldsymbol{w}_0 = [\boldsymbol{w}_0^{(1)\top}, \ldots, \boldsymbol{w}_0^{(M)\top}]^\top \in \mathbb{R}^d$ を定める．
$k \leftarrow 1$ とする．

1. 停止条件が満たされるなら，結果を出力して停止．
2. 座標のブロック $m \in \{1, \ldots, M\}$ を選択．
3. 座標のブロック m に対応した部分ベクトル $\boldsymbol{w}^{(m)}$ に関して，損失関数項の偏微分を計算：
$$\boldsymbol{g}^{(m)} \leftarrow \nabla_m f(\boldsymbol{w}_{k-1}).$$
4. $\boldsymbol{w}^{(m)}$ を以下のように更新：
$$\boldsymbol{w}_k^{(m)} \longleftarrow \mathop{\mathrm{argmin}}_{\boldsymbol{w}^{(m)} \in \mathbb{R}^{|G_m|}} \left\{ \boldsymbol{g}^{(m)\top} \boldsymbol{w}^{(m)} + \psi_m(\boldsymbol{w}^{(m)}) + \frac{\eta_k}{2} \|\boldsymbol{w}^{(m)} - \boldsymbol{w}_{k-1}^{(m)}\|^2 \right\}.$$
ただし $\eta_k > 0$ はステップ幅を調整するパラメータとする．
5. ブロック m 以外の座標は修正しない：
$$\boldsymbol{w}_k^{(m')} \leftarrow \boldsymbol{w}_{k-1}^{(m')} \ (\forall m' \neq m).$$
6. $\boldsymbol{w}_k \leftarrow [\boldsymbol{w}_k^{(1)\top}, \ldots, \boldsymbol{w}_k^{(M)\top}]^\top$ とする．
7. $k \leftarrow k+1$ とする．ステップ 1 に戻る．

注意点としては，$\boldsymbol{w}_k^{(m)}$ の更新は，座標のブロックごとに正則化項が分かれていることを利用して，ψ_m に付随する近接写像で与えられるという点です．

$$\boldsymbol{w}_k^{(m)} = \mathrm{prox}(\boldsymbol{w}_{k-1}^{(m)} - \boldsymbol{g}^{(m)}/\eta_k | \psi_m/\eta_k).$$

よって，近接勾配法と同様にして ψ_m が単純な構造をもっていれば簡単に更新則を計算することができます．例えば，L_1 正則化の場合はソフト閾値関数で与えられます．近接勾配法と比べて，毎回の更新にかかる計算量を少なく済ませられるという点が座標降下法の利点です.

座標の選び方は大きく分けて2つの方法があります.

- ランダムに選ぶ.
- $1, 2, 3, \ldots, M-1, M, 1, 2, \ldots$ と循環して順番に選ぶ.

ランダムに選ぶ場合は**確率的座標降下法** (stochastic coordinate descent method) と呼ばれます. ランダムに選ぶ方法は $\{1, 2, \ldots, M\}$ 上の一様分布に従って選べばよいです. ステップ幅 η_k は, 後述の座標ブロックごとの平滑性を用いることで収束が保証されます. 平滑性パラメータを解析的に計算するのが困難な場合は, 近接勾配法とまったく同様にしてバックトラッキング法が適用できます. 座標降下法についてのより詳細の事項は文献 [57] を参照してください.

確率的座標降下法の収束に関する理論を紹介します. 近接勾配法と同様に目的関数の平滑性や強凸性が収束に影響します. まず, 平滑性を定義します. $\boldsymbol{U}_m$ を $\boldsymbol{w}$ の G_m 成分だけを取り出す置換行列, すなわち

$$\boldsymbol{w} = \sum_{m=1}^{M} \boldsymbol{U}_m \boldsymbol{w}^{(m)}, \quad \text{かつ} \quad \boldsymbol{w}^{(m)} = \boldsymbol{U}_m^\top \boldsymbol{w}$$

を満たす行列とします. $|G_m| = 1$ の場合 (座標のブロックがただ1つの元からなる場合), $\boldsymbol{U}_m$ はベクトル $\boldsymbol{U}_m = [0, \ldots, 0, \underbrace{1}_{m\text{ 番目}}, 0, \ldots, 0]^\top$ に一致します. m 番目のブロック座標方向への平滑性を表す量として L_m を

$$\|\nabla_m f(\boldsymbol{w} + \boldsymbol{U}_m \boldsymbol{d}_m) - \nabla_m f(\boldsymbol{w})\| \leq L_m \|\boldsymbol{d}_m\| \tag{15.7}$$

がすべての $\boldsymbol{w} \in \mathbb{R}^d$, $\boldsymbol{d}_m \in \mathbb{R}^{|G_m|}$ に対して成り立つ正の実数とします. もし, ブロックが1つで $G_1 = \{1, \ldots, d\}$ なら, L_1 は通常の平滑性パラメータにほかなりません.

続いて強凸性を定義します. 上で定義した平滑性パラメータ $L = (L_m)_{m=1}^M$ を用いて, L で定まるノルムを

$$\|\boldsymbol{w}\|_L = \sqrt{\sum_{m=1}^{M} L_m \|\boldsymbol{w}^{(m)}\|^2}$$

と定義します．ここでは，このノルム $\|\cdot\|_L$ で決まる強凸性を考えます．$\|\cdot\|_L$ について，ある凸関数 $\phi : \mathbb{R}^d \to \mathbb{R} \cup \{\infty\}$ が μ-強凸 $(\mu > 0)$ であるとは，すべての $\boldsymbol{w}, \boldsymbol{w}' \in \mathrm{dom}(\phi)$ で

$$\phi(\boldsymbol{w}) \geq \phi(\boldsymbol{w}') + \boldsymbol{g}^\top(\boldsymbol{w} - \boldsymbol{w}') + \frac{\mu}{2}\|\boldsymbol{w} - \boldsymbol{w}'\|_L^2, \forall \boldsymbol{g} \in \partial\phi(\boldsymbol{w}')$$

を満たすことと定義します．この意味での f の強凸性を μ_f，ψ の強凸性を μ_ψ と書きます．

定理 15.4（確率的座標降下法の収束レート [35,45]）

f は平滑な凸関数で式 (15.7) を満たすとします．ψ は閉真凸関数であるとします．また，目的関数 $F(\boldsymbol{w}) = f(\boldsymbol{w}) + \psi(\boldsymbol{w})$ は最適解 $\boldsymbol{w}^*$（1 つとは限らない）をもつとします．$R_0 := \|\boldsymbol{w}_0 - \boldsymbol{w}^*\|_L$ とします．

ステップ幅 η_k は選ばれた座標ブロック m に応じて $\eta_k = L_m$ とします．すると，ランダム選択した確率的座標降下法は

$$\mathbb{E}[F(\boldsymbol{w}_k) - F(\boldsymbol{w}^*)] \leq \frac{M}{M+k}\left(\frac{1}{2}\|\boldsymbol{w}_0 - \boldsymbol{w}^*\|_L^2 + F(\boldsymbol{w}_0) - F(\boldsymbol{w}^*)\right)$$

を満たし，さらに f が μ_f-強凸かつ ψ が μ_ψ-強凸ならば（μ_f と μ_ψ のどちらか一方が 0 であることは許します）

$$\mathbb{E}[F(\boldsymbol{w}_k) - F(\boldsymbol{w}^*)] \leq \left(1 - \frac{2(\mu_f + \mu_\psi)}{M(1 + \mu_f + \mu_\psi)}\right)^k \times \left(\frac{1 + \mu_\psi}{2} R_0 + F(\boldsymbol{w}_0) - F(\boldsymbol{w}^*)\right)$$

を満たします．ここで，期待値 $\mathbb{E}[\cdot]$ は座標の選び方に関してとっています．

上では一様分布に従ってブロック座標を選びましたが，各ブロック座標ごとの損失関数の平滑性に比例して選ぶ方法も提案されています．すなわち，

$$\frac{L_m}{\sum_{m'=1}^M L_{m'}}$$

の確率で座標のブロック m を選択します．この選択方法を用いることで，誤差が改善できることが知られています [38, 45]．また，確率的座標降下法の Nesterov の加速法も提案されています [33, 35]．

実は近接勾配法と比べて確率的座標降下法は総計算量が少なくて済むことが定理 15.4 よりわかります [57]．$L_{\max} = \max_{m=1,\ldots,d} L_m$ とします．近接勾配法の収束速度評価で現れた通常の平滑性パラメータを L_{all} と書くと，L_{all} は

$$\|\nabla f(\boldsymbol{w}) - \nabla f(\boldsymbol{w}')\| \leq L_{\text{all}}\|\boldsymbol{w} - \boldsymbol{w}'\|$$

がすべての $\boldsymbol{w}, \boldsymbol{w}' \in \mathbb{R}^d$ で成り立つ量として定義されるのでした．簡単のため $|G_m| = 1$ $(\forall m)$，$M = d$ の場合を考えると，

$$L_{\max} \leq L_{\text{all}} \leq dL_{\max} \tag{15.8}$$

が成り立ちます（これの確認には少々計算が必要です）．いま，各ブロック座標に関する偏微分の計算量が $O(1)$ ならば，誤差 ϵ 以下に達するまでの確率的座標降下法の総計算量は定理 15.4 より（平均的に）

$$O\left(\frac{dR_0^2}{\epsilon}\right) \leq O\left(\frac{dL_{\max}\|\boldsymbol{w}_0 - \boldsymbol{w}^*\|^2}{\epsilon}\right) \tag{15.9}$$

で与えられます．一方，近接勾配法の場合は各更新ですべてのブロック座標の偏微分を計算するので，各更新で $O(d)$ の計算量がかかり，総計算量は定理 15.1 より

$$O\left(\frac{dL_{\text{all}}\|\boldsymbol{w}_0 - \boldsymbol{w}^*\|^2}{\epsilon}\right)$$

となります．これは，式 (15.8) の関係から式 (15.9) の右辺より最大で d 倍大きくなります．もっとも，各座標のブロック座標の偏微分の計算量と全変数についての微分の計算量が変わらない場合は，上記の解析ほど差は現れずむしろ近接勾配法のほうが速くなります．よって，状況に応じて使い分ける必要があります．

座標をランダムではなく循環して選ぶ場合，その理論はランダムな方法よりも難しく，理論的性質がまだ完全には解明されていません（2016 年 4 月現在）．実際には，問題によってランダムに選ぶより速く収束することもあります．しかし，理論的には文献 [5] ではランダムに選ぶよりも遅いレートが導出されています．文献 [49] では改善された上界が導出されていますが，

依然としてランダムに選ぶ方法よりも遅いレートです．最近になって，循環して選ぶ場合の計算量は上記の上界を改善できないといった解析[50]が与えられましたが，まだ実際の数値実験における振る舞いと理論にはギャップがあり，未解明な部分が残っています．

15.5 交互方向乗数法による解法

15.5.1 交互方向乗数法と構造的正則化

正則化学習は交互方向乗数法で簡単に解くこともできます．その考え方は「損失関数の最適化と正則化項の最適化を分ける」というものです．すなわち，正則化学習法の最適化問題 (15.2) を制約付き最適化問題

$$\min_{\boldsymbol{w}\in\mathbb{R}^d} \quad f(\boldsymbol{x})+\psi(\boldsymbol{y})$$
$$\text{s.t.} \quad \boldsymbol{x}=\boldsymbol{y}$$

と定式化します．さらに構造的正則化のような複雑な正則化関数を扱う場合は，正則化項が $\psi(\boldsymbol{B}\boldsymbol{w})$ のような形で，行列 $\boldsymbol{B}\in\mathbb{R}^{p\times d}$ と近接写像が計算しやすい ψ の組で表すことが便利なことがあります．この場合，

$$\min_{\boldsymbol{w}\in\mathbb{R}^d} \quad f(\boldsymbol{x})+\psi(\boldsymbol{y}) \tag{15.10a}$$
$$\text{s.t.} \quad \boldsymbol{B}\boldsymbol{x}=\boldsymbol{y} \tag{15.10b}$$

といった最適化問題として問題を再定式化すると解きやすくなります．ここでは，後者のより一般的な定式化で話を進めます．

例 15.11 (重複ありのグループ正則化)

グループ正則化においてグループ間に重複がある場合を考えます．例 15.7 では重複はない ($G_i\cap G_j=\emptyset, \forall i\neq j$) と仮定しましたが，ここではその仮定をせず，グループ正則化

$$C\|\boldsymbol{w}\|_{2,1}=C\sum_{k=1}^{K}\|\boldsymbol{w}_{G_k}\|_2$$

を考えます．重複がない場合はソフト閾値関数の拡張で近接写像が書けま

したが，重複がある場合はそのように近接写像が陽に書けません．しかし，行列 $\boldsymbol{B}$ として $\boldsymbol{Bw} = [\boldsymbol{w}_{G_1}^\top, \boldsymbol{w}_{G_2}^\top, \ldots, \boldsymbol{w}_{G_K}^\top]^\top$ のように各グループに対応する部分ベクトルを並べる線形写像を考えると，計算がしやすくなります．写像した先のグループとして $\tilde{G}_k = \{\sum_{j=1}^{k-1}|G_j| + 1, \ldots, \sum_{j=1}^{k}|G_j|\}$ を考えると $\{\tilde{G}_k\}_{k=1}^K$ らの間には重複がありません．また，

$$\psi(\boldsymbol{u}) = C\sum_{k=1}^{K}\|\boldsymbol{u}_{\tilde{G}_k}\|_2$$

とすると，$\psi(\boldsymbol{Bw}) = C\|\boldsymbol{w}\|_{1,2}$ になり，元の重複ありのグループ正則化が得られます．

一方，ψ に付随する近接写像は，$\boldsymbol{y} = \mathrm{prox}(\boldsymbol{q}|C\psi)$ とすると，ψ 自体は重複なしのグループ正則化なので

$$\boldsymbol{y}_{\tilde{G}_k} = \boldsymbol{q}_{\tilde{G}_k}\max\{1 - C/\|\boldsymbol{q}_{\tilde{G}_k}\|_2, 0\}$$

で与えられます．□

例 15.12（一般化フューズド正則化）

一般化フューズド正則化 (generalized fused regularization) はグラフに沿った正則化です [53, 54]．グラフ $G = (V, E)$ が与えられているとします．ここで，頂点集合 $V = \{1, \ldots, d\}$ は各変数 $w_1, \ldots, w_d$ に対応し，E は辺の集合です．一般化フューズド正則化はこのグラフに沿って，

$$C\sum_{(i,j)\in E}|w_i - w_j|$$

で与えられます．これは，辺で結ばれた頂点 (i, j) の上に与えられた値 (w_i, w_j) は近くなるように作用する正則化です．

この場合，$\boldsymbol{B} \in \mathbb{R}^{|E|\times|V|}$ を

$$\boldsymbol{Bw} = (w_i - w_j)_{(i,j)\in E}$$

として，ψ を L_1 正則化

$$\psi(\boldsymbol{u}) = C\sum_{k=1}^{|E|}|u_k|$$

とすると，$\psi(\boldsymbol{Bw}) = C\sum_{(i,j)\in E}|w_i - w_j|$ となります．このとき，ψ 自体は L_1 正則化なので，近接写像が簡単に計算できます． □

最適化問題 (15.10) に対応する拡張ラグランジュ関数は

$$L_\rho(\boldsymbol{x},\boldsymbol{y},\boldsymbol{\lambda}) = f(\boldsymbol{x}) + \psi(\boldsymbol{y}) + \boldsymbol{\lambda}^\top(\boldsymbol{Bx}-\boldsymbol{y}) + \frac{\rho}{2}\|\boldsymbol{Bx}-\boldsymbol{y}\|^2$$

となります．交互方向乗数法はこの拡張ラグランジュ関数を $\boldsymbol{x}$ と $\boldsymbol{y}$ を交互に動かして最適化する方法でした（12.3 節）．拡張型の交互方向乗数法（アルゴリズム 12.5）を適用すると，アルゴリズム 15.6 のようになります．

アルゴリズム 15.6 交互方向乗数法によるスパース推定

初期化：初期解 $\boldsymbol{x}_0 \in \mathbb{R}^d$，$\boldsymbol{y}_0 \in \mathbb{R}^p$，$\boldsymbol{\lambda}_0 \in \mathbb{R}^p$ を定める．
$\rho > 0$ と $\boldsymbol{H} \leftarrow \boldsymbol{Q} + \rho\boldsymbol{B}^\top\boldsymbol{B}$ を定める．$k \leftarrow 0$ とする．

1. 停止条件が満たされるなら，結果を出力して停止．
2. $\boldsymbol{x}_{k+1}$ を以下のように更新：

$$\begin{aligned}\boldsymbol{x}_{k+1} \longleftarrow & \mathop{\mathrm{argmin}}_{\boldsymbol{x}\in\mathbb{R}^d}\Big\{f(\boldsymbol{x}) + \boldsymbol{\lambda}_k^\top(\boldsymbol{Bx}-\boldsymbol{y}_k) + \frac{\rho}{2}\|\boldsymbol{Bx}-\boldsymbol{y}_k\|^2 \\ & \qquad + \frac{1}{2}\|\boldsymbol{x}-\boldsymbol{x}_k\|_{\boldsymbol{Q}}^2\Big\} \\ & = \mathop{\mathrm{argmin}}_{\boldsymbol{x}\in\mathbb{R}^d}\Big\{f(\boldsymbol{x}) + \boldsymbol{x}^\top[\boldsymbol{B}^\top(\boldsymbol{\lambda}_k - \rho\boldsymbol{y}_k) - \boldsymbol{Q}\boldsymbol{x}_k] + \frac{1}{2}\|\boldsymbol{x}\|_{\boldsymbol{H}}^2\Big\}.\end{aligned}$$

3. $\boldsymbol{y}_{k+1}$ を以下のように更新：

$$\begin{aligned}\boldsymbol{y}_{k+1} \longleftarrow & \mathop{\mathrm{argmin}}_{\boldsymbol{y}\in\mathbb{R}^p}\Big\{\psi(\boldsymbol{y}) + \boldsymbol{\lambda}_k^\top(\boldsymbol{Bx}_{k+1}-\boldsymbol{y}) + \frac{\rho}{2}\|\boldsymbol{Bx}_{k+1}-\boldsymbol{y}\|^2\Big\} \\ & = \mathop{\mathrm{argmin}}_{\boldsymbol{y}\in\mathbb{R}^p}\Big\{\psi(\boldsymbol{y}) + \frac{\rho}{2}\|\boldsymbol{y}-\boldsymbol{Bx}_{k+1}-\boldsymbol{\lambda}_k/\rho\|^2\Big\} \\ & = \mathrm{prox}(\boldsymbol{Bx}_{k+1} + \boldsymbol{\lambda}_k/\rho|\psi/\rho). \qquad (15.11)\end{aligned}$$

4. $\boldsymbol{\lambda}_{k+1} \leftarrow \boldsymbol{\lambda}_k + \rho(\boldsymbol{Bx}_{k+1} - \boldsymbol{y}_{k+1})$ と更新．
5. $k \leftarrow k+1$ とする．ステップ 1 に戻る．

アルゴリズム 15.6 の解説をしましょう．まず，$\boldsymbol{Q}$ の選び方は任意ですが，特に $\boldsymbol{H} = \boldsymbol{Q} + \rho \boldsymbol{B}^\top \boldsymbol{B}$ が単位行列の定数倍，つまり $\boldsymbol{H} = \eta \boldsymbol{I}$ となるようにとると（$\boldsymbol{Q} = \eta \boldsymbol{I} - \rho \boldsymbol{B}^\top \boldsymbol{B}$ とすればよい），$\boldsymbol{x}$ の更新は対角化された二次形式を正則化項にもつ学習問題の最適化となり，多くの場合簡単に解けます．もし f が 1 回微分可能なら最急降下法で，f が 2 回微分可能ならニュートン法を使って最適化することができます．

$\boldsymbol{y}$ の更新は，ψ/ρ に関する近接写像を計算すればよいので効率的に計算できます．ここで，構造的正則化においては $\boldsymbol{x} \mapsto \psi(\boldsymbol{B}\boldsymbol{x})$ に関する近接写像が計算しにくくても，$\boldsymbol{u} \mapsto \psi(\boldsymbol{u})$ に関する近接写像が効率的に計算できれば毎回の更新を簡単に実行できることに注意してください．そのような構造的正則化の例として例 15.11（重複ありのグループ正則化）や例 15.12（一般化フューズド正則化）といったものがあります．

例 15.13（Lasso の交互方向乗数法による解法）

Lasso を計算する最適化問題

$$\min_{\boldsymbol{w} \in \mathbb{R}^d} \sum_{i=1}^{n} (b_i - \boldsymbol{a}_i^\top \boldsymbol{w})^2 + C\|\boldsymbol{w}\|_1$$

を交互方向乗数法で解いてみましょう．$\boldsymbol{A} = [\boldsymbol{a}_1, \ldots, \boldsymbol{a}_n] \in \mathbb{R}^{d \times n}$ とし，$\boldsymbol{b} = [b_1, \ldots, b_n]^\top \in \mathbb{R}^n$ とします．すると，$\boldsymbol{B} = \boldsymbol{I}$，$\boldsymbol{Q} = \boldsymbol{O}$ として交互方向乗数法を当てはめると

$$\begin{aligned}
\boldsymbol{x}_{k+1} &= \operatorname*{argmin}_{\boldsymbol{x} \in \mathbb{R}^d} \left\{ \|\boldsymbol{A}\boldsymbol{x} - \boldsymbol{b}\|^2 + \boldsymbol{\lambda}_k^\top \boldsymbol{x} + \frac{\rho}{2}\|\boldsymbol{x} - \boldsymbol{y}_k\|^2 \right\} \\
&= \left(\boldsymbol{A}^\top \boldsymbol{A} + \frac{\rho}{2}\boldsymbol{I}\right)^{-1} (\boldsymbol{A}^\top \boldsymbol{b} + \boldsymbol{\lambda}_k - \rho \boldsymbol{y}_k), \\
\boldsymbol{y}_{k+1} &= \operatorname{prox}(\boldsymbol{x}_{k+1} + \boldsymbol{\lambda}_k/\rho | C\|\cdot\|_1/\rho) \\
&= \mathrm{ST}_{C/\rho}(\boldsymbol{x}_{k+1} + \boldsymbol{\lambda}_k/\rho), \\
\boldsymbol{\lambda}_{k+1} &= \boldsymbol{\lambda}_k + \rho(\boldsymbol{x}_{k+1} - \boldsymbol{y}_{k+1})
\end{aligned}$$

となる更新式が得られます．同様にして一般の正則化項を用いた回帰についても，$\boldsymbol{y}_{k+1}$ の更新式を各正則化項に合わせて変えるだけで交互方向乗数法の更新式が得られます． □

例 15.14（凸関数の和で表される正則化の交互方向乗数法による解法）

ある凸関数 $\psi_1, \ldots, \psi_K$ を用いて，正則化項が $\tilde{\psi}(\boldsymbol{w}) = \sum_{k=1}^{K} \psi_k(\boldsymbol{w})$ のように和で表される場合を考えます．各 ψ_k に付随する近接写像は計算しやすくても，その和に付随する近接写像は計算が簡単であるとは限りません．そこで，交互方向乗数法を用いた最適化では，以下のように問題を変換します．

$\boldsymbol{B}\boldsymbol{w} = \underbrace{[\boldsymbol{w}^\top, \boldsymbol{w}^\top, \ldots, \boldsymbol{w}^\top]^\top}_{K\text{ 個}}$ として，$\boldsymbol{u} = [\boldsymbol{u}_1^\top, \ldots, \boldsymbol{u}_K^\top]^\top$ ($\boldsymbol{u}_k \in \mathbb{R}^d$ $(k = 1, \ldots, K)$) に対して

$$\psi(\boldsymbol{u}) = \psi_1(\boldsymbol{u}_1) + \cdots + \psi_K(\boldsymbol{u}_K)$$

とすれば，$\psi(\boldsymbol{B}\boldsymbol{w}) = \sum_{k=1}^{K} \psi_k(\boldsymbol{w})$ となります．ここで，各部分ベクトル $\boldsymbol{u}_k$ ごとに ψ_k がかかり，それらが完全に分離されていることに注意してください．一方，元の $\tilde{\psi}(\boldsymbol{w})$ はすべての ψ_k に共通の $\boldsymbol{w}$ が入力されていて分離されていません．このとき，$\boldsymbol{q} = [\boldsymbol{q}_1^\top, \ldots, \boldsymbol{q}_K^\top]^\top \in \mathbb{R}^{Kd}$ に対する近接写像は，

$$\mathrm{prox}(\boldsymbol{q}|C\psi) = [\mathrm{prox}(\boldsymbol{q}_1|C\psi_1)^\top, \ldots, \mathrm{prox}(\boldsymbol{q}_K|C\psi_K)^\top]^\top$$

で得られ，各ブロック $\boldsymbol{q}_k$ に対する近接写像の計算に分離されます．よって，和の形で書かれる正則化項を用いた正則化学習に，$\tilde{\psi}(\boldsymbol{w}) = \psi(\boldsymbol{B}\boldsymbol{w})$ に基づいた交互方向乗数法を適用すると，$\boldsymbol{y}$ の更新が簡単に計算できます．

□

15.5.2 画像復元の数値実験

交互方向乗数法を用いたスパース学習の例として，画像からの雑音およびぼかしを除去する方法について紹介します．$M \times N$ の画像 $\boldsymbol{W}^* \in \mathbb{R}^{M \times N}$ があるとします．ここで，その (i, j) 成分 $\boldsymbol{W}^*_{(i,j)}$ はその画像の場所 (i, j) におけるピクセルの濃淡値とします．RGB カラー画像を扱う場合は

$$\boldsymbol{W}^* = \begin{pmatrix} \boldsymbol{W}^{(r)*} \\ \boldsymbol{W}^{(g)*} \\ \boldsymbol{W}^{(b)*} \end{pmatrix} \in \mathbb{R}^{M \times N \times 3}, \quad \boldsymbol{W}^{(r)*}, \boldsymbol{W}^{(g)*}, \boldsymbol{W}^{(b)*} \in \mathbb{R}^{M \times N}$$

なる多次元アレイを考えます．

真の画像 $\boldsymbol{W}^*$ に雑音やぼかしが乗り，$\boldsymbol{Y} \in \mathbb{R}^{M \times N \times 3}$ なる画像が観測されたとします．このとき，構造的正則化学習の手法を用いて $\boldsymbol{W}^*$ を復元することを試みます．そのために，真の画像はなめらかで，隣接ピクセル間では大きな変化がないという仮定をおいて，観測画像をスムージングするという戦略を立てます．そのため，隣接ピクセル間の RGB 値が近くなるように**全変動正則化** (total variation regularization, TV 正則化) を

$$\|\boldsymbol{W}\|_{\mathrm{TV}} := \sum_{(i,j)} \sqrt{\sum_{c=r,g,b} \left[\left(\boldsymbol{W}^{(c)}_{(i,j+1)} - \boldsymbol{W}^{(c)}_{(i,j)} \right)^2 + \left(\boldsymbol{W}^{(c)}_{(i+1,j)} - \boldsymbol{W}^{(c)}_{(i,j)} \right)^2 \right]}$$

と定義します．

雑音のみが乗った画像からの TV 正則化を用いた雑音除去は

$$\min_{\boldsymbol{W} \in \mathbb{R}^{M \times N \times 3}} \quad \sum_{(i,j)} \sum_{c=r,g,b} \left(\boldsymbol{W}^{(c)}_{(i,j)} - \boldsymbol{Y}^{(c)}_{(i,j)} \right)^2 + C\|\boldsymbol{W}\|_{\mathrm{TV}} \tag{15.12}$$

と定式化されます．第 1 項は観測された観測値と近くさせる損失関数項で第 2 項は学習結果をなめらかにさせるための TV 正則化項です．これを **TV 雑音除去** (TV-denoising) と呼びます．TV 正則化はグループ正則化とフューズド正則化を合わせたような正則化であり，隣接したピクセルの濃淡値が同一になりやすくなる効果があります．TV 雑音除去は構造的正則化の一種であり，交互方向乗数法で解くことができます．いま，$\boldsymbol{G}_{(i,j)} : \mathbb{R}^{M \times N \times 3} \to \mathbb{R}^6$ を

$$\boldsymbol{G}_{(i,j)}(\boldsymbol{W}) = \begin{pmatrix} \boldsymbol{W}^{(r)}_{(i,j+1)} - \boldsymbol{W}^{(r)}_{(i,j)} \\ \boldsymbol{W}^{(r)}_{(i+1,j)} - \boldsymbol{W}^{(r)}_{(i,j)} \\ \boldsymbol{W}^{(g)}_{(i,j+1)} - \boldsymbol{W}^{(g)}_{(i,j)} \\ \boldsymbol{W}^{(g)}_{(i+1,j)} - \boldsymbol{W}^{(g)}_{(i,j)} \\ \boldsymbol{W}^{(b)}_{(i,j+1)} - \boldsymbol{W}^{(b)}_{(i,j)} \\ \boldsymbol{W}^{(b)}_{(i+1,j)} - \boldsymbol{W}^{(b)}_{(i,j)} \end{pmatrix}$$

なる線形作用素とすれば，

$$\|\boldsymbol{W}\|_{TV} = \sum_{(i,j)} \|\boldsymbol{G}_{(i,j)}(\boldsymbol{W})\|_2$$

と書けます．これより，重複ありのグループ正則化やフューズド正則化と同様にして，最適化問題 (15.12) は

$$\min_{\substack{\boldsymbol{W}\in\mathbb{R}^{M\times N\times 3}\\ \boldsymbol{Z}_{(i,j)}\in\mathbb{R}^{6}}} \sum_{(i,j)}\sum_{c=r,g,b}\left(\boldsymbol{W}_{(i,j)}^{(c)}-\boldsymbol{Y}_{(i,j)}^{(c)}\right)^2+C\sum_{(i,j)}\|\boldsymbol{Z}_{(i,j)}\|_2$$

$$\text{s.t.}\quad \boldsymbol{G}_{(i,j)}(\boldsymbol{W})=\boldsymbol{Z}_{(i,j)}$$

なる線形制約付き最適化問題として書き直せます．交互方向乗数法を用いればこの問題の最適化は容易です．

TV 雑音除去を実際の画像に当てはめた例を図 15.4 に示します．図 15.4 より，雑音が強く乗っていても元の画像がよく復元できていることがわかります．

続いて，ぼかしの除去についての例を示します．画像にぼかしが乗る過程を線形作用素 $\mathcal{K}:\mathbb{R}^{M\times N\times 3}\to\mathbb{R}^{M\times N\times 3}$ で表します．つまり，観測画像は

$$\boldsymbol{Y}=\mathcal{K}\boldsymbol{W}^*+\boldsymbol{\epsilon}$$

で生成されていると仮定します．ここで，$\boldsymbol{\epsilon}\in\mathbb{R}^{M\times N\times 3}$ は各ピクセルの RGB 値に独立に乗っている雑音とします．すると，ぼかしと雑音の除去は

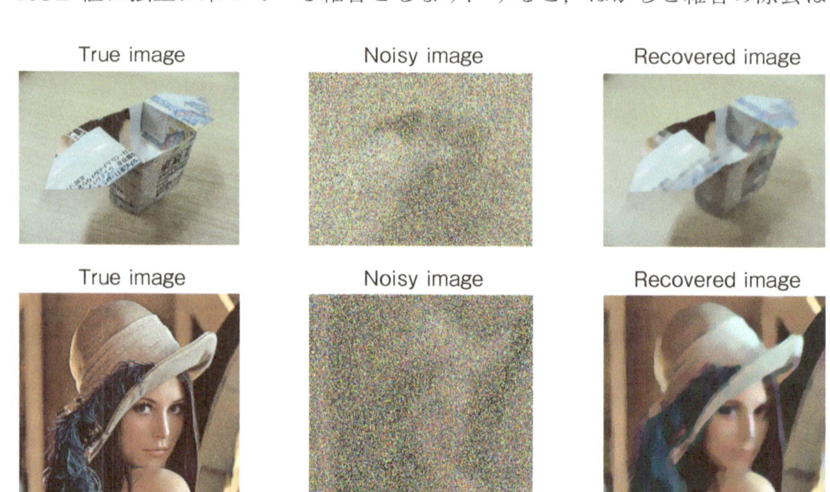

図 15.4 TV 雑音除去の例．左から真の画像，雑音を乗せた画像，復元した画像．

TV 正則化を用いて

$$\min_{\boldsymbol{W}\in\mathbb{R}^{M\times N\times 3}} \|\boldsymbol{Y}-\mathcal{K}\boldsymbol{W}\|^2 + C\|\boldsymbol{W}\|_{\mathrm{TV}} \tag{15.13}$$

で実行できます．この最適化問題も交互方向乗数法で容易に解くことができます．実際の画像に対してガウスローパスフィルタ，平行移動フィルタ，局所平均化フィルタを用いてぼかしたものに対して式 (15.13) を用いて画像を復元したものを，図 15.5 に示します．こちらも元画像がよく再現できていることがわかります．

本節の内容は文献 [56, 59, 60] に詳細が議論されています．また，デモのコードをこれらの論文の著者のサイト `http://www.caam.rice.edu/~optimization/L1/ftvd/` から手に入れることができます．

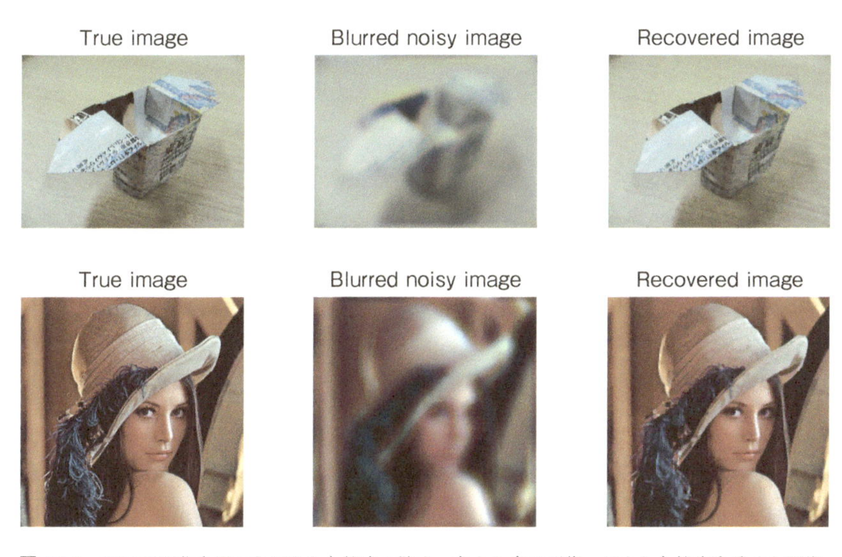

図 15.5 TV 正則化を用いたぼかしと雑音の除去．左から真の画像，ぼかしと雑音を乗せた画像，復元した画像．

15.6 近接点アルゴリズムによる方法

15.6.1 スパース学習における近接点アルゴリズムとその双対問題

スパース正則化の最適化では，近接点アルゴリズム（12.2.7 節）も有用です．$F(\boldsymbol{w}) = f(\boldsymbol{w}) + \psi(\boldsymbol{w})$ とすると，近接点アルゴリズムは

$$\boldsymbol{w}_{k+1} = \underset{\boldsymbol{w} \in \mathbb{R}^d}{\operatorname{argmin}} \{F(\boldsymbol{w}) + \frac{\eta_k}{2} \|\boldsymbol{w} - \boldsymbol{w}_k\|^2\}$$

で与えられます．この更新式はそのままでは容易に計算できません．多くの場合，損失関数 $f(\boldsymbol{w})$ はある行列 $\boldsymbol{A} \in \mathbb{R}^{n \times d}$ を用いて $f(\boldsymbol{w}) = g(\boldsymbol{A}\boldsymbol{w})$ のように書けます．例えば教師あり学習ではデータ $z_i = (\boldsymbol{a}_i, y_i)$ のように，入力 $\boldsymbol{a}_i \in \mathbb{R}^d$ とラベル y_i の組で与えられます．二乗損失を損失関数としたときは線形モデルの損失は $\ell(z_i, \boldsymbol{w}) = (y_i - \boldsymbol{a}_i^\top \boldsymbol{w})^2$ なので，$f(\boldsymbol{w}) = \sum_{i=1}^n \ell(z_i, \boldsymbol{w}) = \sum_{i=1}^n (y_i - \boldsymbol{a}_i^\top \boldsymbol{w})^2$ は $\boldsymbol{A} = [\boldsymbol{a}_1, \boldsymbol{a}_2, \ldots, \boldsymbol{a}_n]^\top$ と $g(\boldsymbol{u}) = \sum_{i=1}^n (y_i - u_i)^2$ を用いて $f(\boldsymbol{w}) = g(\boldsymbol{A}\boldsymbol{w})$ と書けます．このことから，

$$F(\boldsymbol{w}) = g(\boldsymbol{A}\boldsymbol{w}) + \psi(\boldsymbol{w})$$

なる問題を考えます．このとき，双対問題を導くために 2 つの定理を用意します．

定理 15.5（共役関数の性質）

$f, g : \mathbb{R}^d \to \mathbb{R} \cup \{\infty\}$ を（閉とは限らない）真凸関数とします．このとき $\mathrm{ri}(\mathrm{dom}(f)) \cap \mathrm{ri}(\mathrm{dom}(g)) \neq \emptyset$ なら

$$(f + g)^*(\boldsymbol{y}) = \min_{\boldsymbol{y}_1, \boldsymbol{y}_2 \in \mathbb{R}^d} \{f^*(\boldsymbol{y}_1) + g^*(\boldsymbol{y}_2) \mid \boldsymbol{y} = \boldsymbol{y}_1 + \boldsymbol{y}_2\}$$

が成り立ちます．また（閉とは限らない）真凸関数 $f : \mathbb{R}^d \to \mathbb{R} \cup \{\infty\}$ がある行列 $\boldsymbol{A} \in \mathbb{R}^{n \times d}$ と真凸関数 $g : \mathbb{R}^n \to \mathbb{R} \cup \{\infty\}$ を用いて $f(\boldsymbol{x}) = g(\boldsymbol{A}\boldsymbol{x})$ と表され，ある $\boldsymbol{x}$ が $\boldsymbol{A}\boldsymbol{x} \in \mathrm{ri}(\mathrm{dom}(g))$ となるとき，

$$f^*(\boldsymbol{y}) = \begin{cases} \displaystyle\min_{\boldsymbol{u} : \boldsymbol{A}^\top \boldsymbol{u} = \boldsymbol{y}} g^*(\boldsymbol{u}) & (\text{ある } \boldsymbol{v} \text{ が存在して } \boldsymbol{A}^\top \boldsymbol{v} = \boldsymbol{y} \text{ とできる}) \\ \infty & (\text{それ以外}) \end{cases}$$

で与えられます．

証明． 詳しくは文献 [46] の Theorem 16.3 と 16.4 または文献 [74] の系 2.3.2

を参照してください．まず f, g が閉凸関数であるとして略証を与えます．$(f^* \square g^*)(\boldsymbol{y}) = \min_{\boldsymbol{y}_1, \boldsymbol{y}_2} \{f^*(\boldsymbol{y}_1) + g^*(\boldsymbol{y}_2) \mid \boldsymbol{y} = \boldsymbol{y}_1 + \boldsymbol{y}_2\}$ と表記します．最初の等式は以下のようにして示されます．

$$
\begin{aligned}
(f+g)^*(\boldsymbol{y}) &= \max_{\boldsymbol{x}} \{\boldsymbol{x}^\top \boldsymbol{y} - f(\boldsymbol{x}) - g(\boldsymbol{x})\} \\
&= \max_{\boldsymbol{x}} \{\boldsymbol{x}^\top \boldsymbol{y} - \max_{\boldsymbol{y}_1} \{\boldsymbol{x}^\top \boldsymbol{y}_1 - f^*(\boldsymbol{y}_1)\} - \max_{\boldsymbol{y}_2} \{\boldsymbol{x}^\top \boldsymbol{y}_2 - g^*(\boldsymbol{y}_2)\}\} \\
&\quad (\because f^{**} = f \text{ および } g^{**} = g \text{（定理 2.15）}) \\
&= \max_{\boldsymbol{x}} \min_{\boldsymbol{y}_1, \boldsymbol{y}_2} \{\boldsymbol{x}^\top (\boldsymbol{y} - \boldsymbol{y}_1 - \boldsymbol{y}_2) + f^*(\boldsymbol{y}_1) + g^*(\boldsymbol{y}_2)\} \\
&= \min_{\boldsymbol{y}_1, \boldsymbol{y}_2} \max_{\boldsymbol{x}} \{\boldsymbol{x}^\top (\boldsymbol{y} - \boldsymbol{y}_1 - \boldsymbol{y}_2) + f^*(\boldsymbol{y}_1) + g^*(\boldsymbol{y}_2)\} \\
&\quad (\because \text{定理 9.6}) \\
&= (f^* \square g^*)(\boldsymbol{y}).
\end{aligned}
$$

f, g が閉凸でない場合は，次のように示せます．まず，$\mathrm{cl}(f)$ を真凸関数 f の閉包，すなわち f のエピグラフ $\mathrm{epi}(f)$ の閉包 $\mathrm{cl}(\mathrm{epi}(f))$ をエピグラフとする凸関数とします．定義より $\mathrm{cl}(f)$ は閉真凸関数です．すると，$f^* = \mathrm{cl}(f)^*$ が真凸関数 f に対して成り立つことが知られています（文献 [46] の Theorem 12.2）．よって，$(f+g)^* = (\mathrm{cl}(f+g))^*$ が成り立ち，さらに $\mathrm{ri}(\mathrm{dom}(f)) \cap \mathrm{ri}(\mathrm{dom}(g)) \neq \emptyset$ なら $\mathrm{cl}(f+g) = \mathrm{cl}(f) + \mathrm{cl}(g)$ が成り立ちます（文献 [46] の Theorem 9.3）．これらより，$(f+g)^* = (\mathrm{cl}(f+g))^* = (\mathrm{cl}(f) + \mathrm{cl}(g))^* = \mathrm{cl}(f)^* \square \mathrm{cl}(g)^* = f^* \square g^*$ です．

また，第二の等式は $\boldsymbol{y} = \boldsymbol{A}^\top \boldsymbol{u}$ と表されるとき，

$$
\begin{aligned}
f^*(\boldsymbol{y}) &= \max_{\boldsymbol{x} \in \mathbb{R}^d} \{\boldsymbol{x}^\top \boldsymbol{y} - g(\boldsymbol{A}\boldsymbol{x})\} \\
&= \max_{\boldsymbol{x} \in \mathbb{R}^d} \min_{\boldsymbol{u} : \boldsymbol{A}^\top \boldsymbol{u} = \boldsymbol{y}} \{\boldsymbol{x}^\top \boldsymbol{A}^\top \boldsymbol{u} - g(\boldsymbol{A}\boldsymbol{x})\} \\
&= \max_{\boldsymbol{x} \in \mathbb{R}^d} \min_{\boldsymbol{u} : \boldsymbol{A}^\top \boldsymbol{u} = \boldsymbol{y}} \min_{\boldsymbol{u}'} \{\boldsymbol{x}^\top \boldsymbol{A}^\top \boldsymbol{u} - [\boldsymbol{u}'^\top \boldsymbol{A}\boldsymbol{x} - g^*(\boldsymbol{u}')]\} \\
&= \min_{\boldsymbol{u}', \boldsymbol{u} : \boldsymbol{A}^\top \boldsymbol{u} = \boldsymbol{y}} \max_{\boldsymbol{x} \in \mathbb{R}^d} \{\boldsymbol{x}^\top \boldsymbol{A}^\top \boldsymbol{u} - [\boldsymbol{u}'^\top \boldsymbol{A}\boldsymbol{x} - g^*(\boldsymbol{u}')]\} \\
&= \min_{\boldsymbol{u}', \boldsymbol{u} : \boldsymbol{A}^\top \boldsymbol{u} = \boldsymbol{y}} \max_{\boldsymbol{x} \in \mathbb{R}^d} \{\boldsymbol{x}^\top \boldsymbol{A}^\top (\boldsymbol{u} - \boldsymbol{u}') + g^*(\boldsymbol{u}')\} \\
&= \min_{\boldsymbol{u} : \boldsymbol{A}^\top \boldsymbol{u} = \boldsymbol{y}} g^*(\boldsymbol{u})
\end{aligned}
$$

となることより示されます．最後の等式は $\boldsymbol{A}^\top \boldsymbol{u} \neq \boldsymbol{A}^\top \boldsymbol{u}'$ なら $\max_{\boldsymbol{x}}\{\cdot\} = \infty$ となることより $\boldsymbol{A}^\top \boldsymbol{u} = \boldsymbol{A}^\top \boldsymbol{u}'$ でなくてはいけないことから導かれます．

□

定理 15.6（近接写像の性質）

閉真凸関数 f に対し，近接写像は

$$\mathrm{prox}(\boldsymbol{q}|f) + \mathrm{prox}(\boldsymbol{q}|f^*) = \boldsymbol{q}$$

を満たします．

定理 15.6 で得られる分解を**モロー分解** (Moreau decomposition) と呼びます．証明は文献 [46] の定理 31.5 または文献 [74] の補題 2.4.2 を参照してください．モロー分解により近接写像の計算を共役関数に関する近接写像の計算に置き換えることができます．

なお，$g(\boldsymbol{x}) = \sum_{i=1}^n c_i(x_i)$ に対し，その共役関数は

$$g^*(\boldsymbol{y}) = \sum_{i=1}^n c_i^*(y_i) \quad (\boldsymbol{y} \in \mathbb{R}^n) \tag{15.14}$$

とそれぞれ c_i の共役関数の和で書けます．これは $g^*(\boldsymbol{y}) = \sup_{\boldsymbol{x}\in\mathbb{R}^n}\{\boldsymbol{x}^\top \boldsymbol{y} - g(\boldsymbol{x})\} = \sup_{\boldsymbol{x}\in\mathbb{R}^n}\{\sum_{i=1}^n (x_i y_i - c_i(x_i))\} = \sum_{i=1}^n c_i^*(y_i)$ からわかります．

さて，双対問題を導きましょう．式 (12.20) および式 (12.21) より

$$\begin{aligned}
&\min_{\boldsymbol{w}\in\mathbb{R}^d}\{F(\boldsymbol{w}) + \frac{\eta_k}{2}\|\boldsymbol{w} - \boldsymbol{w}_k\|^2\} \\
&= -\min_{\boldsymbol{x}\in\mathbb{R}^d}\left\{F^*(\boldsymbol{x}) - \boldsymbol{w}_k^\top \boldsymbol{x} + \frac{1}{2\eta_k}\|\boldsymbol{x}\|^2\right\}
\end{aligned}$$

を得ます．右辺は双対問題に対応する拡張ラグランジュ関数で，これを最小化することで双対問題における乗数法が現れます．乗数法と近接点アルゴリズムの関係より，右辺の最適化元 $\boldsymbol{x}_{k+1}$ を用いて，$\boldsymbol{w}_{k+1}$ は

$$\boldsymbol{w}_{k+1} = \boldsymbol{w}_k - \frac{\boldsymbol{x}_{k+1}}{\eta_k}$$

と与えられます．さらに

$$F^*(\boldsymbol{x}) = \min_{\boldsymbol{x}'} \left\{ \min_{\boldsymbol{y}:\boldsymbol{A}^\top \boldsymbol{y}=\boldsymbol{x}'} g^*(\boldsymbol{y}) + \psi^*(\boldsymbol{x} - \boldsymbol{x}') \right\}$$

より双対問題は

$$\min_{\boldsymbol{x}\in\mathbb{R}^d, \boldsymbol{y}\in\mathbb{R}^n} \left\{ g^*(\boldsymbol{y}) + \psi^*(\boldsymbol{x} - \boldsymbol{A}^\top \boldsymbol{y}) + \frac{1}{2\eta_k}\|-\boldsymbol{x} + \eta_k \boldsymbol{w}_k\|^2 \right\} \tag{15.15}$$

と等価です．さらに，$\boldsymbol{u} = \boldsymbol{x} - \boldsymbol{A}^\top \boldsymbol{y}$ と変数変換し $\eta_k \psi^*$ のモロー包を $\tilde{\psi}^*_{\eta_k}$ と書くと，

$$\min_{\boldsymbol{x}\in\mathbb{R}^d} \psi^*(\boldsymbol{x} - \boldsymbol{A}^\top \boldsymbol{y}) + \frac{1}{2\eta_k}\|-\boldsymbol{x} + \eta_k \boldsymbol{w}_k\|^2 \tag{15.16}$$

$$= \min_{\boldsymbol{u}\in\mathbb{R}^d} \psi^*(\boldsymbol{u}) + \frac{1}{2\eta_k}\|\boldsymbol{u} - (\eta_k \boldsymbol{w}_k - \boldsymbol{A}^\top \boldsymbol{y})\|^2 \tag{15.17}$$

$$= \frac{1}{\eta_k}\tilde{\psi}^*_{\eta_k}(\eta_k \boldsymbol{w}_k - \boldsymbol{A}^\top \boldsymbol{y})$$

となります．これらをまとめると，双対問題は

$$\min_{\boldsymbol{y}\in\mathbb{R}^n} \left\{ g^*(\boldsymbol{y}) + \frac{1}{\eta_k}\tilde{\psi}^*_{\eta_k}(\eta_k \boldsymbol{w}_k - \boldsymbol{A}^\top \boldsymbol{y}) \right\} \tag{15.18}$$

となります．

近接写像 prox の定義より式 (15.17) を最小化する $\boldsymbol{u}$ は $\boldsymbol{u} = \mathrm{prox}(\eta_k \boldsymbol{w}_k - \boldsymbol{A}^\top \boldsymbol{y} | \eta_k \psi^*)$ で与えられるので，式 (15.16) を最小化する $\boldsymbol{x}$ は $\boldsymbol{x} = \mathrm{prox}(\eta_k \boldsymbol{w}_k - \boldsymbol{A}^\top \boldsymbol{y} | \eta_k \psi^*) + \boldsymbol{A}^\top \boldsymbol{y}$ で与えられます．また，近接写像の性質（定理 15.6）から $\mathrm{prox}(\boldsymbol{q}|f) + \mathrm{prox}(\boldsymbol{q}|f^*) = \boldsymbol{q}$ なので，

$$\mathrm{prox}(\eta_k \boldsymbol{w}_k - \boldsymbol{A}^\top \boldsymbol{y} | \eta_k \psi^*) = \eta_k \boldsymbol{w}_k - \boldsymbol{A}^\top \boldsymbol{y} - \mathrm{prox}(\eta_k \boldsymbol{w}_k - \boldsymbol{A}^\top \boldsymbol{y} | \eta_k \psi(\cdot/\eta_k))$$

が成り立ちます．この式を用いることで，共役関数を考えずとも近接写像を計算できます．

双対問題 (15.18) を最適化するには，最急降下法やニュートン法が使えますが，そのためには $\tilde{\psi}^*_{\eta_k}$ の微分や 2 階微分が必要です．それらは

$$\nabla \tilde{\psi}^*_{\eta_k}(\boldsymbol{v}) = \boldsymbol{v} - \mathrm{prox}(\boldsymbol{v} | \eta_k \psi^*) \tag{15.19}$$

$$\nabla^2 \tilde{\psi}^*_{\eta_k}(\boldsymbol{v}) = \boldsymbol{I} - \nabla \mathrm{prox}(\boldsymbol{v} | \eta_k \psi^*) \tag{15.20}$$

で与えられます（第 1 式は微分の連鎖律を使って確認できます．厳密な証明

は文献 [46] の Theorem31.5 または文献 [74] の定理 2.4.3 を参照してください．第 2 式は第 1 式から得られます）．

なお，双対問題 (15.15) は $\boldsymbol{u} = \boldsymbol{x} - \boldsymbol{A}^\top \boldsymbol{y}$ と変数変換すると，

$$\min_{\boldsymbol{x}\in\mathbb{R}^d, \boldsymbol{u}\in\mathbb{R}^n} \left\{ g^*(\boldsymbol{y}) + \psi^*(\boldsymbol{u}) + \boldsymbol{w}_k^\top (\boldsymbol{A}^\top \boldsymbol{y} + \boldsymbol{u}) + \frac{1}{2\eta_k} \|\boldsymbol{A}^\top \boldsymbol{y} + \boldsymbol{u}\|^2 \right\}$$

と等価です．これは

$$\min_{\boldsymbol{x}\in\mathbb{R}^d, \boldsymbol{u}\in\mathbb{R}^n} \left\{ g^*(\boldsymbol{y}) + \psi^*(\boldsymbol{u}) \mid \boldsymbol{A}^\top \boldsymbol{y} + \boldsymbol{u} = \boldsymbol{0} \right\} \tag{15.21}$$

なる線形等式制約付き最適化問題の拡張ラグランジュ関数になっています．主問題における近接点アルゴリズムは，双対問題でこの線形等式制約付き最適化問題を乗数法で解くことで実行できます．これは，近接点アルゴリズムの部分問題として，この線形等式制約付き最適化問題の線形等式制約を緩和しながら解いていくことになり，ちょうど損失関数の最適化と正則化関数の最適化を緩く分解することによって最適化を簡単にさせていることに対応します．

この方法のよい点は，正則化関数の共役関数のモロー包が双対問題に現れ，主問題ではなめらかではなかった正則化関数が双対問題では平滑化されているという点です．そのため損失関数の共役関数 g^* もなめらかであれば双対問題は解きやすい問題になります．特に g が平滑な凸関数ならば，その共役関数 g^* は強凸関数になり，双対問題自体が強凸になるので，ニュートン法などにより効率的に最適化できます．この方法を**双対拡張ラグランジュ関数法**と呼びます [55]．双対拡張ラグランジュ関数法の手順をアルゴリズム 15.7 に示します．

アルゴリズム 15.7 双対拡張ラグランジュ関数法

初期化：初期解 $\boldsymbol{x}_0$，$\boldsymbol{y}_0$，$\boldsymbol{w}_0$ を定める．$k \leftarrow 0$ とする．

1. 停止条件が満たされるなら，結果を出力して停止．
2. 以下のように $\boldsymbol{x}_{k+1}$，$\boldsymbol{y}_{k+1}$ を更新：

$$\boldsymbol{y}_{k+1} \longleftarrow \min_{\boldsymbol{y} \in \mathbb{R}^n} \left\{ g^*(\boldsymbol{y}) + \frac{1}{\eta_k} \tilde{\psi}^*_{\eta_k}(\eta_k \boldsymbol{w}_k - \boldsymbol{A}^\top \boldsymbol{y}) \right\}, \tag{15.22}$$

$$\begin{aligned} \boldsymbol{x}_{k+1} &\longleftarrow \mathrm{prox}(\eta_k \boldsymbol{w}_k - \boldsymbol{A}^\top \boldsymbol{y}_{k+1} | \eta_k \psi^*) + \boldsymbol{A}^\top \boldsymbol{y}_{k+1} \\ &= \eta_k \boldsymbol{w}_k - \mathrm{prox}(\eta_k \boldsymbol{w}_k - \boldsymbol{A}^\top \boldsymbol{y}_{k+1} | \eta_k \psi(\cdot/\eta_k)). \end{aligned}$$

3. $\boldsymbol{w}_{k+1} \leftarrow \boldsymbol{w}_k - \boldsymbol{x}_{k+1}/\eta_k$ と更新．
4. $k \leftarrow k+1$ とする．ステップ 1 に戻る．

収束に関しては近接点アルゴリズムの一般論が当てはめられます（定理 12.5）．特に目的関数 $F(\boldsymbol{w})$ が強凸なら，任意の $\eta > 0$ に対し，$\eta_k = \eta > 0$，$k = 1, 2, \ldots$ とすれば 1 次収束し，$\eta_k \searrow 0$ で超 1 次収束します（1 次収束と超 1 次収束の定義は式 (1.3) と式 (1.4) 参照）．近接勾配法と比べて，毎回最適化問題（式 (15.22)）を解かなくてはいけない分，更新にかかる計算量は大きいですが，収束性に優れています．

フェンシェルの双対定理 (Fenchel's duality theorem) を使うことで，双対拡張ラグランジュ関数法はより直接的に導出することができます．

定理 15.7（フェンシェルの双対定理）

$g:\mathbb{R}^n \to \mathbb{R}\cup\{\infty\}$ と $\psi:\mathbb{R}^d \to \mathbb{R}\cup\{\infty\}$ を真凸関数とします．また以下の 2 つのどちらかが成り立っているとします．

- $\boldsymbol{A}\boldsymbol{w} \in \mathrm{ri}(\mathrm{dom}(g))$ かつ $\boldsymbol{w} \in \mathrm{ri}(\mathrm{dom}(\psi))$ となる $\boldsymbol{w} \in \mathbb{R}^d$ が存在する．
- $-\boldsymbol{A}^\top \boldsymbol{y} \in \mathrm{ri}(\mathrm{dom}(\psi^*))$ かつ $\boldsymbol{y} \in \mathrm{ri}(\mathrm{dom}(g^*))$ となる $\boldsymbol{y} \in \mathbb{R}^n$ が存在する．

このとき，

$$\inf_{\boldsymbol{w}\in\mathbb{R}^d}\left\{g(\boldsymbol{A}\boldsymbol{w}) + \psi(\boldsymbol{w})\right\} = -\inf_{\boldsymbol{y}}\left\{g^*(\boldsymbol{y}) + \psi^*(-\boldsymbol{A}^\top\boldsymbol{y})\right\}$$

が成り立ちます．

フェンシェル双対定理によって得られた双対問題を式 (15.21) のように線形制約付き最適化問題に書き換えて，拡張ラグランジュ関数法を当てはめることで双対拡張ラグランジュ関数法が得られます．また，フェンシェル双対定理を用いれば，途中解 $(\boldsymbol{w}_k, \boldsymbol{y}_k)$ の組に対し，

$$g(\boldsymbol{A}\boldsymbol{w}_k) + \psi(\boldsymbol{w}_k) \geq -\left\{g^*(\boldsymbol{y}_k) + \psi^*(-\boldsymbol{A}^\top\boldsymbol{y}_k)\right\}$$

が成り立ちます．この両辺の差を**双対ギャップ** (duality gap) と呼びます．双対ギャップは最適解においては 0 になることがフェンシェルの双対定理より保証されます．よって，双対ギャップが十分小さくなれば（例えば 10^{-7} 以下），$(\boldsymbol{w}_k, \boldsymbol{y}_k)$ は十分最適値近くへ収束したと判定できます．

15.6.2 双対問題における交互方向乗数法

双対拡張ラグランジュ関数法は双対問題 (15.21) を乗数法で解く方法でしたが，各更新に必要な部分問題がやや複雑になってしまいます．そこで，この手順を簡略化するために交互方向乗数法を用いることも有用な選択肢です．すなわち，主問題に交互方向乗数法を応用したように，双対問題 (15.21)

の拡張ラグランジュ関数

$$L_\rho(\boldsymbol{y}, \boldsymbol{u}, \boldsymbol{w}) = g^*(\boldsymbol{y}) + \psi^*(\boldsymbol{u}) - \boldsymbol{w}^\top(\boldsymbol{A}^\top \boldsymbol{y} + \boldsymbol{u}) + \frac{\rho}{2}\|\boldsymbol{A}^\top \boldsymbol{y} + \boldsymbol{u}\|^2$$

を $\boldsymbol{y}, \boldsymbol{u}$ について交互に最適化し，ラグランジュ乗数 $\boldsymbol{w}$ を適切に更新していきます（アルゴリズム 15.8）．

アルゴリズム 15.8 正則化学習における双対交互方向乗数法

初期化：初期解 $\boldsymbol{y}_1 \in \mathbb{R}^n$, $\boldsymbol{u}_1 \in \mathbb{R}^d$, $\boldsymbol{w}_1 \in \mathbb{R}^d$ を定める．
パラメータ $\rho > 0$ と 行列 $\boldsymbol{Q} \succeq \boldsymbol{O}$ を定める．
$k \leftarrow 1$ とする．

1. 停止条件が満たされるなら，結果を出力して停止．
2. $\boldsymbol{y}_{k+1}$, $\boldsymbol{u}_{k+1}$ を以下のように更新：

$$\boldsymbol{y}_{k+1} \longleftarrow \mathop{\rm argmin}_{\boldsymbol{y} \in \mathbb{R}^n} \Big\{ g^*(\boldsymbol{y}) - (\boldsymbol{A}\boldsymbol{w}_k)^\top \boldsymbol{y} + \frac{\rho}{2}\|\boldsymbol{A}^\top \boldsymbol{y} + \boldsymbol{u}_k\|^2 + \frac{1}{2}\|\boldsymbol{y} - \boldsymbol{y}_k\|_{\boldsymbol{Q}} \Big\},$$

$$\begin{aligned} \boldsymbol{u}_{k+1} &\longleftarrow \mathop{\rm argmin}_{\boldsymbol{u} \in \mathbb{R}^d} \Big\{ \psi^*(\boldsymbol{u}) - \boldsymbol{w}_k^\top \boldsymbol{u} + \frac{\rho}{2}\|\boldsymbol{A}^\top \boldsymbol{y}_{k+1} + \boldsymbol{u}\|^2 \Big\} \\ &= \mathrm{prox}(\boldsymbol{w}_k/\rho - \boldsymbol{A}^\top \boldsymbol{y}_{k+1} | \psi^*/\rho) \end{aligned}$$

3. $\boldsymbol{w}_{k+1} \leftarrow \boldsymbol{w}_k - \rho(\boldsymbol{A}^\top \boldsymbol{y}_{k+1} + \boldsymbol{u}_{k+1})$ と更新．
4. $k \leftarrow k+1$ とする．ステップ 1 に戻る．

$\boldsymbol{y}$ の更新は $\boldsymbol{Q} = \boldsymbol{O}$ とすれば，

$$\boldsymbol{y}_{k+1} = \mathop{\rm argmin}_{\boldsymbol{y} \in \mathbb{R}^n} \Big\{ g^*(\boldsymbol{y}) + \frac{\rho}{2}\|\boldsymbol{A}^\top \boldsymbol{y} + \boldsymbol{u}_k - \boldsymbol{w}_k/\rho\|^2 \Big\}$$

となります．一方で，ある $\eta > 0$ を用いて $\boldsymbol{Q} = \eta \boldsymbol{I} - \rho \boldsymbol{A}\boldsymbol{A}^\top \succeq \boldsymbol{O}$ とすると，

$$\begin{aligned} \boldsymbol{y}_{k+1} &= \mathop{\rm argmin}_{\boldsymbol{y} \in \mathbb{R}^n} \Big\{ g^*(\boldsymbol{y}) + \frac{\eta}{2}\|\boldsymbol{y} + \rho \boldsymbol{A}^\top(\boldsymbol{u}_k - \boldsymbol{w}_k/\rho)/\eta\|^2 \Big\} \\ &= \mathrm{prox}(-\rho \boldsymbol{A}^\top(\boldsymbol{u}_k - \boldsymbol{w}_k/\rho)/\eta | g^*/\eta) \end{aligned}$$

となります．このとき，さらに式 (15.14) から $g^*(\boldsymbol{y}) = \sum_{i=1}^n c_i^*(y_i)$ のように分解されるので，$\boldsymbol{q} = -\rho \boldsymbol{A}^\top(\boldsymbol{u}_k - \boldsymbol{w}_k/\rho) \in \mathbb{R}^n$ に対し，

$$\boldsymbol{y}_{k+1,i} = \mathrm{prox}(q_i|c_i^*/\eta),\ i = 1, \ldots, n$$

のように各データ点ごとの近接写像の計算に分解されます．この計算は並列化させることができ，大規模データにおける最適化で有用な性質です．

$\boldsymbol{u}$ の更新には ψ^* の近接写像を計算すればよいわけですが，近接写像の性質（定理 15.6）から，$\boldsymbol{q} = \boldsymbol{w}_k/\rho - \boldsymbol{A}^\top \boldsymbol{y}_{k+1}$ に対し

$$\boldsymbol{u}_{k+1} = \mathrm{prox}(\boldsymbol{q}|\psi^*/\rho) = \boldsymbol{q} - \mathrm{prox}(\boldsymbol{q}|\psi(\rho\ \cdot)/\rho)$$

と書くこともできます．

Chapter 16

行列空間上の最適化

最適化問題の実行可能領域が多様体構造をなすとき，多様体上での制約なし最適化問題として定式化する方法を紹介します．このように定式化することで繁雑な制約式を取り扱う必要がなくなり，簡単な計算アルゴリズムで解を求めることができます．本章では，特に行列の集合として定まる多様体上の関数の最適化について解説します．

機械学習や統計学では，行列空間上の最適化問題を扱うことがあります．典型的な例として，高次元データを低次元部分空間に適切に射影する問題があります．部分空間を射影行列に対応させることで，行列空間上の最適化問題になります．このような問題は，適当な制約付き最適化問題として表すことができます．一方，行列空間が扱いやすい集合の場合，行列空間上の制約なし最適化問題として定式化することも可能です．このように定式化することで，繁雑な制約式を取り扱う必要がなくなり，簡単な計算アルゴリズムで局所解を求めることができます．

本章では，行列空間上の最適化を制約なしの問題として扱うための方法を紹介します．詳細は文献 [1] を参照してください．

16.1 シュティーフェル多様体とグラスマン多様体

行列の集合 $M \subset \mathbb{R}^{n\times d}$ が，（局所的には）nd 次元空間 $\mathbb{R}^{nd}$ における曲面として表現できるとき，M を行列多様体といいます．応用上よく用いられる行列多様体であるシュティーフェル多様体の定義を示します．

定義 16.1（シュティーフェル多様体）

$n \times d$ 行列の集合 $\mathbb{R}^{n \times d}$（ただし $n \geq d$）の部分集合として

$$\mathrm{St}(n, d) = \{\boldsymbol{X} \in \mathbb{R}^{n \times d} \mid \boldsymbol{X}^\top \boldsymbol{X} = \boldsymbol{I}_d\}$$

と定義される行列多様体を，（コンパクト）**シュティーフェル多様体** (Stiefel manifold) といいます．

シュティーフェル多様体は，各列の長さが 1 で互いに直交するような行列の集合です．$\mathrm{St}(n, 1)$ は $n-1$ 次元球面 S^{n-1} とみなせます．$\mathrm{St}(n, n)$ は直交行列の全体であり，$\mathrm{St}(n, n-1)$ は行列式が 1 である直交行列の全体とみなせます．

シュティーフェル多様体はグラスマン多様体と呼ばれる多様体と関連します．空間 $\mathbb{R}^n$ における d 次元部分空間の全体を**グラスマン多様体** (Grassmann Manifold) といい，$\mathrm{Gr}(n, d)$ と書きます．射影行列の集合に対応させて，$\mathrm{Gr}(n, d)$ を $\{\boldsymbol{X}\boldsymbol{X}^\top \mid \boldsymbol{X} \in \mathrm{St}(n, d)\}$ と同一視することができます．これにより，制約 $\boldsymbol{Y} \in \mathrm{Gr}(n, d)$ を

$$\boldsymbol{Y} = \boldsymbol{X}\boldsymbol{X}^\top, \quad \boldsymbol{X} \in \mathrm{St}(n, d)$$

と表すことができます．

16.2 機械学習における行列最適化

統計学上の問題として，独立成分分析と次元削減付き密度比推定を紹介し，行列空間上の最適化問題としてどのように定式化されるかを説明します．

16.2.1 独立成分分析

画像処理や音声信号処理などの分野で，多次元データの統計的独立性に着目して解析を行う手法が発展しています．このような解析法は**独立成分分析** (independent component analysis, ICA) と呼ばれ，多変量解析の一分野として確立しています [25,70]．主成分分析ではデータの相関構造（2 次の統計

量）を扱いますが，独立成分分析ではより高次の統計量を扱うことに特徴があります．

独立成分分析では，信号 $\boldsymbol{s} \in \mathbb{R}^n$ の各要素が線形に混合され，観測データ $\boldsymbol{y} \in \mathbb{R}^n$ が $\boldsymbol{y} = \boldsymbol{A}\boldsymbol{s}$, $\boldsymbol{A} \in \mathbb{R}^{n\times n}$ のように生成されると仮定します．データ数が M のとき，観測データとして

$$\boldsymbol{y}_m = \boldsymbol{A}\boldsymbol{s}_m, \quad m = 1, \ldots, M$$

が独立に得られます．行列 $\boldsymbol{A}$ は未知として，観測データから信号 $\boldsymbol{s}_1, \ldots, \boldsymbol{s}_M$ を復元します．

信号に対する仮定として，$\boldsymbol{s}_m = (s_{m1}, \ldots, s_{mn})$ の各要素は統計的に独立とします．すなわち，確率密度関数は

$$p(\boldsymbol{s}_m) = p_1(s_{m1}) \times p_2(s_{m2}) \times \cdots \times p_n(s_{mn})$$

と積に分解されるとします．ただし $p_1, \ldots, p_n$ の具体的な関数形は未知とし，有限次元の統計モデルは想定しません．信号 $\boldsymbol{s}_m$ の各要素の期待値は 0, 分散は 1 とします．観測データが $E[\boldsymbol{y}_m] = \boldsymbol{0}$, $V[\boldsymbol{y}_m] = \boldsymbol{I}_n$ を満たすように，白色化と呼ばれる標準的な線形変換を施します．以上の設定のもとで

$$\boldsymbol{I}_n = V[\boldsymbol{y}] = \boldsymbol{A}V[\boldsymbol{s}]\boldsymbol{A}^\top = \boldsymbol{A}\boldsymbol{A}^\top$$

となります．したがって，信号を適切に標準化すれば，混合行列 $\boldsymbol{A}$ として直交行列を考えればよいことになります．

信号成分 $\boldsymbol{s}_m \in \mathbb{R}^n$ のなかで，最初の d 次元は意味のある信号，残りの $n-d$ 次元は正規分布に従うノイズとし，$\boldsymbol{s}_m = (\bar{\boldsymbol{s}}_m, \boldsymbol{u}_m)$, $\bar{\boldsymbol{s}}_m \in \mathbb{R}^d$, $\boldsymbol{u}_m \in \mathbb{R}^{n-d}$ とします．観測データから $\bar{\boldsymbol{s}}_m$ を復元するために，適当な行列 $\boldsymbol{W} \in \mathbb{R}^{n\times d}$ を選んで

$$\boldsymbol{z}_m = \boldsymbol{W}^\top \boldsymbol{y}_m \in \mathbb{R}^d$$

とします．この $\boldsymbol{z}_m$ ができるだけ $\bar{\boldsymbol{s}}_m$ に近くなるように，$\boldsymbol{W}$ を観測データから推定します．行列 $\boldsymbol{W}$ として，直交行列 $\boldsymbol{A}$ の 1 列目から d 列目を並べた行列を用いれば信号が正確に復元されます．実際，$\boldsymbol{W}$ をそのように選ぶと

$$\boldsymbol{W}^\top \boldsymbol{y}_m = \boldsymbol{W}^\top \boldsymbol{A}\boldsymbol{s}_m = \begin{pmatrix} \boldsymbol{I}_d & \boldsymbol{O} \end{pmatrix} \begin{pmatrix} \bar{\boldsymbol{s}}_m \\ \boldsymbol{u}_m \end{pmatrix} = \bar{\boldsymbol{s}}_m$$

となります．次元 d が既知なら，推定するパラメータ $\boldsymbol{W}$ の探索空間として，シュティーフェル多様体 $\mathrm{St}(n,d)$ を設定することができます．

適切に $\boldsymbol{W}$ を推定するために，さまざまな目的関数が提案されています．ここでは 4 次統計量を用いる方法を紹介します．信号の確率分布は，ノイズの典型的な分布である正規分布とは大きく異なるとします．そこで，$\boldsymbol{W}^\top \boldsymbol{y}_m$ の分布が正規分布から離れるほど，値が小さくなる目的関数を設計します．復元した信号の 4 次統計量に着目し，$\boldsymbol{W}^\top \boldsymbol{y}_m = \boldsymbol{z}_m = (z_{m1}, \ldots, z_{md})$ に対して

$$f(\boldsymbol{W}) = \sum_{k=1}^{d} \left(\frac{1}{M} \sum_{m=1}^{M} z_{mk}^4 - 3 \right)$$

とします．もし z_{mk} がすべて独立に正規分布に従うとき，$f(\boldsymbol{W})$ はほぼ 0 になります．復元した信号の分布が，正規分布から（裾の軽い方向に）離れるほど，値が小さくなります．これにより，観測データに含まれる正規分布ノイズを除去できると期待されます．

関数 $f(\boldsymbol{W})$ を $\boldsymbol{W} \in \mathrm{St}(n,d)$ の条件のもとで最適化し，最適解を $\widehat{\boldsymbol{W}}$ とします．これを用いて，信号成分 $\bar{\boldsymbol{s}}_1, \ldots, \bar{\boldsymbol{s}}_M$ を $\widehat{\boldsymbol{W}}^\top \boldsymbol{y}_1, \ldots, \widehat{\boldsymbol{W}}^\top \boldsymbol{y}_M$ により近似的に復元します．ただし問題設定から，ベクトル成分の並べ替えの自由度があることに注意が必要です．よって $\widehat{\boldsymbol{W}}^\top \boldsymbol{y}_m$ の各成分を適当に並べ替えたものが $\bar{\boldsymbol{s}}_m$ の予測値になります．16.6.4 節に数値例を示します．

16.2.2 次元削減付き密度比推定

多次元データの解析において，本質的な情報を保ったまま次元削減を行うことは，データの理解や計算コストの削減のために重要です．ここでは密度比推定における次元削減の方法について簡単に説明します．

密度比 (density ratio) は，2 つの確率密度関数の比として定義されます．確率密度を $p(\boldsymbol{x})$, $q(\boldsymbol{x})$ とし，$q(\boldsymbol{x})$ は常に正値をとるとします．これらから定まる密度比を

$$r(\boldsymbol{x}) = \frac{p(\boldsymbol{x})}{q(\boldsymbol{x})}, \quad \boldsymbol{x} \in \mathbb{R}^n$$

とします．密度比を用いることで，$p(\boldsymbol{x})$ と $q(\boldsymbol{x})$ の同等性に関する仮説検定を行うことができます．また，異なるドメイン間のデータをマッチングする

際の重み関数として，密度比が有用です．

高次元データ $\boldsymbol{x} \in \mathbb{R}^n$ の確率密度 $p(\boldsymbol{x})$, $q(\boldsymbol{x})$ の違いが，低次元の変数で記述できる状況を考えます．変数 $\boldsymbol{x}$ を $(\boldsymbol{u}(\boldsymbol{x}), \boldsymbol{v}(\boldsymbol{x})) \in \mathbb{R}^d \times \mathbb{R}^{n-d}$ に座標変換します．ここで $\boldsymbol{u}(\boldsymbol{x})$ は，階数 d の行列 $\boldsymbol{W} \in \mathbb{R}^{n \times d}$ を用いて $\boldsymbol{u}(\boldsymbol{x}) = \boldsymbol{W}^\top \boldsymbol{x}$ と表せるとします．さらに $p(\boldsymbol{x})$ と $q(\boldsymbol{x})$ に関して，$\boldsymbol{u}(\boldsymbol{x})$ を与えたときの $\boldsymbol{v}(\boldsymbol{x})$ の条件付き確率が同じであると仮定します．座標変換のヤコビ行列式を $\boldsymbol{J}(\boldsymbol{x})$ とすると，これらの確率密度は

$$
\begin{aligned}
p(\boldsymbol{x}) &= p(\boldsymbol{v}(\boldsymbol{x})|\boldsymbol{u}(\boldsymbol{x}))p_0(\boldsymbol{u}(\boldsymbol{x}))|\boldsymbol{J}(\boldsymbol{x})|, \\
q(\boldsymbol{x}) &= p(\boldsymbol{v}(\boldsymbol{x})|\boldsymbol{u}(\boldsymbol{x}))q_0(\boldsymbol{u}(\boldsymbol{x}))|\boldsymbol{J}(\boldsymbol{x})|
\end{aligned}
$$

となり，密度比は

$$
r(\boldsymbol{x}) = \frac{p_0(\boldsymbol{u}(\boldsymbol{x}))}{q_0(\boldsymbol{u}(\boldsymbol{x}))} \tag{16.1}
$$

と記述できます．一般性を失うことなく，$\boldsymbol{W} \in \mathrm{St}(n, d)$ と仮定することができます．

上記のような仮定を満たす確率密度 $p(\boldsymbol{x}), q(\boldsymbol{x})$ からそれぞれ

$$
\boldsymbol{x}_1, \ldots, \boldsymbol{x}_n \sim p(\boldsymbol{x}), \qquad \boldsymbol{x}'_1, \ldots, \boldsymbol{x}'_n \sim q(\boldsymbol{x})
$$

のようにデータが観測されたとき，密度比 $r(\boldsymbol{x})$ を推定する問題を考えます．以下の損失関数

$$
J(r) = \int \left(\frac{1}{2} r(\boldsymbol{x})^2 q(\boldsymbol{x}) - r(\boldsymbol{x}) p(\boldsymbol{x}) \right) d\boldsymbol{x}
$$

を用いることで，確率密度 $p(\boldsymbol{x}), q(\boldsymbol{x})$ の推定を経由せず，密度比をデータから直接推定することができます [26]．実際，$J(r)$ を最小にする関数 $r(\boldsymbol{x})$ は $p(\boldsymbol{x})/q(\boldsymbol{x})$ で与えられます．汎関数 $J(r)$ をデータの標本平均で近似し，密度比に対する統計モデル上で最小化して推定します．

仮定から，密度比は $\boldsymbol{W}^\top \boldsymbol{x}$ を介して $\boldsymbol{x}$ に依存するので，密度比の統計モデルとして，

$$
\{ r(\boldsymbol{W}^\top \boldsymbol{x}; \boldsymbol{\theta}) \,|\, \boldsymbol{W} \in \mathrm{St}(n, d),\ \boldsymbol{\theta} \in \Theta \subset \mathbb{R}^k \}
$$

を想定するのが妥当です．ここで $\boldsymbol{\theta}$ は関数形を指定する有限次元パラメータ

とします．例えば，適当な基底関数 $\phi_1(\boldsymbol{u}),\ldots,\phi_k(\boldsymbol{u}),\ \boldsymbol{u}\in\mathbb{R}^d$ を用いて

$$r(\boldsymbol{u};\boldsymbol{\theta})=\sum_{\ell=1}^{k}\theta_\ell\phi_\ell(\boldsymbol{u}),\quad \boldsymbol{\theta}\in\mathbb{R}^k \tag{16.2}$$

と定義される線形モデルを使います．関数 $J(r)$ に統計モデル $r = r(\boldsymbol{W}^\top\boldsymbol{x};\boldsymbol{\theta})$ を代入し，標本平均で近似します．シュティーフェル多様体上の関数として，

$$f(\boldsymbol{W})=\min_{\boldsymbol{\theta}\in\Theta}\frac{1}{n}\sum_{i=1}^{n}\left[\frac{1}{2}(r(\boldsymbol{W}^\top\boldsymbol{x}'_i;\boldsymbol{\theta}))^2-r(\boldsymbol{W}^\top\boldsymbol{x}_i;\boldsymbol{\theta})\right],\quad \boldsymbol{W}\in\mathrm{St}(n,d)$$

を最小化することになります．密度比に対して線形モデル (16.2) を仮定すると，$\boldsymbol{W}$ を固定したときのパラメータ $\boldsymbol{\theta}$ の最適解が，上記の損失関数のもとで陽に求まります．このため $f(\boldsymbol{W})$ の関数値や導関数の計算が容易になります．

16.3 多様体の諸概念

多様体 M は，適当な次元の空間 $\mathbb{R}^n$ のなかの曲面として表現されているとします．ここでは，**多様体** (manifold) という用語を曲面と同様の意味として，厳密には定義せずに用います．多様体論や微分幾何に関する厳密な議論は文献 [28,69] などを参照してください．

本節で，多様体 M 上の関数を最適化するアルゴリズムを記述するために，必要となる諸概念を説明します（図 16.1）．例として，主に $n-1$ 次元球面

$$S^{n-1}=\{\boldsymbol{x}\in\mathbb{R}^n \mid \|\boldsymbol{x}\|=1\}$$

の場合を示します．

接空間 (tangent space)： 点 $\boldsymbol{x}\in M$ で $M(\subset\mathbb{R}^n)$ に接する超平面は，$\mathbb{R}^n$ の部分空間 L を用いて $\boldsymbol{x}+L=\{\boldsymbol{x}+\boldsymbol{y}|\boldsymbol{y}\in L\}$ と表せます．この部分空間 L を $T_{\boldsymbol{x}}M$ と表し，$\boldsymbol{x}$ における M の**接空間**といいます．接空間の要素を接ベクトルといいます．ユークリッド空間 $\mathbb{R}^n$ の接空間 $T_{\boldsymbol{x}}\mathbb{R}^n$ を $\mathbb{R}^n$ と同一視し，M の接空間 $T_{\boldsymbol{x}}M$ を $T_{\boldsymbol{x}}\mathbb{R}^n$ 内の部分空間とみなします．

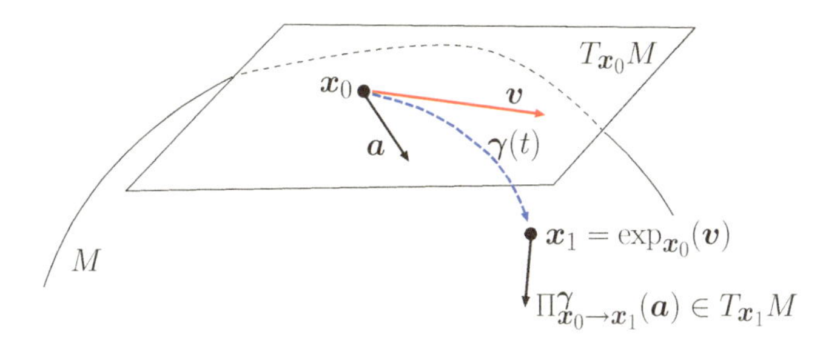

図 16.1 接空間，指数写像，平行移動．$\boldsymbol{\gamma}(t)$ は $\boldsymbol{x}_0, \boldsymbol{x}_1$ を結ぶ測地線．

球面の場合，S^{n-1} に点 $\boldsymbol{x} \in S^{n-1}$ で接する超平面はベクトル $\boldsymbol{x}$ と直交するので，

$$T_{\boldsymbol{x}}S^{n-1} = \{\boldsymbol{v} \in \mathbb{R}^n \mid \boldsymbol{v}^\top \boldsymbol{x} = 0\}$$

となります．

内積 (inner product)： 接空間 $T_{\boldsymbol{x}}\mathbb{R}^n$ 上に**内積** $g_{\boldsymbol{x}}(\boldsymbol{v}_1, \boldsymbol{v}_2)$ が定義されているとします．この内積から，$\boldsymbol{v}_1, \boldsymbol{v}_2 \in T_{\boldsymbol{x}}M$ に対する内積が自然に定まります．各点 $\boldsymbol{x}$ ごとに内積 $g_{\boldsymbol{x}}$ が異なることもあります．点 $\boldsymbol{x}$ から $T_{\boldsymbol{x}}\mathbb{R}^n$ 上の内積 $g_{\boldsymbol{x}}$ への対応関係を**リーマン計量** (Riemannian metric) といいます．

球面 S^{n-1} に対して，行列多様体への拡張を想定すると，

$$g_{\boldsymbol{x}}(\boldsymbol{v}_1, \boldsymbol{v}_2) = \boldsymbol{v}_1^\top \left(\boldsymbol{I}_n - \frac{1}{2}\boldsymbol{x}\boldsymbol{x}^\top\right)\boldsymbol{v}_2, \quad \boldsymbol{v}_1, \boldsymbol{v}_2 \in T_{\boldsymbol{x}}\mathbb{R}^n \tag{16.3}$$

という内積が標準的に用いられます．S^{n-1} の接空間の定義から，$\boldsymbol{v}_1, \boldsymbol{v}_2 \in T_{\boldsymbol{x}}S^{n-1}$ に対して $g_{\boldsymbol{x}}(\boldsymbol{v}_1, \boldsymbol{v}_2) = \boldsymbol{v}_1^\top \boldsymbol{v}_2$ となります．

勾配 (gradient)： 関数 $f : M \to \mathbb{R}$ の**勾配** $\mathrm{grad}f(\boldsymbol{x}) \in T_{\boldsymbol{x}}M$ を，任意の $\boldsymbol{v} \in T_{\boldsymbol{x}}M$ に対して

$$\frac{d}{dt}f(\boldsymbol{x} + t\boldsymbol{v})\Big|_{t=0} = g_{\boldsymbol{x}}(\mathrm{grad}f(\boldsymbol{x}), \boldsymbol{v})$$

が成り立つ接ベクトルとして定めます．これは一意に定まります．$M = \mathbb{R}^n$ として標準的な内積 $g_{\boldsymbol{x}}(\boldsymbol{v}_1, \boldsymbol{v}_2) = \boldsymbol{v}_1^\top \boldsymbol{v}_2$ を考えると，$\mathrm{grad}f$ は通常の勾配

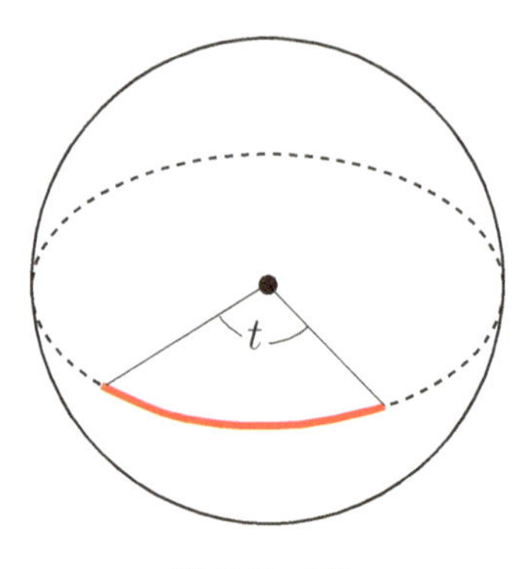

図 16.2 大円.

∇f に一致します．本章では $(\nabla f)_i = \frac{\partial f}{\partial x_i}$ を標準勾配と呼び，勾配 $\mathrm{grad} f$ と区別します．

球面 S^{n-1} 上の関数の勾配は，内積 (16.3) のもとで

$$\mathrm{grad} f(\boldsymbol{x}) = \nabla f(\boldsymbol{x}) - \boldsymbol{x}\nabla f(\boldsymbol{x})^\top \boldsymbol{x} \in T_{\boldsymbol{x}} S^{n-1} \tag{16.4}$$

となります．標準勾配 $\nabla f(\boldsymbol{x})$ は接空間 $T_{\boldsymbol{x}} S^{n-1}$ に含まれるとは限らないため，第 2 項の補正が必要になります．

測地線 (geodesic)： 多様体 M 上を外力がない状況で動く質点，すなわち M 上での「等速直線運動」を記述する曲線 $\boldsymbol{\gamma} : \mathbb{R} \to M$ を**測地線**といいます．条件として初期点と初速度を与え，パラメータ t を時間とみなすとき，

$$\begin{aligned}
&\boldsymbol{\gamma}(t) \in M,\ t \in \mathbb{R}, \\
&\boldsymbol{\gamma}(0) = \boldsymbol{x}_0 \in M,\ \dot{\boldsymbol{\gamma}}(0) = \boldsymbol{v} \in T_{\boldsymbol{x}_0} M
\end{aligned}$$

を満たす測地線が，M 上の運動を記述する微分方程式から定まります [13]．測地線の式を陽に計算できる場合もあります．

球面 S^{n-1} の測地線は，大円上を一定の速度で動く点として表せます．大円とは，球の中心を通る超平面と球面との共通部分を指します (図 16.2)．例えば，$\boldsymbol{e}_1 = (1, 0, \ldots, 0) \in S^{n-1}$ を初期点，$\boldsymbol{e}_2 = (0, 1, 0, \ldots, 0) \in T_{\boldsymbol{e}_1} S^{n-1}$ を初速度とする測地線は

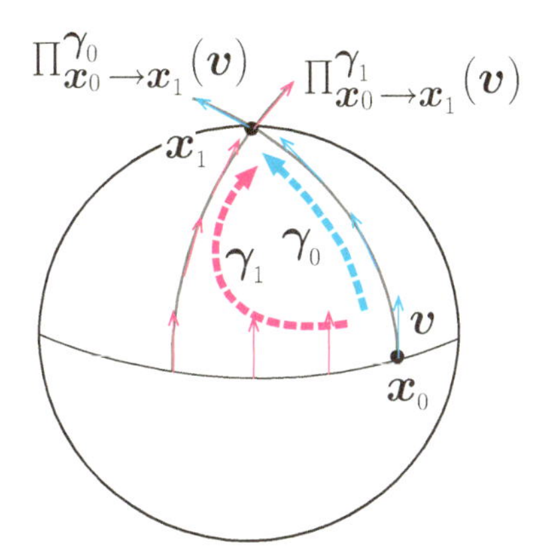

図 16.3 単位球における接ベクトルの平行移動.

$$\gamma(t) = (\cos t, \sin t, 0, \ldots, 0) \in S^{n-1} \tag{16.5}$$

となります.

指数写像 (exponential map)： 点 $\boldsymbol{x} \in M$ と接ベクトル $\boldsymbol{v} \in T_{\boldsymbol{x}}M$ に対して，$\gamma(0) = \boldsymbol{x}$, $\dot{\gamma}(0) = \boldsymbol{v}$ を満たす測地線 $\gamma(t)$ が定まります．このとき写像

$$T_{\boldsymbol{x}}M \ni \boldsymbol{v} \longmapsto \gamma(1) \in M$$

を**指数写像**といい，$\exp_{\boldsymbol{x}}(\boldsymbol{v})$ と表します[*1].

平行移動 (parallel transport)： 2 点 $\boldsymbol{x}_0, \boldsymbol{x}_1 \in M$ における接空間をそれぞれ $T_{\boldsymbol{x}_0}M, T_{\boldsymbol{x}_1}M$ とします．これらの接空間の間に，**平行移動**を用いて対応関係を定義することができます．平行移動は内積から自然に定義することができます[*2]．図 16.3 に S^{n-1} における平行移動の例を示します[*3]．球面の例にあるように，多様体 M が曲がっているとき，平行移動は 2 点 $\boldsymbol{x}_0, \boldsymbol{x}_1$ を結ぶ曲線 $\gamma(t)$ ($\gamma(t_0) = \boldsymbol{x}_0$, $\gamma(t_1) = \boldsymbol{x}_1$) に依存します．曲線 γ に沿う平

---

*1 一般に，任意の $\boldsymbol{v} \in T_{\boldsymbol{x}}M$ で指数写像が定義されるとは限りません.

*2 正確にはリーマン計量から定まります.

*3 図 16.3 は，S. M. Carroll, Lecture Notes on General Relativity, arXiv:gr-qc/9712019 の 64 ページの図を改変.

行移動の写像を

$$\Pi^{\gamma}_{\boldsymbol{x}_0 \to \boldsymbol{x}_1} : T_{\boldsymbol{x}_0}M \longrightarrow T_{\boldsymbol{x}_1}M$$

と表します．平行移動 $\Pi^{\gamma}_{\boldsymbol{x}_0 \to \boldsymbol{x}_1}$ は線形同型です．

16.4 多様体上の最適化

通常の最適化問題では，目的関数 f は n 次元空間 $\mathbb{R}^n$ 上で定義され，等式や不等式などの制約式が課されます．もし実行可能領域が扱いやすい多様体構造をなすなら，問題を多様体上の制約なし最適化問題と解釈してアルゴリズムを構築することで，効率的に計算を実行できる場合があります．多様体上の最適化について概観し，通常の制約なし最適化との対応を説明します．

16.4.1 最急降下法

多様体 M 上の関数 $f : M \to \mathbb{R}$ の最適化では，ユークリッド空間における最急降下方向と直線探索を，**表 16.1** にあるように対応する概念に置き換えます．制約式は，多様体 M 上に制約された測地線として表現されています．

表 16.1 $\mathbb{R}^n$ 上の最適化と多様体上の最適化の対応．

	$\mathbb{R}^n$ 上の最適化	多様体上の最適化
探索方向	標準勾配 $-\nabla f$	勾配 $-\mathrm{grad} f$
直線探索	直線上	測地線上

多様体上の関数に対する最急降下法を指数写像で記述すると，**アルゴリズム 16.1** のようになります．勾配と指数写像が計算できれば，アルゴリズムを実行することができます．直線探索でステップ幅を定めるための条件を，多様体上の最適化に対応して拡張しておく必要があります．例えばアルミホ条件 (4.1) は，$t \geq 0$ に対して

$$f(\exp_{\boldsymbol{x}_k}(t\boldsymbol{d}_k)) \leq f(\boldsymbol{x}_k) + c_1 t\, g_{\boldsymbol{x}_k}(\boldsymbol{d}_k, \mathrm{grad} f(\boldsymbol{x}_k)), \quad c_1 \in (0,1) \tag{16.6}$$

のように拡張されます．

測地線に沿った直線探索の計算が困難な場合は，より計算が簡単な方法で代替することができます．これについては，16.5 節で紹介します．

アルゴリズム 16.1 多様体上の最急降下法

初期化： 初期解 $\boldsymbol{x}_0 \in M$ を定める．$k \leftarrow 0$ とする．

1. 停止条件が満たされるなら，$\boldsymbol{x}_k$ を数値解として出力して停止．
2. 勾配 $-\mathrm{grad}f(\boldsymbol{x}_k) \in T_{\boldsymbol{x}_k}M$ を探索方向 $\boldsymbol{d}_k$ に設定．
3. 関数 $\phi(t) = f(\exp_{\boldsymbol{x}_k}(t\boldsymbol{d}_k))$, $t \geq 0$ に対する直線探索でステップ幅 t_k を計算．
4. $\boldsymbol{x}_{k+1} \leftarrow \exp_{\boldsymbol{x}_k}(t_k\boldsymbol{d}_k)$ と更新．
5. $k \leftarrow k+1$ とする．ステップ 1 に戻る．

16.4.2 共役勾配法

非線形共役勾配法を多様体 M 上の関数 $f : M \to \mathbb{R}$ に対するアルゴリズムに拡張します．

共役勾配法では，探索方向 $\boldsymbol{d}_k$ を

$$\boldsymbol{d}_{k+1} = -\nabla f(\boldsymbol{x}_{k+1}) + \beta_k \boldsymbol{d}_k$$

のように更新します．これを多様体 M の接ベクトルに関する演算と解釈するとき，同一の接空間内での操作になるように定義する必要があります．

多様体 M において，接空間の間の対応は平行移動によって与えることができます．ユークリッド空間 $\mathbb{R}^n$ は平坦な空間なので，$\boldsymbol{d}_k \in T_{\boldsymbol{x}_k}\mathbb{R}^n$ を平行移動した結果として（経路に依存せずに）$\boldsymbol{d}_k \in T_{\boldsymbol{x}_{k+1}}\mathbb{R}^n$ が得られます．探索方向 $\boldsymbol{d}_{k+1}$ を得る更新式では，平行移動した $\boldsymbol{d}_k \in T_{\boldsymbol{x}_{k+1}}\mathbb{R}^n$ を用いていると考えます．曲がった多様体 M では，$\boldsymbol{x}_k$ から $\boldsymbol{x}_{k+1}$ への平行移動は経路に依存します．直線探索は測地線に沿って行うので，平行移動も測地線に沿った変換を用います．係数 β_k の計算でも，同じ接空間の接ベクトルに関する演算になるように，測地線に沿った平行移動で変換してから計算を実行します．

以下，多様体 M 上の共役勾配法のアルゴリズムを記述します．点 $\boldsymbol{x}_k$ から $\boldsymbol{x}_{k+1}$ への測地線 $\gamma_k(t)$ に沿った平行移動 $\Pi^{\gamma_k}_{\boldsymbol{x}_k \to \boldsymbol{x}_{k+1}}$ を，簡単のため

$$\Pi_k : T_{\boldsymbol{x}_k}M \longrightarrow T_{\boldsymbol{x}_{k+1}}M$$

と表します．係数 β_k の計算法として，Fletcher-Reeves 法と Polak-Ribière 法に対応する式を以下に示します．Polak-Ribière 法では，$\mathrm{grad} f(\boldsymbol{x}_k)$ を $T_{\boldsymbol{x}_{k+1}}M$ に平行移動する必要があります．Hestenes-Stiefel 法や Dai-Yuan 法による係数の計算も同様です．

$$\left.\begin{array}{l} \text{Fletcher-Reeves 法} : \beta_k = \dfrac{g_{\boldsymbol{x}_{k+1}}(\mathrm{grad} f(\boldsymbol{x}_{k+1}), \mathrm{grad} f(\boldsymbol{x}_{k+1}))}{g_{\boldsymbol{x}_k}(\mathrm{grad} f(\boldsymbol{x}_k), \mathrm{grad} f(\boldsymbol{x}_k))} \\ \text{Polak-Ribière 法} : \\ \quad \beta_k = \dfrac{g_{\boldsymbol{x}_{k+1}}(\mathrm{grad} f(\boldsymbol{x}_{k+1}), \mathrm{grad} f(\boldsymbol{x}_{k+1}) - \Pi_k(\mathrm{grad} f(\boldsymbol{x}_k)))}{g_{\boldsymbol{x}_k}(\mathrm{grad} f(\boldsymbol{x}_k), \mathrm{grad} f(\boldsymbol{x}_k))} \end{array}\right\} \tag{16.7}$$

以上の準備のもとで，多様体 M 上の非線形共役勾配法は**アルゴリズム 16.2** のようになります．

アルゴリズム 16.2 多様体上の非線形共役勾配法

初期化：初期解 $\boldsymbol{x}_0 \in M$，探索方向 $\boldsymbol{d}_0 = -\mathrm{grad} f(\boldsymbol{x}_0) \in T_{\boldsymbol{x}_0}M$ を定める．$k \leftarrow 0$ とする．

1. 停止条件が満たされるなら，$\boldsymbol{x}_k$ を数値解として出力して停止.
2. 関数 $\phi(t) = f(\exp_{\boldsymbol{x}_k}(t\boldsymbol{d}_k))$, $t \geq 0$ に対する直線探索でステップ幅 t_k を計算.
3. $\boldsymbol{x}_{k+1} \leftarrow \exp_{\boldsymbol{x}_k}(t_k \boldsymbol{d}_k)$ と更新.
4. $\mathrm{grad} f(\boldsymbol{x}_{k+1}) \in T_{\boldsymbol{x}_{k+1}}M$ を計算.
5. β_k を式 (16.7) のいずれかで計算.
6. $\boldsymbol{d}_{k+1} \leftarrow -\mathrm{grad} f(\boldsymbol{x}_{k+1}) + \beta_k \Pi_k(\boldsymbol{d}_k)$ と更新.
7. $k \leftarrow k+1$ とする．ステップ 1 に戻る.

16.5 レトラクションとベクトル輸送

計算効率を改善するために，測地線の計算や平行移動を他の操作で置き換えることを試みます．

多様体上の最適化における直線探索では，点 $\boldsymbol{x} \in M$ と接ベクトル $\boldsymbol{v} \in T_{\boldsymbol{x}}M$ に対して指数写像 $\exp_{\boldsymbol{x}}(\boldsymbol{v})$ の計算を行います．測地線の式が陽に求まらない場合や計算が困難なときは，最適化アルゴリズムを実際に実行することができません．そこで，指数写像を近似する写像を用いて直線探索を行うことを考えます．

指数写像は，$\boldsymbol{x} \in M, \boldsymbol{v} \in T_{\boldsymbol{x}}M$ に対して次の性質を満たします．

$$\exp_{\boldsymbol{x}}(\boldsymbol{0}) = \boldsymbol{x}, \quad \left.\frac{d}{dt}\exp_{\boldsymbol{x}}(t\boldsymbol{v})\right|_{t=0} = \boldsymbol{v}.$$

例えばユークリッド空間 $M = \mathbb{R}^n$ では $\exp_{\boldsymbol{x}}(\boldsymbol{v}) = \boldsymbol{x} + \boldsymbol{v}$ なので，条件を満たすことが確認できます．また $M = S^{n-1}$ では，正方行列 $\boldsymbol{A}$ に対する指数関数

$$e^{\boldsymbol{A}} = \boldsymbol{I} + \boldsymbol{A} + \frac{1}{2!}\boldsymbol{A}^2 + \frac{1}{3!}\boldsymbol{A}^3 + \cdots + \frac{1}{k!}\boldsymbol{A}^k + \cdots$$

を用いて

$$\exp_{\boldsymbol{x}}(\boldsymbol{v}) = e^{\boldsymbol{v}\boldsymbol{x}^\top - \boldsymbol{x}\boldsymbol{v}^\top}\boldsymbol{x}$$

と表すことができます[*4]．よって

$$\frac{d}{dt}\exp_{\boldsymbol{x}}(t\boldsymbol{v}) = e^{t(\boldsymbol{v}\boldsymbol{x}^\top - \boldsymbol{x}\boldsymbol{v}^\top)}\boldsymbol{v}$$

となるので，$t = 0$ を代入すると微分に関する性質が成り立つことがわかります．

同じ性質を満たす写像を定義します．

*4 $e^{\boldsymbol{v}\boldsymbol{x}^\top - \boldsymbol{x}\boldsymbol{v}^\top}$ は $\boldsymbol{v}, \boldsymbol{x}$ で張られる 2 次元空間内の回転行列になっています．

定義 16.2（レトラクション）

$\boldsymbol{x} \in M$ と $\boldsymbol{v} \in T_{\boldsymbol{x}}M$ に対して点 $R_{\boldsymbol{x}}(\boldsymbol{v}) \in M$ を対応させる関数 R が次の条件を満たすとき，**レトラクション** (retraction) といいます．

1. $R_{\boldsymbol{x}}(\boldsymbol{0}) = \boldsymbol{x}$.
2. $\left.\dfrac{d}{dt}R_{\boldsymbol{x}}(t\boldsymbol{v})\right|_{t=0} = \boldsymbol{v}$.

レトラクションは指数写像と 1 次のオーダーまで一致する関数とみなせます．図 16.4 にレトラクション $R_{\boldsymbol{x}}(\boldsymbol{v})$ と指数写像 $\exp_{\boldsymbol{x}}(\boldsymbol{v})$ との関連を示します．

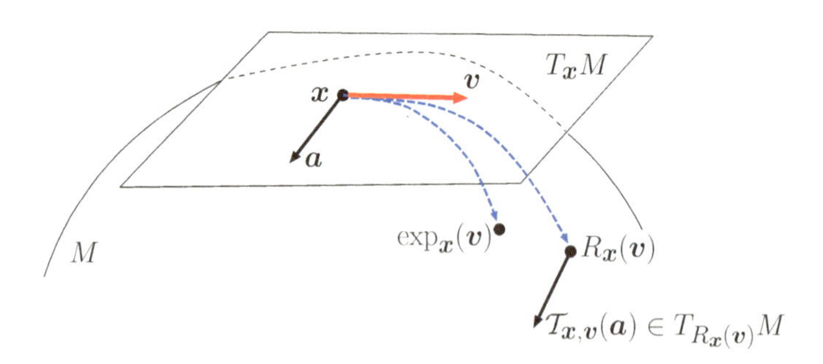

図 16.4 レトラクション $R_{\boldsymbol{x}}(\boldsymbol{v})$，ベクトル輸送 $\mathcal{T}_{\boldsymbol{x},\boldsymbol{v}}(\boldsymbol{a})$，指数写像 $\exp_{\boldsymbol{x}}(\boldsymbol{v})$ の関係．

例 16.1

球面 S^{n-1} に対して，

$$R_{\boldsymbol{x}}(\boldsymbol{v}) = \frac{\boldsymbol{x}+\boldsymbol{v}}{\|\boldsymbol{x}+\boldsymbol{v}\|}$$

はレトラクションになっています．まず $\boldsymbol{x} \in S^{n-1}$ に対して $R_{\boldsymbol{x}}(\boldsymbol{0}) = \boldsymbol{x}$ が成り立ちます．また $\boldsymbol{v} \in T_{\boldsymbol{x}}S^{n-1}$ とすると

$$\frac{d}{dt}R_{\boldsymbol{x}}(t\boldsymbol{v}) = \frac{\boldsymbol{v}}{\|\boldsymbol{x}+t\boldsymbol{v}\|} - \frac{t\|\boldsymbol{v}\|^2}{\|\boldsymbol{x}+t\boldsymbol{v}\|^3}(\boldsymbol{x}+t\boldsymbol{v})$$

となり，$t=0$ として条件を満たすことがわかります． □

次に平行移動について考えます．曲がった多様体では，経路に依存して平行移動が定まります．接ベクトル $\boldsymbol{v} \in T_{\boldsymbol{x}_0}M$ を $T_{\boldsymbol{x}_1}M$ に平行移動するためには，一般には経路に沿った微分方程式を解くことになります．

計算を軽減するため，平行移動が満たす基本的な性質を保持する写像を考え，平行移動と置き換えます．このような写像として，以下に定義するベクトル輸送が用いられます．

定義 16.3（ベクトル輸送）

レトラクション $R_{\boldsymbol{x}}(\boldsymbol{v}), \boldsymbol{x} \in M, \boldsymbol{v} \in T_{\boldsymbol{x}}M$ に対する**ベクトル輸送** (vector trannsport) $\mathcal{T}$ は，次の条件を満たす関数として定義されます．

1. $\boldsymbol{x} \in M, \boldsymbol{v} \in T_{\boldsymbol{x}}M$ に対して $\mathcal{T}_{\boldsymbol{x},\boldsymbol{v}}$ は $T_{\boldsymbol{x}}M$ から $T_{R_{\boldsymbol{x}}(\boldsymbol{v})}M$ への線形写像．
2. $\mathcal{T}_{\boldsymbol{x},\boldsymbol{0}}$ は $T_{\boldsymbol{x}}M$ 上の恒等写像．

ベクトル輸送とレトラクションの関係を図 16.4 に示します．

測地線に沿う平行移動は，指数写像に対するベクトル輸送の一例になっています．与えられたレトラクションに対して，一般にさまざまなベクトル輸送が存在します．このような選択肢の多さはアルゴリズムを設計する際の自由度に対応するため，有用な性質と考えられます．

例 16.2

球面 S^{n-1} のレトラクション

$$R_{\boldsymbol{x}}(\boldsymbol{v}) = \frac{\boldsymbol{x}+\boldsymbol{v}}{\|\boldsymbol{x}+\boldsymbol{v}\|}$$

に対して

$$\mathcal{T}_{\boldsymbol{x},\boldsymbol{v}}(\boldsymbol{a}) = \boldsymbol{a} - \frac{\boldsymbol{v}^\top \boldsymbol{a}}{\|\boldsymbol{x}+\boldsymbol{v}\|^2}(\boldsymbol{x}+\boldsymbol{v})$$

はベクトル輸送になっています．実際，$\mathcal{T}_{\boldsymbol{x},\boldsymbol{v}}(\boldsymbol{a})$ は $\boldsymbol{a}$ について線形写像です．また $\boldsymbol{a} \in T_{\boldsymbol{x}}S^{n-1}$ より $\boldsymbol{x}^\top \boldsymbol{a} = 0$ となるので，$(\boldsymbol{x}+\boldsymbol{v})^\top \mathcal{T}_{\boldsymbol{x},\boldsymbol{v}}(\boldsymbol{a}) = 0$ となり $\mathcal{T}_{\boldsymbol{x},\boldsymbol{v}}(\boldsymbol{a}) \in T_{R_{\boldsymbol{x}}(\boldsymbol{v})}S^{n-1}$ がわかります．さらに $\boldsymbol{v} = \boldsymbol{0}$ のときは，$\mathcal{T}_{\boldsymbol{x},\boldsymbol{0}}(\boldsymbol{a}) = \boldsymbol{a}$ が得られます． □

次の定理はベクトル輸送を構成するうえで有用です．

定理 16.4（射影によるベクトル輸送の構成）

多様体 M を n 次元空間 $\mathbb{R}^n$ 内の曲面とします．内積 $g_{\boldsymbol{x}}$ のもとで，$T_{\boldsymbol{x}}\mathbb{R}^n$ の要素を $T_{\boldsymbol{x}}M$ に射影する変換を

$$P_{\boldsymbol{x}} : T_{\boldsymbol{x}}\mathbb{R}^n \longrightarrow T_{\boldsymbol{x}}M$$

とします．また R を M 上のレトラクションとします．このとき，$\boldsymbol{x} \in M,\ \boldsymbol{v}, \boldsymbol{a} \in T_{\boldsymbol{x}}M$ に対して

$$\mathcal{T}_{\boldsymbol{x},\boldsymbol{v}}(\boldsymbol{a}) = P_{R_{\boldsymbol{x}}(\boldsymbol{v})}(\boldsymbol{a})$$

は R に対するベクトル輸送になっています．ただし，左辺は $\boldsymbol{a} \in T_{\boldsymbol{x}}\mathbb{R}^n$，右辺は平行移動した $\boldsymbol{a} \in T_{R_{\boldsymbol{x}}(\boldsymbol{v})}\mathbb{R}^n$ と解釈します．

内積 $g_{\boldsymbol{x}}$ のもとでの $T_{\boldsymbol{x}}\mathbb{R}^n$ から $T_{\boldsymbol{x}}M$ への射影は，任意の $\boldsymbol{u} \in T_{\boldsymbol{x}}M$ に対して

$$g_{\boldsymbol{x}}(\boldsymbol{v}, \boldsymbol{u}) = g_{\boldsymbol{x}}(P_{\boldsymbol{x}}(\boldsymbol{v}), \boldsymbol{u})$$

を満たす線形写像 $P_{\boldsymbol{x}} : T_{\boldsymbol{x}}\mathbb{R}^n \to T_{\boldsymbol{x}}M$ として定義されます．これは一意に存在します．定理の証明は，簡単なので省略します．例 16.2 のベクトル輸送は，S^{n-1} に対する内積 (16.3) に対して定理 16.4 を適用することで導かれます．

多様体上の最急降下法と共役勾配法を，レトラクション R とベクトル輸送 $\mathcal{T}$ を用いて記述します．共役勾配法の計算では，点 $\boldsymbol{x}_k$ からの平行移動

$\Pi_k(\mathrm{grad}f(\boldsymbol{x}_k))$ をベクトル輸送に置き換えます．ベクトル輸送を簡単のため

$$\mathcal{T}_k(\boldsymbol{a}) = \mathcal{T}_{\boldsymbol{x}_k, -t_k \mathrm{grad}f(\boldsymbol{x}_k)}(\boldsymbol{a}), \quad \boldsymbol{a} \in T_{\boldsymbol{x}_k}M$$

と表します．式 (16.7) の Fletcher-Reeves 法では平行移動は使わないので，ベクトル輸送を用いても係数 β_k の式は同じです．一方，Polak-Ribière 法では以下のように Π_k が $\mathcal{T}_k$ に代わります．

Polak-Ribière 法：

$$\beta_k = \frac{g_{\boldsymbol{x}_{k+1}}(\mathrm{grad}f(\boldsymbol{x}_{k+1}), \mathrm{grad}f(\boldsymbol{x}_{k+1}) - \mathcal{T}_k(\mathrm{grad}f(\boldsymbol{x}_k)))}{g_{\boldsymbol{x}_k}(\mathrm{grad}f(\boldsymbol{x}_k), \mathrm{grad}f(\boldsymbol{x}_k))}. \tag{16.8}$$

レトラクションを用いる**多様体上の最急降下法**，レトラクションとベクトル輸送を用いる**多様体上の非線形共役勾配法**を，それぞれ**アルゴリズム 16.3，16.4** に示します．直線探索については，式 (16.6) の指数写像をレトラクションに置き換えて適用します．

レトラクションやベクトル輸送に適当な条件を課すことで，収束性を証明することができます．さらに，信頼領域法や目的関数の 2 次の情報を用いるニュートン法を，多様体上の最適化アルゴリズムに拡張することが可能です [1]．

アルゴリズム 16.3 レトラクションを用いる多様体上の最急降下法

レトラクションを R とします．

初期化：初期解 $\boldsymbol{x}_0 \in M$ を定める．$k \leftarrow 0$ とする．

1. 停止条件が満たされるなら，$\boldsymbol{x}_k$ を数値解として出力して停止．
2. 勾配 $-\mathrm{grad}f(\boldsymbol{x}_k) \in T_{\boldsymbol{x}_k}M$ を探索方向 $\boldsymbol{d}_k$ に設定．
3. 関数 $\phi(t) = f(R_{\boldsymbol{x}_k}(t\,\boldsymbol{d}_k)), t \geq 0$ に対する直線探索でステップ幅 t_k を計算．
4. $\boldsymbol{x}_{k+1} \leftarrow R_{\boldsymbol{x}_k}(t_k \boldsymbol{d}_k)$ と更新．
5. $k \leftarrow k+1$ とする．ステップ 1 に戻る．

アルゴリズム 16.4 レトラクションとベクトル輸送を用いる多様体上の非線形共役勾配法

レトラクションを R，対応するベクトル輸送を $\mathcal{T}$ とします．また $\mathcal{T}_{\boldsymbol{x}_k, -t_k \mathrm{grad} f(\boldsymbol{x}_k)}$ を $\mathcal{T}_k$ と表します．

初期化：初期解を $\boldsymbol{x}_0 \in M$，探索方向を $\boldsymbol{d}_0 = -\mathrm{grad} f(\boldsymbol{x}_0) \in T_{\boldsymbol{x}_0} M$ と定める．$k \leftarrow 0$ とする．

1. 停止条件が満たされるなら，$\boldsymbol{x}_k$ を数値解として出力して停止．
2. 関数 $\phi(t) = f(R_{\boldsymbol{x}_k}(t\,\boldsymbol{d}_k))$, $t \geq 0$ に対する直線探索でステップ幅 t_k を計算．
3. $\boldsymbol{x}_{k+1} \leftarrow R_{\boldsymbol{x}_k}(t_k \boldsymbol{d}_k)$ と更新．
4. $\mathrm{grad} f(\boldsymbol{x}_{k+1}) \in T_{\boldsymbol{x}_{k+1}} M$ を求める．
5. β_k を 式 (16.7) または式 (16.8) で計算．
6. $\boldsymbol{d}_{k+1} \leftarrow -\mathrm{grad} f(\boldsymbol{x}_{k+1}) + \beta_k \mathcal{T}_k(\boldsymbol{d}_k)$ と更新．
7. $k \leftarrow k+1$ とする．ステップ 1 に戻る．

16.6 行列多様体上の最適化

本節では，シュティーフェル多様体上の最適化問題を考えます．まず，シュティーフェル多様体の幾何的性質を紹介します．次に，レトラクションとベクトル輸送の例を構成し，具体的な最適化アルゴリズムを記述します．

16.6.1 シュティーフェル多様体の性質

シュティーフェル多様体 $\mathrm{St}(n, d)$ の幾何構造について，結果のみ示します．球面 S^{n-1} の場合の拡張になっていることが確認できます．詳細は文献 [13] を参照してください．以下，正方行列 $\boldsymbol{A}$ に対して

$$\mathrm{Sym}(\boldsymbol{A}) = \frac{1}{2}(\boldsymbol{A} + \boldsymbol{A}^\top), \quad \mathrm{Skew}(\boldsymbol{A}) = \frac{1}{2}(\boldsymbol{A} - \boldsymbol{A}^\top)$$

とします．

接空間： $\boldsymbol{X} \in \mathrm{St}(n,d)$ の接空間は

$$T_{\boldsymbol{X}}\mathrm{St}(n,d) = \{\boldsymbol{A} \in \mathbb{R}^{n\times d} \mid \boldsymbol{X}^\top \boldsymbol{A} + \boldsymbol{A}^\top \boldsymbol{X} = \boldsymbol{O}_d\} \tag{16.9}$$

で与えられます．$\mathrm{St}(n,d)$ 内に制約された曲線 $\boldsymbol{X}(t)$ が $\boldsymbol{X}(t)^\top \boldsymbol{X}(t) = \boldsymbol{I}_d$ を常に満たすことから，$\boldsymbol{X}(t)$ の速度ベクトルとして接ベクトルが導出されます．

内積： $\boldsymbol{X} \in \mathrm{St}(n,d)$ における内積 $g_{\boldsymbol{X}}$ を

$$g_{\boldsymbol{X}}(\boldsymbol{A}_1, \boldsymbol{A}_2) = \mathrm{tr}\left(\boldsymbol{A}_1^\top \left(\boldsymbol{I}_n - \frac{1}{2}\boldsymbol{X}\boldsymbol{X}^\top\right)\boldsymbol{A}_2\right),$$
$$\boldsymbol{A}_1,\, \boldsymbol{A}_2 \in \mathbb{R}^{n\times d}\ (= T_{\boldsymbol{X}}\mathbb{R}^{n\times d})$$

と定めます．行列 $\boldsymbol{A} \in \mathbb{R}^{n\times d}$ に対して

$$\begin{aligned} \pi_{\boldsymbol{X}}(\boldsymbol{A}) &= \boldsymbol{X}\mathrm{Skew}(\boldsymbol{X}^\top \boldsymbol{A}) + (\boldsymbol{I}_n - \boldsymbol{X}\boldsymbol{X}^\top)\boldsymbol{A}, \\ \pi_{\boldsymbol{X}}^\perp(\boldsymbol{A}) &= \boldsymbol{X}\mathrm{Sym}(\boldsymbol{X}^\top \boldsymbol{A}) \end{aligned} \tag{16.10}$$

とすると，

$$\begin{aligned} &\boldsymbol{A} = \pi_{\boldsymbol{X}}(\boldsymbol{A}) + \pi_{\boldsymbol{X}}^\perp(\boldsymbol{A}), \\ &\pi_{\boldsymbol{X}}(\boldsymbol{A}) \in T_{\boldsymbol{X}}\mathrm{St}(n,p), \\ &g_{\boldsymbol{X}}(\pi_{\boldsymbol{X}}(\boldsymbol{A}),\, \pi_{\boldsymbol{X}}^\perp(\boldsymbol{A})) = 0 \end{aligned}$$

が成り立ちます．よって $T_{\boldsymbol{X}}\mathrm{St}(n,d)$ の直交補空間は

$$\begin{aligned} T_{\boldsymbol{X}}^\perp\mathrm{St}(n,d) &= \{\pi_{\boldsymbol{X}}^\perp(\boldsymbol{A}) \mid \boldsymbol{A} \in \mathbb{R}^{n\times d}\} \\ &= \{\boldsymbol{S} \in \mathbb{R}^{n\times d} \mid \boldsymbol{X}^\top \boldsymbol{S} = \boldsymbol{S}^\top \boldsymbol{X}\} \end{aligned}$$

となります．

勾配： 関数 f の勾配 $\mathrm{grad} f(\boldsymbol{X}) \in T_{\boldsymbol{X}}\mathrm{St}(n,d)$ は，任意の $\boldsymbol{A} \in T_{\boldsymbol{X}}\mathrm{St}(n,d)$ に対して

$$\frac{d}{dt} f(\boldsymbol{X} + t\boldsymbol{A})\Big|_{t=0} = g_{\boldsymbol{X}}(\mathrm{grad} f(\boldsymbol{X}),\, \boldsymbol{A})$$

を満たす接ベクトルとして定義されます．標準勾配 $\nabla f(\boldsymbol{X}) \in \mathbb{R}^{n\times d}$ を

$$(\nabla f(\boldsymbol{X}))_{ij} = \frac{\partial f}{\partial X_{ij}}(\boldsymbol{X})$$

とすると

$$\operatorname{grad} f(\boldsymbol{X}) = \nabla f(\boldsymbol{X}) - \boldsymbol{X}\nabla f(\boldsymbol{X})^\top \boldsymbol{X} \tag{16.11}$$

が成り立ちます．

16.6.2 レトラクションの構成

シュティーフェル多様体 $\mathrm{St}(n,d)$ における測地線は，$n \times n$ 行列に対する指数関数を用いて表すことができます．本節では，行列の指数関数より計算が簡単な QR 分解を用いるレトラクションを紹介します．

階数 d の行列 $\boldsymbol{A} \in \mathbb{R}^{n\times d}$ に対して，$\boldsymbol{Q} \in \mathrm{St}(n,d)$ と対角成分が正の上三角行列 $\boldsymbol{R} \in \mathbb{R}^{d\times d}$ が一意に存在して

$$\boldsymbol{A} = \boldsymbol{Q}\boldsymbol{R}$$

が成り立ちます．この分解を $\boldsymbol{A}$ の **QR 分解** (QR decomposition) といいます．このとき $\boldsymbol{A}$ に対応する $\boldsymbol{Q}$ を $\mathrm{qf}(\boldsymbol{A})$ と表します．グラム・シュミットの直交化法により，QR 分解を得ることができます．行列 $\boldsymbol{Q} \in \mathrm{St}(n,d)$ に対して $\mathrm{qf}(\boldsymbol{Q}) = \boldsymbol{Q}$ が成り立ちます．

定理 16.5（QR 分解によるレトラクションの構成）

$\boldsymbol{X} \in \mathrm{St}(n,d)$, $\boldsymbol{A} \in T_{\boldsymbol{X}}\mathrm{St}(n,d)$ に対して

$$R_{\boldsymbol{X}}(\boldsymbol{A}) = \mathrm{qf}(\boldsymbol{X} + \boldsymbol{A})$$

は $\mathrm{St}(n,d)$ におけるレトラクションです．

証明. $\boldsymbol{X} \in \mathrm{St}(n,d)$ より $R_{\boldsymbol{X}}(\boldsymbol{O}) = \mathrm{qf}(\boldsymbol{X}) = \boldsymbol{X}$ が成り立ちます．次に $\frac{d}{dt}R_{\boldsymbol{X}}(t\boldsymbol{A})\big|_{t=0} = \boldsymbol{A}$ を示します．行列 $\boldsymbol{X} + t\boldsymbol{A}$ の QR 分解を $\boldsymbol{Q}(t)\boldsymbol{R}(t)$ とします．グラム・シュミットの直交化法の具体形から，$\boldsymbol{Q}(t)$ と $\boldsymbol{R}(t)$ はともに微分可能です．等式 $\boldsymbol{Q}(t)\boldsymbol{R}(t) = \boldsymbol{X} + t\boldsymbol{A}$ の両辺を微分して

$$\dot{\boldsymbol{Q}}(0)\boldsymbol{R}(0) + \boldsymbol{Q}(0)\dot{\boldsymbol{R}}(0) = \boldsymbol{A} \tag{16.12}$$

となります．初期条件より

$$\boldsymbol{A},\, \dot{\boldsymbol{Q}}(0) \in T_{\boldsymbol{X}}\mathrm{St}(n,d), \quad \boldsymbol{Q}(0) = \boldsymbol{X}, \quad \boldsymbol{R}(0) = \boldsymbol{I}_d$$

なので，式 (16.12) の左から $\boldsymbol{X}^\top$ を掛けて

$$\boldsymbol{X}^\top \dot{\boldsymbol{Q}}(0) + \dot{\boldsymbol{R}}(0) = \boldsymbol{X}^\top \boldsymbol{A}$$

となります．上式とその転置行列と足すと，$\boldsymbol{A}, \dot{\boldsymbol{Q}}(0)$ に対する条件 (16.9) から，

$$\dot{\boldsymbol{R}}(0) + \dot{\boldsymbol{R}}(0)^\top = \boldsymbol{O}_d$$

となります．$\dot{\boldsymbol{R}}(0)$ が上三角行列であることから $\dot{\boldsymbol{R}}(0) = \boldsymbol{O}_d$ となります．これを式 (16.12) に代入して $\dot{\boldsymbol{Q}}(0) = \boldsymbol{A}$ を得ます．これは $\frac{d}{dt}R_{\boldsymbol{X}}(t\boldsymbol{A})\big|_{t=0} = \boldsymbol{A}$ を意味します． □

定理 16.5 のレトラクションと勾配 (16.11) を用いて，アルゴリズム 16.3 に従ってシュティーフェル多様体上の最急降下法を実行できます．

16.6.3 射影によるベクトル輸送

共役勾配法を実行するためには，平行移動やベクトル輸送の計算が必要です．シュティーフェル多様体では，測地線に沿う平行移動の簡単な表現は知られていません．効率的に計算するために，平行移動以外のベクトル輸送を適用します．

定理 16.5 によりレトラクションが得られているので，定理 16.4 からベクトル輸送を定めることができます．シュティーフェル多様体の点 $\boldsymbol{X} \in \mathrm{St}(n,d)$ において，$T_{\boldsymbol{X}}\mathbb{R}^{n\times d}$ から $T_{\boldsymbol{X}}\mathrm{St}(n,d)$ への射影は式 (16.10) の $\pi_{\boldsymbol{X}}$ で与えられます．したがって，レトラクション $R_{\boldsymbol{X}}(\boldsymbol{A}) = \mathrm{qf}(\boldsymbol{X} + \boldsymbol{A})$ に対するベクトル輸送 $\mathcal{T}$ を

$$\mathcal{T}_{\boldsymbol{X},\boldsymbol{A}}(\boldsymbol{B}) = \pi_{\mathrm{qf}(\boldsymbol{X}+\boldsymbol{A})}(\boldsymbol{B})$$

と定めることができます．

レトラクション $R_{\boldsymbol{X}}(\boldsymbol{A}) = \mathrm{qf}(\boldsymbol{X} + \boldsymbol{A})$ とベクトル輸送 $\mathcal{T}_{\boldsymbol{X},\boldsymbol{A}}(\boldsymbol{B}) = \pi_{\mathrm{qf}(\boldsymbol{X}+\boldsymbol{A})}(\boldsymbol{B})$ を用いて，アルゴリズム 16.4 に従ってシュティーフェル多様体上の共役勾配法を実行できます．勾配は式 (16.11) で与えられます．

16.6.4　数値例

16.2.1 節で紹介した独立成分分析の数値例を示します．

最初の例では，5 次元の信号の最初の 3 次元は一様分布，残りの 2 次元は正規分布に独立に従うデータを生成します（図 16.5(上)）．データ数は $M = 300$ としています．直交行列で混合された観測データ（図 16.5(下)）から，一様分布に従う 3 次元の信号を復元します．$\mathrm{St}(5,3)$ 上での最適化問題を解くことになります．ここでは，レトラクションによる最急降下法（アルゴリズム 16.3）を用いています．ただし直線探索ではステップ幅を $t \in [0,1]$ に制約し，適当な精度で黄金分割法により定めています．結果を図 16.6 に示します．観測データから正規ノイズが除去され，一様分布に従うデータが復元されていることがわかります．

次に，アルゴリズム 16.3，16.4 の収束スピードを比較します．共役勾配法では，係数 β_k の計算に式 (16.8) の Polak-Ribière 法を用いています．まず，前述の例と同じ方法でデータを生成し，$\mathrm{St}(5,3)$ 上で最適化を行います．結果を図 16.7(左)に示します．横軸にアルゴリズムのステップ数 k，縦軸に目的関数値 $f(\boldsymbol{W}_k) - f^*$ （f^* は最適値）をプロットしています．両方のアルゴリズムで，同じ初期行列 $\boldsymbol{W}_0$ から計算を始めています．2 番目の問題では，一様分布に従う信号は 10 次元とし，正規分布によるノイズを追加して観測データは 100 次元とします．したがって $\mathrm{St}(100,10)$ 上で最適化を行うことになります．結果を図 16.7(右)に示します．問題のサイズによらずに共役勾配法のほうが優れた収束特性を示しています．問題サイズが大きいと，収束スピードに大きな違いが生じることがわかります．

最後に画像データを用いた例を示します．3 枚の画像（図 16.8）を適当に混合し，観測データ（図 16.9）を生成します．独立成分分析により画像を復元することを考えます．この場合は正規ノイズはなく，$\mathrm{St}(3,3)$ 上での最適化になります．計算にはアルゴリズム 16.4 の共役勾配法を用いています．次元が小さいため，最急降下法を用いても結果に違いはありません．復元された画像を図 16.10 に示します．観測データには，Bridge にある横線が他の画像に混ざっています．復元画像では，Lighthouse と Lenna から横線がある程度は除かれています．各画像のその他の特徴も，うまく分離されています．ただし，Lighthouse と Bridge では濃淡が反転した結果が復元されて

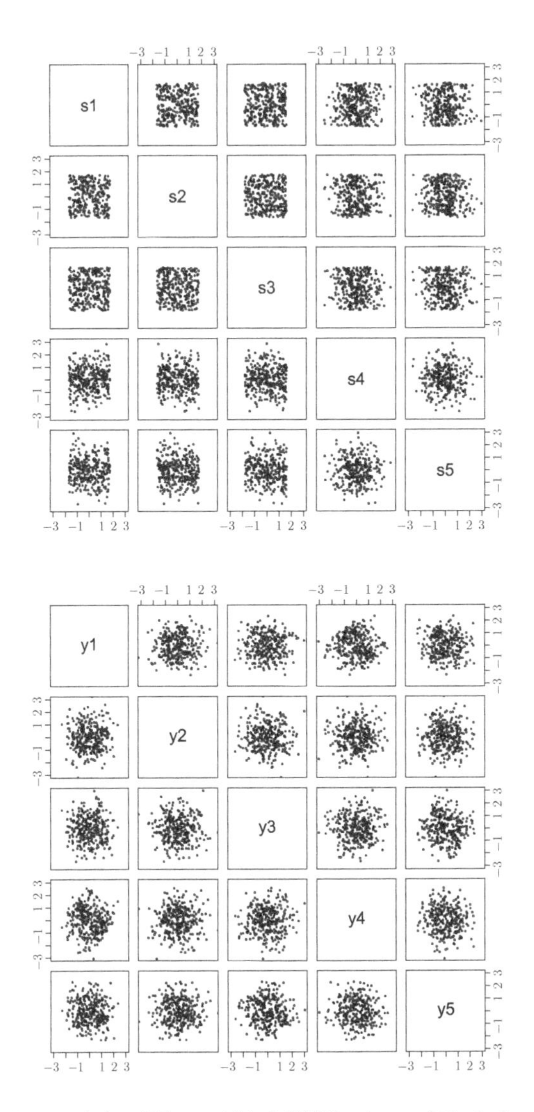

図 16.5 5 次元の 信号 $\boldsymbol{s}_m$（上）と観測データ $\boldsymbol{y}_m$（下）のプロット．

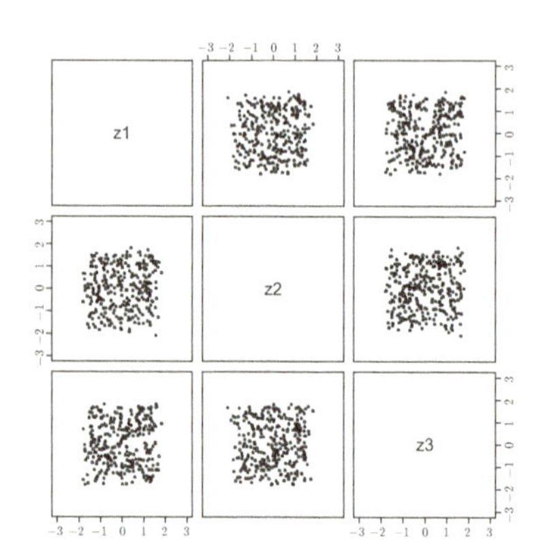

図 16.6 一様分布に従う 3 次元の信号 $\bar{\boldsymbol{s}}_m$ を $\boldsymbol{z}_m = \widehat{\boldsymbol{W}}^\top \boldsymbol{y}_m$ で復元.

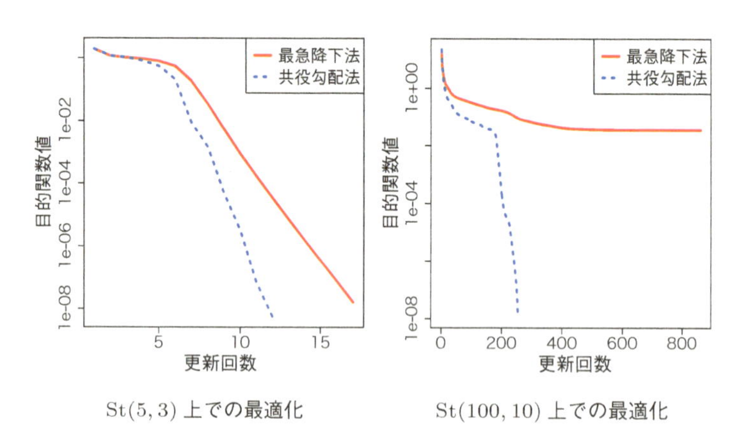

図 16.7 更新回数と目的関数の関係. 赤実線：多様体上の最急降下法（アルゴリズム 16.3）. 青破線：多様体上の非線形共役勾配法（アルゴリズム 16.4）.

います. これは, 信号を復元するとき, 信号の順列の他に反転の自由度もあるためです. ここに挙げた画像の例では, 必ずしも独立性の仮定を満たしているとは限りません. このような状況でも, 独立成分分析のアルゴリズムは適切な結果を与えることが確認されています [25].

Lighthouse　　Lenna　　Bridge

図 16.8　元の画像.

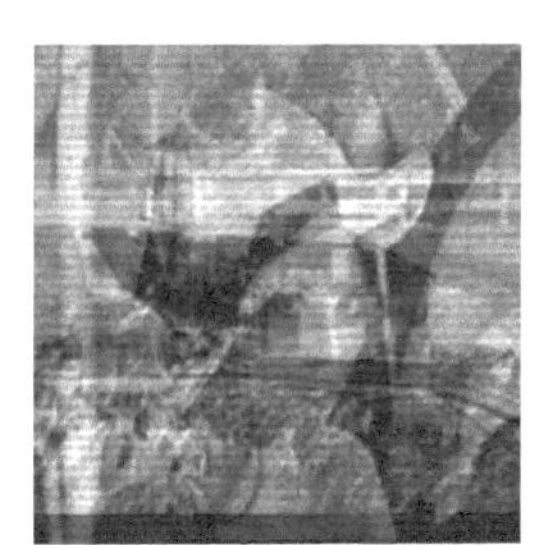

図 16.9　観測データ.

図 16.10　復元画像.

B i b l i o g r a p h y

参考文献

[1] P. A. Absil, R. Mahony, and R. Sepulchre. *Optimization Algorithms on Matrix Manifolds.* Princeton University Press, 2008.

[2] S. Amari. Natural gradient works efficiently in learning. *Neural Comput.*, 10(2):251–276, 1998.

[3] F. Bach. Learning with submodular functions: A convex optimization perspective. *Foundations and Trends in Machine Learning*, 6(2–3):145–373, 2013.

[4] A. Beck and M. Teboulle. A fast iterative shrinkage-thresholding algorithm for linear inverse problems. *SIAM J. Imaging Sci.*, 2(1):183–202, 2009.

[5] A. Beck and L. Tetruashvili. On the convergence of block coordinate descent type methods. *SIAM J. Optim.*, 23(4):2037–2060, 2013.

[6] D. P. Bertsekas. *Nonlinear programming.* Athena scientific, 2nd edition, 1999.

[7] D. P. Bertsekas. *Constrained Optimization and Lagrange Multiplier Methods.* Academic Press, 1982.

[8] L. Bottou. On-line learning and stochastic approximations. In *On-line learning in neural networks*, pp. 9–42. Cambridge University Press, 1998.

[9] S. Boyd, N. Parikh, E. Chu, B. Peleato, and J. Eckstein. Distributed optimization and statistical learning via the alternating direction method of multipliers. *Foundations and Trends in Machine Learning*, 3(1):1–122, 2011.

[10] R. G. Cowell, , A. P. Dawid, S. L. Lauritzen, and D. J. Spiegelhalter. *Probabilistic Networks and Expert Systems: Exact Computational Methods for Bayesian Networks.* Springer-Verlag, 1st edition, 1999.

[11] A. Dempster, N. Laird, and D. Rubin. Maximum likelihood from incomplete data via the EM algorithm. *Journal of the Royal Statistical*

Society. Series B, 39(1):1–38, 1977.

[12] W. Deng and W. Yin. On the global and linear convergence of the generalized alternating direction method of multipliers. *Journal of Scientific Computing*, 66(3), 889–916, 2016.

[13] A. Edelman, T. A. Arias, and S. T. Smith. The geometry of algorithms with orthogonality constraints. *SIAM J. Matrix Anal. Appli.*, 20(2):303–353, 1998.

[14] M. Elad. *Sparse and Redundant Representations: From Theory to Applications in Signal and Image Processing*. Springer-Verlag, 2010.

[15] Y. Freund and R. E. Schapire. A decision-theoretic generalization of on-line learning and an application to boosting. *Journal of Computer and System Sciences*, 55(1):119–139, 1997.

[16] M. Fukuda, M. Kojima, K. Murota, and K. Nakata. Exploiting sparsity in semidefinite programming via matrix completion I: General framework. *SIAM Journal on Optimization*, 11(3):647–674, 2001.

[17] L. E. Ghaoui, V. Viallon, and T. Rabbani. Safe feature elimination for the lasso and sparse supervised learning problems. *Pacific Journal of Optimization*, 2012.

[18] P. Giselsson and S. Boyd. Monotonicity and restart in fast gradient methods. In *Decision and Control (CDC), 2014 IEEE 53rd Annual Conference on*, pp. 5058–5063. IEEE, 2014.

[19] I. Griva, S. G. Nash, and A. Sofer. *Linear and Nonlinear Optimization*. SIAM, 2nd edition, 2009.

[20] R. Grone, C. R. Johnson, E. M. Sá, and H. Wolkowicz. Positive definite completions of partial hermitian matrices. *Linear Alg. Its Applic*, pp. 109–124, 1984.

[21] P. C. Haarhoff and J. D. Buys. A new method for the optimization of a nonlinear function subject to nonlinear constraints. *The Computer Journal*, 13(2):178–184, 1970.

[22] T. Hastie, R. Tibshirani, and M. Wainwright. *Statistical learning with sparsity: the lasso and generalizations*. CRC Press, 2015.

[23] B. He and X. Yuan. On the $O(1/n)$ convergence rate of the douglas-rachford alternating direction method. *SIAM J. Numer. Anal.*, 50(2):700–709, 2012.

[24] M. R. Hestenes. Multiplier and gradient methods. *Journal of Optimization Theory & Applications*, 4(3):303–320, 1969.

[25] A. Hyvärinen, J. Karhunen, and E. Oja. *Independent Component Analysis.* Wiley-Interscience, 2001.

[26] T. Kanamori, S. Hido, and M. Sugiyama. A least-squares approach to direct importance estimation. *Journal of Machine Learning Research*, 10:1391–1445, 2009.

[27] T. Kanamori and A. Ohara. A Bregman extension of quasi-newton updates I: An information geometrical framework. *Optimization Methods and Software*, 28(1):96–123, 2013.

[28] S. Kobayashi and K. Nomizu. *Foundations of Differential Geometry*, volume 1 and 2. Wiley, 1996.

[29] B. W. Kort and D. P. Bertsekas. A new penalty function method for constrained minimization. In *Proceedings of the 1972 IEEE Conference on Decision and Control, 1972 and 11th Symposium on Adaptive Processes.*, pp. 162–166. IEEE, 1972.

[30] H. J. Kushner and D. S. Clark. *Stochastic approximation methods for constrained and unconstrained systems.* Springer-Verlag, 1978.

[31] K. Lange, D.R. Hunter, and I. Yang. Optimization Transfer Using Surrogate Objective Functions. *Journal of Computational and Graphical Statistics*, 9:1–20, 2000.

[32] C. J. Lin, R. C. Weng, and S. S. Keerthi. Trust region newton method for logistic regression. *The Journal of Machine Learning Research*, 9:627–650, 2008.

[33] Q. Lin, Z. Lu, and L. Xiao. An accelerated randomized proximal coordinate gradient method and its application to regularized empirical risk minimization. *SIAM J. Optim.*, 25(4):2244–2273, 2015.

[34] Z. Lin, R. Liu, and Z. Su. Linearized alternating direction method with adaptive penalty for low-rank representation. In *Advances in Neural*

Information Processing Systems 24, pp. 612–620. Curran Associates, Inc., 2011.

[35] Z. Lu and L. Xiao. On the complexity analysis of randomized block-coordinate descent methods. *Mathematical Programming*, 152(1):615–642, 2015.

[36] D. Luenberger and Y. Ye. *Linear and Nonlinear Programming*. Springer, 2008.

[37] S. Ma. Alternating proximal gradient method for convex minimization. *Journal of Scientific Computing*, 68(2), pp.546–572, 2016.

[38] Y. Nesterov. Efficiency of coordinate descent methods on huge-scale optimization problems. *SIAM J. Optim.*, 22(2):341–362, 2012.

[39] Y. Nesterov. *Introductory Lectures on Convex Optimization*. Springer, 2004.

[40] Y. Nesterov. Gradient methods for minimizing composite functions. *Mathematical Programming, Series B*, 140:125–161, 2013.

[41] J. Nocedal and S. J. Wright. *Numerical Optimization*. Springer-Verlag, 2nd edition, 2006.

[42] B. O' Donoghue and E. Candes. Adaptive restart for accelerated gradient schemes. *Foundations of computational mathematics*, 15(3):715–732, 2015.

[43] D. Plaut, S. Nowlan, and G. E. Hinton. Experiments on learning by back propagation. Technical Report CMU-CS-86-126, Department of Computer Science, Carnegie-Mellon University, 1986.

[44] M.J.D. Powell. A method for nonlinear constraints in minimization problems. In *Optimization*, pp. 283–298. Academic Press, 1969.

[45] P. Richtárik and M. Takáč. Iteration complexity of randomized block-coordinate descent methods for minimizing a composite function. *Mathematical Programming*, 144(1):1–38, 2014.

[46] R. T. Rockafellar. *Convex Analysis*. Princeton University Press, 1970.

[47] A. Shibagaki, Y. Suzuki, M. Karasuyama, and I. Takeuchi. Regularization path of cross-validation error lower bounds. In *Advances in*

Neural Information Processing Systems, pp. 1675–1683, 2015.

[48] D. C. Sorensen. Collinear scaling and sequential estimation in sparse optimization algorithm. *Math. Program. Stud.*, 18:135–159, 1982.

[49] R. Sun and M. Hong. Improved iteration complexity bounds of cyclic block coordinate descent for convex problems. In *Advances in Neural Information Processing Systems 28*, pp. 1306–1314. Curran Associates, Inc., 2015.

[50] R. Sun and Y. Ye. Worst-case complexity of cyclic coordinate descent: $O(n^2)$ gap with randomized version. *arXiv preprint arXiv:1604.07130*, 2016.

[51] H. A. L. Thi and T. P. Dinh. The DC (difference of convex functions) programming and DCA revisited with DC models of real world nonconvex optimization problems. *Annals OR*, 133(1):23–46, 2005.

[52] R. Tibshirani. Regression shrinkage and selection via the lasso. *Journal of the Royal Statistical Society. Series B (Methodological)*, 58(1), pp. 267–288, 1996.

[53] R. Tibshirani, M. Saunders, S. Rosset, J. Zhu, and K. Knight. Sparsity and smoothness via the fused lasso. *Journal of the Royal Statistical Society: Series B*, 67(1):91–108, 2005.

[54] R. Tibshirani and J. Taylor. The solution path of the generalized lasso. *The Annals of Statistics*, 39(3), pp. 1335–1371, 2011.

[55] R. Tomioka, T. Suzuki, and M. Sugiyama. Super-linear convergence of dual augmented lagrangian algorithm for sparsity regularized estimation. *The Journal of Machine Learning Research*, 12:1537–1586, 2011.

[56] Y. Wang, J. Yang, W. Yin, and Y. Zhang. A new alternating minimization algorithm for total variation image reconstruction. *SIAM Journal on Imaging Sciences*, 1(3):248–272, 2008.

[57] S. J. Wright. Coordinate descent algorithms. *Mathematical Programming*, 151(1):3–34, 2015.

[58] N. Yamashita. Sparse quasi-Newton updates with positive definite matrix completion. *Mathematical Programming*, 115(1):1–30, 2008.

[59] J. Yang, W. Yin, Y. Zhang, and Y. Wang. A fast algorithm for edge-preserving variational multichannel image restoration. *SIAM Journal on Imaging Sciences*, 2(2):569–592, 2009.

[60] J. Yang, Y. Zhang, and W. Yin. An efficient tvl1 algorithm for deblurring multichannel images corrupted by impulsive noise. *SIAM Journal on Scientific Computing*, 31(4):2842–2865, 2009.

[61] A. L. Yuille and A. Rangarajan. The concave-convex procedure. *Neural Computation*, 15(4):915–936, 2003.

[62] 竹内一郎, 烏山昌幸. サポートベクトルマシン. 講談社, 2015.

[63] 河原吉伸, 永野清仁. 劣モジュラ最適化と機械学習. 講談社, 2015.

[64] 岡谷貴之. 深層学習. 講談社, 2015.

[65] 金森敬文. 統計的学習理論. 講談社, 2015.

[66] 今野 浩, 山下 浩. 非線形計画法. 日科技連出版社, 1978.

[67] 山本哲朗. 数値解析入門 増訂版. サイエンス社, 2003.

[68] 杉原正顯, 室田一雄. 数値計算法の数理. 岩波書店, 2003.

[69] 松本幸夫. 多様体の基礎. 東京大学出版会, 1988.

[70] 村田 昇. 入門 独立成分分析. 東京電機大学出版局, 2004.

[71] 冨岡亮太. スパース性に基づく機械学習. 講談社, 2015.

[72] 福島雅夫. 非線形最適化の基礎. 朝倉書店, 2001.

[73] 矢部 博. 工学基礎 最適化とその応用. 数理工学社, 2006.

[74] 鈴木大慈. 確率的最適化. 講談社, 2015.

索 引

欧字

AIC —— 265
CCCP(convex-concave procedure) —— 228
DCA(difference of convex functions algorithm) —— 229
DCDM アルゴリズム (dual coordinate descent method (DCDM) algorithm) —— 240
DC 計画問題 (difference of convex functions programming problem) —— 227
Fast ISTA —— 277
ISTA(iterative shrinkage thresholding algorithm) —— 272
KKT 条件 (KKT conditions) — 137, **162**, 165, 166, 169, 172
L-BFGS 法 — **118**, 120, 121
Lasso(least absolute shrinkage and selection operator) —— **266**, 270
Nesterov の加速法 (Nesterov's accelerated method) —— 276
QR 分解 (QR decomposition) —— 326
RBF カーネル (radial basis function) —— 240
SMO アルゴリズム (sequential minimal optimization algorithm) —— 240
TV 雑音除去 —— 295

ア

アダブースト (Adaboost) 70
アフィン包 (affine hull) — 31
アルミホ条件 (Armijo condition) —— **56**, 68

イ

1 次収束 (linear convergence) —— **9**, 81
1 ランク更新 —— 20
陰関数定理 (implicit function theorem) —— **15**, 151, 157

ウ

ウォームスタート —— 252
宇沢の方法 (Uzawa method) —— 191
ウルフ条件 (Wolfe condition) —— **56**, 58, 60, 85, 88

エ

エピグラフ (epigraph) —— 36

オ

凹関数 (concave function) —— 27

カ

カーネル SVM —— 235, 239
ガウス・ニュートン法 (Gauss-Newton method) —— 87
拡張ラグランジュ関数 (augmented Lagrangian function) —— **198**, 300
拡張ラグランジュ関数法 (augmented Lagrangian method) —— 198, 304
確率的最適化 (stochastic optimization) — **76**, 94
確率的座標降下法 (stochastic coordinate descent method) —— 287
カルバック-ライブラーダイバージェンス (Kullback-Leibler divergence) — **112**, 113
感度解析 (sensitivity analysis) —— 156

キ

記憶制限付き準ニュートン法 (limited-memory quasi-Newton method) —— 118
機械イプシロン (machine epsilon) —— 53
期待値最大化アルゴリズム (expectation-maximization algorithm, EM algorithm) —— 220, **226**
期待値ステップ (expectation step, E-step) —— 226
強ウルフ条件 (strong Wolfe condition) **56**, 58, 104
境界点 —— 31
強双対性 (strong duality) —— 155, 170
共変的 (covariant) —— **82**, 86, 114
共役 (conjugate) —— 98
共役関数 (conjugate function) —— 36
共役勾配法 (conjugate gradient method) – 100
共役方向法 (conjugate direction method) — 98
局所解 —— 7
局所最適解 (local optimal solution) —— 7
極大クリーク (maximal clique) —— 122
近接勾配法 (proximal gradient method) —— **271**, 272
近接写像 (proximal mapping) —— **210**, 267, 272

近接点アルゴリズム (proximal point algorithm) —— 209, 229
近傍 (neighborhood) —— 7

ク

グラスマン多様体 (Grassmann Manifold) —— 308
クリーク (clique) —— 122

ケ

決定株 (decision stumps) 71

コ

降下方向 (descent direction) —— 59
交互方向乗数法 (alternating direction method of multipliers, ADMM) —— **214**, 290, 304
　線形化 —— 216
勾配 (gradient) —— **11**, 313
勾配射影法 (gradient projection method) —— **194**, 274
コーシー点 (Cauchy point) —— 141
コーダルグラフ (chordal graph) —— 122
ゴールドシュタイン条件 (Goldstein condition) —— 57
誤差逆伝搬法 (backpropagation method) —— 75
固有値 (eigenvalue) —— 16
固有ベクトル (eigenvector) —— 16
コレスキー分解 (Cholesky decomposition) —— 83

サ

最急降下法
　多様体上の —— 323
最急降下法 (steepest descent method) —— 64, 191
最小化 (minimization) —— 222
最大化ステップ (maximization step, M-step) —— 226
最適解 (optimal solution) 6
最適化問題
　制約なし —— 7
　等式制約付き —— 7
　不等式制約付き —— 8
最適性条件
　1 次の必要条件 47, 145, 162
　凸最適化の 1 次の十分条件 —— 50, 154, 168
　2 次の十分条件 48, 151, 166
　2 次の必要条件 47, 150, 165
最適値 (optimal value) —— 7
最適保証スクリーニング (safe screening) —— 257
最尤推定 (maximum likelihood extimation) —— 225
作業集合 —— 241
座標降下法 (coordinate descent method) —— 61
サポートベクトル (support vector, SV) —— 236
サポートベクトルマシン (support vector machine, SVM) —— 230
三角化 —— 123

シ

指数写像 (exponential map) —— 315
自然勾配法 (natural gradient method) —— 91
下半連続 (lower semicontinuous) —— 36
実行可能解 (feasible solution) —— 6
実行可能方向 (feasible direction) —— 51
実行可能領域 (feasible region) —— 4
シャーマン・モリソンの公式 (Sherman-Morrison formula) —— 20
射影 (projection) —— 18
射影行列 (projection matrix) —— 20
弱双対性 (weak duality) —— 155, 170
修正ニュートン法 (modified Newton's method) —— 83
集積点 (limit point) —— 223
主双対内点法 —— 171
主双対法 (primal-dual method) —— 191
シュティーフェル多様体 (Stiefel manifold) 308
主問題 (primal problem) —— 169
準ニュートン法 (quasi-Newton method) —— 107
準ニュートン法
　BFGS 公式 —— 109
　DFP 公式 —— 109
上界最小化アルゴリズム (majorization minimization algorithm, MM algorithm) —— 220
条件数 (condition number) —— 66
情報量規準
　赤池 (Akaike's Information Criterion, AIC) —— 264, **265**
　ベイズ (Bayes Information Criterion, BIC) —— 264
信頼領域 (trust region) —— 134
信頼領域半径 (trust region radius) —— 134
信頼領域法 (trust-region method) —— 133, 134

ス

スレイター条件 (Slater's condition) —— 171

セ

正則化 (regularization)
　L_1 —— 266, 273
　一般化フューズド (generalized fused) —— 291
　エラスティックネット

(elastic net) —— 269
グループ (group) ——269, 273, 290
全変動 (total variation, TV) —— 295
トレースノルム (trace-norm) ——268, 273
正則化項 (regularization term) —— 217, 232
正則化パス追跡 (regularization path following) —— 252
正則化パラメータ (regularization parameter) —— 232
正定値行列 (positive definite matrix) —— 17
正定値行列補完 (positive definite matrix completion) —— 125
制約 (constraint) —— 4
セカント条件 (secant condition) —— 109
接空間 (tangent space) – 312
潜在変数 (latent variable) —— 225

ソ

相対的内点 (relative interior point) —— 31
相対的内部 (relative interior) —— 31
双対ギャップ (duality gap) —— 304
双対上昇法 (dual ascent method) —— 190
双対分解 (dual decomposition) —— 193
双対問題 (dual problem) ——170, 190
相補性条件 (complementarity conditions) —— 162
ゾーテンダイク条件 (Zoutendijk condition) —— 60
測地線 (geodesic) —— 314
疎クリーク分解 (sparse clique factorization) —— 129
ソフト閾値関数 (soft thresholding) —— 273
ソフトマージン —— 231
損失関数 (loss function) 217

タ

大域解 —— 6
大域的最適解 (global optimal solution) —— 6
大域的収束 (global convergence) —— 61
対称行列 (symmetric matrix) —— 16
ダイバージェンス (divergence) —— 111
代理関数 (surrogate function) —— 222
多層パーセプトロン (multilayer perceptron) —— 73
多様体 (manifold) —— 312

チ

超 1 次収束 (superlinear convergence) – **10**, 118
直線探索法 (line search) – 56

テ

定義関数 (indicator function) —— 71
テイラーの定理 (Taylor's theorem) —— 12
停留点 (stationary point) —— 47, 51, 164, 221

ト

動的最適保証スクリーニング (dynamic safe screening) —— 262
独立成分分析 (independent component analysis) —— 308
凸関数 (convex function) 27
凸関数
強 (strongly) —— 28
狭義 (strictly) —— 27
真 (proper) —— 36
閉 (closed) —— 36
ドッグレッグ法 (dogleg method) —— 137
凸集合 (convex set) —— 24
凸包 (convex-hull) —— 26

ナ

内積 (inner product) —— 313
内点 —— 31

ニ

2 次収束 (quadratic convergence) —— **10**, 81
二乗ヒンジ損失 (squared hinge loss) —— 234
ニュートン法 (Newton's method) —— 78
ニュートン方向 (Newton direction) —— 79
ニューラルネットワークモデル (neural network model) —— 73

ノ

ノルム (norm) —— 21

ハ

ハードマージン —— 231
バックトラッキング法 (backtracking method) —— 57, 276
パラメトリック最適化 (parametric programming) —— 252
バリア関数 (barrier function) —— 186
バリア関数法 (barrier function method) – 185
反復法 (iteration method) 9

ヒ

非サポートベクトル (non support vector) —— 238
非線形共役勾配法
Dai-Yuan 法 —— 104
Fletcher-Reeves 法 —— 104
Hestenes-Stiefel 法 —— 104
Polak-Ribière 法 —— 104
多様体上の —— 323

非負定値行列 (non-negative definite matrix) — 17
標示関数 (indicator function) — 274
ヒンジ損失 (hinge loss) — 232

フ

フィッシャー情報行列 (Fisher information matrix) 91
ブースティング (boosting) 70
フーバーヒンジ損失 (Huber hinge loss) — 234
フェンシェルの双対定理 (Fenchel's duality theorem) — 303
不等式
イェンセンの (Jensen's Inequality) — 225
カントロビッチの (Kantorovich's inequality) — 67
シュワルツの (Schwart's inequality) — 21
ヘルダーの (Hölder's inequality) — 22
部分グラフ (subgraph) — 122
分割法 — 241

ヘ

平滑関数 (smooth function) — 14
平行移動 (parallel transport) — 315
閉包 — 31
閉路 (cycle) — 122
ベクトル輸送 (vector trannsport) — 321
ベクトル輸送
射影による — 322
ヘッセ行列 (Hessian) — 12
ペナルティ関数 (penalty function) — 180
ペナルティ関数法 (penalty function method) — 179
ペナルティ関数法
正確な (exact) — 183
ヘリンジャー距離 (Hellinger distance) — 91

ホ

方向微分 (directional derivative) — 221

マ

マージン — 231

ミ

密度比 (density ratio) — 310
ミニマックス定理 — 155

ム

無向グラフ (undirected graph) — 122

モ

モロー分解 (Moreau decomposition) — 300
モロー包 (Moreau envelope) — **210**, 302
目的関数 (objective function) — 4
モデル関数 (model function) — 133
モデル選択 — 252

ヤ

ヤコビ行列 (Jacobian) — 15

ユ

優越化 (majorization) — 222
有効制約式 (active constraint) — 160
有効制約法 (active set method) — 173

ラ

ラグランジュ関数 (Lagrangian function) 147, 162, 189
ラグランジュ乗数 — 147, 162
ラグランジュの未定乗数法 — 147, 164

リ

リーマン計量 (Riemannian metric) — 313
リッジ回帰 (ridge regression) — 270
リプシッツ連続 (Lipschitz continuous) — 14
隣接頂点 (adjacent vertex) — 122

レ

レーベンバーグ・マーカート法 (Levenberg-Marquardt algorithm) — 89
劣勾配 (subgradient) — 39
劣微分 (subdifferential) — 39
劣モジュラ性 (submodularity) — 266
レトラクション (retraction) — 320
レトラクション
QR 分解による — 326
レベル集合 (level set) — 27
連続最適化 (continuous optimization) — 4

ロ

ロジスティック回帰分析 (logistic regression) — 235

著者紹介

金森敬文　博士（学術）

現　在　東京工業大学情報理工学院 教授

鈴木大慈　博士（情報理工学）

現　在　東京大学大学院情報理工系研究科 准教授
　　　　理化学研究所 革新知能統合研究センター チームリーダー

竹内一郎　博士（工学）

現　在　名古屋大学大学院工学研究科 教授
　　　　理化学研究所 革新知能統合研究センター チームリーダー

佐藤一誠　博士（情報理工学）

現　在　東京大学大学院情報理工学研究科 教授
　　　　理化学研究所 革新知能統合研究センター チームリーダー

NDC007　351p　21cm

機械学習プロフェッショナルシリーズ

機械学習のための連続最適化

2016 年 12 月 6 日　第 1 刷発行
2023 年 5 月 25 日　第 6 刷発行

著　者　金森敬文・鈴木大慈・竹内一郎・佐藤一誠

発行者　髙橋明男

発行所　株式会社　講談社

〒 112-8001　東京都文京区音羽 2-12-21
販売　(03)5395-4415
業務　(03)5395-3615

KODANSHA

編　集　株式会社　講談社サイエンティフィク
代表　堀越俊一
〒 162-0825　東京都新宿区神楽坂 2-14　ノービィビル
編集　(03)3235-3701

本文データ制作　藤原印刷株式会社

印刷・製本　株式会社ＫＰＳプロダクツ

落丁本・乱丁本は，購入書店名を明記のうえ，講談社業務宛にお送りください．送料小社負担にてお取替えします．なお，この本の内容についてのお問い合わせは，講談社サイエンティフィク宛にお願いいたします．定価はカバーに表示してあります．

Printed in Japan　ISBN 978-4-06-152920-5